中小企业环境管理手册

张晓玲　主编

胡亨魁　主审

中国环境出版社・北京

图书在版编目(CIP)数据

中小企业环境管理手册／张晓玲主编．—北京：中国环境科学出版社，2012.6（2017.8重印）
ISBN 978-7-5111-0371-0

Ⅰ．①中… Ⅱ．①张… Ⅲ．①中小企业—企业管理：环境管理—中国 Ⅳ．①X322

中国版本图书馆CIP数据核字（2010）第181194号

内容提要

本书从中小企业环境管理的体制和内容入手，系统介绍了环境保护法律法规、排污费征收与使用管理、中小企业污染源的调查与评价、清洁生产审核、中小企业环境因素识别与评价、环境管理体系的建立、环境管理体系运行控制、环境污染事故（事件）与应急管理、环境持续改进以及环境管理运行证据和记录表格样式等内容，是中小企业管理人员必备的基础知识。内容丰富，案例翔实，浅显明了，实用性强。

本书可作为中小企业经理、技术管理和环境管理人员的培训教材，也可供大专院校环境类专业师生及从事环境保护工作的人员参考。

责任编辑 沈 建
责任校对 唐丽虹
封面设计 马 晓

出版发行 中国环境出版社
（100062 北京东城区广渠门内大街16号）
网　址：http://www.cesp.com.cn
电子邮箱：bjgl@cesp.com.cn
联系电话：010-67112765（编辑管理部）
发行热线：010-67125803，010-67113405（传真）
印装质量热线：010-67113404
印　刷 北京市联华印刷厂
经　销 各地新华书店
版　次 2012年6月第1版
印　次 2017年8月第2次印刷
开　本 787×1092 1/16
印　张 22.25
字　数 520千字
定　价 60.00元

前 言

中小企业是从事产业活动和创造财富的一种人类社会组织形式，在中国经济社会发展中的地位和作用越来越重要。2007 年，全国各地经工商部门注册的中小企业已达 430 多万户，中小企业创造的最终产品和服务的价值占全国 GDP 的 58.5%；缴纳的税金占全国的 50.2%；研发的专利和新产品分别占全国的 66%和 82%，其在缓解就业压力的作用也在进一步增强。中小企业已成为我国区域经济发展的中坚力量，为我国的经济发展作出了重大贡献，但其目前普遍存在资源利用效率低、高能耗、高污染运作方式给区域环境带来了日益严重的破坏与影响。中小企业环境行为日益成为社会各界关注的焦点，环境管理水平也成为中小企业竞争力的一个重要因素。

企业既是生产的主体，又是环境保护的主体。在国家提倡建设资源节约型、环境友好型社会的新形势下，中小企业能否自觉地按照可持续发展的要求，采取减少资源消耗、减少污染物排放的生产经营方式和企业管理制度，对于环境保护意义重大。因此，中小企业要保证实现最佳的经济效益和社会效益，就必须加强环境意识，加强环境管理，实施和完善企业环境管理制度，实施清洁生产，建立环境管理体系，这是中小企业适应未来市场竞争的必由之路。如何加强中小企业的环境管理成为中小企业经营者所面临的课题。

为了贯彻科学的发展观、环境观和文化观，建立节约型企业，不断提高中小企业环境意识，规范中小企业的环境行为，我们编写了这本手册。本书以通俗易懂的语言、浅显明了的文字，概括性地将中小企业环境管理的体制和内容、环境管理的有关知识和要求汇编成册。本书的编写不以盈利为目的，旨在指导中小企业开展环境管理实践，建立系统规范的环境管理机制和环境管理体系，减少由于污染事故或违反法律、法规所造成的环境风险，增加企业获得优惠信贷和保险的机会，提高中小企业综合管理水平和改善企业形象，有效地促进企业环境与经济的协调持续发展，使企业走向良性和长期发展的道路。在编写过程中，大量参考了国内专家、学者的专著和相关文献，在此深深地表示感谢！

本书由张晓玲任主编，樊苏平、蔡苇任副主编。章节编写分工是：第 1 章、第 3 章、第 7 章、第 11 章，张晓玲；第 2 章、第 6 章，樊苏平；第 4 章，张晓玲、朱亚兰；第 5 章，胡亨魁；第 8 章、第 9 章、第 10 章，蔡苇。张晓玲负责全书统稿。本书由胡亨魁教授主审并提出宝贵的修改意见；在本书的出版过程中得到中国环境科学出版社的领导和责任编辑的大力支持，在此一并表示衷心感谢！

由于我们水平有限，实践经验不足，书中不足之处在所难免，敬请广大读者批评指正。

编　者

2012 年 5 月

目　录

1　中小企业环境管理体制和内容……1
1.1 中小企业环境管理概念、原则和任务……1
1.2 中小企业环境管理体制与职责……2
1.3 中小企业环境管理内容……6
1.4 中小企业环境管理的考核……11

2　环境法律法规及其他要求……14
2.1 环境法律法规体系……14
2.2 污染防治与资源保护的法律法规……17
2.3 环境保护政策……27
2.4 环境管理制度……32
2.5 环境标准……44
2.6 法律法规和其他要求的识别与评价……49

3　排污费征收与使用管理……52
3.1 排污费征收程序……52
3.2 排污申报登记……53
3.3 排污申报登记审核与核定……57
3.4 排污费的计算……62
3.5 排污费的征收与缴纳……89
3.6 排污费的减免缓缴……91
3.7 排污费资金收缴使用管理……94

4　中小企业污染源调查与评价……98
4.1 污染源调查的内容、方法和程序……98
4.2 污染物排放量的核算方法……100
4.3 中小企业环境监测管理……114
4.4 污染源评价……131
4.5 中小企业污染源档案建立……133

5 清洁生产审核 134
5.1 清洁生产概述 134
5.2 清洁生产审核 140
5.3 清洁生产审核案例 153

6 中小企业环境因素识别与评价 160
6.1 环境因素的识别 160
6.2 环境因素的评价 168

7 环境管理体系的建立 174
7.1 ISO 14001：2004 环境管理体系标准简介 174
7.2 环境管理体系建立的基本程序 178
7.3 前期准备 178
7.4 初始环境评审 180
7.5 体系策划 186
7.6 体系文件编制 191
7.7 体系建立 205

8 环境管理体系的运行控制 207
8.1 环境管理体系的运行控制程序 207
8.2 重要环境因素控制程序的实例 209
8.3 重要环境因素控制方法和措施 214
8.4 其他活动的控制方法和措施 218

9 环境污染事故（事件）与应急管理 222
9.1 环境污染事故（事件）概述 222
9.2 环境应急管理 226
9.3 应急预案案例 234

10 环境的持续改进 240
10.1 持续改进概述 240
10.2 纠正措施与预防措施 241
10.3 环境管理体系改进 243

11 环境管理运行证据和记录 255
11.1 环境管理运行证据和记录及管理要求 255
11.2 环境管理运行证据和记录的表格样式 256

附录 272
附录一 污水综合排放标准 272
附录二 大气污染物综合排放标准 294
附录三 排污费征收使用管理条例 314
附录四 排污费征收标准管理办法 318
附录五 环境管理体系 要求及使用指南 325

参考文献 347

1 中小企业环境管理体制和内容

1.1 中小企业环境管理概念、原则和任务

1.1.1 中小企业环境管理的概念

企业环境管理是指企业以现代环境科学和工商管理科学的理论和方法为基础，运用技术、经济、法律、行政和教育手段，以企业生产和经营过程中的环境行为和活动为管理对象，对企业生产建设活动的全过程及其对生态和环境的影响，进行综合的调节与控制，以削减污染物的排放，使生产与环境协调发展，以求经济效益、社会效益与环境效益的统一。

具体地说，中小企业环境管理就是按照国家和区域环境政策的要求，设立专门的机构，指定专职人员，建立一系列配套的规章制度，必须在产品的制作、包装、运输、销售、售后服务以及生产过程中出现的废品处置和产品使用价值兑现后的处理、处置等全部环节上，从节约资源、减少投入、降低环境污染的角度进行严格的审查、监督，采取有效、有力的措施，以减少企业不利的环境影响和创造企业优良环境业绩的各种管理行动的总称。

1.1.2 中小企业环境管理的原则

（1）环境与经济协调发展的原则

中小企业必须正确处理环境保护与生产发展的关系，必须认识到推动经济社会可持续发展具有重要和不可推卸的责任。中小企业必须把企业的经济活动和环境意识、环境责任联系起来，作为中小企业环境管理的重要目标，做到全员教育、全过程控制、全面管理。

（2）符合国家和区域环境政策

中小企业必须遵守国家和企业环境政策，包括环境战略要求、环境管理的总体目标和环境标准等规范。同时，中小企业环境管理还应与区域环境管理相结合，企业环境管理的目的是改善区域环境质量，因而企业环境管理必须符合区域环境规划的要求。

（3）“预防为主，管治结合”的原则

中小企业必须最大限度地控制和减少污染物的产生量，并且对排放的污染物进行达标排放的净化处理；尤其是要积极推行清洁生产技术，对环境污染进行综合防治。

（4）综合运用各种手段的原则

中小企业环境管理必须要能够有效地运用技术、宣传、管理、经济等手段。其中，提高全员的环境意识和素质是企业环境管理的首要条件，依靠科技是企业环境管理的基

础条件，健全组织和各种经济责任制是企业环境管理的保证条件。

1.1.3 中小企业环境管理的主要任务

根据以上原则，中小企业环境管理的主要任务包括以下内容：

（1）制订企业环境保护规划

针对企业生产流程和废弃物情况，制订企业污染物排放控制规划，从资源利用、废弃物产生到污染物的治理和废弃物的综合利用，进行全面规划，使企业实现发展生产与保护环境相互协调。

（2）建立和执行企业环境管理制度

根据国家和地方的环境保护方针、政策及各项规定，建立和督促执行本企业的环保管理制度和有关规定。包括搞好环境保护的宣传和教育工作，提高企业员工的环境意识。

（3）开展环境监测

掌握企业污染状况，对环境质量进行监督，分析和整理监测数据，及时向有关领导及部门通报有关监测数据，对污染事故进行调查，提出处理意见。

（4）遵守环境保护法律法规及地区环境规范

遵守环境保护法律法规，包括遵守国家和区域环境保护的总体要求、环境污染排放标准等。企业要采取综合措施防治污染，实行清洁生产，充分利用资源和能源，减少污染物质的排放，做好“三废”综合利用，使企业产生的污染影响符合地区的环保要求。

（5）开展环境技术开发和研究

包括资源利用技术、污染物无害化技术、废弃物综合利用技术、清洁生产工艺、企业环境管理信息技术等环境友好技术的开发和研究，把组织开展环境保护技术研究作为企业环境管理的基础性工作。

1.2 中小企业环境管理体制与职责

1.2.1 中小企业环境管理体制的含义

建立健全企业环境管理体制，是中小企业进行环境管理的组织保证，是中小企业搞好环境管理的前提。

企业环境管理体制是指在企业内部建立全套环境管理，包括从企业领导、职能科室到基层单位，对其环境管理方面的职权范围、责任分工、相互关系的结构规定。企业环境管理体制的作用在于明确企业内部“上、下、左、右”各方在企业环境保护方面的责、权、利以及它们之间的相互关系和相互协调方式。

1.2.2 中小企业环境管理体制的特点

企业环境管理体制要充分发挥作用，必须要与企业的管理体制相适应，同时也要适应环境管理的特点和需要。

（1）企业的最高领导者同时也是环境保护的责任者

企业既是生产单位，同时也是污染的产生者和防治者，这是同一过程的两个方面。

所以企业的最高领导者不仅对企业生产发展负领导责任，同时也必须对企业的环境保护负领导责任。许多国家都明确规定企业的厂长（经理）是公害防治的法定责任者。我国 1989 年第三次全国环境保护会议上推出的包括环境保护目标责任制在内的新五项环境管理制度，也有同样规定。此外，国务院有关工业部门所颁布的环境保护条例中也明确规定厂长（经理）在环境保护方面对国家应负法律责任。

企业最高管理层的高度重视和强有力的领导是企业实施环境管理的保障，也是取得成功的关键。在环境管理中，领导作用不能很好发挥有两个主要表现：一是领导不能很好了解环境问题，无法在这方面作出决策判断，只是把这一工作交给某个部门去做，这样的工作往往会发生较大的偏离；二是领导不力，不能较好地协调部门的管理，使环境管理工作障碍很大，往往中途失败。一旦造成环境问题，其后果是严重的，也是无法挽回的。

（2）企业环境管理要同企业生产经营管理紧密结合

企业经济活动的各个方面和各个环节，都可能产生污染，所以企业环境管理必须向企业管理的各个方面渗透，密切结合，纳入到企业管理的各个环节中。因此，企业环境管理具有综合性、全过程性及专业性等特点。

（3）企业环境管理必须落实到基层

企业管理的基础在基层，企业环境管理应与其相一致。这就要求把企业环境管理落实到生产的第一线，落实到厂部、各个车间、班组和岗位，建立企业环境管理网络，明确相应的管理人员及职责。除厂部要设置管理机构外，各职能机构与各车间都应设置环境管理员。使企业环境管理在厂长（经理）的领导下，通过企业自上而下的分级管理，得到有力、有效的保证。

1.2.3 中小企业环境管理机构的职能

（1）设置企业环境管理机构的必要性与原则

企业的环境保护工作是一项同发展生产一样重要的工作。因此，企业设置环保机构是十分必要的，尤其是环保工作又具有工作范围广，内容多，工作量大，综合性、专业技术性强的特点，必须设立专职机构（或专人），在厂长（经理）领导下，归口管理，有效地实施企业环境保护工作。

企业环保机构设置的原则，一般要按企业实际情况加以安排，但要考虑以下三个方面：

①企业规模及管理的层次。一般情况下，企业规模较大，产品的品种多、数量大、生产环节多、经济活动量大，协调与组织的工作也就复杂，污染往往比较严重，机构的设置首先与这种情况相适应。

②企业的性质。企业生产的技术复杂与否，生产的原料、中间产品和排放物的毒性大小，污染物的多少以及由于企业所在地区的不同，也会对企业提出相应的要求。例如，人口密集的地区、风景旅游地区、周围企业的性质等，都是设置环保机构时应该考虑的问题。

③企业近期和远期的污染防治任务。企业的环保机构还要根据企业面临的环保任务的大小和难易程度来确定。例如，有的企业面临繁重的技术改造任务，有的企业面临新

建、扩建的任务，这些都会使本来任务已很重的环境保护更加复杂。有的企业近期环境问题尚不突出，但要用发展的眼光预见未来可能出现的环境问题，对环保机构要做长远的考虑。

（2）中小企业环境保护机构和人员的设置

企业环保机构一般由综合管理、环境监测、环境科研三个方面的专职机构组成。这三个方面是一个有机的整体，缺少哪一方面都难以有效地实施企业环境保护工作。

企业环境管理机构必须有人员去落实环境保护责任，在这个系统中，厂长或经理（法人代表）是企业污染防治法定责任者，承担政府环境保护责任中所规定的污染物削减和防止造成污染的责任。企业环境管理人员可以是专职的，也可以是兼职的。无论哪种形式的人员都应认真学习环保知识，提高素质。企业环境监测人员和企业内部污染防治设施的运行管理人员原则上还要按国家规定持证上岗。例如废水处理工、化学检验工等。有些地方环境保护主管部门还对企业环境管理人员参加培训作出了具体规定。

（3）企业环境管理机构的基本职能

企业环境管理机构是企业管理工作的职能部门，其基本职能有以下三个方面：

①组织编制环境规划与计划。这是企业环境管理机构的首要职能，企业环境规划和年度计划是企业总体规划的一个重要组成部分。

②组织协调环境保护工作。企业环境管理机构要把企业各部门单位的环境保护工作在企业统一的目标下联系起来，防止脱节和相互矛盾。做好企业环境保护规划和计划的综合平衡、环境控制指标的协调、综合项目的协同以及企业环境科研项目的协调等工作。建立企业环境保护工作的正常秩序，保证企业环境保护与生产经营协调发展。同时还要协调好企业之间、企业与社会之间的环境保护关系。

③实施企业环境监督。包括监督企业对国家和地方环境保护法律法规、相关政策指令的贯彻执行情况；通过环境监测掌握企业污染动态，对企业污染源和污染防治设施进行有效的监督控制；根据控制指标和各项制度，组织对车间、班组的环境保护工作落实检查和监督、考核和奖惩工作。

（4）中小企业环境保护机构的主要工作职责

①监督、检查本企业执行国家环境保护方针、政策、法规及本企业的环境保护制度；

②按照国家和地区的规定制定本企业污染物排放指标和环境管理办法；

③负责组织污染源调查和环境监测，检查企业环境质量状况及发展趋势，监督全厂环境保护设施的运行与污染物排放；

④负责企业清洁生产的筹划、组织与推动；

⑤会同有关部门做好环境预测，制订企业环境保护长远规划和年度计划，并监督实施；

⑥会同有关部门组织和开展企业环境科研以及环境保护技术情报的交流，以推广国内外先进的防治技术和经验；

⑦负责组织本企业污染事故的调查与处理，做好企业环境统计工作，建立环境保护档案；

⑧负责广泛开展环境宣传教育活动，普及环境科学知识，提高企业员工的环境意识。

1.2.4 中小企业环境管理的基本体系

中小企业环境管理的基本体系一般有三种类型。

①单纯治理型，其特点是由厂长（经理）直接决策并指挥，由某一专业部门按领导指令单独执行，治理部门不固定，因事、因时而定；单纯地就事论事处理，已很少采用。

②专业治理型，其特点是形成了从厂领导到生产班组多个部门参与的环境专业管理、污染治理、环境信息系统的管理形式；环境问题的处理由厂长负责，环保专业管理部门组织实施完成，其他专业管理部门协同参加处理；环境管理已成为企业管理的一个长期、稳定的重要组成部分，环境问题中相当一部分可获得较稳定、连续和长期的处理效果。

该模式体系的缺点是：仍然以专业环境管理部门负责为主，工作重点放在污染源治理上，难以做到防治结合，难以达到全面环境管理的目的，缺少对其他协作部门具体化的明确责任。同时环境专业管理部门陷入大量的事务性工作，不可能集中精力做好环境规划、监督、协调等专业管理工作。

③全面管理型。其特点是确定了企业主要领导对环境问题的责任及各层次领导人处理环境问题的责任。确定了其他部门与环境管理部门分工负责相互协作的关系，做到分工明确，责任层层落实，有利于对企业进行全面管理，使综合防治、以防为主的原则得以实施，这是当前许多企业环境管理体制的基本模式。全面管理型的基本形式如图 1-1 所示。

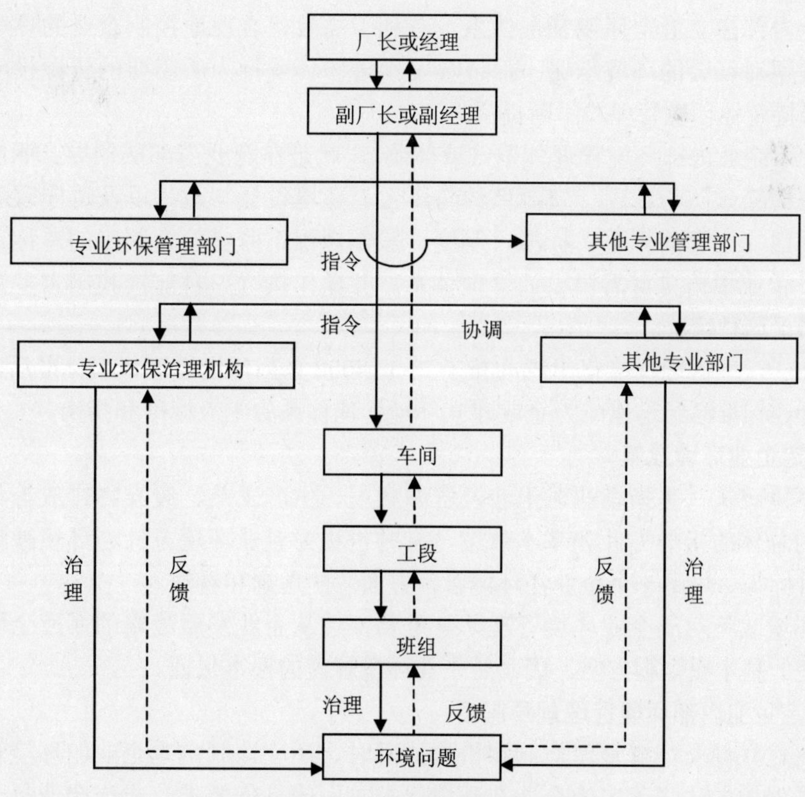

图 1-1 全面管理型的基本形式

1.3 中小企业环境管理内容

中小企业环境管理包括两个方面的主要内容：一是企业作为管理的主体对企业内部自身进行管理，即企业内部环境管理；二是企业作为被管理的对象而被其他管理主体如政府职能部门所管理，这方面的环境管理也可称为企业外部环境管理。这两个方面的内容有十分密切的内在联系，只有企业内部环境管理达到了一定的要求，才能符合企业外部环境管理的要求；只有明确了外部环境管理的要求，才能有力地推动企业内部环境管理工作。

企业环境管理内容的核心就是要把环境保护融入企业经营管理的全过程之中。无论是作为环境管理的主体，还是作为环境管理的对象，企业本身都必须在企业活动的全过程中贯彻经济与环境相协调的原则。

1.3.1 中小企业内部环境管理

中小企业内部环境管理主要内容包括：建立健全企业环境管理体制以及企业内部环境管理规章制度体系，对产品的原料、制作、包装、运输、消费以及消费后的最终出路的全过程进行环境管理。

1.3.1.1 建立企业内部的环境管理体系

在企业内部建立健全环境管理体系，有利于高效、合理地控制企业的环境行为，有利于企业实现对社会的环境承诺；保证环境承诺和环境行为所需要的资源投放；通过循环反馈，保持企业环境管理的不断提高。

传统上，企业内部环境管理体系（或体制），就是在企业内部从领导、职能科室到基层单位，在污染预防与治理、资源节约与再生、环境设计与改进以及遵守政府有关法律法规等方面建立全套的规定、标准、制度、操作规程、监督检查制度的总称。在这种管理体系下，企业根据自身需要设计管理体系，并操作执行。目前，我国大多数企业的环境管理都属于这种情况。

从1996年起，国际标准化组织颁布了ISO 14000系列环境管理体系标准后，ISO 14000系列环境管理标准已经迅速成为企业建立环境管理体系的主流标准和指南。

1.3.1.2 制定企业环境政策

企业环境政策，是指企业对于涉及资源利用、生产工艺、废弃物排放等与环境保护相关领域的总体的指导方针和基本政策，有时也称为企业环境方针、环境战略、环境理念、环境目标等。这是一个企业在环境管理方面总的理念和看法。

企业环境政策对于企业环境管理非常重要，它从企业发展战略的高度全面规定了企业环境管理的基本原则和方向，因而是企业环境管理的根本保证。

1.3.1.3 制定企业内部环境管理规章制度

企业在建立健全环境管理体制和机构的同时，还应该制定本企业的环境管理规章。把国家环境保护的法规落实为企业在环境保护方面的具体要求，成为企业每一个员工的行为规范和准则，从而鼓舞和调动全体员工搞好本职环境保护工作的自觉性和积极性，保证企业环境目标的实现。

（1）制定环境管理规章的要求

①规章的内容不能与国家的宪法和环境保护法相抵触；

②不能照搬环境保护法关于追究法律责任的规定；

③文字要准确、严密、简练、明白，而且通俗易记；

④环境管理规章必须经过职工的充分讨论并经全体职工或职工代表大会通过，同时要分别向主管部门和当地环境保护部门备案。这些规章也是环境保护部门对企业污染源进行环境监察的内容之一。

（2）企业环境管理规章制度类型

① 企业环境保护规划和计划。企业环境保护计划是根据规划目标所制订的年度计划，是有关措施落实的具体时间计划。

②企业环境保护目标责任制。包括污染物排放的标准、总量控制的指标、污染物削减的指标，排污许可证的指标等。企业内部应将各项环保指标逐级分解，应在内部实行相应的责任制，明确各项指标责任的具体承办单位和承办人，使指标得到具体落实。企业内部的环境管理要做到目标化、定量化、制度化管理。

③有关的专项管理制度。为了使企业的各项环境保护工作的规范化，企业应根据自身的生产排污特点，制定一些相关的具体制度。常见的制度有：环境监测制度、污染防治设施运行操作规程及管理制度、危险化学品的管理制度、环境突发事件的防范和报告制度、污染源档案管理制度、环保人员的岗位责任制度等。

1.3.1.4 推行清洁生产，发展循环经济

清洁生产是从生产的全过程来控制污物的一种综合措施。循环经济采用“减量化、再使用、再循环”的 3R 原则，立足于提高资源利用效率，在生产和再生产的各个环节按“物质代谢”关系安排生产过程和产业链条，形成一种以“资源—产品—废弃物—再生资源”为表现形式的循环模式。对于企业而言，发展循环经济不仅包括传统的废弃物治理和清洁生产，还要使生产中的各种物质、特别是废弃物尽可能地循环起来，另外还要考虑工业园区或区域层次上构建生态产业链条，以最大限度地提高资源效率，减少废弃物的生产和排放。这符合我国节能减排的政策。

1.3.1.5 治理废弃物

企业环境保护应坚持预防为主、防治结合、综合治理的方针，减少能源与原材料消耗，采用清洁生产工艺，促进资源回收与循环利用。但受经济、技术、条件的制约，企业生产产生一定的污染物是不可避免的。因此，在合理地利用环境自净能力的前提下，企业对产生的污染物进行厂内治理，以达到国家或地方规定的有关排放标准及总量控制要求，是企业环境管理的具体内容之一。

（1）大气污染物防治的管理

能源结构的不合理是大气产生尘和二氧化硫污染的首要原因。对于企业来说，改善能源结构、采用集中供热、发展无污染或少污染的新能源，能够有效地减低煤烟型大气污染物的排放。

另外，燃烧方式和设备的落后也是大量排放大气污染物的一个重要原因。对于企业来讲，结合技术改造和设备更新，有计划、有步骤地改进燃烧设备，努力提高烟气净化效率可以从根本上减少大气污染物的排放。比如有计划地淘汰污染严重的老式锅炉，改

造、更新锅炉，配备效率高的除尘设备。同时，企业还应注意改革工艺和革新原料的产品，发展脱硫、脱硝等气体污染物治理技术。

（2）污水、废水防治的管理

水污染治理就是用各种方法将污水和废水中的污染物分离、回收，或将其转化为无害的物质，从而使废水得到净化。废水特别是工业废水是多种多样的，不可能只用一种方法就把所有的污染物质都去除干净。不论何种废水，往往都需要通过几种方法组成的处理系统，才能达到处理的要求。

废水处理方法按其作用大致可以分为物理法、化学法、物理化学法、生物化学法四类。物理方法主要利用物理作用分离废水中呈悬浮状态的污染物质，在处理过程中不改变污染生物的化学性质，如沉淀、浮选、过滤、离心、蒸发、结晶等。化学法是利用化学反应，去除污染物质或改变污染物的性质，主要有混凝、中和、氧化还原等方法。物理化学法是利用物理化学作用去除废水中的污染物质，主要有膜分离法、吸附法、萃取、离子交换等。生物化学法是利用微生物，将废水中有机物分解并向无机物转化，达到废水净化的目的，主要有活性污泥法、生物膜化、生物塘及土地处理系统等。

工业废水的处理要协调厂内处理和集中处理的关系。对于一些特殊的污染物，如难降解有机物和重金属应以厂内处理为主，而对大多数能够降解和易集中处理的污染物，应尽可能考虑集中处理，以取得规模效应和区域大环境的改善。在当前经济、技术条件下，企业也可以在环保及水利等职能管理部门的批准与调度下，合理利用江、河、海洋的自净能力和水环境容量，将工业废水经过处理达到规定的有关排放标准后排放。

（3）固体废物利用和处理的管理

企业应对工业固体废物采取综合管理的办法与相应的工艺措施，尽可能实现废物资源化和综合利用。综合利用、化害为利是固体废物处理的首选，但是在一定的技术经济条件下，废弃物的综合利用是有一定限度的，而且也并非所有的固体废物都可被综合利用或资源化。因此在固体废物防治上，要把综合利用和无害化处理结合起来。

（4）噪声污染的管理

噪声污染是一种物理污染。噪声污染的控制目前只能采用工程技术措施，从声源或传播途径控制和降低噪声对环境的影响。

控制声源有两种途径：一是改进结构，提高部件的加工精度和装配质量，采用合理的操作方法等，在声源处抑制噪声；二是利用声的吸收、反射、干涉等特征，采用吸声、隔声、消声、减振等技术，以控制噪声的传播与辐射。

由于声能量随传播距离的增加而衰减，因此控制噪声传播途径的主要措施有：通过加大声源与敏感目标的距离来降低噪声影响；建立隔声屏障或利用隔声材料和隔声结构来阻挡噪声的传播；应用吸声材料和吸声结构，降低噪声能量等。

1.3.2 中小企业外部的环境管理

以政府为主体，对企业进行的环境管理主要是指政府环境保护职能部门依据国家的政策、法规和标准，采取行政、法律、经济、技术和教育等手段，对企业实施环境监督管理。依据全过程控制的原理，企业外部环境管理的主要内容有三个方面：一是企业发展建设过程的环境管理；二是产品生产、销售过程的环境管理；三是对企业自身环境管理体系的环境管理。

1.3.2.1 对企业发展建设过程的环境管理

对企业进行环境管理，必须对其发展建设活动，特别是活动的全过程进行管理。企业发展建设活动的全过程大体可分为筹划立项、设计、施工、验收四个阶段。

（1）筹划立项阶段的环境管理

在企业发展建设的筹划立项阶段，环境管理的中心任务是对企业建设项目进行环境保护审查，组织开展企业建设项目的环境评价，以妥善解决建设项目的合理布局，制订恰当的环境对策，选择减轻对环境不利影响的有效措施。

（2）设计阶段的环境管理

在企业建设项目生产工艺和流程设计阶段，环境管理工作的中心是将建设项目的环境目标和环境污染防治对策转化成具体的工程措施和设施，保证环境保护设施的设计。因此，在企业建设项目的初步设计中，要把规定的各项环境保护要求、目标和标准贯彻到各个部分及专业的具体设计中去。

（3）施工阶段的环境管理

企业建设项目施工阶段的环境管理工作重点是：检查和落实环境保护设施的施工，注意防止施工现场对周围环境产生不利影响。

环境保护设施的检查和落实的主要内容：

①要结合施工现场情况，复查设计文件中环境保护设施的设计落实情况，一旦发现环保设施设计不完善或不符合现场实际情况，应及时通知有关部门更改或补充设计；

②检查环境保护设施的施工进度，建设单位要及时向环境管理机构汇报进度执行情况；

③检查环境保护设施的施工质量，要严格按照设计要求和验收规范规定的质量要求检查环境保护设施的施工质量，对不符合质量要求的施工应及时要求其返工；

④要妥善处理环境保护设计的变更，建设单位和施工单位都不得随意变更环境保护设施的设计工艺和设备技术标准，如果建设项目在规模、工艺技术或厂址等方面有较大的设计变更，必须重新修订环境影响报告书，并报原审批部门审批。

在建设项目施工中，要防止对施工现场周围的生态环境造成不可恢复或难以恢复的破坏，因此应结合建设项目的设计，合理安排施工现场，使绿化、复垦工程等同时开工、同时完成。尤其是防止河道淤塞、水土流失、土地盐碱化等对自然生态系统的破坏，竣工后施工单位要负责修正或复原在建设过程中受到破坏的自然环境。在施工中，可能会产生粉尘、噪声、振动及有毒有害气体，污染和危害周围居民生活区，施工单位要采取行之有效的防护措施，避免施工现场对周围居民区环境产生不利影响。

（4）验收阶段的环境管理

企业建设项目竣工验收阶段环境管理的主要内容是验收环境保护设施的完成情况。要求环境保护设施必须与建设项目的主体工程同时验收，经原审批环境影响报告书的环境保护行政主管部门验收合格后，该建设项目方可投入生产。

环境保护设施验收的主要依据是经过批准的设计任务书、初步设计或扩大初步设计、施工图样和设备技术说明等文件以及检测单位提交的检测报告。

对单项工程进行验收时，环境管理的主要内容是：对照审批下达的环境保护设施清单，核对环境保护设施项目；检查环境保护设施的施工质量；清点交付的验收文件。

对总体工程验收时，环境管理的主要内容是：环境保护设施的调试、考核；各单项工程或车间的环境保护验收报告的审定；建设项目环境保护对策的总体验收。在验收中发现的问题应由参加验收的部门提出具体的处理意见，环境保护设施没有建成或达不到规定要求的不予验收，环境保护设施存在一定问题但不是严重危害环境的可以采取同意投产、预留投资、限期解决的方式处理，对于暂时无法解决的遗留问题，应作为专题拟定处理意见，上报主管部门会同有关部门审查批准后执行。

此外，在企业因各种原因关闭、搬迁、转产时，也要进行相应的环境管理，如对一些中心城区企业关闭和搬迁后可能造成的土壤和地下水污染情况进行风险评估，对企业转产进行另外的环境影响评价工作等。

1.3.2.2 对企业生产过程的环境管理

对企业生产过程环境管理的核心是对企业各种物质资源利用和消耗管理；对生产工艺的清洁化管理、对废弃物产生和排放的环境管理。

（1）对企业各种物质资源利用和消耗的管理

检查企业生产使用的原辅材料的种类、性质、来源、成分、贮存及厂内运移、消耗量等因素。检查原料来源变更时成分的变化，特别时有毒成分含量的变化情况。检查原辅材料在贮存过程中是否存在管理混乱、滴漏、外泄、挥发、扬散、流失而造成污染的现象。有些产品或中间产品本身具有较大毒性，属于危险品，检查其在贮存、运输过程中是否采取严格措施，防止流失和泄漏，是否严格登记和管理；检查水和能源的利用方式、消耗量等。

（2）对生产工艺的清洁化管理

《清洁生产促进法》第二十八条规定：企业应当对生产和服务过程中的资源消耗以及废物的产生情况进行监测，并根据需要对生产和服务实施清洁生产审核。污染物排放超过国家和地方规定的排放标准或者超过经有关地方人民政府核定的污染物排放总量控制指标的企业，应当实施清洁生产审核。使用有毒、有害原料进行生产或者在生产中排放有毒、有害物质的企业，应当定期实施清洁生产审核，并将审核结果报告所在地的县级以上环境保护等行政主管部门。《清洁生产促进法》还对不实施清洁生产审核或者虽经审核但不如实报告审核结果，不公布或者未按规定要求公布污染物排放情况等行为规定了具体的处罚规定。

政府环境保护职能部门检查企业的生产设备（包括产生污染的主要生产设备的类型、规模、生产工艺及技术路线等）、生产工艺类型和技术线路的先进性、适应性，是否属于淘汰、禁止采用的设备和工艺，生产布局是否容易导致环境污染或发生污染事故等。

（3）对废弃物产生和排放的环境管理

在企业正常生产经营阶段，则需要对企业污染源和污染物排放、排污收费、环境突发事件等工作进行管理。政府环境保护职能部门对污染源进行监督管理，是根据国家的政策、法规和排放标准，对污染源进行监察，以确保污染物排放符合国家及地方的有关规定。

对现有污染源的监督管理，主要是监控其排放是否符合国家和地方法定的排放标准以及在技术改造过程中是否采用符合规定要求的技术措施。

对新建项目污染的管理，一般分为两个阶段：第一阶段是在建设前进行环境影响评价，即对建设项目的厂址选择、产品的工艺流程、使用的原料及其排污等进行环境影响评价，提出预防污染的措施和对策，并作为整个建设项目可行性研究的一个组成部分；第二阶段是要保证环境影响报告书（表）中提出的措施得到落实，确保新建项目排放的污染物能得到有效治理。

对矿产资源开发利用的环境管理，其主要的内容和手段是进行环境影响评价，不仅要在开发前做好环境影响评价工作，而且要做好开发后的回顾性评价。在进行评价时，要考虑自然资源开发引起的自然风险和社会风险，注意资源开发的外部不经济性。加强矿产资源开发利用的环境管理，还应对矿产资源开发利用的各个阶段进行必要的环境监测，获取信息，随时反馈，以便及时制订相应的补救措施。矿产资源开发主管部门应会同当地环境管理机构，建立事故应急小组，制定应急措施计划，配备应急处理设备，以便在发生环境意外事故时能迅速采取行动，有效控制污染程度与污染范围，减轻对周围环境的影响，避免公害事故的发生。

1.3.2.3 对企业其他环境行为的管理

随着现代企业环境保护工作的发展，其内容已经远远超过了单纯的污染源治理、清洁生产的范围，一些与企业环境保护相关的新生事物，如企业环境信息公开、企业ISO 14000 环境管理体系、企业环境绩效、企业环境行为评价、企业环境责任、企业环境安全、企业循环经济、企业绿色营销等不断出现，这些新出现的企业环境行为和活动很多都需要政府环保部门的协调、协作、监督和管理，有些已经成为现在政府对企业进行环境管理的新内容。

1.4 中小企业环境管理的考核

1.4.1 企业环境污染综合考核指标

根据污染考核指标的性质和功能，可将考核指标分为反映环境要素的单项指标和反映企业环境总概况的综合性指标两大类。按其性质、内容和作用，则可分成以下四类。

（1）环境质量指标

环境质量指标包括污染物排放标准、排放总量、环境卫生标准、城市大气及水域环境容量、工业“三废”排放与噪声合格率、单位产品排放指标（万元产值污染物排放量）、环境质量综合评价指标以及各种表示污染量的标准和指标。

（2）环境管理指标

环境管理指标包括环保设备运转率、完好率、维修制度、主要污染物的处理率、“三同时”制度执行率、环保责任制、环保计划、统计制度的建立。

（3）环境经济指标

环境经济指标包括单位产品用水量、水源循环利用率、“三废”回收利用率、资源综合利用率、能源消耗定额、原材料燃料耗用率、余热利用率、排污收费情况、污染罚款情况、环保治理投资的经济效益、物化劳动流失率、环保投资（占工业总产值、基建总投资或技术更新改造投资的比例、环保科研教育费用的比例等）。

（4）环境建设指标

环境建设指标包括工厂绿化率（按人口、面积计算）、工厂环境清洁程度、文明生产指标、环保机构自身建设（技术力量配备、监测设备能力）等。

从上述内容可以看出，企业环境污染指标体系的庞大、复杂，因此，一般只能根据条件的可能，选其急需而最关键的指标纳入指标体系内容中。

1.4.2 创建国家环境友好企业

2003 年 5 月 23 日原国家环境保护总局发布《关于开展创建国家环境友好企业活动的通知》（环发[2003]92 号），通知决定在全国具有独立法人资格的所有工业企业中开展创建“国家环境友好企业”活动。旨在树立一批科技含量高、经济效益好、资源消耗低、环境污染少、环境与经济“双赢”的企业典范，以此促进企业开展清洁生产，深化工业污染防治，走新型工业化道路。

创建国家环境友好企业的基本条件：

（1）环境指标

①企业排放各类污染物稳定达到国家或地方规定的排放标准和污染物排放总量控制指标；

②企业单位产品综合能耗达到国内同行业领先水平；

③企业单位产品水耗达到国内同行业领先水平；

④企业单位工业产值主要污染物排放量达到国内同行业领先水平；

⑤企业废物综合利用率达到国内同行业领先水平；

⑥企业建立完善的环境管理体系。

（2）管理指标

①自觉实施清洁生产，采用先进的清洁生产工艺。

②新、改、扩建项目“环境影响评价”和“三同时”制度执行率达到 100%，并经环保部门验收合格。

③环保设施稳定运转率达到 95%以上。

④工业固体废物和危险废物安全处置率均达到 100%。

⑤厂区清洁优美，厂区绿化覆盖率达到 35%以上。

⑥排污口符合规范化整治要求，主要排污口按规定安装主要污染物在线监控装置并保证正常运行。

⑦依法进行排污申报登记，领取排污许可证。

⑧按规定缴纳排污费。

⑨三年内无重复环境信访案件，无环境污染事故。

⑩环境管理纳入企业标准化管理工作，有健全的环境管理机构和制度；企业环境保护档案完整；各种基础数据资料齐全，有企业定期自行监测或委托监测的监测数据。

⑪企业周围居民和企业员工对企业环保工作满意率达到 90%以上。

⑫企业自愿继续削减污染物排放量。

（3）产品指标

①产品及其生产过程中不得含有或使用国家法律、法规、标准中禁用的物质；

②产品及其生产过程中不得含有或使用我国签署的国际公约中禁用的物质；

③产品安全、卫生和质量应符合国家、行业或企业相关标准的要求；

④在环境标志认证范围之内的产品，按照环境标志产品认证标准要求进行考核，已经获得环境标志的产品不再考核。

2 环境法律法规及其他要求

2.1 环境法律法规体系

2.1.1 环境法律法规体系层次结构

我国的环境保护法按其立法主体、法律效力不同，可分为宪法、环境法律、环境保护行政法规、地方性法规、环境规章，经我国批准生效的有关国际环境与资源保护公约也是环境保护法的一种形式，图 2-1 为我国环境保护法的体系层次结构。

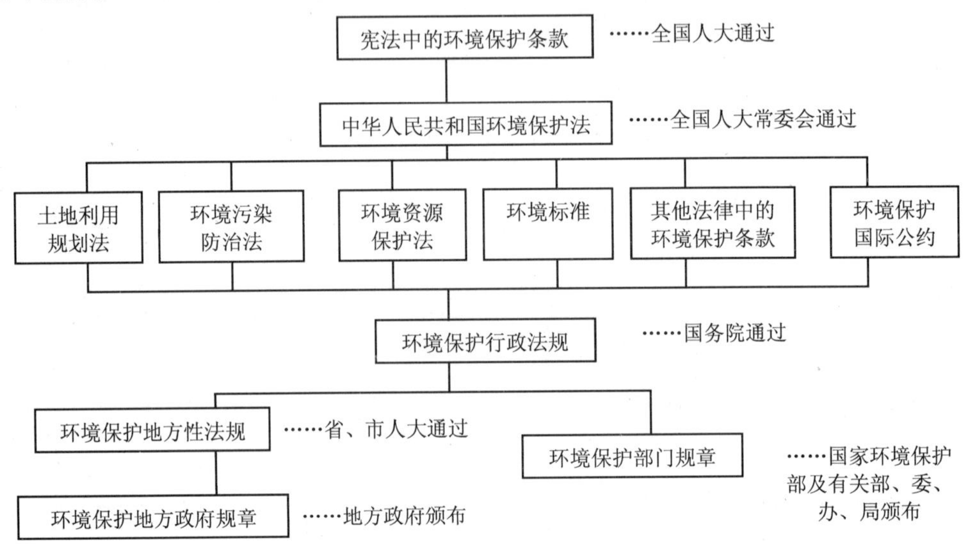

图 2-1 中国环境保护法律法规体系层次结构

2.1.2 环境法律法规体系的构成

2.1.2.1 宪法

宪法是我国的基本大法，是立法的基础，是指导性、原则性的法律规范。国内一切法律法规，包括环境保护法，都是在宪法的原则指导下制定的，并不得以任何形式与宪法相违背。我国宪法在环境与资源保护方面，规定了国家的基本权利、义务和方针。

《宪法》第 9 条第 1 款规定："矿藏、水流、森林、山岭、草原、荒地、滩涂等自然资源，都属于国家所有，即全民所有；由法律规定属于集体所有的森林和山岭、草原、荒地、滩涂除外。"第 9 条第 2 款还规定："国家保护自然资源的合理利用，保护珍贵的动物和植物。"第 26 条规定："国家保护和改善生活环境，防治污染和其他公害。国家鼓励植树造林，保护林木。”

2.1.2.2 环境保护基本法

《中华人民共和国环境保护法》是中国环境保护的基本法。1989 年 12 月 26 日第七届全国人民代表大会常务委员会第十一次会议通过，1989 年 12 月 26 日中华人民共和国主席令第二十二号公布施行。该法确定了经济建设、社会发展与环境保护协调发展的基本方针，各级政府、一切单位和个人有保护环境的权利和义务。在环境法体系中，除宪法之外占有核心地位。环境保护基本法是制定环境保护单行法的基本依据。

该法对环境保护的目的、范围、方针政策、基本原则、重要措施、管理制度、组织机构、法律责任等作出原则规定。

作为一部综合性的基本法，它对环境保护和重要问题作了全面的规定：

①对环境的定义作了明确的规定；②规定了环境监督管理的体制；③明确了环境标准的主体结构；④规定了环境法的任务和保护对象；⑤规定了环境保护应采取的基本原则和制度；⑥对保护自然环境与资源作出了明确的法律规定；⑦作出了有关防治措施的规定；⑧规定了中央和地方环境管理机构对环境监督管理的权限和任务；⑨规定了一切单位和个人都有保护环境的义务，对污染和破坏环境的单位和个人，有监督、检举和控告的权利；⑩作出了处罚规定。

2.1.2.3 环境保护单行法

环境保护单行法是针对特定的资源保护对象和特定的污染防治对象，调整各自专门的环境社会关系而制定的规范性文件；可归纳为“土地利用规划”、“污染防治”和“资源保护”三个主要方面。

（1）土地利用规划法

土地利用规划包括国土整治、农业区划、城市规划和村镇规划等方面。

（2）环境污染防治法

污染防治法这类法律一般按环境要素分类，如《中华人民共和国水污染防治法》《中华人民共和国大气污染防治法》《中华人民共和国固体废物污染防治法》《中华人民共和国海洋环境保护法》《中华人民共和国噪声污染防治法》《中华人民共和国清洁生产促进法》《中华人民共和国环境影响评价法》等。

（3）环境资源保护法

环境资源保护方面的法律中，包含了合理开发利用、保护和改善环境和自然资源的内容，如《中华人民共和国森林法》《中华人民共和国草原法》《中华人民共和国渔业法》《中华人民共和国矿产资源法》《中华人民共和国土地管理法》《中华人民共和国水法》《中华人民共和国野生动物保护法》《中华人民共和国水土保持法》等有关法律。

中国环境保护及有关的法律汇总见表 2-1。

表 2-1 中国环境保护及有关的法律汇总表

序号	法律
1	《中华人民共和国循环经济促进法》（2009-01-01）
2	《中华人民共和国水污染防治法》（2008-06-01）
3	《中华人民共和国城乡规划法》（2008-01-01）

序号	法律
4	《中华人民共和国节约能源法》（2008-04-01）
5	《中华人民共和国可再生能源法》（2006-01-01）
6	《中华人民共和国固体废物污染环境防治法》（2005-04-01）
7	《中华人民共和国防沙治沙法》（2002-01-01）
8	《中华人民共和国放射性污染防治法》（2003-10-01）
9	《中华人民共和国草原法》（2003-03-01）
10	《中华人民共和国环境影响评价法》（2003-09-01）
11	《中华人民共和国水法》（2002-10-01）
12	《中华人民共和国清洁生产促进法》（2003-01-01）
13	《中华人民共和国海域使用管理法》（2002-01-01）
14	《中华人民共和国渔业法》（2000-12-01）
15	《中华人民共和国大气污染防治法》 （2000-09-01）
16	《中华人民共和国气象法》（2000-01-01）
17	《中华人民共和国环境噪声污染防治法》（1997-03-01）
18	《中华人民共和国煤炭法》（1996-12-01）
19	《中华人民共和国农业法》（2003-03-01）
20	《中华人民共和国水土保持法》（1991-06-29）
21	《中华人民共和国环境保护法》（1989-12-26）
22	《中华人民共和国标准化法》（1989-04-01）
23	《中华人民共和国野生动物保护法》（2004-08-28）
24	《中华人民共和国土地管理法》（1998 年修正）（1999-01-01）
25	《中华人民共和国矿产资源法》（1996 年修正）（1997-01-01）
26	《中华人民共和国森林法》（1998 年修正）（2002-12-28）
27	《中华人民共和国宪法》（1982-12-04）
28	《中华人民共和国海洋环境保护法》（1999 年修正）（2000-04-01）
29	《中华人民共和国刑法》（1979-07-01）

2.1.2.4 环境保护标准

环境保护标准，亦称环境标准，是国家为保护人民健康、社会财富安全和维护生态平衡，而对污染源排放的污染物和一定区域环境中某些污染物的含量以及某些环境保护工作的技术要求所做的限值规定的总称。环境标准是环境法律体系的一个重要组成部分。环境标准共分五大类。其中环境质量标准、污染物排放标准又可分为两级，即国家环境标准和地方环境标准。环境质量标准和污染物排放标准属于强制性标准，违反强制性标准，必须承担相应的法律责任。

2.1.2.5 其他法律中的环境保护条款

其他部门法也包含许多关于环境保护的法律规范。如在《中华人民共和国刑法》第六章第六节“破坏环境资源罪”中规定，凡违反国家有关环境保护的规定，应负相应的刑事责任。还有其他法规如《民法通则》《中华人民共和国节约能源法》《卫生防疫法》等也与环境保护工作密切相关。

2.1.2.6 环境保护国际公约

国际环境与资源保护公约是国际法的一个分支，它是调整国家间在全球性或区域性环境保护领域中行为关系的法律规范的总称，包括有关保护环境的国际条约、协定、规章、制度、宣言及原则等。我国已加入的国际公约主要有：保护大气和外层空间的《保护臭氧层维也纳公约》、《联合国气候变化框架公约》，保护海洋及其生物资源的《防止海上油污染国际公约》、《1969 年国际油污损害民事责任公约》，动植物自然保护的《生物多样性公约》、《国际植物保护公约》、《濒危野生动植物种国际贸易公约》等。

2.1.2.7 环境保护行政法规

国务院发布的国家环境保护行政法规包括为贯彻环境保护法律而发布的相关实施细则、条例、规定、决定和办法等。如《排污费征收使用管理条例》《建设项目环境保护管理条例》《中华人民共和国自然保护区条例》《化学危险物品安全管理条例》《基本农田保护条例》《土地复垦规定》《草原防火条例》《中华人民共和国野生植物保护条例》等。环保法规法律效力虽不及法律，但实用性和操作性强。环保法规分为两部分：国家行政法规、地方行政法规。

2.1.2.8 环境保护行政规章

（1）环境保护部门规章

环境保护规章包括：国家环境保护部颁布的环境保护行政规定、办法，如排污申报登记管理规定，防治尾矿污染环境管理规定，污水处理设施环境保护监督管理办法等；国家环境保护部与国务院各有关部委联合发布的环境保护行政规章和办法；国务院所属各部委制定和发布的与环境保护相关的行政决定、命令、条例、实施细则等。

（2）地方环境保护行政规章

由省人民政府或有立法权的省、市人民代表大会制定的有关环境保护的法规性文件。如《湖北省环境保护条例》等。

规章的法律效力低于法规，而且规章的规定不准与法律、法规的规定相冲突。

2.2 污染防治与资源保护的法律法规

2.2.1 保护水环境的法律法规

2.2.1.1 《水污染防治法》的法律规定

《中华人民共和国水污染防治法》已由中华人民共和国第十届全国人民代表大会常务委员会第三十二次会议于 2008 年 2 月 28 日修订通过，自 2008 年 6 月 1 日起施行。修改后的《水污染防治法》共八章 92 条。主要包括水环境的监督管理、防止地表水污染、防止地下水污染等内容。该法主要规定概况如下：

①城市污水应当进行集中处理与重复利用。国务院有关部门和各地方人民政府必须把保护城市水源和防治城市水污染纳入城市建设规划，建设和完善城市排水管网，有计划地建设城市污水集中处理设施，加强城市水环境的综合整治。污水集中处理设施实行有偿服务，收取污水处理费，缴污水处理费的不再缴纳排污费。

②省级以上人民政府可依法规定生活饮用水源保护区，保护区可分一级和其他等级保护区。

禁止向一级保护区水体排入污水；

禁止在一级保护区从事旅游、游泳和其他可能污染水源的活动；

禁止在一级保护区内新建、扩建与供水设施保护水源无关的建设项目；

在一级保护区设置的排污口，由当地政府限期拆除或限期治理。

③在风景名胜区水体、重要渔业水体和其他具有特殊经济文化价值的水体的保护区内，不得新建排污口。在保护区附近新建排污口，应当保证保护区水体不受污染。

④禁止向水体排放油类、酸液、碱液或者剧毒废液。

⑤禁止在水体清洗装贮过油类或者有毒污染物的车辆和容器。

⑥禁止向水体排放、倾倒放射性固体废物或者含有高放射性和中放射性物质的废水。

⑦向水体排放含低放射性物质的废水，应当符合国家有关放射性污染防治的规定和标准。

⑧向水体排放含热废水，应当采取措施，保证水体的水温符合水环境质量标准。

⑨含病原体的污水应当经过消毒处理，符合国家有关标准后，方可排放。

⑩禁止向水体排放、倾倒工业废渣、城镇垃圾和其他废弃物。

⑪禁止将含有汞、镉、砷、铬、铅、氰化物、黄磷等的可溶性剧毒废渣向水体排放、倾倒或者直接埋入地下。存放可溶性剧毒废渣的场所，应当采取防水、防渗漏、防流失的措施。

⑫禁止在江河、湖泊、运河、渠道、水库最高水位线以下的滩地和岸坡堆放、存贮固体废弃物和其他污染物。

⑬禁止利用渗井、渗坑、裂隙和溶洞排放、倾倒含有毒污染物的废水、含病原体的污水和其他废弃物。

⑭禁止利用无防渗漏措施的沟渠、坑塘等输送或者存贮含有毒污染物的废水、含病原体的污水和其他废弃物。

⑮兴建地下工程设施或者进行地下勘探、采矿等活动，应当采取防护性措施，防止地下水污染。

⑯国家禁止新建不符合国家产业政策的小型造纸、制革、印染、染料、炼焦、炼硫、炼砷、炼汞、炼油、电镀、农药、石棉、水泥、玻璃、钢铁、火电以及其他严重污染水环境的生产项目。

⑰可能发生水污染事故的企业事业单位，应当依照《中华人民共和国突发事件应对法》的规定，做好突发水污染事故的应急准备、应急处置和事后恢复等工作；制订有关水污染事故的应急方案，做好应急准备，并定期进行演练；生产、储存危险化学品的企业事业单位，应当采取措施，防止在处理安全生产事故过程中产生的可能严重污染水体的消防废水、废液直接排入水体；企业事业单位发生事故或者其他突发性事件，造成或者可能造成水污染事故的，应当立即启动本单位的应急方案，采取应急措施，并向事故发生地的县级以上地方人民政府或者环境保护主管部门报告。

2.2.1.2 《水法》的法律规定

《中华人民共和国水法》已由中华人民共和国第九届全国人民代表大会常务委员会第二十九次会议于2002年8月29日修订通过，修订后的《中华人民共和国水法》共有八章82条，自2002年10月1日起施行。主要包括水资源开发利用、水资源和水域及水工程的保护、水资源配置和节约使用等方面内容，其主要内容如下：

①任何单位和个人引水、截（蓄）水、排水，不得损害公共利益和他人的合法权益。

②从事水资源开发、利用、节约、保护和防治水害等水事活动，应当遵守经批准的规划；因违反规划造成江河和湖泊水域使用功能降低、地下水超采、地面沉降、水体污染的，应当承担治理责任。

③禁止在饮用水水源保护区内设置排污口。在江河、湖泊新建、改建或者扩大排污口，应当经过有管辖权的水行政主管部门或者流域管理机构同意，由环境保护行政主管部门负责对该建设项目的环境影响报告书进行审批。

④从事工程建设，占用农业灌溉水源、灌排工程设施，或者对原有灌溉用水、供水水源有不利影响的，建设单位应当采取相应的补救措施；造成损失的，依法给予补偿。

⑤国家对用水实行总量控制和定额管理相结合的制度。

⑥直接从江河、湖泊或者地下取用水资源的单位和个人，应当按照国家取水许可制度和水资源有偿使用制度的规定，向水行政主管部门或者流域管理机构申请领取取水许可证，并缴纳水资源费，取得取水权。

⑦工业用水应当采用先进技术、工艺和设备，增加循环用水次数，提高水的重复利用率。国家逐步淘汰落后的、耗水量高的工艺、设备和产品。

⑧新建、扩建、改建建设项目，应当制订节水措施方案，配套建设节水设施。节水设施应当与主体工程同时设计、同时施工、同时投产。

⑨供水企业和自建供水设施的单位应当加强供水设施的维护管理，减少水的漏失。

2.2.1.3 海洋环境保护的法律规定

《中华人民共和国海洋环境保护法》已由中华人民共和国第九届全国人民代表大会常务委员会第十三次会议于 1999 年 12 月 25 日修订通过，修订后的《中华人民共和国海洋环境保护法》共十章 95 条，自 2000 年 4 月 1 日起施行。

该法主要内容包括海洋生态保护的规定；防止陆源污染物对海洋环境的污染危害，排放陆源污染物必须严格执行污染物排放标准的要求，防止赤潮污染危害；防止海岸工程建设项目对海洋环境的污染损害，兴建海岸工程建设采取保护水产资源措施的要求，港口、油码头配备防污设施的要求。海滩、沙石开发和海底矿产资源开发的环境保护要求；防止海洋工程建设项目对海洋环境的污染损害，防止爆破作业破坏渔业资源的要求，防止漏油、残油、废油污染的要求，防止海上试油、输油、储油污染海洋的要求，配备防污设施和防止井喷、漏油事故的要求；防止倾倒废弃物对海洋环境的污染损害；防止船舶及有关作业活动对海洋环境的污染损害。

2.2.2 保护大气环境的法律法规

《中华人民共和国大气污染防治法》已由中华人民共和国第九届全国人民代表大会常务委员会第十五次会议于 2000 年 4 月 29 日修订通过，修改后的《中华人民共和国大气污染防治法》共七章 66 条，自 2000 年 9 月 1 日起施行。该法分别对大气污染防治的基本原则、监督管理、防治燃煤产生的大气污染、防治机动车船排放污染、防治废气、尘和恶臭污染及法律责任作出了规定。其主要内容如下：

①新建、扩建、改建向大气排放污染物的项目，必须遵守国家有关建设项目环境保护管理的规定。建设项目的环境影响报告书，必须对建设项目可能产生的大气污染和对

生态环境的影响作出评价，规定防治措施，并按照规定的程序报环境保护行政主管部门审查批准。

②向大气排放污染物的单位，必须按照国务院环境保护行政主管部门的规定向所在地的环境保护行政主管部门申报拥有的污染物排放设施、处理设施和在正常作业条件下排放污染物的种类、数量、浓度，并提供防治大气污染方面的有关技术资料。

③向大气排放污染物的，其污染物排放浓度不得超过国家和地方规定的排放标准。

④在国务院和省、自治区、直辖市人民政府划定的风景名胜区、自然保护区、文物保护单位附近地区和其他需要特别保护的区域内，不得建设污染环境的工业生产设施；建设其他设施，其污染物排放不得超过规定的排放标准。

⑤优先采用能源利用效率高、污染物排放量少的清洁生产工艺，减少大气污染物的产生。

⑥国家对严重污染大气环境的落后生产工艺和严重污染大气环境的落后设备实行淘汰制度。国务院经济综合主管部门会同国务院有关部门公布限期禁止采用的严重污染大气环境的工艺名录和限期禁止生产、禁止销售、禁止进口、禁止使用的严重污染大气环境的设备名录。

⑦生产者、销售者、进口者或者使用者必须在国务院经济综合主管部门会同国务院有关部门规定的期限内分别停止生产、销售、进口或者使用列入前款规定的名录中的设备。生产工艺的采用者必须在国务院经济综合主管部门会同国务院有关部门规定的期限内停止采用列入前款规定的名录中的工艺。依照前两款规定被淘汰的设备，不得转让给他人使用。

⑧降低煤的硫分和灰分，限制高硫分、高灰分煤炭的开采。禁止开采含放射性和砷等有毒有害物质超过规定标准的煤炭。

⑨国家采取有利于煤炭清洁利用的经济、技术政策和措施，鼓励和支持使用低硫分、低灰分的优质煤炭，鼓励和支持洁净煤技术的开发和推广。

⑩城市建设应当统筹规划，在燃煤供热地区，统一解决热源，发展集中供热。在集中供热管网覆盖的地区，不得兴建燃煤供热锅炉。

⑪新建、扩建排放二氧化硫的火电厂和其他大中型企业，超过规定的污染物排放标准或者总量控制指标的，必须建设配套脱硫、除尘装置或者采取其他控制二氧化硫排放、除尘的措施。

⑫在人口集中地区存放煤炭、煤矸石、煤渣、煤灰、砂石、灰土等物料，必须采取防燃、防尘措施，防止污染大气。

⑬机动车船向大气排放污染物不得超过规定的排放标准。

⑭任何单位和个人不得制造、销售或者进口污染物排放超过规定排放标准的机动车船。

⑮向大气排放粉尘的排污单位，必须采取除尘措施。严格限制向大气排放含有毒物质的废气和粉尘；确需排放的，必须经过净化处理，不超过规定的排放标准。

⑯工业生产中产生的可燃性气体应当回收利用，不具备回收利用条件而向大气排放的，应当进行防治污染处理。向大气排放转炉气、电石气、电炉法黄磷尾气、有机烃类尾气的，须报经当地环境保护行政主管部门批准。

⑰炼制石油、生产合成氨、煤气和燃煤焦化、有色金属冶炼过程中排放含有硫化物气体的，应当配备脱硫装置或者采取其他脱硫措施。

⑱向大气排放含放射性物质的气体和气溶胶，必须符合国家有关放射性防护的规定，不得超过规定的排放标准。

⑲向大气排放恶臭气体的排污单位，必须采取措施防止周围居民区受到污染。

⑳在人口集中地区和其他依法需要特殊保护的区域内，禁止焚烧沥青、油毡、橡胶、塑料、皮革、垃圾以及其他产生有毒有害烟尘和恶臭气体的物质。

㉑运输、装卸、贮存能够散发有毒有害气体或者粉尘物质的，必须采取密闭措施或者其他防护措施。

㉒国家鼓励、支持消耗臭氧层物质替代品的生产和使用，逐步减少消耗臭氧层物质的产量，直至停止消耗臭氧层物质的生产和使用。

2.2.3 防治固体废物污染的法律法规

《中华人民共和国固体废物污染环境防治法》已由中华人民共和国第十届全国人民代表大会常务委员会第十三次会议于 2004 年 12 月 29 日修订通过，修订后的《中华人民共和国固体废物污染环境防治法》共六章 91 条，自 2005 年 4 月 1 日起施行。国家对固体废物污染环境的防治，实行减少固体废物的产生量和危害性、充分合理利用固体废物和无害化处置固体废物的原则，促进清洁生产和循环经济发展，其内容主要包括：

①产生固体废物的单位和个人，应当采取措施，防止或者减少固体废物对环境的污染。

②禁止任何单位或者个人向江河、湖泊、运河、水库及其最高水位线以下的滩地和岸坡等法律、法规规定禁止倾倒堆放废弃物的地点倾倒、堆放固体废物。

③收集、贮存、运输、利用、处置固体废物的单位和个人，必须采取防扬散、防流失、防渗漏或者其他防止污染环境的措施；不得擅自倾倒、堆放、丢弃、遗撒固体废物。

④产品和包装物的设计、制造，应当遵守国家有关清洁生产的规定。生产、销售、进口依法被列入强制回收目录的产品和包装物的企业，必须按照国家有关规定对该产品和包装物进行回收。

⑤禁止中华人民共和国境外的固体废物进境倾倒、堆放、处置。

⑥禁止进口不能用做原料或者不能以无害化方式利用的固体废物；对可以用做原料的固体废物实行限制进口和自动许可进口分类管理。进口的固体废物必须符合国家环境保护标准，并经质量监督检验检疫部门检验合格。

⑦产生工业固体废物的单位应当建立健全污染环境防治责任制度，采取防治工业固体废物污染环境的措施。

⑧企业事业单位应当合理选择和利用原材料、能源和其他资源，采用先进的生产工艺和设备，减少工业固体废物产生量，降低工业固体废物的危害性。

⑨对暂时不利用或者不能利用的固体废物，必须按照国务院环境保护行政主管部门的规定建设贮存设施、场所，必须符合国家环境保护标准。

⑩禁止擅自关闭、闲置或者拆除工业固体废物污染环境防治设施、场所；确有必要关闭、闲置或者拆除的，必须经所在地县级以上地方人民政府环境保护行政主管部门核

准，并采取措施，防止污染环境。

⑪矿山企业应当采取科学的开采方法和选矿工艺，减少尾矿、矸石、废石等矿业固体废物的产生量和贮存量。尾矿、矸石、废石等矿业固体废物贮存设施停止使用后，矿山企业应当按照国家有关环境保护规定进行封场，防止造成环境污染和生态破坏。

⑫对城市生活垃圾应当按照环境卫生行政主管部门的规定，在指定的地点放置，不得随意倾倒、抛撒或者堆放。

⑬工程施工单位应当及时清运工程施工过程中产生的固体废物，并按照环境卫生行政主管部门的规定进行利用或者处置。

⑭对危险废物的容器和包装物以及收集、贮存、运输、处置危险废物的设施、场所，必须设置危险废物识别标志。

⑮产生危险废物的单位，必须按照国家有关规定制定危险废物管理计划，并向所在地县级以上地方人民政府环境保护行政主管部门申报危险废物的种类、产生量、流向、贮存、处置等有关资料。

⑯产生危险废物的单位，必须按照国家有关规定处置危险废物，不得擅自倾倒、堆放。

⑰禁止无经营许可证或者不按照经营许可证规定从事危险废物收集、贮存、利用、处置的经营活动。

⑱收集、贮存危险废物，必须按照危险废物特性分类进行。禁止混合收集、贮存、运输、处置性质不相容而未经安全性处置的危险废物。

⑲运输危险废物，必须采取防止污染环境的措施，并遵守国家有关危险货物运输管理的规定。

⑳收集、贮存、运输、处置危险废物的场所、设施、设备和容器、包装物及其他物品转作他用时，必须经过消除污染的处理，方可使用。

㉑产生、收集、贮存、运输、利用、处置危险废物的单位，应当制订意外事故的防范措施和应急预案，并向所在地县级以上地方人民政府环境保护行政主管部门备案。

㉒因发生事故或者其他突发性事件，造成危险废物严重污染环境的单位，必须立即采取措施消除或者减轻对环境的污染危害，及时通报可能受到污染危害的单位和居民，并向所在地县级以上地方人民政府环境保护行政主管部门和有关部门报告，接受调查处理。

2.2.4 防治噪声污染的法律法规

《中华人民共和国环境噪声污染防治法》已由中华人民共和国第八届全国人民代表大会常务委员会第二十次会议于 1996 年 10 月 29 日通过，共有八章 64 条，自 1997 年 3 月 1 日起施行。主要内容包括：环境噪声污染的监督管理、工业噪声污染防治、建筑施工噪声污染防治、交通运输噪声污染防治、社会生活噪声污染防治。

①新建、改建、扩建的建设项目，必须遵守国家有关建设项目环境保护管理的规定。建设项目可能产生环境噪声污染的，建设单位必须提出环境影响报告书，规定环境噪声污染的防治措施，并按照规定的程序报环境保护行政主管部门批准。

②产生环境噪声污染的企业事业单位，必须保持防治环境噪声污染的设施的正常使

用；拆除或者闲置环境噪声污染防治设施的，必须事先报经所在地的县级以上地方人民政府环境保护行政主管部门批准。

③对于在噪声敏感建筑物集中区域内造成严重环境噪声污染的企业事业单位，限期治理。

④国家对环境噪声污染严重的落后设备实行淘汰制度。

⑤在城市范围内向周围生活环境排放工业噪声的，应当符合国家规定的工业企业厂界环境噪声排放标准。

⑥在工业生产中因使用固定的设备造成环境噪声污染的工业企业，必须按照国务院环境保护行政主管部门的规定，向所在地的县级以上地方人民政府环境保护行政主管部门申报拥有的造成环境噪声污染的设备的种类、数量以及在正常作业条件下所发出的噪声值和防治环境噪声污染的设施情况，并提供防治噪声污染的技术资料。

⑦产生环境噪声污染的工业企业，应当采取有效措施，减轻噪声对周围生活环境的影响。

⑧在城市市区范围内向周围生活环境排放建筑施工噪声的，应当符合国家规定的建筑施工场界环境噪声排放标准。

⑨在城市市区噪声敏感建筑物集中区域内，禁止夜间进行产生环境噪声污染的建筑施工作业，但抢修、抢险作业和因生产工艺上要求或者特殊需要必须连续作业的除外。

⑩在已有的城市交通干线的两侧建设噪声敏感建筑物的，建设单位应当按照国家规定间隔一定距离，并采取减轻、避免交通噪声影响的措施。

2.2.5 防治放射性污染的法律法规

《中华人民共和国放射性污染防治法》已由中华人民共和国第十届全国人民代表大会常务委员会第三次会议于 2003 年 6 月 28 日通过，共八章 63 条，自 2003 年 10 月 1 日起施行。该法对放射性污染防治的监督管理、核设施的放射性污染防治、核技术利用的放射性污染防治作了规定，其主要内容为：

①核设施营运单位、核技术利用单位、铀（钍）矿和伴生放射性矿开发利用单位，必须采取安全与防护措施，预防发生可能导致放射性污染的各类事故，避免放射性污染危害。

②放射性物质和射线装置应当设置明显的放射性标识和中文警示说明。生产、销售、使用、贮存、处置放射性物质和射线装置的场所以及运输放射性物质和含放射源的射线装置的工具，应当设置明显的放射性标识。

③含有放射性物质的产品，应当符合国家放射性污染防治标准；不符合国家放射性污染防治标准的，不得出厂和销售。

④核设施营运单位在进行核设施建造、装料、运行、退役等活动前，必须按照国务院有关核设施安全监督管理的规定，申请领取核设施建造、运行许可证和办理装料、退役等审批手续。

⑤核设施营运单位领取有关许可证或者批准文件后，方可进行相应的建造、装料、运行、退役等活动。

⑥核设施营运单位应当在申请领取核设施建造、运行许可证和办理退役审批手续前

编制环境影响报告书，报国务院环境保护行政主管部门审查批准；未经批准，有关部门不得颁发许可证和办理批准文件。

⑦核设施营运单位应当按照核设施的规模和性质制订核事故场内应急计划，做好应急准备。

⑧生产、销售、使用放射性同位素和射线装置的单位，应当按照国务院有关放射性同位素与射线装置放射防护的规定申请领取许可证，办理登记手续。

⑨生产、销售、使用放射性同位素和加速器、中子发生器以及含放射源的射线装置的单位，应当在申请领取许可证前编制环境影响评价文件，报省、自治区、直辖市人民政府环境保护行政主管部门审查批准；未经批准，有关部门不得颁发许可证。

⑩放射性同位素应当单独存放，不得与易燃、易爆、腐蚀性物品等一起存放，其贮存场所应当采取有效的防火、防盗、防射线泄漏的安全防护措施，并指定专人负责保管。贮存、领取、使用、归还放射性同位素时，应当进行登记、检查，做到账物相符。

⑪生产、使用放射性同位素和射线装置的单位，应当按照国务院环境保护行政主管部门的规定对其产生的放射性废物进行收集、包装、贮存。

2.2.6 资源开发类的法律法规

2.2.6.1 矿产资源保护的法律规定

《中华人民共和国矿产资源法》由第六届全国人民代表大会常务委员会第十五次会议于 1986 年 3 月 19 日通过，根据 1996 年 8 月 29 日第八届全国人民代表大会常务委员会第二十一次会议《关于修改〈中华人民共和国矿产资源法〉的决定》修正。该法共七章 53 条。该法在矿产资源勘查登记和开采审批、矿产资源的勘查与开采、集体矿山企业和个体采矿等方面作了相关规定，其主要内容如下：

①矿产资源属于国家所有，由国务院行使国家对矿产资源的所有权。地表或者地下的矿产资源的国家所有权，不因其所依附的土地的所有权或者使用权的不同而改变。

②国家对矿产资源勘查实行统一的区块登记管理制度。

③设立矿山企业，必须符合国家规定的资质条件，并依照法律和国家有关规定，由审批机关对其矿区范围、矿山设计或者开采方案、生产技术条件、安全措施和环境保护措施等进行审查；审查合格的，方予批准。

④开采矿产资源，必须采取合理的开采顺序、开采方法和选矿工艺。矿山企业的开采回采率、采矿贫化率和选矿回收率应当达到设计要求。

⑤在开采主要矿产的同时，对具有工业价值的共生和伴生矿产应当统一规划，综合开采，综合利用，防止浪费；对暂时不能综合开采或者必须同时采出而暂时还不能综合利用的矿产以及含有有用组分的尾矿，应当采取有效的保护措施，防止损失破坏。

⑥开采矿产资源，必须遵守国家劳动安全卫生规定，具备保障安全生产的必要条件。

⑦开采矿产资源，必须遵守有关环境保护的法律规定，防止污染环境。

⑧开采矿产资源，应当节约用地。耕地、草原、林地因采矿受到破坏的，矿山企业应当因地制宜地采取复垦利用、植树种草或者其他利用措施。

2.2.6.2 煤炭资源保护的法律规定

《中华人民共和国煤炭法》于 1996 年 8 月 29 日第八届全国人民代表大会常务委员会第二十一次会议通过，共八章 81 条，自 1996 年 12 月 1 日起施行。该法主要内容有煤炭生产开发规划与煤矿建设、煤炭生产与煤矿安全、煤炭经营及煤矿矿区保护和监督检查等，其主要法律规定为：

①煤炭资源属于国家所有。地表或者地下的煤炭资源的国家所有权，不因其依附的土地的所有权或者使用权的不同而改变。国家依法保护煤炭资源，禁止任何乱采滥挖破坏煤炭资源的行为。

②开发利用煤炭资源，应当遵守有关环境保护的法律、法规，防治污染和其他公害，保护生态环境。

③煤矿投入生产前，煤矿企业应当依照本法规定向煤炭管理部门申请领取煤炭生产许可证，由煤炭管理部门对其实际生产条件和安全条件进行审查，符合本法规定条件的，发给煤炭生产许可证。

④因开采煤炭占用土地或者造成地表土地塌陷、挖损，由采矿者负责进行复垦，恢复到可供利用的状态；造成他人损失的，应当依法给予补偿。

⑤关闭煤矿和报废矿井，应当依照有关法律、法规和国务院煤炭管理部门的规定办理。

⑥国家提倡和支持煤矿企业和其他企业发展煤电联产、炼焦、煤化工、煤建材等，进行煤炭的深加工和精加工。

⑦国家发展和推广洁净煤技术。

⑧国家采取措施取缔土法炼焦。禁止新建土法炼焦窑炉；现有的土法炼焦限期改造。

2.2.7 能源利用等方面法律法规

2.2.7.1 节约能源的法律规定

《中华人民共和国节约能源法》已由中华人民共和国第十届全国人民代表大会常务委员会第三十次会议于 2007 年 10 月 28 日修订通过，自 2008 年 4 月 1 日起施行，共七章 87 条，涉及节能管理、合理使用能源、节能技术进步等方面，其主要内容为：

①不符合强制性节能标准的项目，依法负责项目审批或者核准的机关不得批准或者核准建设；建设单位不得开工建设；已经建成的，不得投入生产、使用。

②国家对落后的耗能过高的用能产品、设备和生产工艺实行淘汰制度。淘汰的用能产品、设备、生产工艺的目录和实施办法，由国务院管理节能工作的部门会同国务院有关部门制定并公布。

③禁止生产、进口、销售国家明令淘汰或者不符合强制性能源效率标准的用能产品、设备；禁止使用国家明令淘汰的用能设备、生产工艺。

④用能产品的生产者、销售者，可以根据自愿原则，按照国家有关节能产品认证的规定，向经国务院认证认可监督管理部门认可的从事节能产品认证的机构提出节能产品认证申请；经认证合格后，取得节能产品认证证书，可以在用能产品或者其包装物上使用节能产品认证标志。

⑤用能单位应当按照合理用能的原则，加强节能管理，制订并实施节能计划和节能

技术措施，降低能源消耗。

⑥用能单位应当加强能源计量管理，按照规定配备和使用经依法检定合格的能源计量器具。

⑦国家鼓励工业企业采用高效、节能的电动机、锅炉、窑炉、风机、泵类等设备，采用热电联产、余热余压利用、洁净煤以及先进的用能监测和控制等技术。

⑧禁止新建不符合国家规定的燃煤发电机组、燃油发电机组和燃煤热电机组。

2.2.7.2 可再生能源利用与保护的法律规定

《中华人民共和国可再生能源法》已由中华人民共和国第十届全国人民代表大会常务委员会第十四次会议于2005年2月28日通过，自2006年1月1日起施行，共八章33条。其主要内容涉及资源调查与发展规划、产业指导与技术支持、推广与应用、价格管理与费用分摊、经济激励与监督措施等方面，主要内容有：

①国家将可再生能源开发利用的科学技术研究和产业化发展列为科技发展与高技术产业发展的优先领域，纳入国家科技发展规划和高技术产业发展规划，并安排资金支持可再生能源开发利用的科学技术研究、应用示范和产业化发展，促进可再生能源开发利用的技术进步，降低可再生能源产品的生产成本，提高产品质量。

②国家鼓励和支持可再生能源并网发电。

③国家扶持在电网未覆盖的地区建设可再生能源独立电力系统，为当地生产和生活提供电力服务。

④国家鼓励清洁、高效地开发利用生物质燃料，鼓励发展能源作物。

⑤国家鼓励单位和个人安装和使用太阳能热水系统、太阳能供热采暖和制冷系统、太阳能光伏发电系统等太阳能利用系统。

2.2.8 清洁生产法律法规

《中华人民共和国清洁生产促进法》已由中华人民共和国第九届全国人民代表大会常务委员会第二十八次会议于2002年6月29日通过，共六章42条，自2003年1月1日起施行。该法对推行和实施清洁生产作了相关规定，其主要内容如下：

①国家对浪费资源和严重污染环境的落后生产技术、工艺、设备和产品实行限期淘汰制度。国务院经济贸易行政主管部门会同国务院有关行政主管部门制定并发布限期淘汰的生产技术、工艺、设备以及产品的名录。

②省、自治区、直辖市人民政府环境保护行政主管部门，应当加强对清洁生产实施的监督；可以按照促进清洁生产的需要，根据企业污染物的排放情况，在当地主要媒体上定期公布污染物超标排放或者污染物排放总量超过规定限额的污染严重企业的名单，为公众监督企业实施清洁生产提供依据。

③新建、改建和扩建项目应当进行环境影响评价，对原料使用、资源消耗、资源综合利用以及污染物产生与处置等进行分析论证，优先采用资源利用率高以及污染物产生量少的清洁生产技术、工艺和设备。

④企业在进行技术改造过程中，应当采取以下清洁生产措施：采用无毒、无害或者低毒、低害的原料，替代毒性大、危害严重的原料；采用资源利用率高、污染物产生量少的工艺和设备，替代资源利用率低、污染物产生量多的工艺和设备；对生产过程中产

生的废物、废水和余热等进行综合利用或者循环使用；采用能够达到国家或者地方规定的污染物排放标准和污染物排放总量控制指标的污染防治技术。

⑤产品和包装物的设计，应当考虑其在生命周期中对人类健康和环境的影响，优先选择无毒、无害、易于降解或者便于回收利用的方案。

⑥生产大型机电设备、机动运输工具以及国务院经济贸易行政主管部门指定的其他产品的企业，应当按照国务院标准化行政主管部门或者其授权机构制定的技术规范，在产品的主体构件上注明材料成分的标准牌号。

⑦矿产资源的勘查、开采，应当采用有利于合理利用资源、保护环境和防止污染的勘查、开采方法和工艺技术，提高资源利用水平。

⑧企业应当在经济技术可行的条件下对生产和服务过程中产生的废物、余热等自行回收利用或者转让给有条件的其他企业和个人利用。

⑨生产、销售被列入强制回收目录的产品和包装物的企业，必须在产品报废和包装物使用后对该产品和包装物进行回收。

⑩企业应当对生产和服务过程中的资源消耗以及废物的产生情况进行监测，并根据需要对生产和服务实施清洁生产审核。

⑪企业在污染物排放达到国家和地方规定的排放标准的基础上，可以自愿与有管辖权的经济贸易行政主管部门和环境保护行政主管部门签订进一步节约资源、削减污染物排放量的协议。该经济贸易行政主管部门和环境保护行政主管部门应当在当地主要媒体上公布该企业的名称以及节约资源、防治污染的成果。

⑫企业可以根据自愿原则，按照国家有关环境管理体系认证的规定，向国家认证认可监督管理部门授权的认证机构提出认证申请，通过环境管理体系认证，提高清洁生产水平。

⑬根据本法规定，列入污染严重企业名单的企业，应当按照国务院环境保护行政主管部门的规定公布主要污染物的排放情况，接受公众监督。

2.3 环境保护政策

2.3.1 环境保护的基本政策

（1）环境保护是基本国策

1983 年年底召开的第二次全国环境保护会议提出了环境保护是现代化建设中的一项战略任务，是一项基本国策，确立了环境保护在经济和社会发展中的重要地位。

（2）环境保护的三项基本政策

中国环境保护基本政策包括“预防为主、防治结合、综合治理”、“谁污染、谁治理”和“强化环境管理”，简称环境保护的“三大政策”。三大政策中，核心是强化环境管理。

①预防为主政策。基本思想是把消除环境污染和破坏的行为实施在经济开发和建设过程之中，实施全过程控制，是从源头解决环境问题，减少污染治理和生态保护付出的沉重代价。

②“谁污染、谁治理”政策。实行这一政策，主要解决两个问题，一是要明确经济行为主体的环境责任问题；二是要解决环境保护的资金问题。

③“强化环境管理”政策。我国在 1983 年提出了强化环境管理的政策，其主要措施包括：加强环境立法和执法、建立健全环境管理机构、建立健全环境管理制度。

2.3.2 环境保护的专项政策

中国环境保护的专项政策主要包括环境保护的产业政策、行业政策、技术政策、经济政策、能源政策。

2.3.2.1 环境保护的产业政策

（1）产业政策要点

国务院关于当前产业政策要点的决定于 1989 年 3 月 15 日颁布和实施，是法规性文件，该文件制定了正确的产业政策，明确国民经济各个领域中支持和限制的重点，是调整产业结构、进行宏观调控的重要依据。

国务院关于当前产业政策要点的主要内容详见以下各表，即主要产业生产领域的发展序列表 2-2、表 2-3、表 2-4。

表 2-2 生产领域发展序列表

分类	项目
重点支持生产的产业、产品	农业和农用工业，主要是粮、棉、油料、糖料、肉、蔬菜，森林抚育、速生丰产林，化肥、农药、农膜、适用的农业机具及零配件
	轻工、纺织业，主要是糖、盐、纸、纱、布、化纤
	基础设施和基础工业，主要是交通运输业中的煤炭、农用物资及外贸重点产品的运输和旅客运输；邮电通信业中的市话、长话及用户电讯；能源工业中的煤、电、石油；原材料工业中的钢铁、有色金属、基本化工原料
	机械、电子工业，主要是大型机电成套装备、机电仪一体化产品、高附加价值出口创汇机电产品
	高技术产业，主要是航空航天、新型材料、生物工程技术
	经济效益好的出口创汇产品，特别是加工制成品
严格限制生产的产品（出口产品除外）	国家定点外的汽车、摩托车；性能低下的普通机电产品，主要是普通机床和锻压设备
	超前消费的高电耗产品，主要是空调器、冷热风机、电炊具、吸尘器
	用国内紧缺原料生产的高消费产品，主要是铝门窗、铝铜建筑装修品、易拉罐、化纤地毯
	生产方式落后、严重浪费资源和污染环境的产品，主要是土法炼焦、汽油和柴油发电、土法炼有色金属、土法硫黄
	低质白酒、普通人造革、普通人造毛皮等
停止生产的产品	无证开采的有色金属矿、化学矿、煤矿等；原机械部（委）公布的十批 437 项淘汰产品；原纺织部公布淘汰的纺织机械；住房和城乡建设部等六个部门公布的建筑机械第一批淘汰产品等

表 2-3 基本建设领域发展序列表

分类	产业	项目
重点支持基本建设的产业、产品	基础产业	农业中的商品粮、棉、油基地建设，宜农荒地开发；林业中的速生丰产林；水利业中的大江大河治理；农用工业中的化肥、农药
		交通运输业中以煤炭为主的重要物资运输通道、重要客运枢纽设施；邮电通信业中繁忙的长途通信、邮政、电信枢纽
		能源工业中的煤炭、电力、石油和天然气；原材料工业中的钢铁、有色金属、化工、石化
	装备产业	主要是大型发电设备和相应的输变电设备、集成电路、通信设备
	轻工业	主要是纸、糖、盐
	其他	出口创汇效益好的产品，特别是加工制成品
		社会公共设施中的大中城市生产和群众生活必需的供排水、治理污染、公共交通
停止或严格限制基本建设的产业、产品	凡限制和停止生产的产品的建设项目，一律停止建设	
	原材料供应不足，加工能力又有富余的产品，主要是： （1）轻工、纺织业中的毛纺、棉纺、涤纶长丝、丙纶、化纤地毯、缫丝、丝绸、一般塑料加工、电风扇、机械表、电冰箱、洗衣机 （2）化学工业中的斜交轮胎、通用化学试剂 （3）有色金属工业中的铜、铝加工（列入国家计划的除外）和钨、锡、锑冶炼 （4）建材工业中的大理石、花岗岩板材，塑料门窗、铝合金门窗 （5）机械电子工业中国家定点以外的汽车、摩托车、彩色电视机	
	不符合经济规模要求，经济效益差，污染严重的小钢铁、小有色金属、小铁合金、小化工、小炼油（边远地区原油运不出的除外）、小建材、小造纸厂等	
	《国务院关于清理固定资产投资在建项目、压缩投资规模、调整投资结构的通知》（国发[1988]64 号）中规定停建的其他项目	

表 2-4 技术改造与对外贸易领域发展序列表

领域	类别	项目
技术改造领域	重点支持技术改造的产业、产品	农业、林业中的适用科学技术和有利于良种培育、新技术推广的项目
		轻纺工业中有利于开发新产品、提高产品质量和档次、适应国内外市场需求的项目
		机械、电子工业中有利于提高基础机械、基础工艺、基础零部件、元器件、重大成套设备的技术水平、扩大出口以及消化吸收引进技术并实现国产化的项目
		节约能源和综合利用能源、原材料的项目
		经济效益好的出口创汇项目
对外贸易领域（摘要）	出口方面	要采取积极方针发展对外贸易，以保证国家外汇收入，从而支持国民经济生产建设。要进一步调整出口商品结构，根据国际市场需求情况，逐步提高制成品特别是深加工产品、机电仪产品出口的比重；努力改进出口商品质量，在提高出口商品档次、创汇率上下工夫。对内、外销要统筹安排，有些资源丰富，又不是国内十分必需的商品，要尽量多出口；有些国内外

领域	类别	项目
对外贸易领域（摘要）	出口方面	市场都需要的商品，要挤一部分出口；有关国计民生的大宗资源性商品，要严格按计划出口；国内紧缺的产品，要限制或禁止出口。同时，根据我国资源短缺和劳动力丰富的特点，利用国际市场积极开展来料加工、来样加工、来件组装、补偿贸易以及以进养出等业务
	进口方面	要确保关系国计民生的重要物资的进口；合理安排引进先进技术、设备、关键零部件及进口国内短缺的重要原材料和市场紧缺物资，以保证人民生活，支持生产和提高技术水平。同时，也要根据国内产业结构的状况和消费政策，恰当安排进口的产品，以调整国内的产需结构，促进民族工业的发展

（2）产业结构调整的方向和重点

国务院关于《促进产业结构调整暂行规定》，是实现“十一五”规划目标的一项重要举措，该规定提出产业结构调整的目标为推进产业结构优化升级，促进一、二、三产业健康协调发展，逐步形成农业为基础、高新技术产业为先导、基础产业和制造业为支撑、服务业全面发展的产业格局，坚持节约发展、清洁发展、安全发展，实现可持续发展。

该规定提出产业结构调整的方向和重点为：①巩固和加强农业基础地位，加快传统农业向现代农业转变；②加强能源、交通、水利和信息等基础设施建设，增强对经济社会发展的保障能力；③以振兴装备制造业为重点发展先进制造业，发挥其对经济发展的重要支撑作用；④加快发展高技术产业，进一步增强高技术产业对经济增长的带动作用；⑤提高服务业比重，优化服务业结构，促进服务业全面快速发展；⑥大力发展循环经济，建设资源节约型和环境友好型社会，实现经济增长与人口资源环境相协调；⑦优化产业组织结构，调整区域产业布局。提高企业规模经济水平和产业集中度，加快大型企业发展，形成一批拥有自主知识产权、主业突出、核心竞争力强的大公司和企业集团；⑧实施互利“共赢”的开放战略，提高对外开放水平，促进国内产业结构升级。

（3）产业结构调整指导目录

国家发改委第 40 号令关于《产业结构调整指导目录（2005 年）》已经国务院批准，自发布之日（2005 年 12 月 2 日）起施行，目前国家已发布新的《产业结构调整指导目录（2007 年）》（征求意见稿）。《产业结构调整指导目录》是引导投资方向，政府管理投资项目，制定和实施财税、信贷、土地、进出口等政策的重要依据。《产业结构调整指导目录》原则上适用于我国境内的各类企业。其中外商投资按照《外商投资产业指导目录》执行。

《产业结构调整指导目录》由鼓励、限制和淘汰三类目录组成。不属于鼓励类、限制类和淘汰类，且符合国家有关法律、法规和政策规定的，为允许类。允许类不列入《产业结构调整指导目录》。

鼓励类主要是对经济社会发展有重要促进作用，有利于节约资源、保护环境、产业结构优化升级，需要采取政策措施予以鼓励和支持的关键技术、装备及产品；限制类主要是工艺技术落后，不符合行业准入条件和有关规定，不利于产业结构优化升级，需要督促改造和禁止新建的生产能力、工艺技术、装备及产品；淘汰类主要是不符合有关法律法规规定，严重浪费资源、污染环境、不具备安全生产条件，需要淘汰的落后工艺技术、装备及产品。

2.3.2.2 环境保护的行业政策

环境保护的行业政策是指以特定的行业为对象开展环境保护的专项政策。行业不同，其行业环境保护政策也不一样，具有明显的行业特点。根据行业生产的规模、特点、生产工艺水平以及污染物的产生情况，各行业的环境保护政策均可分为：①鼓励发展的行业政策；②限制发展的行业政策；③禁止发展的行业政策。

对于那些具有先进生产工艺、资源能源利用率高、污染排放量小，且具有规模效益的项目，国家采取鼓励发展的政策；对于那些生产工艺一般、资源能源利用率不高、污染排放量大且规模效益不明显的项目，国家采取限制发展的政策；对于那些生产工艺落后、资源能源利用率低、污染严重的项目，国家采取禁止发展的政策。

2.3.2.3 环境保护的技术政策

环境保护技术政策是指以特定的行业或领域为对象，在行业政策许可范围内引导企业采取有利于保护环境的生产和污染防治技术的政策。环境保护的技术政策是企业制订污染防治对策的依据，也是开展环境监督管理的出发点。

到目前为止，我国已经制定了若干个环境保护技术政策。例如，在 2001 年 12 月和 2002 年 1 月由原国家环境保护总局、原国家经贸委和科学技术部分别发布了《危险废物污染防治技术政策》和《燃煤二氧化硫排放污染防治技术政策》。2002 年 6 月 21 日，原国家经贸委会同国务院有关部门发布了《国家产业技术政策》，包括工业、农业和国防科技工业的技术政策纲要。2002 年颁布的《燃煤二氧化硫排放污染防治技术政策》中规定：燃用中、高硫煤的电厂锅炉必须配套安装烟气脱硫设施进行脱硫。2006 年颁布的《废弃家用电器与电子产品污染防治技术政策》中规定：鼓励建立多方参与的、符合不同种类和来源的废弃家用电器与电子产品回收系统。

2.3.2.4 环境保护的经济政策

环境保护的经济政策是指运用税收、信贷、财政补贴、收费等各种手段引导和促进环境保护的专项政策。环境保护的经济政策按照内容可分为三大类：污染防治的经济优惠政策；资源与生态补偿政策；污染税与污染费政策。

2.3.2.5 环境保护的能源政策

环境保护的能源政策是指以提高能源利用率、开发无污染和少污染的清洁能源为主要内容，开展环境保护的能源政策。中国的能源政策是：坚持开源与节流并重，改善能源结构，提高能源效率。在以煤炭为主要能源的情况下，优先开发水、电、天然气等清洁能源，提高清洁能源在一次性能源中的比重。

具体来说，一是要立足资源优势，引进煤的气化、热电循环、煤床甲烷气回收先进技术、清洁高效的净煤技术和能源综合利用技术，开发和推广清洁煤技术，特别是煤炭气化技术，增加天然气的消费量等。努力降低煤炭能源在一次性能源中的比重，提高城市能源利用率。二是要推动高能效产品的开发和利用，提高工业能源利用率。三是要在能源紧缺地区有计划地发展核能源，发展农村的秸秆气化和生物能发电，改善农村能源结构和能源利用方式。

2.4 环境管理制度

2.4.1 环境影响评价制度

2.4.1.1 环境影响评价的概念

环境影响评价，是指对规划和建设项目实施后可能造成的环境影响进行分析、预测和评估，提出预防或者减轻不良环境影响的对策和措施，进行跟踪监测的方法与制度。

2.4.1.2 环境影响评价的内容

建设项目环境影响评价，包括以下 7 个方面的内容：建设项目概况；建设项目周围环境现状；建设项目对环境可能造成影响的分析和预测；环境保护措施及其经济、技术论证；环境影响经济损益分析；对建设项目实施环境监测的建议；环境影响评价结论。

2.4.1.3 违反环境影响评价制度的处罚规定

违反环境影响评价制度的处罚见表 2-5。

表 2-5 违反环境影响评价制度的处罚

序号	违法行为	处罚依据	处罚种类、幅度
1	规划编制机关违反本法规定，组织环境影响评价时弄虚作假或者有失职行为，造成环境影响评价严重失实的	《环境影响评价法》第四章、第二十九条	对直接负责的主管人员和其他直接责任人员，由上级机关或者监察机关依法给予行政处分
2	规划审批机关对依法应当编写有关环境影响篇章或者说明而未编写的规划草案，依法应当附送环境影响报告书而未附送的专项规划草案，依法予以批准的	《环境影响评价法》第二十四章、第三十条	同上
3	建设单位未依法报批建设项目环境影响评价文件，或者未依照本法第二十四条的规定重新报批或者报请重新审核环境影响评价文件，擅自开工建设的	《环境影响评价法》第二十二条、第三十一条第 1 款；海洋工程建设项目的建设单位有此款违法行为的，依照《中华人民共和国海洋环境保护法》违反本法第四十七条第一款、第八十三条的规定处罚	《环境影响评价法》规定：由有权审批该项目环境影响评价文件的环境保护行政主管部门责令停止建设，限期补办手续的；预期不补办手续的，可以处 5 万元以上 20 万元以下罚款，对建设单位直接负责的主管人员和其他直接责任人员，依法给予行政处分。《海洋环境保护法》规定：由海洋行政主管部门责令其停止施工或者生产、使用，并处五万元以上二十万元以下的罚款
4	建设项目环境影响评价文件未经批准或者未经原审批部门重新审核同意，建设单位擅自开工建设的	《环境影响评价法》第三十一条第 2 款；海洋工程建设项目的建设单位有此款违法行为的，依照《中华人民共和国海洋环境保护法》第八十条的规定处罚	《环境影响评价法》规定：由有权审批该项目环境影响评价文件的环境保护行政主管部门责令停止建设，可以处 5 万元以上 20 万元以下罚款，对建设单位直接负责人员和其他直接责任人员，给予行政处分；《海洋环境保护法》规定：由县级以上地方人民政府环境保护行政主管部门责令其停止违法行为和采取补救措施，并处五万元以上二十万元以下的罚款；或者按照管理权限，由县级以上地方人民政府责令其限期拆除

序号	违法行为	处罚依据	处罚种类、幅度
5	建设项目依法应当进行环境影响评价而未评价，或者环境影响评价文件未经依法批准，审批部门擅自批准该项目建设的	《环境影响评价法》第三十二条	对直接负责的主管人员和其他直接责任人员，由上级机关或者监察机关依法给予行政处分；构成犯罪的，依法追究刑事责任
6	接受委托为建设项目环境影响评价提供技术服务的机构在环境影响评价工作中不负责任或者弄虚作假，致使环境影响评价文件失实的	《环境影响评价法》第三十三条	由授予环境影响评价资质的环境保护行政主管部门降低其资质等级或者吊销其资质证书，并处所收费用一倍以上三倍以下的罚款；构成犯罪的，依法追究刑事责任
7	负责预审、审核、审批建设项目环境影响评价文件的部门在审批中收取费用的	《环境影响评价法》第三十四条	由其上级机关或者监察机关责令退还；情节严重的，对直接负责的主管人员和其他直接责任人员依法给予行政处分
8	环境保护行政主管部门或者其他部门的工作人员徇私舞弊，滥用职权，玩忽职守，违法批准建设项目环境影响评价文件的	《环境影响评价法》第三十五条	依法给予行政处分；构成犯罪的，依法追究刑事责任
9	未编制环境影响评价文件，或者环境影响评价文件未经环境保护行政主管部门批准，擅自进行建造、运行、生产和使用等活动的	《放射性污染防治法》五十条	《放射性污染防治法》规定：责令停止违法行为，限期补办手续或者恢复原状，并处1万元以上20万元以下罚款

2.4.2 “三同时”管理制度

2.4.2.1 “三同时”制度的概念

“三同时”制度是指一切新建、改建和扩建的基本建设项目（包括小型建设项目）、技术改造项目、自然开发项目以及可能对环境造成损害的其他工程项目，其中防治污染和其他公害的设施及其他环保设施，必须与主体工程同时设计、同时施工、同时投产的环境保护法律制度。

2.4.2.2 “三同时”制度的内容

适用范围：①新建、扩建、改建项目。新建项目是指原来没有任何基础，而从无到有开始建设的项目。扩建项目，是指为扩大生产能力或提高经济效益，在原有建设的基础上又建设的项目。改建项目，是指在原有设施的基础上，为了改变生产工艺、生产种类或者为了提高产品产量、质量，在不断扩大原有建设规模的情况下而建设的项目。②技术改造项目。技术改造项目是指利用更新改造资金进行挖潜、革新、改造的建设项目。③一切可能对环境造成污染和破坏的工程建设项目。这方面的项目包括的范围广，几乎不分建设项目的大小、类别，也不管是新建、扩建或改建，只要可能对环境造成污染和破坏，就要执行“三同时”制度。④确有经济效益的综合利用项目。

不同阶段的要求：①同时设计。要求建设项目配套的环保设施与主体工程同时设计，这是“三同时”制度的第一阶段。②同时施工。要求完成同时设计的环保设施与主体工程同时施工，这是“三同时”制度的第二阶段。③同时投产。要求完成同时施工的环保设施与建设项目主体工程同时投入运行。其中，同时投产的前提是环保设施与主体工程同时进行竣工验收，分期建设、分期投入生产或使用的建设项目，其相应的环境保护设施应当分期验收，环境保护设施经验收合格，该建设项目方可正式投入生产或者使用。

2.4.2.3 违反“三同时”制度的处罚规定

违反“三同时”制度的处罚见表 2-6。

表 2-6 违反“三同时”制度的处罚

序号	违法行为	处罚依据	处罚种类、幅度
1	建设项目需要配套建设环境保护设施未建成，未经验收或者验收不合格，主体工程即投入生产或者使用的	《环境保护法》第三十六条；《水污染防治法》第七十一条；《大气污染防治法》第四十七条；《固体废物污染环境防治法》第六十九条；《环境噪声污染防治法》第四十八条；《海洋环境保护法》第八十一、八十三条；《建设项目环境保护管理条例》第二十八条	1. 《环境保护法》规定：由批准该建设项目的环境影响报告书的环境保护行政主管部门责令停止生产或者使用，可以并处罚款。 2. 《水污染防治法》规定：由县级以上人民政府环境保护主管部门责令停止生产或者使用，直至验收合格，处五万元以上五十万元以下的罚款。 3. 《大气污染防治法》规定：由审批该建设项目的环境影响报告书的环境保护行政主管部门责令停止生产或者使用，可以并处一万元以上十万元以下罚款。 4. 《固体废物污染环境防治法》规定：由审批该建设项目环境影响评价文件的环境保护行政主管部门责令停止生产或者使用，可以并处十万元以下的罚款。 5. 《环境噪声污染防治法》规定：由批准该建设项目的环境影响报告书的环境保护行政主管部门责令停止生产或者使用，可以并处罚款。 6. 《海洋环境保护法》第八十一条规定：海岸工程建设项目未建成环境保护设施，或者环境保护设施未达到规定要求即投入生产、使用的，由环境保护行政主管部门责令其停止生产或者使用，并处二万元以上十万元以下的罚款；《海洋环境保护法》第八十三条规定：进行海洋工程建设项目，或者海洋工程建设项目未建成环境保护设施、环境保护设施未达到规定要求即投入生产、使用的，由海洋行政主管部门责令其停止施工或者生产、使用，并处五万元以上二十万元以下的罚款。 7. 《建设项目环境保护管理条例》规定：由审批该建设项目环境影响报告书、环境影响报告表或者环境影响登记表的环境保护行政主管部门责令停止生产或者使用，可以处 10 万元以下的罚款。
2	未建造放射性污染防治设施、放射防护设施，或者防治防护设施未经验收合格，主体工程即投入生产或者使用的	《放射性污染防治法》第五十一条	由审批环境影响评价文件的环境保护行政主管部门责令停止违法行为，限期改正，并处五万元以上二十万元以下罚款

序号	违法行为	处罚依据	处罚种类、幅度
3	建设项目需要配套建设环境保护设施未经验收，主体工程正式投入生产或者使用，但该项目可以达到该地区环境保护要求的	《关于建设项目环保设施验收等问题的复函》（环发[1999]95号）	予以通报批评
4	试生产的建设项目配套建设环保设施未与主体工程同时投入试运行的	《建设项目环境保护管理条例》第二十六条	由审批该建设项目环境影响报告书、环境影响报告表或者环境影响登记表的环境保护行政主管部门责令限期改正；逾期不改正的，责令停止试生产，可以处5万元以下的罚款
5	建设项目投入试生产超过3个月，建设单位未申请环保设施竣工验收的	《建设项目环境保护管理条例》第二十七条	由审批该建设项目环境影响报告书、环境影响报告表或者环境影响登记表的环境保护行政主管部门责令限期办理环境保护设施竣工验收手续；逾期未办理的，责令停止试生产，可以处5万元以下的罚款
6	不正常使用水污染物处理设施，或者未经环境保护主管部门批准拆除、闲置水污染物处理设施的	《水污染防治法》第七十三条	由县级以上人民政府环境保护主管部门责令限期改正，处应缴纳排污费数额一倍以上三倍以下的罚款
7	排污单位不正常使用大气污染物处理设施，或者未经环境保护行政主管部门批准，擅自拆除、闲置大气污染物处理设施的	《大气污染防治法》第四十六条	环境保护行政主管部门或者本法第四条第二款规定的监督管理部门责令停止违法行为，限期改正，给予警告或者处以五万元以下罚款
8	擅自拆除、闲置环境保护设施的	《海洋环境保护法》第七十八条	由县级以上地方人民政府环境保护行政主管部门责令重新安装使用，并处一万元以上十万元以下的罚款
9	擅自关闭、闲置或者拆除固体废物污染环境防治设施、场所的	《固体废物污染环境防治法》第六十八条第四项	由县级以上人民政府环境保护行政主管部门责令停止违法行为，限期改正，处以一万元以上十万元以下的罚款
10	未经环境保护行政主管部门同意，擅自拆除或者闲置防治污染的设施，污染物排放超过规定的排放标准的	《环境保护法》第三十七条；《环境噪声污染防治法》第五十条	《环境保护法》规定：由环境保护行政主管部门责令重新安装使用，并处罚款。《环境噪声污染防治法》规定：由县级以上人民政府环境保护行政主管部门责令改正，并处罚款

注：不正常使用污染防治设施、排污又超标的，包括：

（1）故意或全部不经处理设施排污的；

（2）将未经处理污染物从中间工序直接外排的；

（3）部分或全部停止或关闭污染防治设施的；

（4）违反操作规章使用污染处理设施，或不定期检查和维修的；

（5）违反处理设施正常运行条件，致使用设备不正常运行的。

2.4.3 排污申报登记制度

2.4.3.1 排污申报登记制度的概念

排污申报登记制度是指排放污染物的单位依法向当地环境保护部门申报登记其排污情况并提供防治污染方面的有关技术资料，由环境保护部门依法予以审查并实施监督的环境管理制度。我国的主要环境保护法律、法规都规定了这一制度。该制度的实施通常分为申请、审查、发证、监督检查等几个阶段。

2.4.3.2 违反排污申报登记制度的处罚规定

违反排污申报登记制度的处罚见表 2-7。

表 2-7 违反排污申报登记制度的处罚

序号	违法行为	处罚依据	处罚种类、幅度
1	拒报或者谎报排污申报登记事项的	《环境保护法》第二十五条第（二）项； 《水污染防治法》第七十二条第（一）项； 《海洋环境保护法》第七十四条第（一）项； 《大气污染防治法》第四十六条第（一）项； 《环境噪声污染防治法》第四十九条； 《固体废物污染环境防治法》第六十八条第（一）项； 《排污申报登记管理规定》第十五条	1. 《环境保护法》规定：环境保护行政主管部门或者其他依照法律规定行使环境监督管理权的部门可以根据不同情节，给予警告或者处以罚款； 2. 《水污染防治法》规定：由县级以上人民政府环境保护主管部门责令限期改正：逾期不改正的，处一万元以上十万元以下的罚款； 3. 《海洋环境保护法》规定：海洋环境监督管理权的部门予以警告，或者处以罚款； 4. 《大气污染防治法》规定：监督管理部门可以根据不同情节，责令停止违法行为，限期改正，给予警告或者处以五万元以下罚款； 5. 《环境噪声污染防治法》规定：县级以上地方人民政府环境保护行政主管部门可以根据不同情节，给予警告或者处以罚款； 6. 《固体废物污染环境防治法》规定：由县级以上人民政府环境保护行政主管部门责令停止违法行为，限期改正，处五千元以上五万元以下的罚款； 7. 《排污申报登记管理规定》规定：环境保护行政主管部门可依法处以三百元以上三千元以下罚款，并限期补办排污申报登记手续
2	排污申报登记后，排污状况需做重大改变的，在变更前 15 天未履行变更手续的	根据《排污申报登记管理规定》第六条规定，这种情况视为拒报，处罚依据同上	同上
3	排污申报登记后，排污状况发生突发性改变，未在改变后 3 天内履行变更手续的	根据《排污申报登记管理规定》第六条规定，这种情况视为拒报，处罚依据同上	同上
4	未经环保部门同意，擅自拆除或者闲置污染物处理设施未申报的	根据《排污申报登记管理规定》第八条规定，这种情况视为拒报，处罚依据同上	同上
5	产生危险废物的单位不按规定申报登记的	《固体废物污染环境防治法》第七十五条第（二）项	由县级以上人民政府环境保护行政主管部门责令停止违法行为，限期改正，处一万元以上十万元以下的罚款

2.4.4 征收排污费制度

2.4.4.1 征收排污费制度的概念

征收排污费制度是对于向环境排放污染物或者超过国家排放标准排放污染物的排污者，按照污染物的种类、数量和浓度，根据规定征收一定的费用。这项制度既能运用经济手段有效地促进污染治理和新技术的发展，又能使污染者承担一定污染防治费用的法律制度。

2.4.4.2 违反排污费征收使用管理制度的处罚规定

违反排污费征收使用管理制度的处罚见表 2-8。

表 2-8 违反排污费征收使用管理制度的处罚

序号	违法行为	处罚依据	处罚种类、幅度
1	拒绝缴纳排污费或超标排污费的	《环境保护法》第二十五条第（三）项； 《水污染防治法》第二十四条； 《大气污染防治法》第十四条； 《环境噪声污染防治法》第五十一条； 《海洋环境保护法》第十一条； 《排污费征收使用管理条例》第二十一条； 《固体废物污染环境防治法》第七十五条第（四）项	1．《环境保护法》规定：环境保护行政主管部门或者其他依照法律规定行使环境监督管理权的部门可以根据不同情节，给予警告或者处以罚款； 2．《排污费征收使用管理条例》规定：由环境保护行政主管部门依据职权责令限期缴纳：逾期拒不缴纳的，处应缴纳排污费数额 1 倍以上 3 倍以下的罚款，并报经有批准权的人民政府批准，责令停产停业整顿。 3．《环境噪声污染防治法》规定：县级以上地方人民政府环境保护行政主管部门可以根据不同情节，给予警告或者处以罚款； 4．《固体废物污染环境防治法》规定：县级以上人民政府环境保护行政主管部门责令停止违法行为，限期缴纳，逾期不缴纳的，处应缴纳危险废物排污费金额一倍以上三倍以下的罚款
2	排污者以欺骗手段骗取批准减缴、免缴或者缓缴排污费的	《排污费征收使用管理条例》第二十二条	由环境保护行政主管部门依据职权责令限期补缴应当缴纳的排污费，并处所骗取批准减缴、免缴或者缓缴排污费数额 1 倍以上 3 倍以下的罚款
3	排污者在规定期限内未足额缴纳排污费的	《排污费资金收缴使用管理办法》第二十二条	由收缴部门责令限期缴纳，并从滞纳之日起加收 2‰的滞纳金。排污者拒不按规定缴纳排污费和滞纳金的，按照《排污费征收使用管理条例》的有关规定予以处罚
4	环境保护专项资金使用者不按照批准的用途使用环境保护专项资金的	《排污费征收使用管理条例》第二十三条	由环境保护行政主管部门或者财政部门依据职权责令限期改正；逾期不改正的，10 年内不得申请使用环境保护专项资金，并处挪用资金数额 1 倍以上 3 倍以下的罚款

2.4.5 环境保护目标责任制

环境保护目标责任制是一种具体落实地方各级人民政府和有污染的单位对环境质量负责的行政管理制度。这项制度确定了一个区域、一个部门乃至一个单位环境保护的主要责任者和责任范围，运用目标化、定量化、制度化的管理方法，把贯彻执行环境保护这一基本国策作为各级领导的行为规范，推动环境保护工作的全面、深入发展。

2.4.6 城市环境综合整治定量考核制度

城市环境综合整治定量考核制度，是指通过实行定量考核，对城市政府在推行城市环境综合整治中的活动予以管理和调整的一项环境监督管理制度。

2.4.7 排污许可证制度

2.4.7.1 排污许可证制度的概念

排污许可证制度是指凡是需要向环境排放各种污染物的单位或个人，都必须事先向环境保护部门办理申领排污许可证手续，经环境保护部门批准后获得排污许可证后方能向环境排放污染物的制度。

排污许可证，即排放污染物许可证。环保部门根据排污者的申请，依法针对各个排污单位的排污行为分别提出具体要求，以书面形式确定下来，作为排污单位守法和环保部门执法以及社会监督的凭据。这个书面凭据就是排污许可证。

2.4.7.2 排污许可证制度的管理程序

排污许可证制度主要包括 4 步管理程序：①排污申报登记；②污染物总量指标的规划分配；③排污许可证申请的审批颁发；④排污许可证的监督检查和管理。

2.4.7.3 排污许可证制度的法律规定

我国许多环境保护的法律法规中，规定了排污许可制度，如：

《中华人民共和国水污染防治法》第二十条规定，国家实行排污许可制度。直接或者间接向水体排放工业废水和医疗污水以及其他按照规定应当取得排污许可证方可排放的废水、污水的企业事业单位，应当取得排污许可证；城镇污水集中处理设施的运营单位，也应当取得排污许可证。排污许可的具体办法和实施步骤由国务院规定。禁止企业事业单位无排污许可证或者违反排污许可证的规定向水体排放前款规定的废水、污水。

《中华人民共和国大气污染防治法》第十五条规定，国务院和省、自治区、直辖市人民政府对尚未达到规定的大气环境质量标准的区域和国务院批准划定的酸雨控制区、二氧化硫污染控制区，可划定为主要大气污染物排放总量控制区。主要大气污染物排放总量控制的具体办法由国务院规定。大气污染物总量控制区内有关地方人民政府依照国务院规定的条件和程序，按照公开、公平、公正的原则，核定企业事业单位的主要大气污染物排放总量，核发主要大气污染物排放许可证。有大气污染物总量控制任务的企业事业单位，必须按照核定的主要大气污染物排放总量和许可证规定的排放条件排放污染物。

《中华人民共和国海洋环境保护法》第五十五条规定，任何单位未经国家海洋行政主管部门批准，不得向中华人民共和国管辖海域倾倒任何废弃物。需要倾倒废弃物的单位，必须向国家海洋行政主管部门提出书面申请，经国家海洋行政主管部门审查批准，发给许可证后，方可倾倒。

2.4.7.4 违反排污许可制度的处罚规定

违反排污许可制度的处罚见表 2-9。

表 2-9 违反排污许可制度的处罚

序号	违法行为	处罚依据	处罚种类、幅度
1	不按照排污许可证或者临时许可证的规定排放污染物的	《水污染防治法实施细则》第 44 条；依据各省市地方污染物排放许可管理办法进行处罚	《水污染防治法实施细则》规定：由颁发许可证的环境保护部门责令限期改正，可以处 5 万元以下的罚款；情节严重的，并可以吊销排污许可证或者临时排污许可证
2	未取得排污许可证排放污染物的，或终止或者吊销水污染物《排放许可证》仍然排放污染物的	依据各省市地方污染物排放许可管理办法进行处罚	如《湖北省实施排污许可证暂行办法》（鄂环办[2008]159 号）第二十七条规定：未取得排污许可证排放污染物的，负责发证的环境保护行政主管部门应依照《中华人民共和国行政许可法》、《湖北省实施〈中华人民共和国水污染防治法〉办法》、《湖北省大气污染防治条例》等法律法规的规定予以处罚。 《天津市水污染物排放许可证管理办法》（试行）（津环保水[2007]67）第二十八条规定：禁止无证排污。对无证排放污染物的，依据《天津市水污染防治管理办法》第八条第二款规定，由环保部门责令其限期补办有关手续，并可处 5 万元以下罚款
3	拒绝办理排污申报登记或拒领《排放许可证》的	依据各省市地方污染物排放许可管理办法进行处罚	如：《昆明市污染物排放许可证管理办法》（昆政复[1999]24 号）第十八条第（三）项规定：实行《排放污染物许可证》的单位拒领《排放污染物许可证》或逾期不更换《排放污染物许可证》的，处以 3 万元以下（含 3 万元）罚款，并加倍收缴排污费
4	违反本法规定，向大气排放污染物超过国家和地方规定排放标准的	《大气污染防治法》第四十八条	应当限期治理，并由所在地县级以上地方人民政府环境保护行政主管部处一万元以上十万元以下罚款。限期治理的决定权限和违反限期治理要求的行政处罚由国务院规定
5	违反本法规定，排放水污染物超过国家或者地方规定的水污染物排放标准	《水污染防治法》第七十四条	由环境保护主管部门按照权限责令限期治理，处应缴纳排污费数额二倍以上五倍以下的罚款。限期治理期间，由环境保护主管部门责令限制生产、限制排放或者停产整治。限期治理的期限最长不超过一年
6	未经许可，擅自从事贮存和处置放射性固体废物活动的；不按照许可的有关规定从事贮存和处置放射性固体废物活动的	《放射性污染防治法》第五十七条	由省级以上人民政府环境保护行政主管部门责令停产停业或者吊销许可证；有违法所得的，没收违法所得；违法所得十万元以上的，并处违法所得一倍以上五倍以下罚款；没有违法所得或者违法所得不足十万元的，并处五万元以上十万元以下罚款；构成犯罪的，依法追究刑事责任

2.4.8 限期治理制度

2.4.8.1 限期治理制度的概念和类型

限期治理是以污染源调查、评价为基础，以环境保护规划为依据，分期、分批地对污染危害严重、群众反映强烈的污染物、污染源、污染区域采取的限定治理时间、治理内容及治理效果的强制性措施，是政府为了保护人民的利益对排污单位采取的法律措施。根据《国务院关于环境保护若干问题的规定》第四条规定，限期治理视不同情况规定期限为1～3年。

按限期治理的时间、范围、性质，大体可分为两个阶段、三种类型。两个阶段是由点源治理阶段发展到区域综合防治阶段。三种类型分别是：①区域性限期治理项目；②行业性限期治理项目；③污染源限期治理。

2.4.8.2 限期治理的内容

（1）限期治理的范围

污染限期治理主要包括三种，分别是区域性限期治理、行业性限期治理和污染源限期治理。

区域性限期治理，是指对污染严重的某一区域、某个水域的限期治理，大气污染的限期治理等。区域性限期治理的措施、手段，除了进行必要的点源治理外，调整工业布局、调整经济结构（原材料与能源结构、产品结构等）、技术改造、市政建设和改造等也都是区域性限期治理的重要措施。

行业性限期治理，是指对某个行业性污染的限期治理，如对造纸行业制浆黑液污染的限期治理，对机械行业锅炉生产的限期改造更新。行业限期治理，也包括调整产业结构、原材料、能源结构和工艺设备的限期调整与更新。

污染源限期治理，是指对污染严重的排放源进行限期治理，如某企业、某个污染源、某个污染物的限期治理等。

（2）限期治理的重点

①污染危害严重，群众反映强烈的污染物、污染源。治理后对改善环境质量、解决厂群矛盾、保障社会安定有较大作用的项目。汞、镉、铬、砷、铅、镍、苯并[a]芘等类污染物应首先进行限期治理。

②位于居民稠密区、水源保护区、风景游览区、自然保护区、温泉疗养区、城市上风向等环境敏感区，污染物排放超标、危害职工和居民健康的污染企业。

③区域或水域环境质量十分恶劣，有碍观瞻、损害景观的区域或水域环境综合整治的项目。

④污染范围广，污染危害较大的行业污染项目。如对消耗高、污染重的工艺设备限期淘汰，对浪费大、排污多的产品、原料、能源（如汞制剂、农药等工艺、KZL 锅炉等）限期调整以及对造纸黑液、铬渣等行业污染限期治理等。

⑤其他必须限期治理的污染企业。如重大环境污染事故隐患，企业升级遗留下来的污染源的限期治理。

2.4.8.3 违反限期治理制度的处罚规定

违反限期治理制度的处罚见表2-10。

表 2-10 违反限期治理制度的处罚

违法行为	处罚依据	处罚种类、幅度
对经限期治理逾期未完成治理任务的企业事业单位	《环境保护法》第三十九条； 《水污染防治法》第七十四条； 《大气污染防治法》第四十八条； 《环境噪声污染防治法》第十七条第三款、第五十二条； 《固体废物污染环境防治法》第八十一条； 国家环境保护总局《关于违反限期治理制度行政处罚问题的复函》环发[2000]113 号	1.《环境保护法》规定：除依照国家规定加收超标准排污费外，可以根据所造成的危害后果处以罚款，或者责令停业、关闭。 2.《水污染防治法》规定：报经有批准权的人民政府批准，责令关闭。 3.《大气污染防治法》规定：由相关环境保护行政主管部门处一万元以上十万元以下罚款。 4.《环境噪声污染防治法》规定：除依照国家规定加收超标准排污费外，可根据所造成的危害后果处以罚款，或者责令停业、搬迁、关闭。 5.《固体废物污染环境防治法》规定：由本级人民政府决定停业或者关闭。 6.环发[2000]113 号规定：对经限期治理逾期未完成治理任务的企业事业单位，地方各级环境保护行政主管部门，可以根据所造成的危害后果处以罚款，或者提出意见报请作出限期治理决定的人民政府决定其停业、关闭

2.4.9 污染集中控制制度

2.4.9.1 污染集中控制制度的概念

污染集中控制主要是指在特定区域、特定污染条件下，对某些同类污染运用政策、管理、工程技术等手段，采取综合的适度规模控制措施，以达到污染控制效果最好，环境效益、社会效益最佳的环境管理制度。

2.4.9.2 污染集中控制制度的形式

目前我国污染集中控制的形式主要有：

①废水污染集中控制。有 4 种形式：以大企业为骨干，利用不同水质的特点，实行企业联合集中治理；同种类型工厂相联合；对特殊废水集中处理，如电镀废水；工厂只对废水进行预处理，然后排入城市污水处理厂进行处理，如造纸厂。

②废气的污染集中控制。合理规划，调整产业结构和城市布局，特别注意能源的利用方式，走城市煤气化道路，并积极实行集中、联片供热；回收企业放空气体，如回收焦炉煤气等。

③有害固体废物污染集中控制，开展综合利用。

2.4.10 总量控制制度

总量控制制度是指国家环境管理机关依据所勘定的区域环境容量，决定区域中的污染物质排放总量，根据排放总量削减计划，向区域内的企业个别分配各自的污染物排放总量额度的方式的一项法律制度。在此概念中，“总量”一词指的是在一定区域和时间范围内的排污量总和或一定时间范围内某个企业的排污量总和。

总量控制包括三个方面的内容：①污染物的排放总量；②排放污染物的地域；③排

放污染物的时间。

2.4.11 强制淘汰制度

落后工艺设备限期淘汰制度是对严重污染环境的落后生产工艺和设备，由国务院经济综合主管部门会同有关部门公布名录和期限，由县级以上人民政府的经济综合主管部门监督各生产者、销售者、进口者和使用者在规定的期限内停止生产、销售、进口和使用的法律制度。对落后生产工艺和设备实行淘汰制度是我国环境保护的一项重要法律制度，《水污染防治法》《固体废物污染防治法》《大气污染防治法》《环境噪声污染防治法》都做了规定。

2.4.12 现场检查制度

2.4.12.1 现场检查制度概述

现场检查制度是环境保护行政主管部门或其他依法行使环境监督管理权的部门对管辖范围内的排污单位进行现场检查的法律规定。根据我国《环境保护法》《水污染防治法》《大气污染防治法》等法律法规的规定，县级以上人民政府环境保护部门或其他依法行使环境监督管理权的部门，有权对管辖范围的排污单位进行现场检查，但同时有责任为被检查单位保守技术秘密和业务秘密。被检查单位必须如实反映情况和提供必要的资料；如果拒绝接受检查或者弄虚作假，则必须承担相应的法律责任。

2.4.12.2 违反现场检查制度的处罚规定

违反现场检查制度的处罚见表 2-11。

表 2-11 违反现场检查制度的处罚

违法行为	处罚依据	处罚种类、幅度
拒绝环境保护行政主管部门或者其他依照法律规定行使环境监督管理权的部门现场检查或者在被检查时弄虚作假的。	《环境保护法》第三十五条第（一）款； 《水污染防治法》第七十条； 《大气污染防治法》第四十六条第（二）项； 《海洋环境保护法》第七十五条； 《环境噪声污染防治法》第五十五条； 《固体废物污染环境防治法》第七十条； 《放射性污染防治法》第四十九条第（二）项； 《电磁辐射环境保护管理办法》第二十六条（三）项	1.《环境保护法》规定：环境保护行政主管部门或者其他依照法律规定行使环境监督管理权的部门可以根据不同情节，给予警告或者处以罚款。 2.《水污染防治法》规定：由环境保护主管部门或者其他依照本法规定行使监督管理权的部门责令改正，处一万元以上十万元以下的罚款。 3.《大气污染防治法》规定：环境保护行政主管部门或者相关监督管理部门可以根据不同情节，责令停止违法行为，限期改正，给予警告或者处以五万元以下罚款。 4.《海洋环境保护法》规定：由行使海洋环境监督管理权的部门予以警告，并处二万元以下的罚款。 5.《环境噪声污染防治法》规定：环境保护行政主管部门或者相关监督管理权的监督管理部门、机构可以根据不同情节，给予警告或者处以罚款。 6.《固体废物污染环境防治法》规定：由执行现场检查的部门责令限期改正；拒不改正或者在检查时弄虚作假的，处二千元以上二万元以下的罚款。 7.《放射性污染防治法》规定：由县级以上人民政府环境保护行政主管部门或者其他有关部门依据职权责令限期改正，可以处二万元以下罚款。 8.《电磁辐射环境保护管理办法》规定：由环境保护行政主管部门依照相关规定，责令其限期改正，并处罚款。

2.4.13 污染事故预警制度

2.4.13.1 污染事故预警制度概述

《国家突发环境事件应急预案》是依据《中华人民共和国环境保护法》《中华人民共和国海洋环境保护法》《中华人民共和国安全生产法》和《国家突发公共事件总体应急预案》及相关的法律、行政法规，制定本预案。

《国家突发环境事件应急预案》预警及措施、预警支持系统、应急响应程序、突发环境事件报告时限和程序、突发环境事件报告方式与内容等都作了相应规定，其针对中小企业的主要内容有：①预防工作；②预警及措施；③预警支持系统；④应急响应；⑤信息报送与处理；⑥责任追究。

2.4.13.2 污染事故预警制度的处罚规定

在突发环境事件应急工作中，有下列行为之一的，按照有关法律和规定，对有关责任人员视情节和危害后果，由其所在单位或者上级机关给予行政处分；其中，对国家公务员和国家行政机关任命的其他人员，分别由任免机关或者监察机关给予行政处分；构成犯罪的，由司法机关依法追究刑事责任：

（1）不按照规定制订突发环境事件应急预案，拒绝承担突发环境事件应急准备义务的；

（2）不按规定报告、通报突发环境事件真实情况的；

（3）拒不执行突发环境事件应急预案，不服从命令和指挥，或者在事件应急响应时临阵脱逃的；

（4）有其他对环境事件应急工作造成危害行为的。

2.4.14 危险废物许可管理制度

危险废物许可管理制度主要内容有：

（1）在中华人民共和国境内从事危险废物收集、贮存、处置经营活动的单位，应当依照本办法的规定，领取危险废物经营许可证。

（2）危险废物经营许可证按照经营方式，分为危险废物收集、贮存、处置综合经营许可证和危险废物收集经营许可证。

2.4.15 危险废物行政代执行制度

行政代执行是一种间接的行政强制执行措施，是为解决危险废物产生单位对危险废物处理不当或者不进行处理的问题，保证法定义务人履行义务的一种有效手段。《固体废物污染环境防治法》第四十六条规定“产生危险废物的单位，必须按照国家有关规定处置；不处置的，由所在地的县级以上地方人民政府环境保护行政主管部门责令限期改正；逾期不处置或者不符合国家规定的，由所在地的县级以上地方人民政府环境保护行政主管部门指定单位按照国家规定代为处置，处置费用由产生危险废物的单位承担。”

2.5 环境标准

2.5.1 环境标准体系

2.5.1.1 环境标准的定义

环境保护标准，亦称环境标准，是国家为保护人民健康、社会财富安全和维护生态平衡，而对污染源排放的污染物和一定区域环境中某些污染物的含量以及某些环境保护工作的技术要求所做的限值规定的总称。环境标准是环境法律体系的一个重要组成部分。

2.5.1.2 环境标准体系

1999 年 1 月原国家环境保护总局发布的《环境标准管理办法》，根据标准的性质、内容、选用范围和作用将其分成了“三级五类”。

三级：国家环境标准、地方环境标准、国家环保总局标准（也称环境保护行业标准）。

五类：国家环境质量标准、国家污染物排放标准（或控制标准）、国家环境监测方法标准、国家环境标准样品标准和国家环境基础标准。

（1）按照执行范围划分的环境标准

①国家环境标准。是国家环境保护行政主管部门制定并在全国范围内或特定区域内适用的标准，例如《环境空气质量标准》适用于全国范围，《城市区域环境噪声标准》适用于城市区域，也适用于农村建成区。国家标准代号冠以 GB 标识。

②地方环境标准。是指由省、自治区、直辖市人民政府批准颁布的，在特定行政区适用，主要有环境质量标准和污染物排放标准两类。例如，《北京市废气排放标准》（试行）等。

③环境保护行业标准。是指对环境保护工作范围内所涉及的部分活动以及设备、仪器所作的规定。例如《锅炉大气污染物排放标准》。

（2）根据环境标准的性质和功能划分

①环境质量标准。是对一定区域环境中的各种污染物质或因素所作的限制性规定，是国家环境保护追求的目标，也是制订污染物排放标准进行监督管理，审查环境影响报告的重要依据之一。例如，《土壤环境质量标准》（GB 15618—1995）、《地表水环境质量标准》（GB 3838—2002）、《室内空气质量标准》（GB/T 18883—2002）等。

②污染物排放标准。是为实现环境质量标准目标，结合技术经济条件和环境特点，对排入环境的污染物或有害因子所作的控制规定，即排放的极限值，是实现环境质量标准的重要保证，是控制污染源的重要手段。例如《煤炭工业污染物排放标准》（GB 20426—2006）等。排放标准包括浓度标准和总量标准两类，也可以分为综合性排放标准和行业性排放标准。

③环境保护基础标准。是对环境工作具有重要指导意义的符号、指南、导则等所作的规定，是制定其他环境标准的基础。如《制定地方大气污染物排放标准的技术方法》（GB/T 3840—91）等。环境保护基础标准只有国家标准。

④环境保护方法标准。指在环境保护工作范围内，以抽样、分析、试验等方法为对象而制定的标准，如《固定污染源中二氧化硫的测定定电位电解法》等。

⑤环境样品标准。为了在环境保护工作和环境标准实施过程中标定仪器、检验测试方法、进行量值传递而由国家法定机关制作的能够确定一个或多个特性值的物质和材料，它在环境管理中起着甄别的作用，可用来评价分析仪器、鉴别其灵敏性，评价分析者的技术，使操作技术规范化，例如《大气试验粉尘标准样品模拟大气尘》（GB 13270—91）等。

（3）按执行强度划分

①强制性环境标准。凡是环境保护法规、条例办法和标准化方法上规定的强制执行的标准为强制性标准，如污染物排放标准、环境方法标准、环境基础标准、环境标准物质标准等均属强制性标准。环境质量标准中的警戒性标准亦属强制性标准。强制性环境标准必须执行。

②推荐性环境标准。强制性环境标准以外的环境标准属于推荐性环境标准。例如，ISO 14000 环境管理体系标准、清洁生产技术标准等。

（4）环境标准之间的关系

①国家环境标准与地方环境标准的关系。地方环境标准优先于国家环境标准执行。

②国家污染物排放标准之间的关系。国家污染物排放标准又分为：跨行业综合性排放标准（例如，《污水综合排放标准》《大气污染物综合排放标准》）和行业性排放标准（例如，《火电厂大气污染物排放标准》《锅炉大气污染物排放标准》《合成氨工业水污染物排放标准》《制浆造纸工业水污染物排放标准》等）。综合性排放标准与行业性排放标准不交叉执行，即有行业性排放标准的执行行业排放标准，没有行业排放标准的执行综合排放标准。

③强制性环境标准与推荐性环境标准之间的关系。强制性环境标准必须执行，超标即违法。国家鼓励采用推荐性环境标准，推荐性环境标准被强制性环境标准引用，也必须强制执行。

2.5.2 各类环境标准

2.5.2.1 环境质量标准

现行主要环境质量标准见表 2-12。

表 2-12 主要环境质量标准汇总表

序号	标准编号	标准名称	发布日期	实施日期
1	GB 3838—2002	地面水环境质量标准	2002 年 4 月 28 日	2002 年 6 月 1 日
2	GB 9137—88	保护农作物的大气污染物最高允许浓度	1988 年 4 月 30 日	1988 年 10 月 1 日
3	GB 9660—88	机场周围飞机噪声环境标准	1988 年 8 月 1 日	1988 年 11 月 1 日
4	GB 10070—88	城市区域环境振动标准	1988 年 12 月 10 日	1989 年 7 月 1 日
5	GB 11607—89	渔业水质标准	1989 年 8 月 12 日	1990 年 3 月 1 日
6	GB 5084—2005	农田灌溉水质标准	2005 年 7 月 21 日	2006 年 11 月 1 日
7	GB 3096—2008	声环境质量标准	2008 年 8 月 19 日	2008 年 10 月 1 日
8	GB 15618—1995	土壤环境质量标准	1995 年 7 月 13 日	1996 年 3 月 1 日
9	GB 3095—1996	环境空气质量标准	1996 年 1 月 18 日	1996 年 10 月 1 日
10	GB 3097—1997	海水水质标准	1997 年 12 月 3 日	1998 年 7 月 1 日

2.5.2.2 主要污染物排放标准

主要污染物排放标准见表 2-13。

表 2-13 主要污染物排放标准汇总表

序号	标准编号	标准名称	实施日期
1	GB 3552—1983	船舶污染物排放标准	1983 年 10 月 1 日
2	GB 14470.1—2002	兵器工业水污染物排放标准　火炸药	2003 年 7 月 1 日
3	GB 14470.2—2002	兵器工业水污染物排放标准　火工药剂	2003 年 7 月 1 日
4	GB 4914—2008	海洋石油勘探开发污染物排放浓度限值	2009 年 5 月 1 日
5	GB 6566—2001	建筑材料放射性核素限量	2002 年 1 月 1 日
6	GB 8702—88	电磁辐射防护规定	1988 年 6 月 1 日
7	GB 18871—2002	电离辐射防护与辐射源安全基本标准	2003 年 4 月 1 日
8	GB 12348—2008	工业企业厂界环境噪声排放标准	2008 年 10 月 1 日
9	GB 12523—90	建筑施工场界噪声限值	1991 年 3 月 1 日
10	GB 13015—91	含多氯联苯废物污染控制标准	1992 年 3 月 1 日
11	GB 4287—92	纺织染整工业水污染物排放标准	1992 年 7 月 1 日
12	GB 3544—2008	制浆造纸工业水污染物排放标准	2008 年 8 月 1 日
13	GB 13456—92	钢铁工业水污染物排放标准	1992 年 7 月 1 日
14	GB 13457—92	肉类加工工业水污染物排放标准	1992 年 7 月 1 日
15	GB 13458—2001	合成氨工业水污染物排放标准	2002 年 1 月 1 日
16	GB 19821—2005	啤酒工业污染物排放标准	2006 年 1 月 1 日
17	GB 18466—2005	医疗机构水污染物排放标准	2006 年 1 月 1 日
18	GB 14554—93	恶臭污染物排放标准	1994 年 1 月 15 日
19	GB 14586—93	铀矿冶设施退役环境管理技术规定	1994 年 4 月 1 日
20	GB 15580—1995	磷肥工业水污染物排放标准	1996 年 7 月 1 日
21	GB 15581—1995	烧碱、聚氯乙烯工业水污染物排放标准	1996 年 7 月 1 日
22	GB 13223—2003	火电厂大气污染物排放标准	2004 年 1 月 1 日
23	GB 4915—2004	水泥工业大气污染物排放标准	2005 年 1 月 1 日
24	GB 16171—1996	炼焦炉大气污染物排放标准	1997 年 1 月 1 日
25	GB 20426—2006	煤炭工业污染物排放标准	2006 年 10 月 1 日
26	GB 19741—2005	液体食品包装用塑料复合膜、袋	2005 年 12 月 1 日
27	GB 12268—2005	危险货物品名表	2005 年 11 月 1 日
28	GB 20425—2006	皂素工业水污染物排放标准	2007 年 1 月 1 日
29	GB 13271—2001	锅炉大气污染物排放标准	2002 年 1 月 1 日
30	GB 18484—2001	危险废物焚烧污染控制标准	2002 年 1 月 1 日
31	GB 18485—2001	生活垃圾焚烧污染控制标准	2002 年 1 月 1 日
32	GB 18483—2001	饮食业油烟排放标准	2002 年 1 月 1 日

2.5.2.3 国家环境监测方法标准

①被环境质量标准和污染物排放标准等强制性标准引用的方法标准具有强制性，必须执行。

②在进行环境监测时，应按照环境质量标准和污染物排放标准的规定，确定采样位置和采样频率，并按照国家环境监测方法标准的规定测试计算。

③对于地方环境质量标准和污染物排放标准中规定的项目，如果没有相应的国家环境监测方法标准时，可由省、自治区、直辖市人民政府环境保护行政主管部门组织制定地方统一分析方法，与地方环境质量标准或污染物排放标准配套执行。相应的国家环境监测方法标准发布后，地方统一分析方法停止执行。

④因采用不同的国家环境监测方法标准所得监测数据发生争议时，由上级环境保护行政主管部门裁定，或者指定采用一种国家环境监测方法标准进行复测。

2.5.2.4 国家环境标准样品标准

在下列环境监测活动中应使用国家环境标准样品标准：

①对各级环境监测分析实验室及分析人员进行质量控制考核；

②校准，检验分析仪器；

③配制标准溶液；

④分析方法验证以及其他环境监测工作。

2.5.2.5 国家环境基础标准或国家环境保护部标准

在下列活动中应执行国家环境基础标准或国家环境保护部标准：

①使用环境保护专业用语和名词术语时，执行环境名词术语标准；

②排污口和污染物处理、处置场所设置图形标志时，执行国家环境保护图形标志标准；

③环境保护档案、信息进行分类和编码时，采用环境档案、信息分类与编码标准；

④制定各类环境标准时，执行环境标准编写技术原则及技术规范；

⑤划分各类环境功能区时，执行环境功能区划分技术规范；

⑥进行生态和环境质量影响评价时，执行有关环境影响评价技术导则及规范；

⑦进行自然保护区建设和管理时，执行自然保护区管理的技术规范和标准；

⑧对环境保护专用仪器设备进行认定时，采用有关仪器设备国家环境保护部标准；

⑨其他需要执行国家环境基础标准或国家环境保护部标准的环境保护活动。

2.5.3 主要环境标准与功能分区

地表水环境质量标准、污水综合排放标准、海水水质标准与功能分区之间的关系详见表 2-14。

表 2-14 地表水环境质量标准、污水综合排放标准、海水水质标准与功能分区之间的关系

地表水环境质量标准水域功能分类	适用功能	污水综合排放标准分级	水资源标准、基准	海水水质标准分类
1 类：自然保护区	源头水、国家自然保护区	禁排区	源头水	1 类：海上自然保护区、珍稀濒危生物保护区
2 类：生活饮用水水源区	集中式生活饮用水一级保护区、珍贵渔类保护区、鱼虾产卵场	禁排区	经处理后水质达到《生活饮用水卫生标准》	2 类：水产养殖区、海水浴场、食品工业用水区
3 类：渔业用水区	集中式生活饮用水二级保护区、一般鱼类保护区、游泳区	一级排放标准	《渔业水质标准》	3 类：一般工业用水、滨海风景旅游区
4 类：游览娱乐用水和工业用水区	一般工业用水；循环冷却水；锅炉、纺织、造纸等用水；人体非直接接触娱乐用水	二级排放标准	《景观娱乐用水水质标准》、各种工业用水水质标准	4 类：海洋港口、海洋开发作业区
5 类：农业用水区	农业用水区及一般景观要求水域		《农田灌溉水质标准》、景观要求	

大气环境质量标准、大气污染物综合排放标准、恶臭污染物排放标准与功能分区之间的相互关系详见表 2-15。

表 2-15 大气环境质量标准、大气污染物综合排放标准、恶臭污染物排放标准与功能分区之间的相互关系

类别	适用功能	保护对象、基准	大气污染物综合排放标准	恶臭污染物排放标准	工业炉窑大气污染物排放标准
一	自然保护区、林区、风景名胜区和其他需要特殊保护的区域	理想环境目标，为保护自然生态和舒适美好环境要求达到的水平。采用对敏感植物和对人体未发现任何有害作用以及对生活环境无影响的浓度为基本依据，在长期接触情况下，对自然生态和人群不发生任何危害影响质量要求	一级	一级	一级
二	城镇规划中确定的居住区、商业交通居民混合区、文化区、一般工业区和农村地区	为保护人群健康和城市、乡村的动植物应该达到的水平，采用植物和人体慢性危害的浓度为基本依据。在长期接触情况下，除敏感植物外，对园林、蔬菜、果树和人体健康不发生伤害的空气质量要求	二级	二级	二级
三	特定工业区	为大气污染状况已经比较严重的城镇和工业区的过渡性管理标准，是保护人群不发生急性中毒和城市一般动、植物（敏感植物除外）正常生长的空气质量要求（在此浓度下，一般植物长期接触可能有轻度伤害，抗性植物无害）	三级	三级	三级

噪声控制标准与功能分区的关系详见表 2-16。

表 2-16 噪声控制标准与功能分区的关系

适用区域	声环境质量标准（GB 3096—2008）			工业企业厂界环境噪声排放标准（GB 12348—2008）		
	类别	昼间/dB	夜间/dB	类别	昼间/dB	夜间/dB
疗养区、高级别墅区、高级宾馆区等特别需要安静的区域以及城郊和乡村区域	0	50	40			
居住、文教机关为主的区域，乡村居住环境可参照执行	1	55	45		55	45
居住、商业、工业混杂区	2	60	50		60	50
工业区	3	65	55		65	55
城市中道路交通干线道路两侧区域、穿越城区的铁路主、次干线两侧区域的背景噪声限值	4	70	55		70	55

2.6 法律法规和其他要求的识别与评价

企业在运行自身的环境管理体系过程中，对于适用法律法规和其他要求的识别、获取以及实施是非常重要的一个环节，它直接关系到环境管理活动本身的质量和企业在此方面的风险控制水平。其难点主要是法律法规适用性的识别以及如何作用于自身活动、产品和服务中的环境因素，包括实施中和实施后的合规性评价。

识别与评价适用的法律法规和其他要求的主要目的是通过对组织的活动、产品和服务中与环境因素有关的法律法规和其他要求进行收集、识别和评价，为环境因素评价和环境目标、指标和方案的制订奠定基础。

法律法规和其他要求的识别、评价必须结合组织的环境因素、环境影响、现行环境管理实践、公司现有管理制度、已发生的环境事故分析以及是否建立了处罚和预防措施、相关方对组织环境管理工作的看法与要求等。

法律法规和其他要求的识别与评价过程见图 2-2。

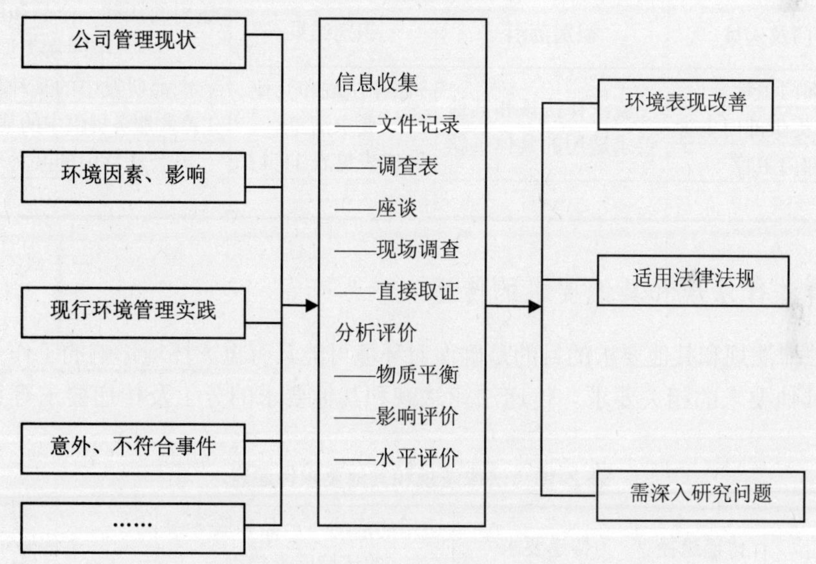

图 2-2 法律法规和其他要求的识别、评价过程

2.6.1 环境法律法规和其他要求的收集

组织建立获取法律法规与其他要求的渠道，及时识别和获得适用于公司活动、产品及服务的质量、环境、职业健康安全法律法规以及应遵守的其他要求（如与政府的协议、行业协会的要求、非法规性指南、顾客要求、上级组织要求、社区要求和本组织要求等），确保在环境管理体系运行过程中考虑和充分落实法律法规和其他要求。获取环境法律法规及其他要求的主要信息途径有：①国家和地方环境立法、执法机关；②出版社及其发行机构；③公共图书馆；④环境专业机构，如研究所、咨询公司等；⑤行业协会或贸易促进机构；⑥公共媒体、如网络、报刊等。收集法律法规和其他要求的分工及途径见表 2-17。

表 2-17　法律法规和其他要求收集表

收集部门	收集途径	推荐频次	适用的活动、产品和服务中的环境因素类型
研发部门	网络、书店、标准化机构、环保局、消防局、档案室等	一年至少两次	产品研发中的某种环境因素
生产和服务提供部门			生产和服务提供中的某种环境因素
行政部门			办公活动中的某种环境因素
……	……	……	……

2.6.2 环境法律法规和其他要求的识别

识别法律法规及其他要求的目的是识别适用于环境因素的法律法规和其他要求的具体条款、识别的分工及范围等，如表 2-18 所示。并将结果登记到《环境管理体系文件及法律法规一览表》和《法律法规和其他要求清单及合规性评价记录表》。

表 2-18　法律法规和其他要求识别表

识别部门及人员	识别范围	识别结果	适用的活动、产品和服务中的环境因素类型
研发部门主管	环境法律法规和其他要求适用的具体条款	法律法规和其他要求清单（样表见表 11-4）	产品研发中的某种环境因素
生产和服务提供部门主管			生产和服务提供中的某种环境因素
行政部门主管			办公活动中的某种环境因素
……	……	……	……

2.6.3 环境法律法规和其他要求的传递

传递法律法规和其他要求的目的是确保对环境可能具有重大环境影响的工作人员知晓法律法规和其他要求的相关要求。传递法律法规和其他要求的分工及传递要求等见表 2-19。

表 2-19　法律法规和其他要求传递表

传递部门	传递途径	传递要求	适用的活动、产品和服务中的环境因素类型	传递对象
研发部门	原文或转化成内部文件	按外部或内部文件发放程序	产品研发中的某种环境因素	与产品研发中的该种环境因素有关的人员
生产和服务提供部门			生产和服务提供中的某种环境因素	与生产和服务提供中的该种环境因素有关的人员
行政部门			办公活动中的某种环境因素	与办公活动中的该种环境因素有关的人员
……	……	……	……	……

2.6.4 环境法律法规和其他要求的评价

评价法律法规和其他要求主要是评价组织目前的环境绩效与适用的法律法规和其他要求的符合性，进而寻求建立环境管理体系时的改进领域。评价的分工及范围等见表 2-20。

表 2-20 法律法规和其他要求评价表

评价人员	评价范围	评价方法	正常/异常状态评价时机	评价结果处理
跨职能小组	（1）各种污染物排放浓度及总量与其排放标准的符合性 （2）环境绩效与法律法规和其他要求的符合性 （3）产品环境性能与产品环境标准的符合性	主动性和被动性	（1）正常状态 ·初始环境评审 ·体系正常运行时通常一年至少一次 （2）异常状态 ·法律法规和其他要求变化 ·活动、产品和服务变化 ·其他相关变化	（1）非系统性不符合，进行纠正 （2）系统不符合，采取纠正措施，必要时建立环境管理方案

说明：①跨职能小组一般由各部门具有环境管理或技术背景的人员构成。
②主动性评价是指跨职能小组按“正常/异常状态评价时机”的要求进行合规性评价；被动评价是指相关方的投诉（如环境执法部门的警告、罚款，周围居民的投诉等）。
③非系统不符合是组织的环境绩效偶然性地不符合法律法规和其他要求；系统性不符合是由于组织环境管理体系存在缺陷，而使其环境绩效持续地不符合法律法规和其他要求。

当法律法规和其他要求发生变化时，应按程序重新更新识别和评价。

3 排污费征收与使用管理

3.1 排污费征收程序

排污费的征收者为：环境监察机构。

排污费征收对象为：直接向环境排放污染物的企事业单位和个体工商户，应当依照《排污费征收使用管理条例》的规定缴纳排污费。

排污费征收程序一般为排污申报登记、排污申报登记审核、排污申报登记核定、排污费计算、排污费征收与缴纳、强制执行、解缴国库、排污费减缓免缴、总结归档等主要阶段。见图 3-1。

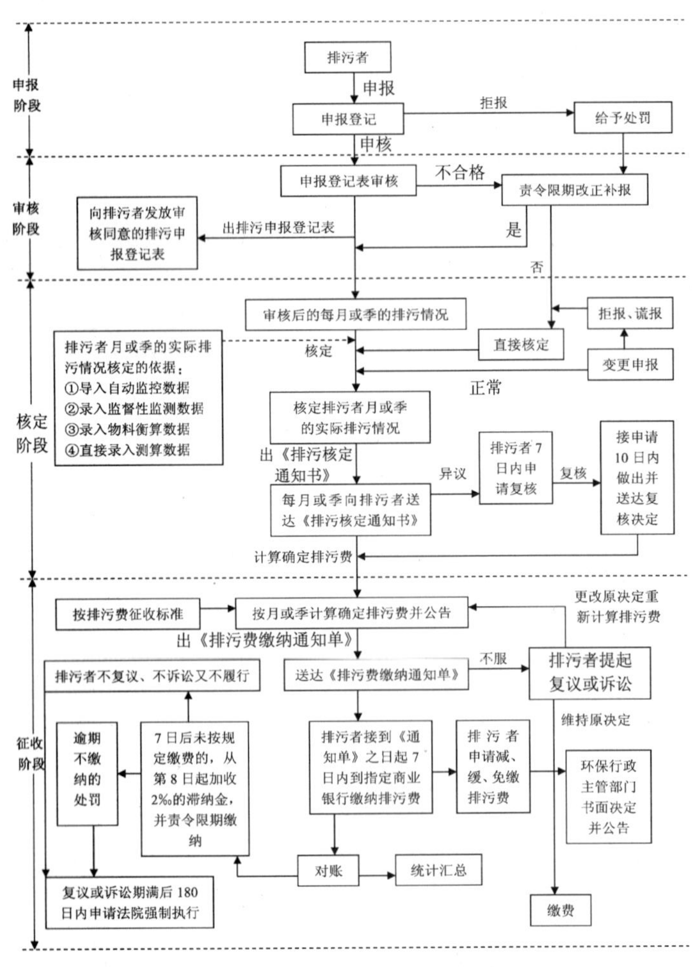

图 3-1 排污费征收程序

3.2 排污申报登记

3.2.1 排污申报登记的概念

排污申报登记是指向环境直接或间接排放污水、废气、固废、噪声的工业企业、商业机构、服务机构、政府机构、公用事业单位、部队、社会团体、个体工商户等一切生产、经营、管理和科研等一切排污者，按环境保护法律、法规、规章的规定向所在地县级以上环保部门申报登记在生产、经营过程排放污染物的种类、数量、浓度、排放去向、排放方式及与排污有关的生产、经营情况的一种法律制度。

3.2.2 排污申报登记范围与内容

（1）申报登记的对象范围

排污申报登记的对象为辖区内所有排放废水、废气、固体废物、噪声的企业、事业、个体工商户、部队、社会团体、党政群机关等一切排污者。不同的对象申报登记统计表不同。

①对一般工业企业应填报国家环境保护部统一监制的《排放污染物申报登记统计表（试行）》；

②对小型企业、第三产业、畜禽养殖场、机关、事业单位和个体工商户等一般应填报国家环境保护部统一监制的《排放污染物申报登记统计简表（试行）》；

③对建筑施工单位应填报国家环境保护部统一监制的《建筑施工排放污染物申报登记统计表（试行）》；

④对城镇污水处理厂及其他社会化运营的集中污水处理厂应填报国家环境保护部统一监制的《污水处理厂（场）排放污染物申报登记统计表（试行）》；

⑤对垃圾处理厂、危险废物集中处理厂及其他集中固废处理厂应填报国家环境保护部统一监制的《固体废物专业处置单位排放污染物申报统计表（试行）》；

⑥对排放污染物发生变化的一切排污者，还应填报相应的国家环境保护部统一监制的《排放污染物月变更申报表（试行）》。

（2）排污申报登记的内容

①《排放污染物申报登记统计表（试行）》内容与结构：

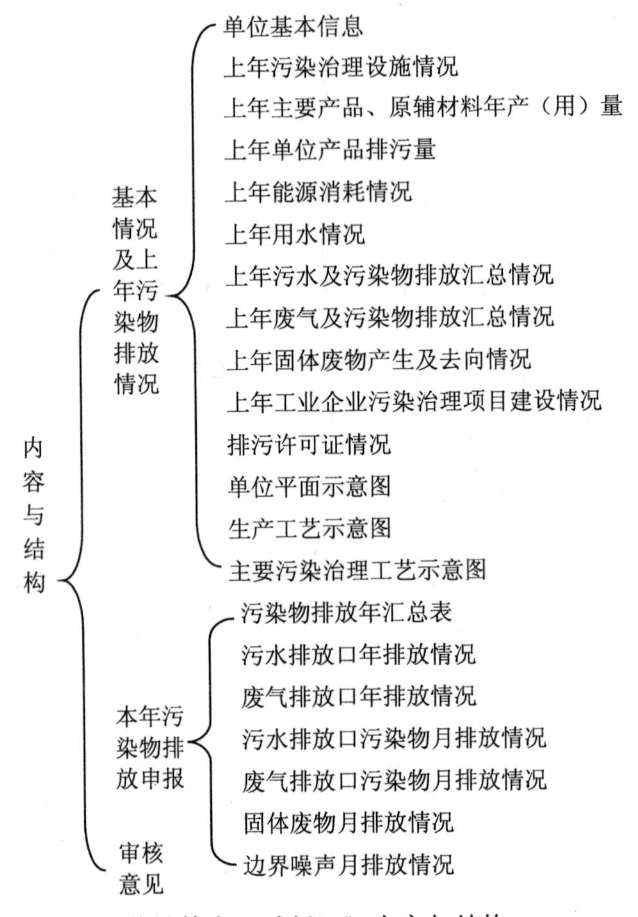

②《排放污染物申报登记统计简表（试行）》内容与结构：

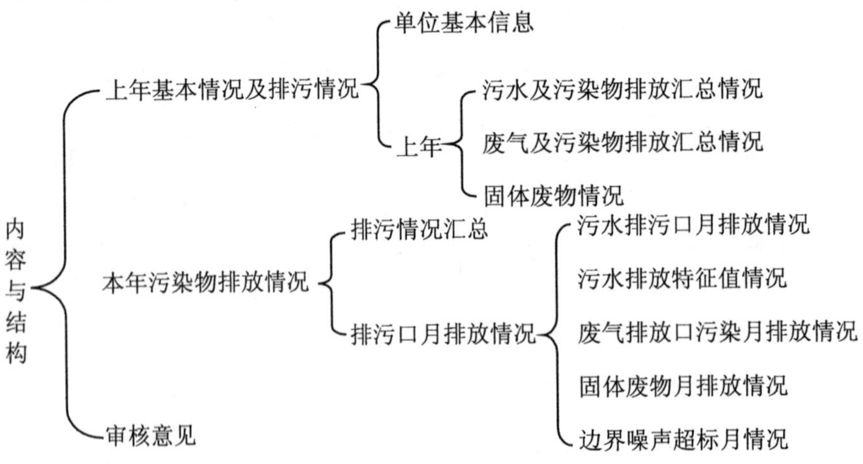

③《建筑施工排放污染物申报登记统计表（试行）》内容与结构：

内容与结构
- 基本信息
- 施工情况
- 噪声排放情况

④《污水处理厂（场）排放污染物申报登记统计表（试行）》内容与结构：

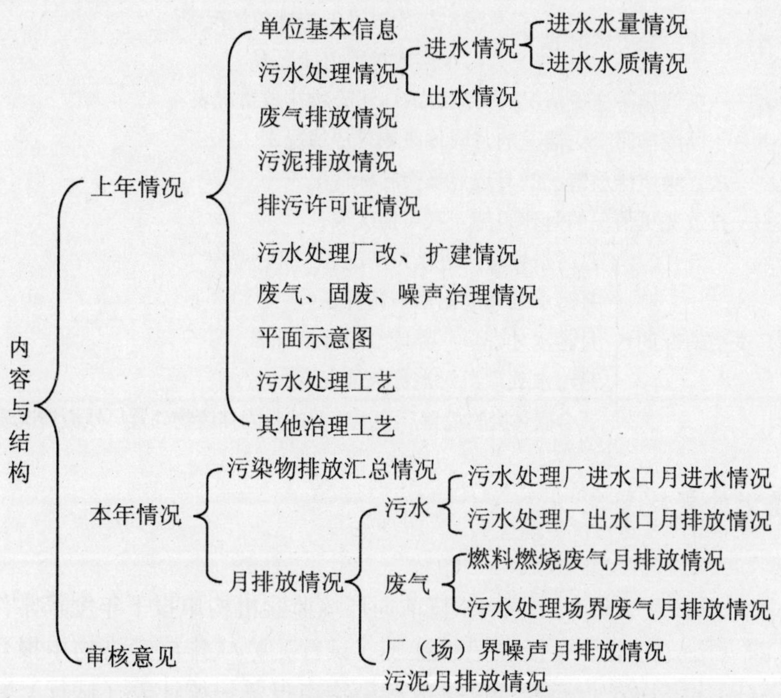

⑤《固体废物专业处置单位排放污染物申报登记统计表（试行）》内容与结构：

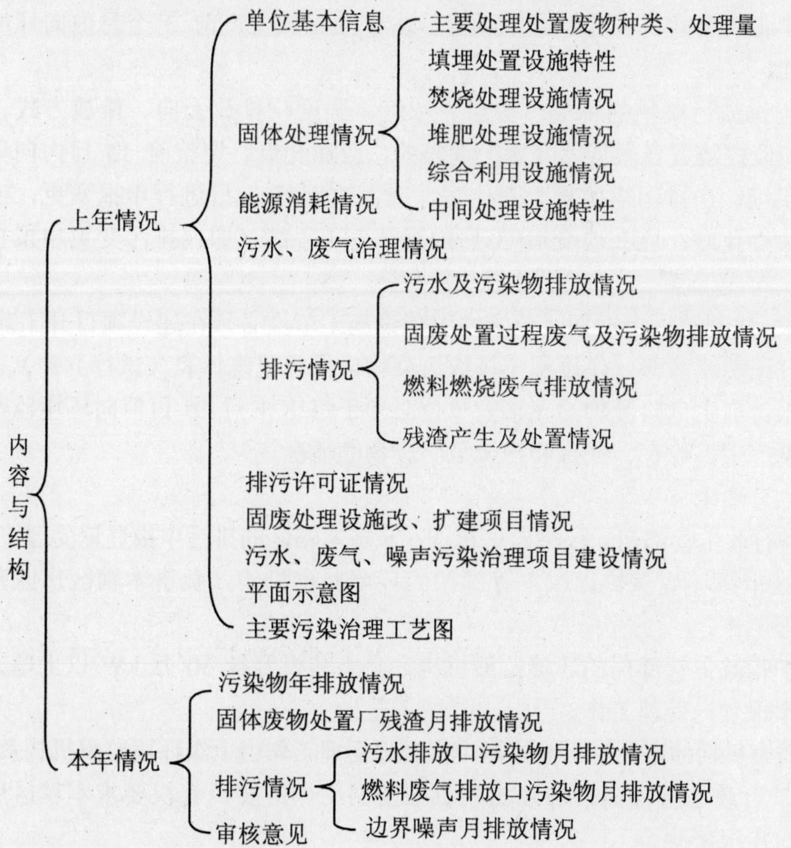

⑥《排放污染物月变更表（试行）》内容与结构：

内容与结构：
- 适合一般排污者污水排污变更情况的
  - 月污水排放口污染物排放情况表
  - 月污水排放特征值情况表
- 适合一般排污者——废气排污变更情况的月废排放口污染物排放情况表
- 适合一般排污者——固废排污变更情况的月固体废物排放情况表
- 适合工业企业——边界噪声排放情况的月边界噪声超标情况表
- 适合建筑施工——排放变更情况的月建筑施工噪声情况表
- 适合污水处理厂变更情况的
  - 月污水处理厂进水口情况表
  - 月污水处理厂出水口情况表
  - 月污水处理厂厂界废气超标情况表
  - 月污水处理厂污泥排放情况表
  - 适合固体废物处置厂变更情况的月固体废物处置厂残渣情况表

3.2.3 排污申报登记的规定要求

（1）时限要求

①正常申报：排污者必须于每年 1 月 15 日前向环境监察机构申报下年度正常作业条件下的排污情况（即《排放污染物申报登记统计表（试行）》《排放污染物申报登记统计简表（试行）》《固体废物专业处置单位排放污染物申报登记统计表（试行）》《污水处理厂（场）排放污染物申报登记统计表（试行）》）。

②新、扩、改申报：新建、扩建、改建项目，应在项目试生产前 3 个月内向环境监察机构办理申报手续。

③变更申报：当排放污染物的种类、数量、浓度、强度、排放去向、排放方式、污染处理设施、排污口监控装置要做重大变更、调整的，应在变更、调整前 15 日内向环境监察机构履行变更手续。当排污需做重大变化时，应在改变前 3 日进行申报变更，当排污情况发生紧急重大变化时，应在改变后 3 日内履行变更手续（即《排污变更申报登记表（试行）》）。

④建筑施工申报：建制镇以上规划区范围内的建设施工单位必须在建设项目开工前 15 日内办理排污申报登记手续（即《建设施工排放污染物申报登记统计表（试行）》）。

⑤危险废物申报：产生危险废物的企事业单位必须于每年 1 月 15 日前向环境监察机构专项申报上一年度产生、贮存、处置和排放危险废物的情况。

（2）受理机关划分要求

①县级环境保护行政主管部门的环境监察机构，负责本辖区的排污申报登记受理工作。

②直辖市和设区市级环境保护行政主管部门的环境监察机构，负责本辖区市区范围的排污申报登记受理工作。

③省级环境保护行政主管部门的环境监察机构，负责装机容量 30 万 kW 以上电力企业二氧化硫的排污申报登记受理工作。

④对没有环境监察机构的市、县，其排污申报登记受理工作由上级环境监察机构负责。

⑤上级环境保护行政主管部门的环境监察机构根据工作需要，有权要求本辖区所有排污者向该机构随时申报。

3.2.4 排污申报表的格式与指标说明

登录国家环境保护部网站 http：//www.zhb.gov.cn/hjjc/pwsf/下载。

3.3 排污申报登记审核与核定

3.3.1 排污申报登记审核

3.3.1.1 审核的内容

（1）申报时限是否符合要求

①审查排污者正常申报登记是否在 1 月 15 日前进行。

②审查新、改、扩建项目是否在试运行前 3 个月或试运行验收后 1 个月内进行申报。

③审查排污需做重大变化是否在改变前 3 日内进行申报，排污发生紧急重大改变是否在改变后 3 日内进行的申报。

④审查是否按当地监察部门规定的时限要求内进行的申报登记，否则都可视为拒报。

（2）申报内容是否齐全

审核排污申报登记表中填报内容是否齐全，不准丢项漏项，表中要求内容必须填写齐全，否则可视为拒报或谎报。

（3）供排水量是否平衡

供水（自来水、自备井水、河水、海水、其他供水水源、循环用水）与耗水（产品用水、副产品用水、蒸发耗水、渗漏耗水）和排水必须平衡合理。否则可视为虚报、谎报。

（4）物料是否平衡

能源、原材料耗用量应与产品（副产品）产量和排污量具有一定的平衡关系，按物质不灭定律，能源、原材料消耗必须有明确的去向，否则可视为虚报或谎报。

（5）设计生产能力（实际生产能力）、企业管理水平和排污情况的关系是否平衡

设计生产能力的理论排污量与设计生产能力的实际排污量是否与企业的经营管理水平相匹配，否则可能有虚报、谎报。

（6）产污、治污和排污的关系是否平衡

生产经营过程中的产污量与治理污染的削减量和最后排向环境的排污量是否相平衡，否则可能有漏报行为。

（7）年生产经营的排污情况和月、日生产经营的排污情况是否相一致。

3.3.1.2 审核的方法

（1）利用相关资料进行审核

①利用监督性监测数据进行核对。监督性监测数据包括国家强制检定并经依法定期校验与认定的污染物自动监控仪器数据、环境保护行政主管部门的环境监测机构的监督性监测数据。

②利用物料衡算数据等进行核对。物料衡算数据包括物料衡算数据、排污系数、相同企业类比数据等。

③利用抽样测算数据进行核对。

④对照以往资料进行核对。以往资料包括以往排污申报资料、污染源调查资料、“三同时”验收资料、排污总量与排污许可证资料、污染设施验收资料、环境统计资料、排污收费资料、环保部门明察暗访的监测数据和现场检查资料等。

⑤利用相关部门资料进行核对。相关部门资料包括利用供水部门（如自来水公司、节水办、水利部门等）、能源部门、统计部门、设计部门、行业管理部门、科研单位等部门的有关资料进行审核与校验。

⑥利用信访举报、行政执法、专项检查数据审核。

（2）现场监督检查审核

环境监察机构在对申报表进行核定时如有异议，应直接到排污者现场进行现场复核。核实的主要内容有：

①对整个生产工业过程的核实。一般从整个生产工业过程的原料到中间工艺再到产品的顺向工艺全方位进行检查，了解生产过程各阶段污染物产生的位置、种类和数量，从检查中逐步发现各种污染源的产生位置和污染物排放量情况。检查环境管理情况，是否采取了清洁生产措施？是否有综合利用和循环使用措施？

②对治污设施和排污去向与排污量的核实。一般对企业所有治污设施的设计能力、运行现状和排污去向进行全面检查，从中发现违法排污行为。

③对企业新、改、扩建项目情况、生产工艺水平、经济效益情况等进行全面调查，从中发现其他环境违法行为。

④从排污口的排污因子和排水量，区分产生污染的责任单位。

（3）逻辑关系审核

排污申报登记的逻辑审核，是排污申报登记工作的重要组成部分，是保证申报登记数据质量的必要手段。

①基本情况的逻辑关系审核：

总产值＞利税金额；

总产值≥“三废”综合利用产品产值；

总产值＞缴纳排污费总额；

总产值＞上年环境违法罚款；

年末固定资产原值＞其中环保设施原值；

能源消耗年用量＝燃料燃烧用量＋原料用燃料量；

燃料燃烧年总用量＝各种燃烧设备的年燃料耗用量之和；

新鲜用水量＝自来水用量＋地下水用量＋地表水用量＋其他用水量；

总用水量＝新鲜用水量＋重复用水量。

②污水排放情况的逻辑关系审核：

污水年排放量＝污水年达标排放量＋污水年超标排放量；

污水年排放量＝年直接排入海量＋年直接排入江河湖库量＋年排入城市管网量＋年排入其他途径的量；

污水年排放量＝各排污口的污水年排放量之和；

污水年达标排放量＝各达标污水排污口的污水年排放量之和；

污水年超标排放量＝各超标污水排污口的污水年排放量之和；

污水年排入城市管网量≥污水年排入城镇污水处理厂量之和；

污水污染物年产生量≥污染物年去除量＋污染物年排放量；

污水某污染物年去除量＝各种污水处理设施的某污染物的年去除量之和；

污水某污染物年的排放量＝各污水排污口某污染物的年排放量之和；

污水某污染物的排放量＝某污染物达标污水排污口的排放量之和＋某污染物超标污水排污口之和；

污水某污染物达标排放量＝某污染物达标污水排污口的排放量之和；

污水某污染物超标排放量＝某污染物超标排污口的排放量之和；

某污水污染物的排放量（t）＝污水排放量（t）×污染物排放质量浓度（mg/L）$\times 10^{-6}$。

③废气排放情况的逻辑关系审核：

废气年排放总量＝工艺废气年排放量＋燃料燃烧废气年排放量；

废气年排放总量＝各个废气排污口的年废气排放量之和；

废气排放量＝达标废气排污口废气排放量之和＋超标废气排污口废气排放量之和；

工艺废气年排放量＝各个工艺废气排污口的年废气排放量之和；

燃料燃烧废气年排放量＝各个燃烧设备废气排污口的废气排放量之和；

废气某污染物的产生量≥某污染物的去除量＋某污染物的排放量；

废气某污染物的产生量＝工艺废气某污染物的产生量＋燃料燃烧某污染物的产生量；

废气某污染物的去除量＝工艺废气某污染物的去除量＋燃料燃烧废气某污染物的去除量；

废气某污染物的排放量＝废气排污口某污染物的排放量之和；

废气某污染物的排放量＝废气某污染物的达标排放量＋废气某污染物的超标排放量；

废气某污染物的达标排放量＝某污染物的废气达标排污口排放量之和；

废气某污染物的达标排放量＝工艺废气某污染物的达标排放量＋燃料燃烧废气某污染物的达标排放量；

废气某污染物的超标排放量＝某污染物的废气超标排污口的排放量之和；

废气某污染物的超标排放量＝工艺废气某污染物的超标排放量之和＋燃料燃烧废气某污染物的超标排放量之和；

工艺废气某污染物的排放量＝工艺废气达标排污口某污染物的排放量之和＋工艺废气超标排污口某污染物的排放量之和；

工艺废气某污染物的排放量＝某污染物工艺废气达标排污口的污染物排放量之和＋某污染物工艺废气超标排污口的污染物排放量之和；

燃料燃烧废气某污染物排放量＝某污染物燃料燃烧废气达标排污口的污染物排放量之和＋某污染物燃料燃烧废气超标排污口的污染物排放量之和；

废气某污染物排放量（t）＝废气排放量（m^3）×废气排放质量浓度（mg/m^3）$\times 10^{-9}$。

④固体废物排放情况的逻辑关系审核：

固体废物年产生量＝固体废物年综合利用量＋固体废物年处置量＋固体废物年贮存

量＋固体废物年排放量；

固体废物年综合利用量＋当年综合利用往年贮存量≥当年本单位综合利用量；

固体废物年处置量＝经处置符合排放标准的固体废物量＋经处置不符合排放标准的固体废物量；

固体废物年贮存量＝经贮存符合排放标准的固体废物量＋经贮存不符合排放标准的固体废物量。

⑤“三废”治理设施情况的逻辑关系审核：

污水污染物去除量（t）＝[处理前质量浓度（mg/L）－处理后质量浓度（mg/L）]×污水处理量（t）$\times 10^{-6}$；

废气污染物去除量（t）＝[处理前质量浓度（mg/m^3）－处理后质量浓度（mg/m^3）]×废气处理量（m^3）$\times 10^{-9}$；

污染物去除率（%）＝[污染物去除量/（污染物处理前浓度×污水或废气处理量）]×100%；

污染治理设施累计完成投资≥本年度完成污染治理设施投资；

污染治理设施总投资＝国家预算内资金＋环保专项资金＋其他资金。

（4）审核时限

①环境监察机构应当在每年 2 月 10 日前完成对排污者申报的《排放污染物申报登记表》的审核。

②环境监察机构对新建、扩建、改建项目的《排放污染物申报登记表》和排放污染物需做重大改变或者发生紧急重大改变的《排污变更申报登记表》应当及时进行审核。

（5）审核终结

①将审核完毕的数据输入到国家统一的排污费征收管理软件系统。

②对符合要求的，环境监察机构向排污者发回经审核同意的《排放污染物申报登记表》。

③对符合减免规定的，按规定予以减免并公告。

④对不符合要求的，责令限期补报；逾期未报的，视为拒报，并由监察机构根据实际情况直接确定审核结果。

⑤审核后的排污情况进入核定程序。

3.3.2 排污申报登记核定

各级环境监察机构应当依据经审核的《排放污染物申报登记统计表》，并结合当月或者当季的实际排污情况，核定排污者排放污染物的种类、数量。

3.3.2.1 核定的法律依据与事实依据

（1）核定的法律依据

①《排污费征收使用管理条例》：

县级以上地方人民政府环境保护行政主管部门，应当按照国务院环境保护行政主管部门规定的核定权限对排污者排放污染物的种类、数量进行核定。装机容量 30 万 kW 以上的电力企业排放二氧化硫的数量，由省、自治区、直辖市人民政府环境保护行政主管部门核定。污染物排放种类、数量经核定后，由负责污染物排放核定工作的环境保护行政主管部门书面通知排污者。

排污者对核定的污染物排放种类、数量有异议的，自接到通知之日起 7 日内，可以向发出通知的环境保护行政主管部门申请复核；环境保护行政主管部门应当自接到复核申请之日起 10 日内，作出复核决定。

负责污染物排放核定工作的环境保护行政主管部门在核定污染物排放种类、数量时，具备监测条件的，按照国务院环境保护行政主管部门规定的监测方法和物料衡算方法进行核定。

排污者使用国家规定强制检定的污染物排放自动监控仪器对污染物排放进行监测的，其监测数据作为核定污染物排放种类、数量的依据。排污者安装的污染物排放自动监控仪器，应当依法定期进行校验。

②国家环保部《关于排污费征收核定有关工作的通知》（环发[2003]64 号）。

（2）核定的事实依据

①核定的事实依据。

a．排污者的基本实际生产经营情况。包括：排污者某月或某季的原辅材料、能源、水源实际耗用量，产品或副产品的实际生产量，实际生产天数等。

b．排污者的实际排污情况。包括：废水、废气、固体废物的实际排放量，噪声排放的实际超标情况，废水、废气污染物的实际排放量和排放浓度及各种污染物的超标情况等，污染物实际排放量与排污许可证允许排放量的实际差距情况等。

c．污染治理设施实际建设与运行情况。包括：原有污染治理设施的运行情况，新建污染治理设施的建设与投入运行情况等。

②核定的事实依据来源。

a．排污者的实际生产经营情况。可通过排污者的采购、生产、经营、销售、财务等部门的报表调查获取。

b．排污者的排污情况。首先，依据国家规定经强制检定并经依法定期核验与核实合格的污染源自动监控仪器监测数据；其次，可依据环境保护部门的监督性监测数据；再次，可依据物料衡算数据；最后，可依据监察部门经认定符合实际排污情况的其他数据等。

3.3.2.2 核定的方法

（1）核定依据的认定方法

①对有污染源自动监控仪器监测数据的，经环境监察部门认定符合实际排污情况，应首先依据该数据作为该排污者的排污情况核定依据。

②对没有污染源自动监控仪器监测数据或环境监察部门认为其污染源自动监控仪器监测数据不符合实际排污情况的，可依据环保部门的污染源监督性监测数据作为核定的依据。

③对无法监测或监测有困难或监测不经济性的，环境监察部门可依据物料衡算数据作为核定依据。

④对相同行业、相同产品、相同工艺、相同规模、相同治理工艺与技术、相等管理水平的排污者，可采用类比法进行核定。

⑤对以上单一方法无法确认核定依据时，可采用几种方法进行综合验证分析，找出最切合实际的排污情况。

（2）监测数据的认定方法

①污水是否超标的认定方法。当某污水排污口有一种以上污染物的日均排放浓度值超过国家或地方污水排放最高允许排放浓度标准值的，即可认定为该排污口污水超标；当按月核定时，可认定为该月污水超标排放。

污水采样频率应按以下方法确定：

当生产周期在 8 小时以内的，每 2 小时采样一次；

当生产周期大于 8 小时的，每 4 小时采样一次；

其他污水采样，24 小时内不少于 2 次。

最高允许排污量或最低允许水重复利用率以月均值计算。当排污者的污水排放量或最低允许水重复利用率的月均值超过国家或地方排放标准的，可认定为污水超标排放。

②废气是否超标的认定方法。当废气排污口一种以上污染物的任何 1 小时浓度平均值或任何 1 小时排放污染物的质量超过国家或地方废气污染物排放标准限值的，即可认定该排污口超标排放废气。当按月核定时，可认定为该月该排污口超标排放废气。排放浓度和排放速率（质量）在同一排污口只要有其中一项超标，即可认定该排污口超标排放废气。

废气采样频率的确定方法：

当废气连续或间断排放 1 小时以上的，可在 1 小时内以等时间间隔采集 4 个样品，按 4 个样品的平均值计算确认 1 小时的浓度平均值。

当废气排放为间断性排放，排放时间小于 1 小时的，应在排放时段内实行连续采样，或在排放时段内以等时间间隔采集 2～4 个样品，并计算平均值。

（3）核定结果确认与执行方法

一般经 3 人以上小组核定并确认核定结果后，应将核定结果提交环境监察机构负责人进行审核，经审核符合规定的，环境监察机构负责人应签发《排污核定通知书》，每月或每季审核完毕后 10 日内向排污者送达《排污核定通知书》。排污者对核定结果有异议的，可在接到《排污核定通知书》之日起 7 日内，向发出通知的环境监察机构申请复核，环境监察机构应在接到复核申请之日起 10 日内作出复核决定，并通知排污者。

3.4 排污费的计算

3.4.1 排污收费的种类

根据法律、法规、规章的规定，排污费种类可分为四大类、5 种、124 项因子的收费项目。

（1）按污染介质分类

根据法律、法规、规章的规定，排污费种类有：水、气、声、固废四大类。具体为污水排污费、废气排污费、危险废物排污费、噪声超标准排污费和加倍收费等 5 种。

加倍收费为：单位厂（场）界 100 m 以上有两处以上（含两处）排放超标噪声的加倍收费。

（2）按污染物因子分类

①水污染因子。根据原国家计委、财政部、原国家环保总局、原国家经贸委 2003 年

发布的《排污费征收标准管理办法》的规定，污水排污费的收费污染物有：总汞、总镉、总铬、六价铬、总砷、总铅、总镍、苯并[a]芘、总铍、总银、悬浮物（SS）、生化需氧量（BOD_5）、化学需氧量（COD）、总有机碳（TOC）、石油类、动植物油、挥发酚、氰化物、硫化物、氨氮、氟化物、甲醛、苯胺类、硝基苯类、阴离子表面活性剂（LAS）、总铜、总锌、总锰、彩色显影剂（CD-2）、总磷、元素磷（以P计）、有机磷农药（以P计）、乐果、甲基对硫磷、马拉硫磷、对硫磷、五氯酚及五氯酚钠（以五氯酚计）、三氯甲烷、可吸附有机卤化物（AOX）（以Cl计）、四氯化碳、三氯乙烯、四氯乙烯、苯、甲苯、乙苯、邻二甲苯、对二甲苯、间二甲苯、氯苯、邻二氯苯、对二氯苯、对硝基氯苯、2,4-二硝基氯苯、苯酚、间甲苯酚、2,4-二氯酚、2,4,6-三氯酚、邻苯二甲酸二丁酯、邻苯二甲酸二辛酯、丙烯腈、总硒、pH、色度、大肠菌群、余氯量（用氯消毒的医院废水）等65项污染物和畜禽养殖场、小型企业、饮食娱乐服务业和医院四个特征值收费项目。

②废气污染因子。根据原国家计委、财政部、原国家环保总局、原国家经贸委2003年发布的《排污费征收标准管理办法》的规定，废气排污费污染物有：二氧化硫、氮氧化物、一氧化碳、氯气、氯化氢、氟化物、氰化氢、硫酸雾、铬酸雾、汞及其化合物、一般性粉尘、石棉尘、玻璃棉尘、炭黑尘、铅及其化合物、镉及其化合物、铍及其化合物、镍及其化合物、锡及其化合物、烟尘、苯、甲苯、二甲苯、苯并[a]芘、甲醛、乙醛、丙烯醛、甲醇、酚类、沥青烟、苯胺类、氯苯类、硝基苯、丙烯氢、氯乙烯、光气、硫化氢、氨、三甲胺、甲硫醇、甲硫醚、二甲二硫、苯乙烯、二硫化碳等44项污染物。对难以监测的烟尘，可按林格曼黑度征收排污费。

③固体废物类型。根据国家计委、财政部、国家环保部、国家经贸委2003年发布的《排污费征收标准管理办法》的规定，固体废物的收费项目有：冶炼渣、粉煤灰、炉渣、煤矸石、尾矿、危险废物、其他工业固体废物（含半固态、液态废物）等7项工业固体废物。但是根据2005年4月1日起施行的《中华人民共和国固体废物污染环境防治法》（2004年12月29日修订）第十六条、第五十六条、第六十八条的规定：《排污费征收使用管理条例》规定的一般性固体废物的排污收费规定与修订后的《中华人民共和国固体废物污染环境防治法》规定不符的条款，已经停止实行。对一般性固体废物不符合国家规定转移、扬散、丢弃、遗撒等违法行为，规定进行相应处罚，同时并不免除防治责任。对以填埋方式处置危险废物不符合国家有关规定的，应征收危险废物排污费。

④噪声类型。根据原国家计委、财政部、原国家环保总局、原国家经贸委2003年发布的《排污费征收标准管理办法》的规定，噪声收费的项目有：工业与建筑厂（场）界昼夜间等效噪声、工业与建筑厂（场）界夜间频繁突发峰值噪声、工业与建筑厂（场）界夜间偶然突发峰值噪声3项收费项目。

3.4.2 排污费计算的环境指标

《排污费征收使用管理条例》及配套办法总体上遵循了“排污收费，超标处罚”（噪声超标收费）、浓度与总量相结合、三因子收费和收费标准高于治理成本的原则。

排污费一般可以按污染物（因子）、污染介质（如废水量）、表征污染排放强度的替代变量（如产品数量和职工人数）三种类型的参数进行征收。对污染排放量大的收费对象，一般按选择污染物为收费依据；对污染排放量小、分布广和数目多的收费对象，则可选择污染介质或替代变量参数。

实施浓度与总量收费，在计算排污费时，应以排污者每月（或每季）排污申报核定的排污量（污水和废气的各种污染物的排放总量、危险废物排放量、噪声的昼夜超标分贝值）为基本排污收费计算的法定依据，并以此计算排污者的污水、废气、危险废物、超标噪声排污费。

污水和废气排污费由于实行三因子总量收费，为了简化和统一收费方法，新的收费标准设计中引入了污染当量的概念。

（1）污染物排放量

污水、废气、固体废物和超标准噪声排污量的确定，是计算各项排污费的基本指标。污水和废气中的排污量一般可以用实测法，通过介质流量和污染物浓度可以计算出污染物排放量；也可以根据相关的能源、产品等数据，使用物料衡算法或测算系数确定污染物排放量，单位取 kg。

固体废物首先要确认是否为危险废物，若属于危险废物且以填埋方式处置不符合规定要求的，再确定其排放量，单位为吨（t）。

确定排污者厂（场）界昼或夜最大超标准噪声值是计算超标准噪声排污费的主要排污数据，单位取 dB（A）。

（2）污染当量

污染当量是污水和废气进行多因子收费的重要指标，它的数量是根据各种污染物或污染排放活动对环境的有害程度、对生物体的毒性以及处理的技术经济性，规定的有关污染物或污染排放活动的一种等质等价的污染数量。污染当量是体现有害当量、毒性当量和费用当量的一种加权等价综合当量概念。

（3）污染当量值（单位：kg）

污染当量值表示了不同污染物或污染排放量之间的污染危害和处理费用的相对关系。

就水污染来说，以污水中 1 kg 最主要污染物化学需氧量（COD）为基准，对其他污染物的有害程度、对生物体的毒性以及处理的费用等进行研究和测算，结果是 0.5 g 汞、1 kg COD 或 10 m^3 生活污水……排放所产生的污染危害和相应的处理费用是基本相等或等值的，也就是说，污水中汞污染当量值是 0.000 5 kg、COD 的污染当量值是 1 kg。

废气是以大气中主要污染物烟尘、二氧化硫为基准，按照上述类似的方法得出其他污染物的污染当量值。

由于只有污水排污费和废气排污费实行多因子总量收费，因此污染当量的概念只在计算污水排污费和废气排污费中采用。

（4）污染当量数（量纲为 1）

污染当量数是折成污染当量的数量，可以是某一污染物排放量折算成当量的数量，也可以是多因子排污当量的总数量。对于某种污染排放量与当量数的换算关系为：

$$污染当量数=污染物的排放量\div污染当量值$$

（5）收费单价

由于水污染物和大气污染物对环境的污染危害机理和治理方法有很大区别，因此污水中排污总量与废气中的排污总量应分别计算。同样一个当量的污水中的污染物，和废气中的污染物的具体收费标准应分别制定。

收费单价就是国家规定单位当量数的具体收费标准，即单位污染当量的收费额。具体的国家排污费征收标准见表 3-1。

表 3-1 排污费征收标准汇总统计表（2003 年 7 月 1 日实施）

<table>
<tr><th colspan="4">污染因素及因子</th><th>收费标准</th></tr>
<tr><td colspan="4">污水排污费征收标准</td><td>0.7 元/污染当量</td></tr>
<tr><td rowspan="11">废气排污费征收标准</td><td colspan="3" rowspan="3">二氧化硫收费标准</td><td>第一年按 0.2 元/污染当量</td></tr>
<tr><td>第二年按 0.4 元/污染当量</td></tr>
<tr><td>第三年以后按 0.6 元/污染当量</td></tr>
<tr><td colspan="3" rowspan="2">氮氧化物收费标准</td><td>第一年按 0 元/污染当量</td></tr>
<tr><td>第二年以后按 0.6 元/污染当量</td></tr>
<tr><td colspan="2" rowspan="5">烟气林格曼黑度收费标准</td><td>1 级</td><td>1 元/t 燃料</td></tr>
<tr><td>2 级</td><td>3 元/t 燃料</td></tr>
<tr><td>3 级</td><td>5 元/t 燃料</td></tr>
<tr><td>4 级</td><td>10 元/t 燃料</td></tr>
<tr><td>5 级</td><td>20 元/t 燃料</td></tr>
<tr><td colspan="3">其他污染</td><td>0.6 元/污染当量</td></tr>
<tr><td rowspan="30">固体废物一次性征收排污费征收标准</td><td rowspan="10">粉煤灰</td><td colspan="2">无专用贮存场所</td><td rowspan="10">30 元/t</td></tr>
<tr><td colspan="2">无专用处置设施</td></tr>
<tr><td rowspan="3">专用贮存场所</td><td>无防渗漏措施</td></tr>
<tr><td>无防扬散措施</td></tr>
<tr><td>无防流失措施</td></tr>
<tr><td rowspan="3">专用处置设施</td><td>无防渗漏措施</td></tr>
<tr><td>无防扬散措施</td></tr>
<tr><td>无防流失措施</td></tr>
<tr><td rowspan="10">冶炼渣</td><td colspan="2">无专用贮存场所</td><td rowspan="10">25 元/t</td></tr>
<tr><td colspan="2">无专用处置设施</td></tr>
<tr><td rowspan="3">专用贮存场所</td><td>无防渗漏措施</td></tr>
<tr><td>无防扬散措施</td></tr>
<tr><td>无防流失措施</td></tr>
<tr><td rowspan="3">专用处置设施</td><td>无防渗漏措施</td></tr>
<tr><td>无防扬散措施</td></tr>
<tr><td>无防流失措施</td></tr>
<tr><td rowspan="10">炉渣</td><td colspan="2">无专用贮存场所</td><td rowspan="10">25 元/t</td></tr>
<tr><td colspan="2">无专用处置设施</td></tr>
<tr><td rowspan="3">专用贮存场所</td><td>无防渗漏措施</td></tr>
<tr><td>无防扬散措施</td></tr>
<tr><td>无防流失措施</td></tr>
<tr><td rowspan="3">专用处置设施</td><td>无防渗漏措施</td></tr>
<tr><td>无防扬散措施</td></tr>
<tr><td>无防流失措施</td></tr>
</table>

污染因素及因子				收费标准
固体废物一次性征收排污费征收标准	煤矸石	无专用贮存场所		5 元/t
		无专用处置设施		
		专用贮存场所	无防渗漏措施	
			无防扬散措施	
			无防流失措施	
		专用处置设施	无防渗漏措施	
			无防扬散措施	
			无防流失措施	
	尾矿	无专用贮存场所		15 元/t
		无专用处置设施		
		专用贮存场所	无防渗漏措施	
			无防扬散措施	
			无防流失措施	
		专用处置设施	无防渗漏措施	
			无防扬散措施	
			无防流失措施	
	其他渣（含半固态或液态物）	无专用贮存场所		25 元/t
		无专用处置设施		
		专用贮存场所	无防渗漏措施	
			无防扬散措施	
			无防流失措施	
		处置设施	无防渗漏措施	
			无防扬散措施	
			无防流失措施	
	危险废物	以填埋方式处置不符合国家有关规定的危险废物		1 000 元/t
噪声超标排污费征收标准	超标分贝数/dB	1		350 元/月
		2		440 元/月
		3		550 元/月
		4		700 元/月
		5		880 元/月
		6		1 100 元/月
		7		1 400 元/月
		8		1 760 元/月
		9		2 200 元/月
		10		2 800 元/月
		11		3 520 元/月
		12		4 400 元/月
		13		5 600 元/月
		14		7 040 元/月
		15		8 800 元/月
		16 及 16 以上		11 200 元/月

3.4.3 污水排污费的计算

3.4.3.1 污水排污费的计征原则

（1）排污即收费的原则。对向江河、湖泊、运河、渠道、水库等地表水体、地下水体、海洋或者进入城市集中污水处理设施排放污水的，应按照排放污染物的种类、数量、征收污水排污费；对超标排放污水的，应按照 2008 年 6 月 1 日起实施的《中华人民共和国水污染防治法》第七十四条规定处罚：

“违反本法规定，排放水污染物超过国家或者地方规定的水污染物排放标准，或者超过重点水污染物排放总量控制指标的，由县级以上人民政府环境保护主管部门按照权限责令限期治理，处应缴纳排污费数额二倍以上五倍以下的罚款。

限期治理期间，由环境保护主管部门责令限制生产、限制排放或者停产整治。限期治理的期限最长不超过一年；逾期未完成治理任务的，报经有批准权的人民政府批准，责令关闭。”

（2）三因子叠加收费的原则。对同一排污口排放多种污染物的，应按各种污染物的污染当量数进行从大到小的排序，然后按排污量最大的前三项污染物分别计算叠加计征污水排污费的原则。

（3）色度、pH、大肠菌群数、余氯量超标收费，不超标不征收排污费，超标排放才征收排污费的原则，同时按规定征收罚款。

（4）对污水进入城市污水集中处理设施并缴纳了污水处理费的不得重复收费的原则。对污水进入城市污水处理厂进行集中处理，并按规定缴纳了污水处理费的，不再征收污水排污费。对未按规定缴纳污水处理费的，还必须按规定征收污水排污费。

（5）城镇污水集中处理设施超标排污，征收排污费的原则。对城镇污水集中处理设施接纳符合国家污水管网标准的污水，其处理后排放污水的有机污染物（化学需氧量、生化需氧量、总有机碳）、悬浮物、大肠菌群等超过国家或地方污染物排放标准的，应按上述污染物的排放种类，数量向城市污水集中处理设施运营单位征收污水排污费，还应进行罚款；城镇污水集中处理设施的出水水质达到国家或者地方规定的水污染物排放标准的，可以按照国家有关规定免缴排污费。

（6）对医院规模大于 20 张床位能监测的，按实际污染物监测值收费，不能监测的，按医院床位数或污水排放量其中收费额较高的一项计征排污费；规模小于 20 张床位的可按小型排污者测算确定排污量，计算排污费。

（7）对征收冷却排水和矿井排水污水排污费应扣除进水本底值的原则。对排放冷却水和矿井水的，在计征污水排污费时，应首先扣除进水水质中各种污染物的本底值，然后再计算该种污染物的排放量及排污费。

（8）对同一排污口中的化学需氧量、生化需氧量和总有机碳，只征收其中收费额最高的一项污染因子的污水排污费的原则。

（9）对同一排污口的大肠菌群数或余氯量，只征收其中污染当量数最高的一项因子的污水排污费的原则。

（10）一类污染物按车间排放口排放量收费的原则。《污水综合排放标准》（GB 8978—1996）规定：“第一类污染物，不分行业和污水排放方式，也不分受纳水体的功能类别，一律在车间或车间处理设施排放口采样，其最高允许排放浓度必须达到本标准要求（采矿行业的尾矿坝出水口不得视为车间排放口）。”因此，排污者排放的污水中一类污染物应以车间或车间处理设施排放口处为准计算。排入城镇污水集中处理设施的污水中的一类污染物也应缴纳排污费（未缴纳处理费的），以其车间或车间处理设施排放口为准计算。

（11）对规模化畜禽养殖场征收污水排污费。对于畜禽养殖业规模小于 50 头牛、500 头猪、5 000 羽鸡（鸭）和医院床位小于 20 张床，不征收污水排污费的原则。

（12）对无法进行实际监测或物料衡算的畜禽养殖业、小型企业、第三产业和医院等小型排污者排放的污水，可实行抽样测算、依据特征值按月计算排污费的原则。

（13）一个排污者有多个排污口应分别计算合并征收的原则。

3.4.3.2 污水排污费征收标准

《排污费征收标准管理办法》规定，污水排污费按排污者排放污染物的种类、数量以污染当量计征，每一污染当量征收标准为 0.7 元。

对国家污水排污费征收标准中，未作规定的项目，对于省、自治区、直辖市人民政府已经制定地方排污费征收标准的，按地方排污费征收标准进行计算污水排污费。

3.4.3.3 污水排污费计算依据的排污数据

计算排污费依据的排污数据为某排污口的污水排放量和各种污染物的排放浓度及排放量。对一般污染物在计算污水排污费时，应首先计算确认每种污染物的排放量，然后依据污染物排放量和该种污染物当量值计算该种污染物的污染当量数，最后依据该种污染物的污染当量数、污水排污收费征收标准和污水排污费计征原则计算确定某排污口某月或季的排污费。

（1）污染物排放量计算

$$\text{某排污口某种污染物的排放量(kg/月或季)}=\frac{\text{污水排放量(t/月或季)}\times\text{污染物的排放质量浓度(mg/L)}}{1\,000}$$

（2）污染当量数计算

①一般水污染物的污染当量数计算为：

$$\text{某排污口某种污染物的污染当量数（以月或季计）}=\frac{\text{某污染物的排放量（kg/月或季）}}{\text{某污染物的污染当量值（kg）}}$$

污水污染物的污染当量值（见表 3-2 和表 3-3）。

表 3-2 第一类水污染物污染当量值

污染物	污染当量值/kg
1．总汞	0.000 5
2．总镉	0.005
3．总铬	0.04
4．六价铬	0.02
5．总砷	0.02
6．总铅	0.025
7．总镍	0.025
8．苯并[a]芘	0.000 000 3
9．总铍	0.01
10．总银	0.02

表 3-3 第二类水污染物污染当量值

污染物	污染当量值/kg	污染物	污染当量值/kg
11. 悬浮物（SS）	4	37. 五氯酚及五氯酚钠（以五氯酚计）	25
12. 生化需氧量（BOD_5）	0.5	38. 三氯甲烷	0.04
13. 化学需氧量（COD）	1	39. 可吸附有机卤化物（AOX）（以 Cl 计）	0.25
14. 总有机碳（TOC）	0.49	40. 四氯化碳	0.04
15. 石油类	0.1	41. 三氯乙烯	0.04
16. 动植物油	0.16	42. 四氯乙烯	0.04
17. 挥发酚	0.08	43. 苯	0.02
18. 氰化物	0.05	44. 甲苯	0.02
19. 硫化物	0.125	45. 乙苯	0.02
20. 氨氮	0.8	46. 邻二甲苯	0.02
21. 氟化物	0.5	47. 对二甲苯	0.02
22. 甲醛	0.125	48. 间二甲苯	0.02
23. 苯胺类	0.2	49. 氯苯	0.02
24. 硝基苯类	0.2	50. 邻二氯苯	0.02
25. 阴离子表面活性剂（LAS）	0.2	51. 对二氯苯	0.02
26. 总铜	1	52. 对硝基氯苯	0.02
27. 总锌	0.2	53. 2,4-二硝基氯苯	0.02
28. 总锰	0.2	54. 苯酚	0.02
29. 彩色显影剂（CD-2）	0.2	55. 间-甲酚	0.02
30. 总磷	0.25	56. 2,4-二氯酚	0.02
31. 元素磷（以 P 计）	0.05	57. 2,4,6-三氯酚	0.02
32. 有机磷农药（以 P 计）	0.05	58. 邻苯二甲酸二丁酯	0.02
33. 乐果	0.05	59. 邻苯二甲酸二辛酯	0.02
34. 甲基对硫磷	0.05	60. 丙烯腈	0.125
35. 马拉硫磷	0.05	61. 总硒	0.02
36. 对硫磷	0.05		

表 3-2 和表 3-3 中的污染物分类依据为《污水综合排放标准》（GB 8978—1996）及其他行业标准。

表 3-4 pH 值、色度、大肠菌群数、余氯量污染当量值

污染物		污染当量值
1. pH 值	（1）0～1，13～14	0.06 t 污水
	（2）1～2，12～13	0.125 t 污水
	（3）2～3，11～12	0.25 t 污水
	（4）3～4，10～11	0.5 t 污水
	（5）4～5，9～10	1 t 污水
	（6）5～6	5 t 污水
2. 色度		5 t 水·倍
3. 大肠菌群数（超标）		3.3 t 污水
4. 余氯量（用氯消毒的医院废水）		3.3 t 污水

说明：1. 大肠菌群数和余氯量只征收一项；

2.pH 5～6 指大于等于 5，小于 6；pH 9～10 指大于 9，小于等于 10，其余类推。

②pH 值、大肠菌群数、余氯量的污染当量数计算。

$$某排污口某种污染物的污染当量数（以月或季计）= \frac{污水排放量（t/月或季）}{某污染物的污染当量值（t）}$$

pH 值、大肠菌群数、余氯量的污染当量值见表 3-4。

③色度的污染当量数计算。

$$某排污口色度的污染当量数（以月或季计）= \frac{污水的排放量（t/月或季）\times 色度超标倍数}{色度的污染当量值（t水\cdot 倍）}$$

式中 $色度超标倍数 = \frac{色度实测值 - 色度排放标准}{色度排放标准}$

④畜禽养殖业、小型企业和第三产业水污染的污染当量数计算。

$$污染物当量数（以月或季计）= \frac{污染物排放特征值}{污染当量值}$$

上式中污染物排放特征值对畜禽养殖场是指牛、猪、鸡、鸭等家禽的养殖数量；对小型企业是指污水排放量；对饮食娱乐服务行业是指污水排放量；对医院是指医院床位数或医院污水排放量。畜禽养殖业、小型企业和第三产业污染当量值见表 3-5。

表 3-5 畜禽养殖业、小型企业和第三产业污染当量值

类型		污染当量值
畜禽养殖场	1．牛	0.1 头
	2．猪	1 头
	3．鸡、鸭等家禽	30 羽
4．小型企业		1.8 t 污水
5．饮食娱乐服务业		0.5 t 污水
6．医院	消毒	0.14 床
		2.8 t 污水
	不消毒	0.07 床
		1.4 t 污水

说明：1. 本表仅适用于计算无法进行实际监测或物料衡算的畜禽养殖业、小型企业和第三产业小型排污者的污染当量数。2. 仅对存栏规模大于 50 头牛、500 头猪、5 000 羽鸡（鸭）等的畜禽养殖场收费。3. 医院床位数大于 20 张的按本表计算污染当量。

3.4.3.4 污水排污收费计算方法

根据污水排污收费计征原则，污水排污费计算方法应按以下方法和步骤进行。

（1）计算污染物排放量

首先依据某排污单位某排污口排放污染物的种类、浓度和污水排放量，计算所有污染物的排放量：

$$某排污口某种污染物的排放量（kg/月或季）= \frac{污水排放量（t/月或季）\times 污染物的排放浓度（mg/L）}{1000}$$

对于冷却水或矿井水排放污染物的污染当量计算，应扣除进水中各种污染物的本底值，然后计算该种污染物的排放量。

（2）计算污染物当量数

在已经计算确定污染物排放量的基础上，依据国家规定的污染物当量值（见《第一类水污染物污染当量值》、《第二类水污染物污染当量值》、《pH 值、色度、大肠菌群数、余氯量污染当量值》、《畜禽养殖业、小型企业和第三产业污染当量值》表），计算某排污口所有污染物的各自相应污染当量数。不同污染物的污染当量数根据其性质不同，应按以下方法分别计算：

①一般污染物当量数的计算方法：

$$某排污口某种污染物的污染当量数（月或季）=\frac{某污染物的排放量（kg/月或季）}{某污染物的污染当量值（kg）}$$

污染物当量值见《第一类水污染物污染当量值》表 3-2 和《第二类水污染物污染当量值》表 3-3。

②pH 值、大肠菌群数、余氯量污染当量数的计算方法：

$$某排污口某种污染物的污染当量数（月或季）=\frac{污水排放量（t/月或季）}{某污染物的污染当量值（t）}$$

③色度污染当量数的计算方法：

$$某排污口色度的污染当量数（月或季）=\frac{污水的排放量（t/月或季）\times 色度超标倍数}{色度的污染当量值（t水\cdot 倍）}$$

色度污染当量值见《pH 值、色度、大肠菌群数、余氯量污染当量值》表 3-4。

④畜禽养殖业、小型企业和第三产业水污染物污染当量数的计算方法：

$$污染物当量数（月或季）=\frac{污染物排放特征值}{污染当量值}$$

对于医院，当床位污染当量数和排放废水当量数并存时，只能按污染当量数最大的一项计征排污费。

污染当量值见《畜禽养殖业、小型企业和第三产业污染当量值》表 3-5。

（3）确定收费因子

确定污水排污费收费因子

根据同一排污口征收污水排污费，按污染物的污染当量数从大到小的顺序，最多不超过三项的规定，应在分别计算各种污染物的污染当量数的基础上，进行从大到小的排序。然后选定污染当量数排序最大的前三项污染物因子为该排污口计征污水排污费的收费因子。在排序的过程中，如遇有化学需氧量、生化需氧量、总有机碳三种污染物，只能选择其中污染当量数最大的一项参加排序。当遇有大肠菌群数和余氯量时，只能选择其中污染当量数最大的一项参加排序。

（4）计算污水排污费

①某一排污者若有一个污水排污口，污水排污费的计算

将同一排污口的当量数在前三位的污染物当量数相加得到该排污口的总污染当量数 E_n，即为该排污口的排污总量（当量总量）。

总污染当量数 E_n=（第一位最大污染物的污染当量数+第二位最大污染物的污染当量数+第三位最大污染物的污染当量数）

污水排污费 R_n（元/月或季）=污水排污费征收标准（元/污染当量）×总污染当量数

E_n（月或季）

②某一排污者若有多个污水排污口，污水排污费的计算

若同一排污者有多个排污口时，应分别计算，叠加征排污费。在排污口规范化整治规定中规定排污者一般只应有一个污水排放口。对同一排污者有多个排污口，应实行每个排放口分别按规定计征污水排污费，多个排污口再叠加计征污水排污费。

第一步　计算每个污水排污口的总污染当量数 E_n 和污水排污费 R_n；

第二步　再将同一排污者几个污水排污口的污水排污费额相加，得到总的污水排污费 R。

$$R=\sum R_n\ （元/月或季）$$

例 3-1　某有机化工染料厂 2000 年建厂，总排污口某月污水排放量为 10 万 t，COD 排放浓度为 1 165 mg/L，BOD 排放浓度为 980 mg/L，挥发酚排放浓度为 5.5 mg/L，石油类排放浓度为 8.5 mg/L，SS 排放浓度为 110 mg/L，该厂污水排入城镇污水处理厂，但并未按规定缴纳污水处理费，计算该厂每月应缴纳多少元污水排污费。

解：（1）计算污染物排放量

$$\text{COD排放量（kg/月）}=\frac{\text{污水排放量（t/月）}\times\text{COD排放浓度（mg/L）}}{1\,000}=\frac{100\,000\times1165}{1\,000}=116\,500$$

$$\text{BOD排放量（kg/月）}=\frac{\text{污水排放量（t/月）}\times\text{BOD排放浓度（mg/L）}}{1\,000}=\frac{100\,000\times980}{1\,000}=98\,000$$

$$\text{挥发酚排放量（kg/月）}=\frac{\text{污水排放量（t/月）}\times\text{挥发酚排放浓度（mg/L）}}{1\,000}=\frac{100\,000\times5.5}{1\,000}=550$$

$$\text{石油类排放量（kg/月）}=\frac{\text{污水排放量（t/月）}\times\text{石油类排放浓度（mg/L）}}{1\,000}=\frac{100\,000\times8.5}{1\,000}=850$$

$$\text{SS排放量（kg/月）}=\frac{\text{污水排放量（t/月）}\times\text{SS排放浓度（mg/L）}}{1\,000}=\frac{100\,000\times110}{1\,000}=11\,000$$

（2）计算污染当量数

经查表 3-3《第二类水污染物污染当量值》得知，COD 的污染当量值为 1 kg，BOD 的污染当量值为 0.5 kg，挥发酚的污染当量值为 0.08 kg，石油类的污染当量为 0.1 kg，SS 的污染当量值为 4 kg。

$$\text{COD的污染当量数}=\frac{\text{COD的排放量（kg/月）}}{\text{COD的污染当量值（kg）}}=\frac{116\,500}{1}=116\,500$$

$$\text{BOD的污染当量数}=\frac{\text{BOD的排放量（kg/月）}}{\text{BOD的污染当量值（kg）}}=\frac{98\,000}{0.5}=196\,000$$

$$\text{挥发酚的污染当量数}=\frac{\text{挥发酚的排放量（kg/月）}}{\text{挥发酚的污染当量值（kg）}}=\frac{550}{0.08}=6\,875$$

$$\text{石油类的污染当量数}=\frac{\text{石油类的排放量（kg/月）}}{\text{石油类的污染当量值（kg）}}=\frac{850}{0.1}=8\,500$$

$$\text{SS的污染当量数}=\frac{\text{SS的排放量（kg/月）}}{\text{SS的污染当量值（kg）}}=\frac{11\,000}{4}=2\,750$$

（3）确定收费因子

根据同一排污口只征收污染当量数最大的前三项污染物，BOD 与 COD 只能征收其中最大一项的规定，经排序比较，BOD>石油类>挥发酚，三项污染物为该企业污水排污费的收费因子。

（4）计算排污费

污水进入城市污水处理厂，未缴纳污水处理费，应征收排污费。因此总污染当量数：

E_n= BOD 的污染当量数+挥发酚的污染当量数+石油类的污染当量数

= 196 000+6 875+8 500

= 211 375（污染当量/月）

污水排污费 R_n（元/月）= 污水排污费征收标准（元/污染当量）×E_n

= 0.7 元/污染当量×211 375（污染当量/月）

= 147 962.5（元/月）

例 3-2 某石油化工厂 1995 年建厂，总排污口某月污水排放量为 10 万 t，COD 排放浓度为 400 mg/L，BOD 排放浓度为 210 mg/L，SS 排放浓度为 90 mg/L，石油类排放浓度为 25 mg/L，pH 值为 4.5，该厂为了配套生产，于 1998 年 5 月又新建成并投产了一电镀车间，车间排污口排放量为 10 000 t，六价铬排放浓度为 0.6 mg/L，该厂污水排入Ⅳ水域，计算该厂每月应缴纳废水排污费多少元。

解：（1）计算各排污口各种污染物的排放量

①总排污口各种污染物的排放量

$$\text{COD排放量（kg/月）}=\frac{\text{污水排放量（t/月）}\times\text{COD排放浓度（mg/L）}}{1000}=\frac{100\,000\times 400}{1\,000}=40\,000$$

$$\text{BOD排放量（kg/月）}=\frac{\text{污水排放量（t/月）}\times\text{BOD排放浓度（mg/L）}}{1000}=\frac{100\,000\times 210}{1\,000}=21\,000$$

$$\text{SS排放量（kg/月）}=\frac{\text{污水排放量（t/月）}\times\text{SS排放浓度（mg/L）}}{1000}=\frac{100\,000\times 90}{1\,000}=9\,000$$

$$\text{石油类的排放量（kg/月）}=\frac{\text{污水排放量（t/月）}\times\text{石油类排放浓度（mg/L）}}{1000}=\frac{100\,000\times 25}{1\,000}=2\,500$$

②电镀车间排污口一类污染物的排放量：

$$\text{六价铬排放量（kg/月）}=\frac{\text{车间排污口污水排放量（t/月）}\times\text{六价铬排放浓度（mg/L）}}{1000}=\frac{10\,000\times 0.6}{1\,000}=6$$

（2）计算各排污口各种污染物的污染当量数

查《第一类水污染物污染当量值》（表 3-2）、《第二类水污染物当量值》（表 3-3）和《pH 值、色度、大肠菌群数、余氯量污染当量值》（表 3-4）得知，COD 的污染当量值为 1 kg，BOD 的污染当量值为 0.5 kg，SS 的污染当量值为 4 kg，石油类的污染当量值为 0.1 kg，pH 值的污染当量值为 1 t 污水，六价铬的污染当量值为 0.02 kg。

①总排污口中各种污染物的污染当量数：

$$\text{COD的污染当量数}=\frac{\text{COD的排放量（kg/月）}}{\text{COD的污染当量值（kg）}}=\frac{40\,000}{1}=40\,000$$

$$\text{BOD的污染当量数}=\frac{\text{BOD的排放量（kg/月）}}{\text{BOD的污染当量值（kg）}}=\frac{21\,000}{0.5}=42\,000$$

$$\text{SS的污染当量数}=\frac{\text{SS的排放量（kg/月）}}{\text{SS的污染当量值（kg）}}=\frac{9\,000}{4}=2\,250\ \text{（SS 超标）}$$

$$\text{石油类的污染当量数}=\frac{\text{石油类的排放量（kg/月）}}{\text{石油类的污染当量值（kg）}}=\frac{2\,500}{0.1}=25\,000$$

$$\text{pH值的污染当量数}=\frac{\text{污水的排放量（t/月）}}{\text{pH值的污染当量值（t污水）}}=\frac{100\,000}{1}=100\,000\ \text{（pH 值超标）}$$

②电镀车间排污口一类污染物的污染当量数：

$$\text{六价铬的污染当量数}=\frac{\text{六价铬的排放量（kg/月）}}{\text{六价铬的污染当量值（kg）}}=\frac{6}{0.02}=300$$

（3）确定收费因子

确定污水排污口只征收污染当量数最大的前三项污染物、BOD 与 COD 只能征收其中一项以及 pH 值超标收费的规定，经排序总排污口和车间排污口的收费因子为：

a. 总排污口的污水排污费因子为 pH＞BOD＞石油类三项污染物；

b. 车间排污口的污口排污费收费因子为六价铬一项污染物。

（4）计算排污费

①总排污口污水排污费 R_n（元/月）= 污水排污费征收标准（元/污染当量）×（pH 值的污染当量数+BOD 的污染当量数+石油类的污染当量数）

= 0.7×（100 000+42 000+25 000）=116 900（元/月）

②车间排污总口污水排污费（元/月）= 污水排污费征收标准（元/污染当量）×（六价铬的污染当量数）

= 0.7×300=210（元/月）

③企业污水排污费征收总额 R（元/月）= 总排污口污水排污费+车间排污口污水排污费

= 116 900+210=117 110（元/月）

例 3-3 某印染厂 1998 年建成投产，2008 年 8 月消耗新鲜水果 30 000 立方米，经监测总污水排放口排放污水中污染物浓度为：色度 300 倍、COD 120 毫克/升、BOD 30 毫克/升、pH 值为 4，该厂废水排入Ⅳ类水域。求：该印染厂 8 月份应缴纳污水排污费多少元？

解：（1）排放标准

该厂污水总排放口执行《污水综合排放标准》表 4 中二级标准，查出排放标准如下：色度 80 倍、pH 值 6～9。

（2）各种污染物的排污量

污水总排放口 8 月份排放各种污染物核定数值为：

污水总排放口 8 月份污水排放量=0.88×30 000=24 000 立方米/月（排污总数按 80%计）

COD 月排放量＝KQC_{COD}＝10^{-3}×24 000×120＝2 880 千克/月

BOD 月排放量＝KQC_{BOD}＝10^{-3}×24 000×30＝720 千克/月

（3）计算污染当量数

经查表 3-3《第二类水污染物污染当量值》得知，COD 污染当量值为 1 kg，BOD 的污染当量值为 0.5 kg；查表 3-4《pH 值、色度、大肠菌群数、余氯量污染当量值》得知，色度的污染当量值为 5 t 水·倍，pH 值的污染当量值为 1 吨污水。

COD 的污染当量数＝2 880 千克/1 千克＝2 880

BOD 的污染当量数＝720 千克/0.5 千克＝1 440

$$色度超标倍数=\frac{色度实测值-色度排放标准}{色度排放标准}=\frac{300-80}{80}=2.75\ （超标）$$

$$色度的污染当量数=\frac{污水的排放量（t/月）\times 色度超标倍数}{色度的污染当量值（t水\cdot倍）}=\frac{24\,000\times 2.75}{5}=13\,200$$

pH 值的污染当量数＝24 000 吨污水/1 吨污水＝24 000（超标）

（4）确定收费因子

污染当量前三位是 pH 值（超标收费）、色度（超标收费），COD、BOD 只收一项。因此，污水排放口的收费因子是 pH 值、色度和 COD。

污水排放口 8 月份排放总量=24 000+13 200+2 880=40 080（污染当量/月）

（5）污水排污费计算

该印染厂 8 月份污水排污费=0.7 元/污染当量×40 080 污染当量/月=28 056（元）；

例 3-4 某餐馆 2008 年 8 月消耗新鲜水量 1 000 立方米，污水排入地表水体，无法进行监测，排水去向Ⅳ类水域。求：该餐馆 8 月应缴纳污水排污费多少元？

解：查畜禽养殖业、小型企业和第三产业污染当量值表中规定，污染当量值为 0.5 吨污水，饮食娱乐服务业没有监测数据，该餐馆 8 月排放污水量=0.8×1 000 立方米=800（立方米）（排污系数按 80%计）；该餐馆 8 月污水总排污量= 800÷0.5=1 600（污染当量）；该餐馆 8 月污水排污费=0.7×1 600=1 120（元）。

3.4.4 废气排污费的计算

3.4.4.1 废气排污费计征原则

①排污就收费，超标罚款的原则。向大气排污染物的排污者，必须按照排放污染物的种类、数量征收废气排污费。对于超标排放废气污染物的排污者，按《大气污染防治法》规定进行相应处罚。

②三因子叠加收费的原则。对同一排污口排放多种污染物的，应按多种污染物的污染当量大小，选择最大的前三项分别计算叠加计征废气排污费。

③同种污染物不同监测指标不得重复收费。烟尘和林格曼黑度都是反映燃料燃烧产生的烟尘污染的监测指标，为体现不重复收费的原则，烟尘和林格曼黑度只能按收费额高的一项收费。其中，林格曼黑度按黑度大小收费。

④一个排污者有多个排污口，应分别计算合并计征的原则。由于排污者废气污染源的排污口都是孤立的，即一个污染源就有一个排污口，同一排污者的废气排污口一般都有多个，必须对每个排污口的废气排污费分别计算，然后再合并征收。

3.4.4.2 废气排污费征收标准

①废气排污费按排污者排放污染物的种类、数量以污染当量计算征收，每一污染当

量征收标准为 0.6 元。

②对难以监测的烟尘，可按林格曼黑度征收排污费。每吨燃料的征收标准为：1 级 1 元、2 级 3 元、3 级 5 元、4 级 10 元、5 级 20 元。

3.4.4.3 废气排污费的计算方法

根据《排污费征收标准管理办法》的规定，计算废气排污费依据的排污数据，为某排污口的废气排放量和各种污染物的排放浓度及排放量。对一般污染物在计算废气排污费时，应首先计算确定某污染物的排放量，然后依据污染物的排放量和该种污染物的当量值，计算该种污染物的当量数，最后依据该种污染物的当量数、废气征收标准及排污费计征原则计算确定某排污口某月或某季的排污费。

根据废气排污费计征原则，废气排污费的计算方法应按以下方法与步骤进行：

（1）计算污染物排放量

（2）计算污染当量数

$$\text{某污染物的污染当量数}=\frac{\text{某污染物的排放量（kg/月）}}{\text{某污染物的污染当量值（kg）}}$$

污染物当量值见表 3-6。

表 3-6 大气污染物污染当量值

序号	污染物名称	污染当量值/kg	序号	污染物名称	污染当量值/kg
1	二氧化硫	0.95	23	二甲苯	0.27
2	氮氧化物	0.95	24	苯并[a]芘	0.000 002
3	一氧化碳	16.7	25	甲醛	0.09
4	氯气	0.34	26	乙醛	0.45
5	氯化氢	10.75	27	丙烯醛	0.06
6	氟化物	0.87	28	甲醇	0.67
7	氰化氢	0.005	29	酚类	0.35
8	硫酸雾	0.6	30	沥青烟	0.19
9	铬酸雾	0.000 7	31	苯胺类	0.21
10	汞及其化合物	0.000 1	32	氯苯类	0.72
11	一般性粉尘	4	33	硝基苯	0.17
12	石棉尘	0.53	34	丙烯腈	0.22
13	玻璃棉尘	2.13	35	氯乙烯	0.55
14	碳黑尘	0.59	36	光气	0.04
15	铅及其化合物	0.02	37	硫化氢	0.29
16	镉及其化合物	0.03	38	氨	9.09
17	铍及其化合物	0.000 4	39	三甲胺	0.32
18	镍及其化合物	0.13	40	甲硫醇	0.04
19	锡及其化合物	0.27	41	甲硫醚	0.28
20	烟尘	2.18	42	二甲二硫	0.28
21	苯	0.05	43	苯乙烯	25
22	甲苯	0.18	44	二硫化碳	20

（3）确定收费因子

根据烟尘和林格曼黑度只能选择收费额较高一项为收费因子的规定，对燃料燃烧排污费收费因子的确定，应首先计算出每项污染物的收费额后，选择其中收费额较高的前三项污染物作为该排污物的收费因子。

①一般污染物的排污费计算方法。

某污染物的排污费（元/月）＝废气污染当量征收排污费标准（元/污染当量）×某污染物的当量数

②林格曼黑度排污费计算方法。

林格曼黑度排污费（元/月）＝林格曼黑度（级）的收费标准（元）×某林格曼黑度（级）条件下的燃料耗用量（t/月）

烟气黑度级测定：根据《排污费征收标准管理办法》的规定，烟气黑度排污费应根据烟气黑度级和相应的征收标准计算，因此应首先测定烟气黑度级，一般采用国家认定的监测方法测定。林格曼烟尘浓度表见表 3-7。

上式中当燃料为非煤时（如木材、柴草、原油、柴油、汽油、天然气、有机可燃废气等）应将非煤燃料折算成标准煤后再计算排污费。

（4）计算某排污口的排污费

选择收费额最大的前三项污染物的排污费总和即为该排污口的排污费应征额。

某排污口的排污费（元/月）＝收费额最大的第一项污染物的排污费＋收费额最大的第二项污染物的排放费＋收费额最大的第三项污染物的排污费

表 3-7　林格曼烟尘浓度表

级数	烟尘特点	黑色小块占总面积/%	烟尘量/（g/m^3）
0	全白	0	0
1	微灰	20	0.25
2	灰	40	0.70
3	浑灰	60	1.20
4	灰黑	80	2.30
5	全黑	100	4.0～5.0

例 3-5　某工厂以生产 PVC 树脂、盐酸、烧碱为主，每月生产天数为 30 d，每天生产时间为 16 h，生产过程中排放的氯化氢为 4.2 kg/h，氯气为 1.9 kg/h，氯乙烯为 5.4 kg/h，求该工厂每月应缴多少元的废气排污费？

解：（1）计算污染物排放量

氯化氢排放量（kg/月）＝氯化氢排放量（kg/h）×每天生产时间（h）×每月生产天数（天/月）

＝4.2×16×30＝2 016（kg/月）

氯气排放量（kg/月）＝氯气排放量（kg/h）×每天生产时间（h）×每月生产天数（天/月）

＝1.9×16×30＝912（kg/月）

氯乙烯排放量（kg/月）＝氯乙烯排放量（kg/h）×每天生产时间（h）×

每月生产天数（天/月）

=5.4×16×30=2 592（kg/月）

（2）计算污染当量数

从表 3-6 查得氯化氢的污染当量值为 10.75 kg，氯气的污染当量值为 0.34 kg，氯乙烯的污染当量值为 0.55 kg。

$$氯化氢的污染当量数=\frac{氯化氢排放量（kg/月）}{氯化氢的污染当量值（kg）}=\frac{2\ 016}{10.75}=188$$

$$氯气的污染当量数=\frac{氯气排放量（kg/月）}{氯气的污染当量值（kg）}=\frac{912}{0.34}=2\ 682$$

$$氯乙烯的污染当量数=\frac{氯乙烯排放量（kg/月）}{氯乙烯的污染当量值（kg）}=\frac{2\ 592}{0.55}=4\ 713$$

（3）确定收费因子

该排污口已知只有三项污染物，因此全部作为收费因子。

（4）计算排污费

废气排污费（元/月）＝废气污染当量收费标准（元/污染当量）×（氯化氢的污染当量数＋氯气的污染当量数＋氯乙烯的污染当量数）＝0.6×（188＋2 682＋4 713）＝4 549.8（元/月）

例 3-6 某炼铁厂月生产铁 8 000 t，月生产时间为 720 h，高炉煤气回收率为 95%，经查物料衡算排放系数每吨铁产生高炉煤气 4 500 m^3，其中含 CO 30%，CO 的气体密度为 1.25 kg/m^3，含尘量为 0.1 kg/m^3，计算每月应缴纳多少元废气排污费？

解：（1）计算污染物排放量

CO 排放量（kg/月）＝铁产量（t/月）×高炉煤气产生量（m^3/t 铁）×CO 百分浓度（%）×CO 气体密度（kg/m^3）×[1−高炉煤气回收效率（%）]

＝8 000×4 500×30%×1.25×（1−95%）

＝675 000（kg/月）

粉尘排放量（kg/月）＝铁产量（t/月）×高炉煤气产生量（m^3/t 铁）×粉尘排放浓度系数（kg/m^3）×[1－高炉煤气回收效率（%）]

＝8 000×4 500×0.1×（1−95%）

＝180 000（kg/月）

（2）计算污染当量数

从表 3-6 查得 CO 的污染当量值为 16.7 kg，粉尘的污染当量值为 4 kg。

$$CO的污染当量数=\frac{CO的排放量（kg/月）}{CO的污染当量值（kg）}=\frac{675\ 000}{16.7}=40\ 419.16$$

$$粉尘的污染当量数=\frac{粉尘的排放量（kg/月）}{粉尘的污染当量值（kg）}=\frac{180\ 000}{4}=45\ 000$$

（3）确定收费因子

因该排放口只有两种污染物，按同一排污口收三项污染因子的原则，这两项污染物应该全部为收费因子。

（4）计算排污费

排污费（元/月）＝废气污染当量收费标准（元/污染当量）×（CO 的污染当量数＋粉尘的污染当量数）

＝0.6×（40 419.16＋45 000）

＝51 251.50（元/月）

例 3-7 某厂链条锅炉月耗河南焦作烟煤 700 t，锅炉除尘效率为 92%，烟气黑度为 3 级，求该锅炉每月应缴纳多少元的排污费？

解：（1）计算污染物排放量

查《全国各地煤矿煤灰分含量》和《全国各地燃煤硫分含量》，河南煤灰分含量为 16.7%，选洗后硫分含量为 1.27%。

查《不同炉型灰分中烟尘百分比》，链条中灰分的烟尘百分比为 20%；查《烟尘中的可燃物含量》，链条炉（按一般炉型）的可燃物含量为 30%；查《燃料中氮的 NO_x 转化率》，链条炉（按层燃炉型）氮的 NO_x 转化率为 37.5%；查《燃煤含碳量和化学不完全燃烧值》，烟煤的含碳量为 75%，不完全燃烧值为 3%。

燃煤 SO_2 排放量（kg/月）＝1 600×耗煤量（t/月）×煤中的含硫分（%）

＝1 600×700×1.27%＝14 224（kg/月）

$$\text{烟尘排放量（kg/月）}=\frac{1\,000\times\text{耗煤量（t/月）}\times\text{煤中灰分（\%）}\times\text{灰分中烟尘（\%）}\times(1-\text{除尘效率})}{1-\text{烟尘中的可燃物（\%）}}$$

$$=\frac{1\,000\times700\times16.7\%\times20\%\times(1-92\%)}{1-30\%}=2\,672\text{(kg/月)}$$

NO_x 排放量（kg/月）＝1 630×耗煤量（t/月）×（0.015×燃煤中氮的 NO_x 转化率（%）＋0.000 938）

＝1 630×700×（0.015×37.5%＋0.000 938）＝7 488.38（kg/月）

CO 排放量（kg/月）＝2 330×耗煤量（t/月）×燃煤中碳的含量（%）×燃煤的不完全燃烧值（%）

＝2 330×700×75%×3%＝36 697.5（kg/月）

上式中 1 000、1 600、1 630、2 330 为公式中单位间的换算系数值。

（2）计算污染当量数

$$SO_2\text{污染当量数}=\frac{SO_2\text{排放量}}{SO_2\text{污染当量值}}=\frac{14\,224}{0.95}=14\,972.63$$

$$\text{烟尘污染当量数}=\frac{\text{烟尘排放量}}{\text{烟尘污染当量值}}=\frac{2\,672}{2.18}=1\,225.69$$

$$NO_x\text{污染当量数}=\frac{NO_x\text{排放量}}{NO_x\text{污染当量值}}=\frac{7\,488.38}{0.95}=7\,882.51$$

$$CO\text{污染当量数}=\frac{CO\text{排放量}}{CO\text{污染当量值}}=\frac{36\,697.5}{16.7}=2\,197.46$$

（3）确定收费因子

首先计算出各种污染物的收费额，然后选择其中收费额较高的前三项污染物为该排污口的收费因子。

SO_2排污费（元/月）=SO_2污染当量数×0.6=14 972.63×0.6=8 983.58（元/月）

烟尘排污费（元/月）=烟尘污染当量数×0.6=1 225.69×0.6=735.41（元/月）

林格曼黑度排污费（元/月）=耗煤量×林格曼黑度收费标准=700×5=3 500（元/月）

NO_x排污费（元/月）=NO_x污染当量数×0.6=7 882.51×0.6=4 729.5（元/月）

CO 排污费（元/月）=CO 污染当量数×0.6=2 197.46×0.6=1 318.48（元/月）

经比较收费额较高的前三项污染物为SO_2、NO_x和林格曼黑度。

（4）计算排污费

排放口的排污费（元/月）=SO_2排放收费额（元/月）+

NO_x排污收费额（元/月）+林格曼黑度收费额（元/月）

=8 983.58+4 729.5+3 500

=17 213.08（元/月）

注：《全国各地煤矿煤灰分含量》、《全国各地燃煤硫分含量》、《不同炉型灰分中烟尘百分比》、《烟尘中的可燃物含量》、《燃料中氮的 NO_x 转化率》、《燃煤含碳量和化学不完全燃烧值》等数据可查阅国家环境保护部编写的《排污申报登记实用手册》（中国环境科学出版社出版）。

例 3-8 某水泥厂某月生产水泥 5 000 t，生产 1 t 水泥产生有组织排放粉尘 120 kg/t，SO_2 1.2 kg/t，无组织排放粉尘 25 kg/t。有组织排放粉尘经除尘后排放，平均除尘率为 97%。求：该水泥厂该月废气排污费多少元？

解：（1）该月申报核定污染物排放量

有组织排放粉尘量=5 000×120×（1–97%）=18 000（kg）

有组织排放SO_2量=5 000×1.2=6 000（kg）

无组织排放粉尘量=5 000×25=125 000（kg）

（2）计算污染当量数

有组织排放粉尘的污染当量数=18 000÷4=4 500

SO_2的污染当量数=6 000÷0.95=6 315.8

无组织排放粉尘的污染当量数=125 000÷4=31 250

（3）该月废气排污总量

有组织排污总量=4 500+6 315.8=10 815.8

无组织排污总量=31 250

（4）该月废气排污费

0.6×10 815.8+0.6×31 250=25 239.5（元）

3.4.5 固体废物及危险废物排污费的计算

3.4.5.1 固体废物及危险废物排污费计征原则

2005 年 4 月 1 日起施行的《中华人民共和国固体废物污染环境防治法》（2004 年 12 月 29 日修订）对固体废物明确规定：

“第十六条　产生固体废物的单位和个人，应当采取措施，防止或者减少固体废物对环境的污染。”

“第五十六条　以填埋方式处置危险废物不符合国务院环境保护行政主管部门规定

的，应当缴纳危险废物排污费。危险废物排污费征收的具体办法由国务院规定。

危险废物排污费用于污染环境的防治，不得挪作他用。”

“第六十八条 违反本法规定，有下列行为之一的，由县级以上人民政府环境保护行政主管部门责令停止违法行为，限期改正，处以罚款：

（一）不按照国家规定申报登记工业固体废物，或者在申报登记时弄虚作假的；

（二）对暂时不利用或者不能利用的工业固体废物未建设贮存的设施、场所安全分类存放，或者未采取无害化处置措施的；

（三）将列入限期淘汰名录被淘汰的设备转让给他人使用的；

（四）擅自关闭、闲置或者拆除工业固体废物污染环境防治设施、场所的；

（五）在自然保护区、风景名胜区、饮用水水源保护区、基本农田保护区和其他需要特别保护的区域内，建设工业固体废物集中贮存、处置的设施、场所和生活垃圾填埋场的；

（六）擅自转移固体废物出省、自治区、直辖市行政区域贮存、处置的；

（七）未采取相应防范措施，造成工业固体废物扬散、流失、渗漏或者造成其他环境污染的；

（八）在运输过程中沿途丢弃、遗撒工业固体废物的。

有前款第一项、第八项行为之一的，处五千元以上五万元以下的罚款；有前款第二项、第三项、第四项、第五项、第六项、第七项行为之一的，处一万元以上十万元以下的罚款。”

（1）一般性固体废物排污收费的规定

《排污费征收使用管理条例》规定的一般性固体废物的排污收费规定与修订后的《中华人民共和国固体废物污染环境防治法》规定不符的条款，已经停止实行。对一般性固体废物不符合国家规定转移、扬散、丢弃、遗撒等违法行为，规定进行相应处罚，同时并不免除防治责任。

（2）对危险废物排污收费的规定

对以填埋方式处置危险废物不符合国家有关规定的，应征收危险废物排污费。

3.4.5.2 危险废物排污费征收标准

对以填埋方式处置危险废物不符合国家有关规定的，危险废物排污费征收标准为每吨 1 000 元。危险废物是指列入国家危险废物目录或者根据国家规定的危险废物鉴别标准和鉴别方法认定的具有危险特征的废物。

3.4.5.3 危险废物排污费计算方法

（1）首先查《危险废物名录》或者根据国家规定的危险废物鉴别标准和鉴别方法认定，是否属于危险废物，对不属于危险废物的按工业固体废物规定征收排污费，对属于危险废物的按危险废物规定征收排污费。

（2）确认危险废物填埋处置是否符合国家有关规定要求，对符合规定要求的不收费，对不符合规定要求的征收危险废物排污费。

（3）计算危险废物排污费。确定排放量即不符合国家有关规定的填埋处置量，然后计算排污费：

危险废物排污费（元/月）=危险废物排放量（t/月）×危险废物收费标准（元/t）

例 3-9 某化工厂某月产生化工废渣 20 t，按规定处置了 14 t，余下部分环境监察机构认为属于违规填埋处置。求：该化工厂该月应征收危险废物排污费多少元？

解：化工厂的化工废渣应视为危险废物，实际排放 6 t，危险废物收费标准为 1 000 元/t，危险废物排污费为 1 000×6=6 000（元）。

3.4.6 环境噪声超标排污费的计算

3.4.6.1 噪声超标排污费计征原则

（1）超标收费的原则。排污者产生的环境噪声超过国家规定的环境噪声排放标准，有干扰他人正常生活、工作和学习的，应按照超标噪声的分贝数征收噪声超标排污费。

（2）一个单位边界上有多处噪声超标，按征收噪声超标排污费最高一处计征的原则。

（3）一个单位沿边界长度超过 100 m 有两处以上（含两处）噪声超标的，按噪声超标排污费最高一处加一倍征收超标噪声排污费的原则。对超标噪声加 1 倍征收的排污者的厂（场）界周长必然超过 200 m。

（4）一个单位有不同地点作业场所，应分别计算合并计征的原则。

（5）昼夜应分别计算，叠加计征的原则。

（6）超标噪声排污费按月核定，一月内不足 15 d，减半计征的原则。

（7）夜间频繁突发和夜间偶然突发厂界超标噪声，应按等效声级和峰值噪声两种指标中收费额最高一项计征排污费的原则。

（8）建筑施工场地同一施工单位多个建筑施工阶段同时施工时，按噪声限值最高的施工阶段计征超标噪声排污费的原则。

（9）农民自建住宅不得征收超标噪声排污费的原则。

（10）机动车、飞机、船舶等流动污染源暂不征收噪声超标排污费的原则。

（11）噪声超标不足 1 dB 按四舍五入的原则计算。

3.4.6.2 噪声超标排污费征收标准和计算依据

对排污者产生环境噪声，超过国家规定的环境噪声排放标准，且干扰他人正常生活、工作和学习的，按照超标的分贝数征收噪声超标排污费，征收标准见表 3-8。

表 3-8 噪声超标排污费征收标准

超标分贝数/dB	1	2	3	4	5	6	7	8
收费标准/（元/月）	350	440	550	700	880	1 100	1 400	1 760
超标分贝数/dB	9	10	11	12	13	14	15	16 及 16 以上
收费标准/（元/月）	2 200	2 800	3 520	4 400	5 600	7 040	8 800	11 200

根据国家规定，计算噪声超标排污费依据为：排污者排放的超标噪声并造成污染的超标噪声等效声级分贝数和夜间频繁或偶然突发厂界超标噪声等效声级与峰值噪声。对不足 1 dB 的超标噪声值，按四舍五入原则计算。

3.4.6.3 工业企业厂界超标噪声排污费计算方法

工业企业厂界噪声是指工厂及有可能造成噪声污染的企业、事业单位的边界噪声，根据工业企业厂界噪声的排放特点和收费原则要求，其计算方法可分为一个单位同一作业场所；一个单位不在同一边界内的不同地点的作业场所；夜间频繁突发噪声和夜间偶然突发噪声等四类计算方法。

（1）一个单位同一作业场所厂界噪声超标排污费计算方法

根据噪声超标排污征收原则，一个单位同一作业场所厂界噪声超标排污费计算方法为：

①首先查《工业企业厂界环境噪声排放标准》（GB 12348—2008），确定不同超标噪声排放处的环境功能区，并确定其相应昼与夜允许排放标准值。

②计算超标噪声值：

昼间超标噪声值（dB）＝昼间实测噪声值（dB）−昼间噪声排放标准值（dB）；

夜间超标噪声值（dB）＝夜间实测噪声值（dB）−夜间噪声排放标准值（dB）。

③选择确定超标噪声收费处。一个单位边界上有多处噪声超标的，分别选择昼间与夜间超标最高点为计征昼间与夜间的超标噪声处。

④计算排污费。根据计算原则，应按以下方法与步骤进行：

a．确定收费标准。查《噪声超标排污费征收标准》，分别找出昼间与夜间的超标噪声收费额。

b．确定是否减半征收。当超标噪声排放最高处排放时间超过 15（昼或夜）时，昼或夜应分别按超标噪声的收费标准征收超标噪声排污费；当超标噪声排放时间不足 15（昼或夜）时，昼或夜应分别按超标噪声的收费标准减半征收超标噪声排污费。

c．确定是否加一倍征收排污费。以超标噪声最高处为起点，沿厂界查寻，当发现 100 m 以上昼间与夜间还有超标噪声的，则应按昼间或夜间分别加一倍征收噪声超标排污费。

⑤确定排污费。昼夜排污费合计即为该单位同一作业场界厂界噪声的超标排污费。

超标噪声排污费（元/月）＝昼间超标噪声收费标准（元/月）×A×B＋夜间超标噪声收费标准（元/月）×C×D

上式中当排放一月不足 15 昼或夜时，A 和 C 取值为 0.5；当排放时间超过 15 昼或夜时，A 和 C 取值为 1。当昼或夜以最高超标噪声处沿厂界查找，发现昼间或夜间 100 m 以上还有超标噪声排放时，B 和 D 取值为 2；当昼间或夜间 100 m 以上无超标噪声排放时，B 和 D 取值为 1。

例 3-10 某厂地处Ⅲ类区域（工业区），南侧为交通干线。经测试，厂南边界外 1 m 一车间产生的昼间噪声等效声级为 72 dB（A），夜间等效声级为 62 dB（A），厂南边界长度为 80 m；厂北界外 1 m 二车间产生的昼间噪声等效声级为 70 dB（A），夜间噪声等效声级为 60 dB（A），厂北边界长度为 120 m；厂西界外三车间产生的昼间噪声等效声级为 80 dB（A），夜间噪声等效声级为 60 dB（A），三车间每月实际生产天数为 10 d，厂西界边界长度为 90 m；厂东边界外 1 m 处四车间产生昼间噪声等效声级为 68 dB（A），夜间噪声等效声级为 61 dB（A），厂东边界长度为 110 m。求该厂的超标噪声排污费应征额。

解：①查《工业企业厂界环境噪声排放标准》：

厂南界 4 类区域（交通干线道路两侧）昼间标准为 70 dB（A），夜间为 55 dB（A）；

厂北界、东界、西界属 3 类区域（工业区）昼间标准为 65 dB（A），夜间为 55 dB（A）。

②计算各排放点的噪声超标值：

厂南界昼间噪声超值为 72−70＝2 dB（A）　厂南界夜间噪声超值为 62−55＝7 dB（A）

厂北界昼间噪声超值为 70−65＝5 dB（A） 厂北界夜间噪声超值为 60−55＝5 dB（A）
厂西界昼间噪声超值为 80−65＝15 dB（A） 厂西界夜间噪声超值为 60−55＝5 dB（A）
厂东界昼间噪声超值为 68−65＝3 dB（A） 厂东界夜间噪声超值为 61−55＝6 dB（A）

③选择确定超标噪声收费处。

经比较，昼间厂西界超标噪声值为 15 dB（A）为最高处，即为昼间的收费处；夜间厂南界超标噪声值 7 dB 为最高处，即为夜间的收费处。

④计算确定排污费

a．查表确定收费标准。经查《噪声超标排污费征收标准》，昼间厂西界超标 15 dB 的收费标准为 8 800 元/月，夜间南界超标 7 dB 的收费标准为 1 400 元/月。

b．确定是否减半收费。因厂西界的噪声源三车间生产天数只有 10 d，因此厂西界昼间应减半收费，即为 4 400 元/月；厂南界噪声源一车间生产天数为一个月，所以厂南界夜间不减半征收，应为 1 400 元/月。

c．确定是否加一倍收费。经分析，昼间厂西界 100 m 以上有南、东、北三处噪声超标，夜间厂南界 100 m 以上有东、北、西三处噪声超标，因此，昼间或夜间都应加一倍征收噪声超标排污费。

昼间的收费额为 4 400×2＝8 800（元/月）

夜间的收费额为 1 400×2＝2 800（元/月）

d．计算确定收费额。将昼间与夜间收费额累加即为该单位同一作业场所的超标噪声排污费。

超标噪声排污费＝昼间排污费＋夜间排污费＝8 800＋2 800＝11 600（元/月）

（2）一个单位不同地点作业场所厂界超标噪声排污费计算方法

一个单位不同地点（不在同一厂界内）作业场所，其超标噪声排污费计算方法，计算各自不同作业场所的超标噪声排污费，然后将各作业场计算出的昼间和夜间超标排污费应征额叠加，为该厂超标噪声的排污费基本应征额。

例 3-11 某校办工厂有两个分厂，第一分厂位于学校生活区内（2 类区域），厂北界昼间噪声等效声级为 66 dB（A），夜间等效声级为 57 dB（A）；第二分厂位于工业区，厂南界昼间噪声等级为 72 dB（A），夜间等效声级为 63 dB（A）。该厂每月应缴纳噪声超标排污费多少元。

解：①查《工业企业厂界环境噪声排放标准》：

第一分厂属于 2 类区域（居住、商业、工业混杂区），昼间标准等级为 60 dB（A），夜间为 50 dB（A）。

第二分厂属于 3 类区域（工业区），昼间标准等级为 65 dB（A），夜间为 55 dB（A）。

②计算各分厂的噪声超标值：

一分厂：昼间噪声超标值为 66−60＝6[dB(A)] 夜间噪声超标值为 57−50＝7[dB(A)]
二分厂：昼间噪声超标值为 72−65＝7[dB(A)] 夜间噪声超标值为 63−55＝8[dB(A)]

③查收费标准，找出各分厂排污费基本征收额：

一分厂：昼间：超标 6 dB 收费额为 1 100 元/月
夜间：超标 7 dB 收费额为 1 400 元/月
二分厂：昼间：超标 7 dB 收费额为 1 400 元/月

夜间：超标 8 dB 收费额为 1 760 元/月

④确定收费额：

一分厂的收费额为 1 100＋1 400＝2 500（元/月）

二分厂的收费额为 1 400＋1 760＝3 160（元/月）

该厂的超标噪声排污费是两分厂之和，即 2 500＋3 160＝5 660（元/月）

（3）夜间频繁突发厂界超标噪声排污费计算方法

频繁突发噪声属非稳态噪声，是指在夜间频繁发生、发生的时间和间隔有一定规律、单次持续时间较短、强度较高的噪声（如排气噪声）。一个月内不足 15 个夜晚的，按半月计算，超过 15 个夜晚的按一个月计算。夜间发生的频繁突发噪声对外界环境危害较大，用等效声级标准不足以控制其污染，因此国家对夜间突发噪声在等效声级标准控制的基础上又增加了峰值噪声标准。即等效声级和峰值噪声都必须达标排放才能免征排污费。夜间频繁突发厂界噪声排污费计算方法如下：

①首先明确噪声性质，判断是否属频繁突发。如为频繁突发噪声夜间应按等效声级和峰值噪声两项标准指标计算其超标噪声排污费，昼间按等效声级计算排污费。

②查《工业企业厂界环境噪声排放标准》，找出夜间的相应区域等效声级标准及夜间的峰值标准允许值。

③计算超标噪声值。

夜间等效声级超标噪声值（dB）＝实测等效声级（dB）−噪声等效声级排放标准（dB）

夜间峰值超标噪声值（dB）＝实测夜间频繁突发噪声峰值（dB）−（噪声等效声级排放标准＋10）（dB）

④计算超标排污费。依据超标噪声值，查《噪声超标排污费征收标准》，找出不同测点夜间的等效声级超标收费额和夜间的峰值噪声超标收费额。同一测点的夜间频繁突发厂界噪声等效声级和峰值噪声都超标的，选择其中收费额最高的一项为该测点的超标噪声排污费应征额。

⑤确定收费额。分别比较所有测点上的夜间频繁突发噪声超标收费额，收费额最高的一点即为该企业夜间频繁突发厂界噪声的排污费基本应征额。

例 3-12 某发电厂，地处 3 类区域。经监测分析，厂北界发生锅炉排气噪声属频繁突发噪声，每天夜间分别排放 2～5 次，昼间等效声级为 68 dB，夜间等效声级为 64 dB，峰值噪声为 76 dB；厂南界机修车间属稳定噪声，经测昼间等效声级为 66 dB，夜间等效声级为 64 dB。求该厂每月应缴纳多少噪声排污费。

解：①查《工业企业厂界环境噪声排放标准》，3 类区域噪声标准为（等效声级）昼间 65 dB，夜间 55 dB。夜间峰值声级标准为 55＋10＝65(dB)。

②计算超标噪声值：

北界：昼间超标噪声级＝68−65＝3(dB)

夜间超标等效声级＝64−55＝9(dB)

夜间频繁突发噪声超标声值＝76−(55＋10)＝11(dB)

南界：昼间超标噪声级＝66−65＝1(dB)

夜间超标声级＝64−55＝9(dB)

③计算排污费。

查《噪声超标排污费征收标准》：

<table>
<tr><th rowspan="2">测点</th><th rowspan="2">昼间收费/（元/月）</th><th colspan="2">夜间收费/（元/月）</th></tr>
<tr><th>等效声级</th><th>峰值声级</th></tr>
<tr><td>北界</td><td>550（超标 3 dB）</td><td>2 200（超标 9 dB）</td><td rowspan="2">3 520（超标 11 dB）</td></tr>
<tr><td>南界</td><td>350（超标 1 dB）</td><td>2 200（超标 9 dB）</td></tr>
</table>

根据同一测点夜间频繁突发噪声收费额按收费最高一项计征的原则，厂北界夜间超标噪声收费应征额为 3 520 元/月。

④确定收费额。经比较，昼间超标噪声排污费应征额为 550 元/月，夜间超标噪声排污费应征额为 3 520 元/月，因此该厂昼间和夜间的超标噪声排污费基本应征额为 550＋3 520＝4 070（元/月）。

（4）夜间偶然突发厂界超标噪声排污费计算方法

夜间偶然突发噪声是指夜间偶然发生、发生的时间和间隔无规律、单次持续时间短，强度较高的噪声（如短促鸣笛声）。夜间偶然突发噪声发生一次即为一个夜间。一个月内发生不足 15 次（即 15 夜），按半月计算，超过 15 次按一月时间计算。昼间发生的偶然突发噪声由于发生在白天，对外环境危害较小，国家只用等效声级标准控制其污染，排污费计算按等效声级计算方法进行；夜间发生的偶然突发噪声虽是一次性，并且时间非常短，但对外界环境产生的危害性非常大。因此，国家在等效声级标准控制的基础上，又增加了峰值噪声控制标准，以用来限制偶然突发噪声对环境所造成的危害。其排污费计算方法介绍如下：

①首先明确是否属于偶然突发噪声，并分析其发生的时段，昼间发生按等效声级计算排污费，夜间发生按等效声级和峰值噪声两种指标计算排污费。

②查《工业企业厂界环境噪声排放标准》，找出夜间相应功能区的等效声级标准和夜间偶然突发噪声峰值标准。

③计算超标噪声值：

夜间等效声级超标值（dB）＝实测等效声级（dB）−噪声等效声级排放标准（dB）

夜间峰值超标值（dB）＝实测夜间偶然突发噪声值（dB）−[噪声等效声级排放标准（dB）＋15]（dB）

④计算超标排污费。查《超标环境噪声排污费征收标准》，找出不同测点夜间等效声级超标收费额和夜间的峰值噪声超标收费额。夜间偶然突发噪声的排污费应征额应按等效声级和峰值声级中收费额最高一项计征。

⑤确定收费额。比较各测点夜间排污费征收额，将各自收费额最高的一点确定为该企业夜间偶然突发厂界噪声的超标噪声排污费的基本应征额。

例 3-13 某化工厂地处工业区，该厂的储气罐每月夜间排气 2～3 次，每次约数十秒。经监测，厂界外 1 m 处夜间噪声等效声级为 67 dB（A），夜间偶然突发厂界噪声峰值为 85 dB（A），求每月应征超标噪声排污费多少元。

解：①分析噪声性质属偶然突发噪声，每月 2～3 次，不足 15 d，排污费应按半月计征。

②查《工业企业厂界环境噪声排放标准》，夜间等效声级为 55 dB（A），偶然突发噪声峰值为 55＋15＝70[dB(A)]。

③计算超标声级值：等效声级 67−55＝12[dB(A)]；峰值声级 85−70＝15[dB(A)]。

④计算排污费。查收费标准为：

等效声级：$\frac{4\,400\text{元/月}}{2}=2\,200\,(\text{元/月})$ 峰值声级：$\frac{8\,800\text{元/月}}{2}=4\,400\,(\text{元/月})$

⑤确定收费额。经比较，峰值噪声收费额为最高，因此，该厂的超标噪声排污费基本应征额为 4 400（元/月）。

3.4.6.4 建筑施工场界超标噪声排污费计算

建筑施工场界噪声是指在城市建筑施工期间施工场地产生的噪声。

一个建筑施工周期一般由土石方、打桩、结构、装修四个阶段组成。根据建筑施工场界噪声的特点和收费原则与排放标准的规定，可将建筑施工场界噪声超标排污费计算方法分为“单阶段施工场界超标噪声排污费计算方法”和“多阶段同时施工场界超标噪声排污费计算方法”两种类型。

（1）单阶段建筑施工场界超标噪声排污费计算方法

单阶段施工场界噪声指施工场地单纯进行某一阶段施工所产生的施工场界噪声，根据收费的原则和排放标准，建筑施工场界超标噪声排污费计算方法一般可按下述步骤进行分析与计算：

①首先明确建筑施工场界超标噪声处在什么阶段。

②查《建筑施工场界噪声限值》标准中相应施工阶段昼间或夜间的排放标准值。

③计算超标噪声值。依据实测值和排放标准，分别计算各测点的超标声级值。

昼间超标噪声值（dB）＝昼间实测值−昼间排放标准

夜间超标噪声值（dB）＝夜间实测值−夜间排放标准

④选择确定超标噪声处。场界上有多处噪声超标的，分别选择昼或夜间超标最高点为计算昼或夜的超标噪声处。

⑤计算排污费。

a．查《噪声超标排污费征收标准》，分别确定昼或夜间的标准收费额。

b．确定是否减半征收。昼或夜超标噪声排放不足 15 d 的按收费标准的一半征收，超过 15 d 的按标准征收。

c．判定是否加一倍收费。如果沿场界 100 m 以上昼间或夜间有 2 处以上噪声超标，则应昼或夜间分别加一倍征收排污费。

⑥确定排污费。将昼间或夜间排污费相加，即为该建筑施工场界的超标噪声排污费。

例 3-14 某建筑施工场地处在结构阶段，搅拌机、振动机、电锯等设备发出的施工场界噪声影响周围城镇居民生活环境，经调查和监测，9 月昼间施了 21 d，夜间施工了 7 d，其中场北界昼间等效声级为 81 dB，夜间等效声级为 68 dB；场东界昼间等效声级为 76 dB，夜间等效声级为 70 dB；场南界昼间等效声级为 71 dB，夜间等效声级为 59 dB，整个场界共有 350 m。问应缴纳多少噪声超标排污费。

解：①查《建筑施工场界噪声限值》，确定结构阶段昼间的噪声限值为 70 dB，夜间的限值为 55 dB。

②计算噪声超标值：

场北界：昼间 81−70＝11(dB)夜间 68−55＝13(dB)

场东界：昼间 76−70＝6(dB)夜间 70−55＝15(dB)

场南界：昼间 71−70＝1(dB)夜间 59−55＝4(dB)

③确定最高超标噪声收费处。经分析：昼间场北界超标最高，为 11 dB，应依此点计算排污费；夜间场东界超标最高，为 15 dB，应依此点计算排污费。

④计算排污费：

a．查《噪声超标排污费征收标准》：昼间超标 11 dB 的收费标准为 3 520 元/月，夜间超标 15 dB 的收费标准为 8 800 元/月。

b．确定是否减半收费：昼间施工了 21 d，应按月收费，为 3 520 元/月，夜间施工了 7 d，不足 15 d 应减半征收，为 4 400 元/月。

c．分析确定是否加倍收费：因场界为 350 m，所以在 100 m 以上有 2 处以上超标，因此昼间和夜间都应加一倍收费。昼间为 3 520×2＝7 040（元/月），夜间为 4 400×2＝8 800（元/月）。

⑤确定收费额：昼夜相加即施工场界的超标噪声排污费。

超标噪声排污费（元/月）＝7 040＋8 800＝15 840（元/月）

（2）多阶段建筑施工场界超标噪声排污费计算方法

①首先调查分析确定有几个不同的建筑施工阶段，然后选择噪声限值最高的施工阶段为征收超标噪声排污费的征收标准阶段。

②分别计算昼间或夜间的超标噪声值。

③计算昼间或夜间的超标排污费。

④确定超标噪声排污费。

例 3-15 某住宅小区建设工地有六栋楼房在同时施工，有的处于土石方阶段，有的处于打桩阶段，有的处于结构阶段，有的处于装饰阶段施工。该工地周边都为住宅区或工商区，其工地场界超过 300 m。某月经监测该工地东、西、南、北侧场界昼/夜等效噪声值[单位为 dB(A)]分别为 74/58、72/59、86/63、82/62。该月昼间整月都在施工，夜间因突击施工 7 天。求：该施工工地该月应缴纳超标噪声排污费多少元？

解：①分析：属于多阶段同时施工产生的噪声。噪声限值昼间应以打桩阶段（噪声限值最高的施工阶段）为限值，夜间应以土石方、装修或结构阶段为限值（打桩夜间禁止施工）。

②查《建筑施工场界噪声限值》昼间打桩阶段限值为 85 dB(A)，夜间土石方阶段限值为 55 dB(A)。

③各侧场界环境噪声的超标值：

	昼	夜
场东界	未超标	58−55＝3 dB(A)
场西界	未超标	59−55＝4 dB(A)
场南界	86−85＝1 dB(A)	63−55＝8 dB(A)
场北界	未超标	62−55＝7 dB(A)

全部场界昼、夜噪声最高超标值分别为 1 dB(A)、8 dB(A)。

④计算排污费

a．首先查《噪声超标排污费征收标准》：昼间超标 1 dB(A)的收费标准为 350 元/月；夜间超标 8 dB(A)的收费标准为 1 760 元/月。

b．确定是否减半收费。昼间施工整月，应按一个月收费，为 350 元/月；夜间施工 7 天，不足 15 天应减半征收，为 1 760÷2＝880（元/月）。

c．分析确定是否加倍收费。因场界为 300 m，所以夜间在 100 m 以上有 2 处以上超标，因此，夜间应加一倍收费，收费额为 880×2＝1 760（元/月）。

⑤确定收费额。昼夜相加即为施工场界的超标噪声排污费：超标噪声排污费=350＋1 760＝2 110（元/月）。

3.4.7 加倍收费、罚款、滞纳金的计征

（1）加倍收费的概念与性质

加倍收费是在标准收费的基础上，为督促其排污单位尽快达到排放标准的一种带惩罚性的收费。这种收费是排污单位应尽的一种法定义务。

加倍收费同标准收费具有征收和使用性质的区别，标准收费可以摊入企业成本，并可向环保部门申请其所缴排污费为其用于污染治理的环保补助资金或贷款；而加倍收费不能摊入成本，应从利润留成或企业基金中列支，在使用环节上排污单位不能从加倍收费中申请污染补助资金或贷款。

（2）滞纳金的计算

滞纳金是环境保护部门对排污单位拖欠或不按规定日期缴纳排污费所征收的一种罚金，这种罚金是对排污单位的滞纳行为的一种教育和惩罚。

排污单位接到环境保护部门的《排污费缴纳通知单》，在 7 天内，向指定商业银行缴纳排污费。逾期不缴的，每天增收滞纳金 0.2‰。其计算方法为：

应缴滞纳金额＝滞纳的排污费总金额×滞纳的天数×2‰

（3）补偿性罚款的计征

罚款是环境保护行政主管部门依据环境保护有关法律、法规和规章等，依法针对一定的违法行为而设定的一种环境保护补偿性罚款和行政性罚款，是违法单位必须履行的一种法律责任。罚款不能摊入成本，应从利润留成或企业自有基金中列支，在使用原则上，排污单位不能从所缴罚款中向环境保护部门申请使用环境保护专项资金的补助或贷款。

3.5 排污费的征收与缴纳

3.5.1 排污费征收

县级环境监察部门负责本辖区一切排污者的排污费收缴工作，设区的市和直辖市级环境监察部门负责市区范围内一切排污者的排污费收缴工作，省（自治区）级环境监察机构负责 30 万 kW 以上电力企业二氧化硫排污费的收缴工作。

（1）排污费缴费数额的确定

排污者对环境监察机构核定的污染物排放种类和数量没有异议的，由负责污染物排放核定工作的环境监察机构，根据排污费征收标准和排污者排放的污染物种类、数量，计算并确定排污者应当缴纳的排污费数额。排污者如对环境监察机构复核的污染物排放的种类、数量仍持有异议，也应当先按照复核的污染物种类、数量缴纳排污费，再依法

申请行政复议或提起行政诉讼。

根据排污量核定计算出的各排污者的排污费应征收额，应经过环境监察机构审议小组的审议确定无误后，由环境监察机构负责人签发《排污费缴费通知单》。环境监察机构审议小组审议的主要内容包括：

①排污核定的事实是否清楚和属实；

②使用的法律、法规是否正确；

③排污费计算的方法是否正确。

（2）下达缴纳排污费通知单

根据计算确定的排污费征收额，经监察部门负责人签发后，向排污者送达《排污费缴纳通知》，作为排污者缴纳排污费的依据。

送达《排污费缴费通知单》的方式可以采用直接送达或挂号邮寄送达等方式进行。送达必须有送达回执，送达回执既是排污者收到通知单的凭证，同时送达签收日期也是开始征收排污费的起始日期。

直接送达是常使用的方式，派人将通知单直接送交排污者，由排污者在送达回执上注明签收日期，并签名或者盖章。如受达人拒绝签收的，送达的环境监察人员应邀请见证人到场，说明情况，并再送达回执上记明拒收的理由和日期。把收费通知书留在受达人处，即被认为送达。

使用挂号邮寄送达方式，可以避免排污者拒绝收达的麻烦，但要和当地邮政局进行相应的协商，在邮局将挂号信送达排污者处，应有签收日期的回执返回环境监察机构，以做凭证。

在发出《排污费缴费通知单》的同时，环境监察机构同时建立排污收费统计台账记录，便于以后的排污收费征收的系统管理和查询，同时定期将其转为排污收费的环境监察管理档案。

《排污费缴费通知单》应载明的内容：

①应缴纳排污费所属的时间；

②污水排污费、废气排污费、噪声超标准排污费、固体废物排污费、危险废物排污费应征金额和排污费合计金额；

③受纳排污费的银行名称，缴费专户名称、账号；

④明确告知对缴费通知不服的，可以在接到通知之日起 60 日内，向什么单位申请复议；也可以在 3 个月内直接向什么法院起诉。同时，明确告知逾期不申请行政复议，也不向人民法院起诉，又不按要求缴纳排污费的，环保部门将申请人民法院强制执行，并每日按排污费金额的 2‰征收滞纳金。

（3）公告

环境监察部门在送达排污费缴纳通知书的同时，应同时采取用报纸、电视、互联网、公示牌等形式向社会公告排污的排污费数额，接受社会监督。

（4）排污费催缴

对未按规定时间、数额缴纳排污费的，根据《排污费征收使用管理办法》第二十一条的规定，环境监察部门应责令期限缴纳，经限期缴纳逾期未缴的，应处以罚款（应缴排污费 1 倍以上 3 倍以下的罚款）并责令停产停业整顿，并从滞纳之日起（即第 8 天起）

每天加收 2‰滞纳金。

排污者对排污收费或处罚决定不服，在法定期限内未提起复议或诉讼，又不履行的，环境监察机构在诉讼期满后的 180 日内可直接申请法院强制执行。

3.5.2 排污费缴纳

排污者应当自接到《排污费缴纳通知单》之日起 7 日内，将排污费缴到指定的商业银行。对排污收费行政行为不服的，应在复议或诉讼期间内提起复议或诉讼，对复议决定不服的还可对复议决定提起诉讼。当裁定或判决维持原收费行为决定的，排污者应当在法定期限内履行，在法定期限内未自动履行的，原作出收费决定的环境保护部门应申请人民法院强制执行；当裁定或判决撤销原排污费行政行为的，原作出收费决定的环境保护部门应依法重新核定并计征排污费。

3.5.2.1 缴纳方式

（1）银行转账方式缴纳

通过银行账号缴纳排污费的，排污者应在收到《排污费缴纳通知单》7 日内自行填写财政部门监制的“一般缴款书”（五联），到财政部门指定的商业银行缴纳排污费。

（2）现金方式缴纳

对于未设银行账户的排污者，可采用现金方式向环境监察部门缴纳排污费。环境监察部门在采取现金方式收缴排污费的同时，应向排污者开具省（自治区、直辖市）财政部门印制的“行政事业性收费票据”，并填写“一般缴款书”于当日将收取的款项缴至财政部门指定的商业银行。

3.5.2.2 缴纳核对

负责征收排污费的环境监察部门应根据《排污费缴纳通知单》与“一般缴款书”对排污费征收额进行认真核对，经核对有差别的，应及时纠正。

收缴后入库的方式是：负责收缴排污费的商业银行，应在收到排污费的当日将 10%缴入中央国库，作为中央环境保护专项资金管理；90%缴入地方国库，作为地方环境保护专项资金管理。

3.6 排污费的减免缓缴

3.6.1 排污费的减、免缴

3.6.1.1 排污费的减、免条件

根据《条例》中规定：“排污者因不可抗力遭受重大经济损失的，可以申请减半缴纳排污费或者免缴排污费。”

（1）排污费减免的一般性条件

①因不能预见并不能克服的自然灾害，如地震、台风、火山爆发等，造成重大直接经济损失的；

②可以预见，但不可避免并不能克服的自然灾害，如洪水、干旱等，造成重大直接经济损失的；

③因战争和重大突发事件，如恐怖事件等，造成重大直接经济损失的。重大突发事件是指来自外界的重大破坏性事件，企业内部原因发生安全事故等不应列入此范围。

制约条件是（同时必须遵守）：在上述不可抗力因素造成重大经济损失的情况下，排污者因未及时采取有效措施，造成环境污染的，不得申请减半缴纳或者免缴排污费。

（2）排污费减免、免缴的特殊条件

在《条例》规定一切排污者应依法缴纳排污费的公平原则下，国家考虑养老院、残疾人福利机构、殡葬机构、孤儿院、特殊教育学校、幼儿园、中小学校（不含其校办企业）以及财政部、国家发改委、国家环境保护部规定的非盈利性的社会公益事业单位的困难，在征收排污费中国家还有特殊政策，可以申请免缴排污费。

在《条例》并未明确规定非盈利性的社会公益事业单位免缴排污费，这是按照国务院有关对社会公益事业单位免收行政事业收费的规定，作为特殊的收费政策制定的。但是这些单位还应自觉遵守国家的环境保护法律法规，履行各项环境保护的义务，承担环境保护责任。这些单位还需要按年度申请，经征收排污费的环保部门核实批准后才可以免缴排污费。如果违反环保法律法规，并不会免除相应的法律责任，如处罚或赔偿，属于国家淘汰的企业都应按相关法规办理。

3.6.1.2 排污费减免的程度和限额

在实施排污费减免的时候，为了提高可操作性和公平性，《条例》规定排污费的减免的程度只分为两种：减半缴纳和全额免缴。

《条例》同时规定对某一排污者申请减免排污费的最高限额不得超过 1 年的排污费应缴数额。

3.6.1.3 申请排污费减免的审批

对于排污者依照减免条件申请减免排污费，按申请减免数额分为 50 万元以下、500 万元以下和 500 万元以上三个级差，按国家、省、市（地、州）三级行政管理机关进行分级审批。

①减免排污费数额在 50 万元以下（含 50 万元）的，由市（地、州）级财政、价格主管部门会同环保部门负责审批。

②减免排污费数额在 50 万元以上 500 万以下（含 500 万元）的，由省（自治区、直辖市）财政、价格主管部门会同环保部门负责审批。

③减免排污费数额在 500 万元以上的，由省（自治区、直辖市）财政、价格主管部门会同环保部门提出审核意见，报国务院财政、价格主管部门会同环保部门审批。

针对《条例》中规定的征收体制，装机容量 30 万 kW 以上的电力企业申请减免二氧化硫排污费，减免数额在 500 万元以下（含 500 万元）的，由省（自治区、直辖市）财政、价格主管部门会同环保部门负责审批。减免排污费数额在500万元以上的，由省（自治区、直辖市）财政、价格主管部门会同环保部门提出审核意见，报国务院财政、价格主管部门会同环保部门审批。

3.6.1.4 排污费减免办理程序

（1）申请程序

排污费减免申请的期限为排污者自遇到不可抗力自然灾害或其他突发事件之日起 30 日内。

排污费减免申请的主要内容为：排污者的单位名称、申请减免排污费的理由、申请减免排污费的数额、减免应缴排污费的期限及与申请减免排污费相关的证明等。

按不同审批权限规定不同排污费减免的申请程序如下：

①如属于本级环保部门征收排污费、申请本级行政管理部门审批的，可以直接进行申请；

②属于本级环保部门征收排污费、申请上级行政管理部门审批，应先在同级行政管理部门备案，向上级行政管理部门申请（本级征收，上级审批，同级备案，向上级申请）；

③属于本级环保部门征收排污费、申请国家行政管理部门审批的，应先在同级行政管理部门备案，向省级行政管理部门申请，经省级行政管理部门审查，由省级财政、价格、环保部门向国家申报；

④排污者应按审批权限同时向财政、价格、环保部门提出申请，接受申请与备案的部门为财政、价格、环保部门。

（2）核实程序

市（地、州）级财政、价格、环保部门收到排污者减免排污费的书面申请后，应当在 30 日内由环保部门先进行调查核实，并提出审核意见报同级财政、价格主管部门审核批准。

（3）批准程序

审核批准减免排污费申请的期限为 30 天内，即不应超过 30 d。排污费减免的最终批准形成统一为书面批复。

排污费减免的批准方式应为：

①市级行政机构承办的应直接批复给排污者，同时抄送上级财政、价格、环保部门；

②省级行政机构承办的应直接批复给排污者，同时抄送上级和负责征收排污费的同级财政、价格、环保部门；

③国家级行政机构承办的应批复给省级财政、价格、环保部门，抄送排污者，再由省级三部门发往负责征收排污费的同级财政、价格、环保部门。

（4）减免排污费的公告程序

为了增加批准减免排污费这项工作的透明度，使这项工作更加公正和公开，同时增加公众的监督力度，《条例》规定被批准减免排污费的排污者名单，由环保部门会同同级财政、价格主管部门每半年公告一次。批准减免排污费公告的主要内容应当包括：批准机关、批准文号、批准减免排污费的主要理由等内容。

3.6.2 排污费的缓缴

3.6.2.1 排污费的缓缴条件

排污费缓缴主要是考虑到排污者受政策性和市场因素的影响，生产经营不利，造成经济困难，在支付排污费上确实存在困难，以此作为缓缴排污费的条件。同时，与减免排污费政策的配套衔接，对于正在办理减免手续的排污者也应给予缓缴处理。缓缴排污费的基本条件如下：

①由于经营困难处于破产、倒闭、停产、半停产状态的排污者；

②符合条件，正在申请减免排污费以及市（地、州）级以上财政、价格、环保部门正在批复减免排污费期间的排污者。

3.6.2.2 排污费缓缴的时限

每次排污者申请缓缴排污费的应缴费最长时限不应超过 3 个月。在每次批准缓缴排污之后 1 年内不得再重复申请。

3.6.2.3 排污费缓缴的办理程序

（1）申请程序

排污费缓缴申请的受理机关为负责征收排污费的环保部门。排污单位确有特殊困难不能按时缴纳排污费，需要申请缓缴排污费的，自接到排污费缴纳通知单之日起 7 日内，可以向发出缴费通知单的环保部门申请缓缴排污费；排污费缓缴申请的主要内容包括：排污者的单位名称、排污费缓缴的理由、申请缓缴的期限、申请排污费缓缴的相关证明等。

（2）审批程序

审批机关为负责征收排污费的环保部门。

批准时限为自接到申请之日起 7 天内。

《条例》同时规定了行政制约条件：对期满还未作出决定的，视为同意排污费的缓缴申请。

（3）公告程序

排污费缓缴公告机关为环保部门。

排污费缓缴的公告期限为半年一次。

公告内容为：每批缓缴排污单位名称、排污费、缓缴的批准机关、批准文号、批准缓缴排污费的主要理由等。为了减少工作量，也可与排污费减免情况一并公告。

3.7 排污费资金收缴使用管理

3.7.1 环境保护专项资金使用性质

《排污费征收使用管理条例》明确规定，排污费应全部上缴财政，列入环境保护专项资金进行管理。

环境保护专项资金是不参与体制分成的预算内专项资金。环境保护专项资金的这一性质决定了其所有权应属于国家，应用于纳入政府预算项目的支出，而不能再对排污者的污染治理行为进行补助。排污者污染环境缴纳排污费，纳入其经营成本，政府将排污费用于综合治理、消除污染危害，体现了“污染者付费”的原则，环境保护专项资金作为一种环境补偿纳入社会公益投资，取消了对环境保护自身建设的补助部分。《财政部、国家环境保护总局关于印发〈关于环保部门实行收支两条线管理后经费安排的实施办法〉的通知》明确规定，将环境保护管理的相关费用（人员经费、公用经费、监督执法费用、仪器设备购置费用以及基础设施经费等环保经费）纳入统一财政预算予以保障，同时规定环保机构的基础设施建设应纳入地区社会发展计划，实行统一规划和管理。

为了严格环境保护专项资金的使用管理和监督，明确规定排污费的使用的管理，由环境保护部门和财政部门按职能分工共同管理的体制，互相监督，以保证资金的专款专用。环境保护部门负责编制环境保护专项资金使用项目的计划和计划审批后实施过程中的检查、监督和验收；财政部门负责计划的资金审批、资金使用方向的审查。这种管理方式，有利于保证环境保护专项资金能严格按照国务院的规定进行使用。

3.7.2 环境保护专项资金使用范围

排污费资金纳入财政预算，作为环境保护专项资金，严格实行收支两条线的规定，全部用于下列污染防治项目的拨款补助和贷款贴息：

①重点污染源防治项目。包括技术和工艺符合环境保护及其他清洁生产要求的重点行业、重点污染源防治项目；

②区域性污染防治项目。主要用于跨流域、跨地区的污染治理及清洁生产项目；

③污染防治新技术、新工艺的推广应用项目。主要用于污染防治新技术、新工艺的研究开发以及资源综合利用率高、污染物产生量少的清洁生产技术、工艺的推广应用；

④国务院规定的其他污染防治项目。环境保护专项资金不得用于环境卫生、绿化、新（改、扩）建企业污染治理项目以及与污染防治无关的其他项目。

3.7.3 环境保护专项资金使用的程序

（1）编制环境保护专项资金使用指南

县级以上环境保护部门每年应根据国家或地方环保宏观政策、污染防治工作重点、排污费征收情况等，编制下一年度环境保护专项资金使用指南，指导环境保护专项资金的申报和使用。

项目申报单位应依据各级政府编制的环境保护专项资金申请指南确定的内容，选择国家和地方支持和鼓励的污染治理项目进行申请。县级及其以上财政部门和环境保护部门也应根据各级环境保护专项资金申请指南，作为进行审批使用环境保护专项资金的主要依据。

（2）项目申请

申请使用环境保护专项资金的单位是污染防治项目组织实施单位或承担单位。

①专项资金申请规定

a．中央环境保护专项资金的申请。对申请使用中央环境保护专项资金的污染防治项目，其项目组织实施单位或承担单位为中央直属单位的，可通过其主管部门直接向国家环境保护部和财政部提出申请；项目组织实施单位或承担单位为非中央直属的地方单位的，可通过其所在地的省（自治区、直辖市）财政和环保部门联合向国家环保部和财政部提出申请。

b．省级环境保护专项资金的申请。对使用省级环境保护专项资金的污染治理项目，其项目组织实施单位或承担单位为省级直属单位的，可通过其主管部门直接向省级环保部门和财政部门提出申请；项目组织实施单位或承担单位为非省级直属以下的地方单位的，可通过其所在地设区市级的环境保护部门和财政部门联合向省级环保和财政部门提出申请。

c．设区市级环境保护专项资金的申请。对使用设区市级环境保护专项资金的污染治理项目，其项目组织实施单位或承担单位为市级直属单位的，可通过其主管部门直接向市级环保和财政部门提出申请；项目组织实施单位或承担单位为非市属以下的地方单位的，可通过其所在地县级环保和财政部门联合向市级环保和财政部门提出申请。

d．县级环境保护专项资金的申请。对使用县级环境保护专项资金的污染治理项目，其项目组织实施单位或承担单位可直接向县级环保和财政部门提出申请。

②申请材料。申请材料包括正文和附件。正文为申请经费的正式文件，一般由申请书和申请表构成。

附件为每个项目的可行性研究报告。研究报告内容包括：项目的目的，技术路线，投资概算，申请补助金额及使用方向，项目实施的保障措施，预期的社会效益、经济效益、环境效益等。

申请使用贷款贴息（不是行政拨款）的单位，还应当提供经办银行出具的专项贷款合同和利息结算清单。

（3）项目审查

环境保护部门对申请使用环境保护专项资金的项目进行内容审查：

①项目申请内容是否符合项目使用规定要求。

②项目申请的文件（包括正文和申报表）是否齐全，是否有可行性研究报告，报告是否合理和真实，项目申请表内容是否齐全，申请使用贷款贴息的单位，是否有银行出具的专项贷款合同和利息结算清单等。

③是否属环境保护专项资金使用范围的项目。属于《条例》规定的四类项目外的项目不予批准，如属新、扩、改建项目或环卫、绿化等市政工程项目都不予批准。

（4）项目评审

经审查后，对符合规定和要求的项目，环保部门应会同财政部门组织有关专家对其项目进行评审，经评审对符合国家法律规定、技术可行、经济合理、环境效益和社会效益显著的项目，按其轻重缓急进行统一排序，并纳入项目库管理。

（5）项目预算下达

环境保护部门和财政部门根据相应排污费征收转缴情况与环境保护专项资金的结存情况，按照“先收后用”的原则，确定能够支付的财力基础，按照经专家评审后的项目库排序分期分批联合下达项目预算。

（6）项目资金拨付

根据项目预算，环境保护部门和财政部门根据国家规定的拨付方式，将项目专项资金拨付给项目组织实施单位或承担单位。

（7）项目招投标

项目组织实施单位或承担单位，在收到环境保护专项资金后，应当严格按照国家有关招投标管理规定，对其实施的环境污染防治项目进行公开招投标。

（8）项目监督检查

项目资金拨付后，财政部门负责对环境保护专项资金及其配套资金到位情况的监督检查；环境保护部门负责对项目治理方案、项目实施进度、污染物削减措施等实施监督检查。

一般检查内容有：①环境保护专项资金的配套资金是否按时到位；②项目是否在规定的时间开始建设施工；③有否擅自变更项目计划内容；④有否挪用环境保护专项资金；⑤项目是否在申请环保专项资金前为已完成的项目；⑥项目是否属非新、扩、改工程或非绿化、环卫项目或非污染治理项目。

（9）项目验收

项目组织实施单位或承担单位完成污染治理项目竣工后，应及时向负责项目环境保护专项资金审批的环保和财政部门申请验收，并提供：

①项目工程竣工验收申请；

②项目工程竣工资金决算表；

③治理效果监测报告；

④项目竣工验收申请表。

环保和财政部门在接到验收申请后，应及时组织有关专家对项目实施验收。经验收符合规定要求的应进行环境效益、社会效益和经济效益三效益分析。并每年终了后 30 日内，将征收排污费的情况及资金使用情况年度报告，报上一级环境保护部门和财政部门。对经验收不符环保规定要求的，要依法追究其项目组织实施单位或承担单位、环保部门、财政部门及其有关人员的法律责任。

4 中小企业污染源调查与评价

4.1 污染源调查的内容、方法和程序

4.1.1 中小企业污染源调查的内容

（1）企业环境状况

企业所在地的位置、地形、环境功能区等环境现状。

（2）企业基本情况

企业名称、地址、部门分类、经济类型、规模、开工年份、主要产品、产值、产量、利润、固定资产、职工人数、企业环境保护管理机构名称、厂区面积及绿化面积等。企业厂区布局：车间、办公室、生活区、自备水源地、原燃料堆放地、固体废物及有害物堆放位置和占地面积、各污染物排放位置、形式等。

（3）生产工艺及排污情况

①生产工艺：工艺流程、主要工艺技术指标。

②排污情况：污染物排放部位、污染物种类、浓度、排放量、排污方式和去向。

（4）能源、水源、原辅材料

①能源的构成、产地、消耗量，主要产品消耗定额。

②水源的类型、供水方式、供水量、水质、给水处理措施、重复用水量及节水措施。

③原辅材料种类数量：在生产过程中能排出有毒、有害物质污染环境的主要原辅材料的种类、产地、成分及含量、实耗量和消耗定额等。

（5）污染治理情况

①治理现状：治理的项目、方法、工艺、投资、成本、处理能力、运转率、效益及存在问题。

②治理规划：规划治理项目、工艺改革、综合利用、管理措施、治理方法、治理工艺、投资金额、预期效果、运行费用、主副产品成本及销售，存在问题，改进措施，今后治理规划。

（6）管理调查

管理体制、编制、生产制度、管理水平、经济指标、环境保护管理机构编制、环境管理水平。

（7）污染危害情况

危害对象、程度、原因、损失和作业人员健康状况；污染事故发生的次数、时间、原因、损失及危害程度、处理情况、厂内外群众反映。

（8）其他

生产发展情况、发展方向、规模、布局、预期污染物排放量及影响，“三同时”措施等。除了上述内容外，还应向规划、统计、市政、水利、气象、地质、农林及工厂主管单位等有关部门，收集调查对象所在地区的自然及社会背景资料。社会背景是指企业所在地区的行政隶属、经济水平、人口分布、社会功能（如工业区、农业区、商业区、文教区、游览区等）、人体健康以及该区的污染源密度等。

4.1.2 污染源调查的方法

污染源调查是污染源识别的基础，是了解污染源资料的有效途径，也是企业污染治理、环境规划以及环境管理的基础。它包括普查和详查两部分。

（1）普查

首先对企业所有的污染源进行全面调查，确定污染源的污染要素类型，逐一对各污染源的生产工艺、规模、污染性质、排污量、污染治理情况及对周围环境影响的因素进行深入的调查和了解，确定污染排放方式和规律、污染排放强度、污染物流失原因。在获得大量的调查、分析数据和其他资料的基础上，掌握企业污染源分布规律，确定重点污染源和一般污染源。

（2）详查

在普查的基础上，对污染物排放量大、影响范围广泛、危害程度大的重点污染源进行深入详细的调查和剖析。

①对产生污染物的生产工艺、原料、产品、“三废”排放量、排放种类、排污方式和规律、排放去向进行调查。如对废气要调查其排放高度；对废水要了解其有无排污管道，是清污分流还是混流等；对废渣要了解是直接排入河道还是堆放待处理以及堆放的方式等；排放规律是连续的还是间歇的，是均匀的还是不均匀的，是夜间排放还是白天排放等。

②污染物的物理、化学及生物特性的调查。在重点调查中，要搞清重点污染源所排放的污染物的特性，并根据其对环境的影响和排放量的大小，提出需进行评价的污染物。

③对主要污染物进行追踪分析。对代表重点污染源特征的主要污染物进行追踪分析，追踪分析就是要弄清流失物料在生产工艺中的流失原因及重点发生源。如某有色金属冶炼厂其代表性污染物为 SO_2，流失的有色金属有镉、铅、铜、汞等，通过对含镉废水进行追踪分析后，了解到全厂含镉的废水共 36 股，经逐个分析，查清镉主要来自两个车间，其排放量占到全厂的 89%，而废水排放量仅占全厂废水排放量的 9.1%，这就为治理含镉废水提供了依据。

④污染物流失原因分析。从生产管理、能耗、水耗、原材料消耗定额来分析，根据工艺条件计算理论消耗量、调查国际国内同类型的先进工厂的消耗量，与调查剖析工厂重点污染源的实际消耗量进行比较，找出差距、分析原因。另外还要进行设备分析（维修情况、生产能力是否平衡等）、生产工艺分析等。查找污染物流失的主要原因，并计算各类原因所占的比重。

调查采用的手段有询问、查看、检测、计算等。调查各种污染物排放参数，常采用物料平衡、排污系数以及现场测试等方法。

在调查中对于取得的数据和资料要进行统计处理，绘制全面反映污染现状图表，写出调查和评价报告。在调查工作中要注意从实际出发，事先制订调查提纲，有计划、有步骤地进行。调查内容要抓住重点，要抓住毒性强、排放量大、经济损失严重的污染物。在调查中企业相关部门要通力协作，密切配合，把调查工作与加强环境管理、技术改造以及污染治理很好地结合起来，促进企业环境保护工作的顺利开展。

4.1.3 污染源调查程序

根据污染源调查的目的要求，制订出调查工作计划、程序、步骤和方法。一般污染源调查可分三个阶段：准备阶段、调查阶段、总结阶段。各阶段包括的内容见图 4-1。

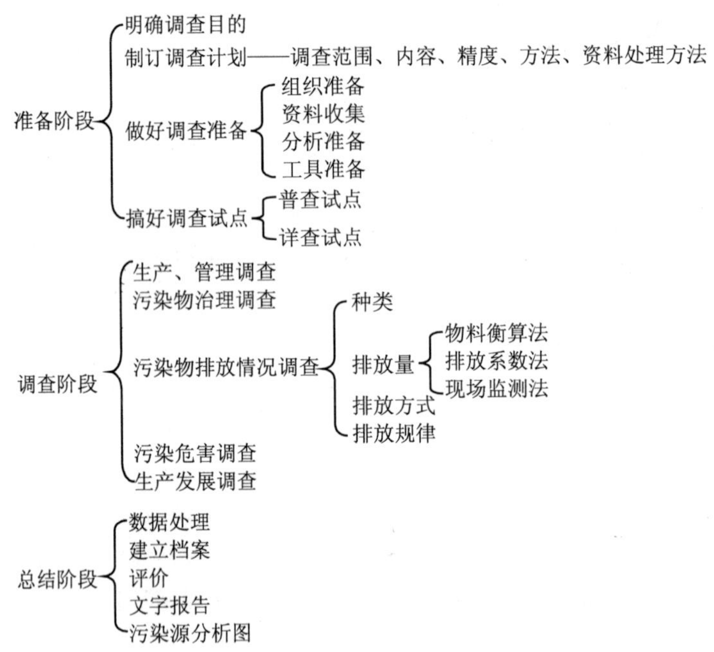

图 4-1 污染源调查程序

4.2 污染物排放量的核算方法

4.2.1 污染物排放量的基本计算方法

污染物排放量的确定，是污染源调查的核心问题。确定污染物排放量的方法有实测法、物料衡算法、经验计算法和类比法等。

4.2.1.1 实测法

实测法是通过实地测量排污单位外排废气、废水（流）量及其污染物浓度，计算出废气、废水排放量及其中某种污染物的绝对排放量。

（1）用实测浓度计算污染物排放量

$$G_i=K\cdot Q\cdot C_i \tag{4-1}$$

式中 G_i——废气（或废水）中污染物 i 的排放量，kg/a；

K——单位换算系数，对废水取 10^{-3}，对废气取 10^{-6}；

Q——废气（或废水）排放总量，m^3/a；

C_i——污染物 i 的实测质量浓度，废水（mg/L）、废气（mg/m^3）。

（2）用实测速率计算废气污染物排放量

$$G_i = V_i \cdot T_i \tag{4-2}$$

式中 G_i——废气中污染物 i 的排放量，kg/a；

V_i——i 污染物的实测排放速率，kg/h；

T_i——i 污染物的年排放时间，h/a。

4.2.1.2 物料衡算法

物料衡算法是对生产过程中使用的物料进行定量分析的一种方法。根据物质守恒定律，在生产过程中，投入的物料量应等于产品所含这种物料量与这种物料流失量的总和。即：投入总量＝产品所含物料量＋物料流失量。物料衡算法是把工业污染源的排放量、生产工艺和管理、资源（原材料、水源、能源）的综合利用及环境治理结合起来，系统全面地研究生产过程中污染物的产生、排放的一种科学有效的计算方法。

生产过程中的物料衡算示意图如下：

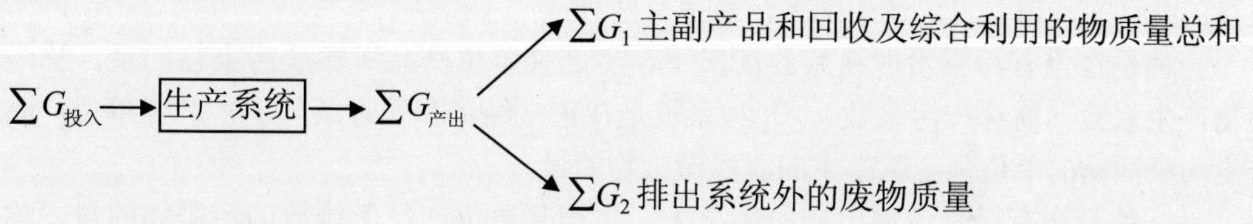

$\sum G_{投入}$ → 生产系统 → $\sum G_{产出}$ → $\sum G_1$ 主副产品和回收及综合利用的物质量总和

$\sum G_{产出}$ → $\sum G_2$ 排出系统外的废物质量

$$\sum G_{投入} = \sum G_{产出} = \sum G_1 + \sum G_2 \tag{4-3}$$

式中 $\sum G_{投入}$——投入物料量总和；

$\sum G_{产出}$——产出物料量总和。

$\sum G_2$ 包括可控制与不可控制生产性废物及工艺过程的泄漏等物料流失。该公式适用于整个生产过程的总物料衡算，也适用于生产过程中某一局部生产过程的物料衡算；进入系统的物料无论发生物理或化学变化该公式都适用。

物料衡算的依据：

①产品的生产工艺过程；

②产品形成的化学和物理方式及条件；

③要计算的污染物在原材料、中间产品、产品、副产品、回收品种的当量关系；

④产品产量、纯度、原材料消耗量及杂质含量、回收品数量及纯度、产品的转化率、污染物的去除率、去除量等；

⑤污染物的监测数据。

物料衡算可采用总量法或定额法。总量法是以报告期内原材料总量、主副产品和回收产品总量为基础进行物料衡算，计算物料总的流失量。定额法是以报告期内原材料消耗额为基础，先计算单位产品的物料流失量，再求报告期内物料流失总量。一般对生产过程的某一步骤或局部设备进行物料衡算，采用总量法比较方便，对整个生产过程采用定额法比较简单。

物料衡算的实际计算常采用的主要方法有两种：

①采用一个生产周期的各种用料单据，作为投入$\sum G_{投入}$的物料量；主副产品和回收及综合利用的各种产品量，作为$\sum G_1$的产品量，两者之差是生产过程物料流失量，即污染物产生量或排放量。如某水泥厂一个班次投入各种原料 118 t，生产水泥 100 t，回收各种物料 14 t，则一个班次排放粉尘 4 t，每生产 1 t 水泥排放 40 kg 粉尘。

②把生产过程的物料守恒关系，用一个公式表示：流失量＝投入物料量–回收物料量。这就需要建立各种生产条件下的物料衡算公式，如燃料燃烧废气量公式、二氧化硫产生量公式、烟气量公式、各种治理设施的去除量公式等。物料衡算公式的关键是确定公式中的参数，有时是比较困难的，如果参数能确定，在环境统计中是比较方便的，也是比较准确的。

4.2.1.3 经验计算法（排放系数法）

排放系数法是指在正常经济和管理条件下，生产单位产品所产生（或排放）污染物数量的统计平均值。目前使用的排污系数有两种：

一种是在没有污染治理设施的情况下，生产某单位产品所排放污染物的量，称为污染物产生系数（简称产污系数）。产污系数是在正常经济和管理条件下，产生单位产品或产生污染活动的单位强度所产生的原始污染物的量。

另一种是在有污染治理设施的情况下。生产某单位产品所排放的污染物的量，称为污染物排放系数（简称排污系数）。排污系数是指在上述条件下经污染控制措施削减后或经削减直接排放到环境中的污染物的量。如无治理措施，排污系数与产污系数相同。

产污系数和排放系数与产品生产工艺、原材料规模、设备技术水平及污染控制措施有关。产污系数和排污系数都是在企业正常生产条件下，通过实测或物料衡算或调查所得到的单位产品产生或排放的污染物的量。

由于目前多数中小企业仍处于技术水平低，规模小、生产工艺落后、管理水平低的生产条件下，对中小企业污染源的污染物排放系数，目前还不宜按生产规模和技术水平等条件进行分级使用。

在环境管理中，如某些企业生产规模不大，生产产品又比较复杂，还可以经常使用每生产一万元产值所排放污染物的数量（简称万元产值排污系数）作为某行业的排污系数。

利用排污系数可以方便地根据产品产量或生产规模计算出某污染物的排放量：

$$G=K\cdot W \tag{4-4}$$

式中 G——某污染物的排放量，kg；

K——单位产品经验排污系数，kg/t；

W——产品产量，t。

在排污收费工作中，对许多小型工业企业和饮食娱乐服务业还无法或没有能力进行规定的监测，或对于非常规的污染物监测不能进行规定的监测，而这些排污单位的生产又缺乏规律性，难以进行物料衡算，对其排污量的推算就可以依赖排污系数。

各种污染物排放系数国内外文献中已给出很多。计算时可查阅原国家环境保护总局科技标准司编写的中国环境科学出版社 2003 年 1 月出版的《工业污染物产生与排放系数手册》和 1995 年原国家环境保护局著《乡镇工业污染物排放系数手册》（试行）、在环评考试资源网 www.rzfs.com 或其他网站上下载电子图书《排放系数速查手册》。由于各地区、各单位的生产技术条件不同，污染物排放系数和实际排放系数可能有很大差距。因此，在选择时应根据实际情况加以修正，已调查统计出本地区的排放系数的地方，应查阅本地区的排放系数的规定进行计算。

4.2.1.4 类比法

类比法就是参考相同或相似的现有污染源的数据、资料。如果同类污染源已有某种污染物的排放系数时，可以直接利用此系数计算污染源中该种污染物的排放量，不必进行实测。这种办法所得结果较准确。

对拟建工程的污染源进行排放量预测时，若上述物料衡算和排污系数两种方法均无法进行，可采用类比法进行预测。搜集国内外和拟建工程的性质、规模、工艺、产品、产量大体相近的生产（或设备）的污染物排放量作为参考数据，估算拟建工程污染源的排放量。

4.2.2 用水和排水计算

4.2.2.1 用水量的计算

（1）用水总量的计算

企业用水可分为生产用水和生活用水。生产用水有原料用水、浸渍用水、吸收用水、空调用水、分离用水、冷却用水、吸附用水、化学处理用水、冲洗污物和地面洒水、绿化用水等。生活用水有饮用水、食堂用水、洗浴用水；企业用水总量一般可以用式（4-5）表示：

$$W=W_1+W_2+W_3+W_4 \tag{4-5}$$

式中 W—— 用水总量，t；

W_1——生产用循环用水量，t；

W_2——生产用新鲜用水量，t；

W_3——生活用新鲜用水量，t；

W_4——生活用循环用水量，t。

（2）新鲜水量的计算

新鲜水量是指企业从地下水源或地表水源或城镇自来水取用的水量。因此，企业的新鲜水来源一是企业的自备水源，二是城镇自来水。自来水量可以从自来水公司的水费收据中查询；自备水可以用流量计和泵的抽水量记录统计得到，若无水表或流量计，也可以用式（4-6）计算：

$$W_p=q_p\cdot t\cdot \eta_p \tag{4-6}$$

式中 W_p——单位自备水源供水量，t；

q_p——单位时间机泵出水量，t/h；

t——机泵运行时间，h；

η_p——机泵抽水效率，%。由机泵得新旧程度、出口管径等决定，由实测或估算确定。

（3）重复用水量的计算

重复用水量是指企业内部循环使用、循序使用的总水量。其计算公式见式（4-7）。

$$W_{重}=W_{总}-W_x \tag{4-7}$$

式中 $W_{重}$——重复用水量，t；

$W_{总}$——未采用循环用水、循序用水等措施时所需的新鲜水量，t；

W_x——采用循环用水、循序用水等措施后所需的新鲜水量，t。

重复用水率的计算公式：

$$K=\frac{W_{重}}{W_{总}}\times 100\%=\frac{W_{重}}{W_{重}+W_x}\times 100\% \tag{4-8}$$

（4）厂区生活用水量

$$W_{生}=0.365（q_1N_1+q_2N_2） \tag{4-9}$$

式中 $W_{生}$——企业内职工生活用水量，t/a；

q_1——生活饮用水定额，按 100～170 kg/（人·日）计算；

N_1——企业职工家属人数；

q_2——每天淋浴人数；

N_2——淋浴用水标准，按 40～60 kg/（人·日）计算。不接触有毒物质及粉尘的车间或工厂，如仪表、机械加工、金属冷加工等取下限；极易引起皮肤吸收或污染的工厂，如农药、煤矿、水泥、钢铁、铸造等企业取上限；一般污染取平均值。

4.2.2.2 排水量的计算

（1）计算法

①工业废水排放量

a．经验计算法：

$$H_p=K_p\cdot W \tag{4-10}$$

式中 H_p——工业废水年排放量，t/a；

K_p——排水系数，即排水量与用水量的比值，工业类型不同，K_p 也不一样。一般在 0.6～0.9 范围内取值；

W——企业生产用水量，t/a。

或

$$H_p=K_p\cdot G \tag{4-11}$$

式中 H_p——工业废水年排放量，t/a；

K_p——单位产品排水系数，即排水量与产品产量的比值，t/t；

G——工业产品年产量，t/a。

b．水衡算法：

$$H_p = x - g - H - W - L - M - Z \tag{4-12}$$

式中 H_p——废水排放总量，t；

x——新鲜用水量，t；

g——锅炉蒸发水量，t；

H——原料蒸发水量，t；

W——产品带走水量，t；

L——水的各种漏失量，t；

M——废弃物带走水量，t；

Z——各种液面自然蒸发水量，t。

②生活污水排放量

a．蒸发率法估算：

$$H_{生} = W_{生} \cdot (1-\alpha) \tag{4-13}$$

式中 $H_{生}$——生活污水排放量，t/a；

$W_{生}$——生活用水量，t/a；

α—— 蒸发率或损失率，即2%～4%。

b．经验系数法：

$$H_{生} = 0.365N \cdot q \tag{4-14}$$

式中 $H_{生}$——生活污水排放量，t/a；

N——企业职工与家属人数；

q——每人每日污水量定额，L/（人·d）。

（2）实测法

①流速仪法

适用范围为水深不低于 10 cm、速度不小于 0.05 m/s。如果废水流经的排水渠较宽可设置测流断面。断面与水流方向垂直，断面处水流均匀平稳无回流、渠段平直。测线数根据渠宽确定。一般渠宽 5～15 m 时可设 5～9 条，1.5～5 m 时可设 3～5 条。水深小于 1 m 时，通常用一点法或两点法，水深 1～3 m 时，则用三点法或五点法。一点法将流速仪放在水深 6/10 处（自水面向下算起，下同），测得一点法的平均流速；两点法将流速仪放在水深 2/10 和 8/10 处，各测流速取其平均值；三点法将流速仪放在水深 2/10、6/10、8/l0 及渠底处，各测其流速，取其平均值。

螺旋桨（杯）流速仪计算公式：

$$V = k\frac{N}{T} + C \tag{4-15}$$

式中 V——废水流速，m/s；

N——螺旋桨（杯）总转速；

T——测量时间（不少于 100 s）；

C——因摩擦而引起修正系数；

k——比例系数。

断面流量为：

$$Q=\sum S_a \cdot V_a \tag{4-16}$$

式中 Q——废水流量，m^3/s；

S_a——过水断面面积，m^2；

V_a——断面内平均流速，m/s。当 a 断面两侧均有实测流速时，如图 4-2 中Ⅱ、Ⅲ、Ⅳ、Ⅴ部分，其值为两侧测线平均流速见公式（4-16）中平均值，当 a 断面为流动岸边径第一测线部分时，如图 4-2 中Ⅰ部分，其值为自流动岸边起第一测线平均流速的 2/3，当 a 断面为不流动的死水部分时，如图 4-2 中死水区部分，其值等于自死水边起第一测线平均流速的 1/2。

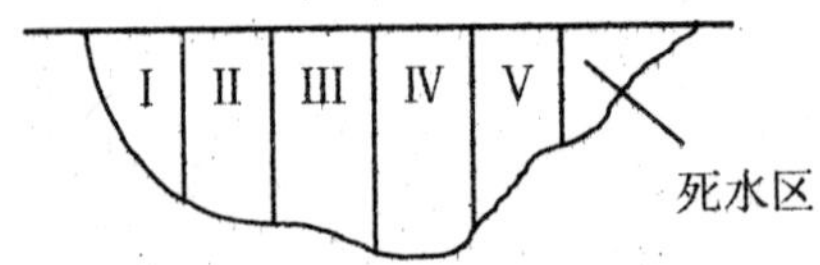

图 4-2 渠道断面测线和平均流速计算示意

② 容量法。

当废水流量很小的情况下采用，其计算公式为：

$$Q=60\cdot\frac{V}{t} \tag{4-17}$$

式中 V——容器的体积，m^3；

t——接废水的时间，s。

③浮标法。

这是一种简易的办法，但结果粗糙。测流渠道要选在平直、均匀水流、无回流、无阻碍水流杂物的渠段，段长 50～100 m 为好，至少不能少于 10 m。取一漂浮物（木块或塑料），在无外力（包括风力）影响下，使漂浮物通过被测距离，记录流过时间（以 s 计），重复 10 次，取平均值，即得平均流速：

$$\overline{V}_e=\frac{V_1+V_2+\cdots+V_{10}}{10}$$

则

$$Q=0.7\overline{V}_e \cdot S \tag{4-18}$$

式中 S——过水断面面积，m^2；

$\overline{V}_e$——中泓平均流速，m/s。

④无压管道及明渠流量测定

若废水在排水管渠中做无压均匀流动，即所有各过水断面的面积、断面内的平均流速、水深等沿流程不变。在不受下游水流情况影响的直段，可采用公式（4-19）计算：

$$Q = c \cdot S\sqrt{R\,i} \tag{4-19}$$

其中，$c=\frac{1}{\eta}R^{Y}$，$R=\frac{S}{\rho}$，$Y=2.5\sqrt{\eta}-0.13-0.75\sqrt{R}\left(\sqrt{\eta}-0.10\right)$或取 $Y=\frac{1}{6}$

式中 Q——排水流量，m^3/s；

S——过水断面面积，m^2；

c——流速系数；

R——水力半径，m；

ρ——湿周，即过水断面上水流所温润的边界长度，m；

i——水力坡度；

Y——指数，与η和 R 有关；

η——粗糙系数（见表 4-1）。

表 4-1 人工管渠粗糙系数η

管渠类别及壁面性质	η	管渠类别及壁面性质	η
缸瓦管	0.013	砖砌渠道（不抹面）	0.015
混凝土或钢筋混凝土雨水管	0.013	砂浆块面渠道（不抹面）	0.011
混凝土或钢筋混凝土污水管	0.014	干砌块面渠道	0.020～0.025
水泥砂浆面渠道	0.013	土明渠（包括带草皮）	0.025～0.030
木槽	0.012～0.014	人砌石渠道	0.030～0.035

⑤三角薄壁堰测流法。

当不具备明渠和短管测流时，采用人工制造的量水堰测流量。薄壁三角堰是测定污水流量常用的简易且准确的测量设备，该法适用于水头 0.05 m≤h≤0.35 m，流量小于 0.1 m^3/s 的污水流量的测定。任意角的三角堰流量公式：

$$Q=\frac{8}{15}\mu \mathrm{tg}\frac{\theta}{2}\sqrt{2g}h^{5/2} \tag{4-20}$$

式中 Q——过堰的废水流量，m^3/s；

h——堰的几何水头，m；

θ——堰口夹角，°；

μ——流量系数，约为 0.6；

g——重力加速度，为 9.808 m/s^2。

当三角堰夹角θ=90°时，称为直角三角堰（如图 4-3）。该公式简化为：

当 h=0.021～0.200 m 时，废水流量 $Q_1=1.4\ h^{2.5}$（m^3/s）；

当 h=0.301～0.340 m 时，废水流量 $Q_2=1.343\ h^{2.47}$（m^3/s）；

当 h=0.201～0.300 m 时，废水流量 Q=（Q_1+Q_2）/2（m^3/s）。

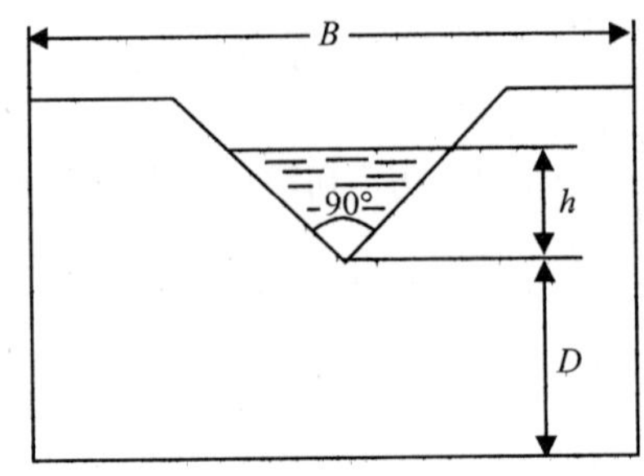

图 4-3 直角三角薄壁堰

4.2.2.3 污水污染物排放量计算

①实测法

$$G = 10^{-3} \cdot W \cdot C_i \quad (4\text{-}21)$$

或

$$G = 10^{-3} \cdot W(1-\eta) \cdot C_{i0} \quad (4\text{-}22)$$

式中 G——某污染物的排放量，kg；

W——某废水排放量，m³；

C_i——废水中某污染物的平均排放质量浓度，mg/L；

η——废水处理系统的去除效率，%；

C_{i0}——废水处理系统进口处中某污染物的平均质量浓度，mg/L。

废水处理系统的去除效率计算式：

$$\eta = \frac{Q_{i0}C_{i0} - Q_iC_i}{Q_{i0}C_{i0}} \times 100\% \quad (4\text{-}23)$$

若进入废水处理系统的废水流量 Q_{i0} 与处理后的 Q_i 相等或接近时，即 $Q_{i0}=Q_i$，上式简化为：

$$\eta = \frac{C_{i0} - C_i}{C_{i0}} \times 100\% \quad (4\text{-}24)$$

污染物的质量浓度，一般均以在企业排水口所取样测得的数据为准；对于一类污染物应以车间排放口或车间处理系统排出口取样测定的数据为准。

②系数推算法。对于缺乏监测数据的小企业可根据国家和省环保机构确定的产品排污系数估算。

$$G = K \cdot M \quad (4\text{-}25)$$

式中 G——某污染物的排放量，kg；

K——某产品的污染物排放系数，kg/t 产品；

M——某产品的产量，t。

4.2.3 燃料燃烧废气污染物排放量的计算

4.2.3.1 燃料燃烧废气排放量的计算

（1）理论空气量计算经验公式

当缺少燃料分析数据时，燃料完全燃烧所需的理论空气量，可用经验公式近似计算。见表 4-2。

表 4-2 理论空气量经验公式表

燃料类别		计算公式
固体燃料		$L_0 = \frac{0.2413}{1000}Q + 0.5$
液体燃料		$L_0 = \frac{0.203}{1000}Q + 2.0$
煤气	Q＜12 558	$L_0 = \frac{0.209}{1000}Q$
	Q＞12 558	$L_0 = \frac{0.2604}{1000}Q - 0.25$
天然气		$L_0 = \frac{0.2640}{1000}Q + 0.02$

注：L_0——燃料完全燃烧所需的理论空气量，固体、液体燃料，m^3/kg；气体燃料，m^3/m^3。

Q——燃料低发热值，固体、液体燃料，kJ/kg；气体燃料，kJ/m^3。燃料低发热值可查阅有关资料。

（2）理论烟气量计算经验公式（见表 4-3）

表 4-3 理论烟气量经验公式表

燃料类别		计算公式
固体燃料		$V_0 = \frac{0.2126}{1000}Q + 1.65$
液体燃料		$V_0 = \frac{0.2652}{1000}Q$
煤气	Q＜12 558	$V_0 = \frac{0.1732}{1000}Q + 1.0$
	Q＞12 558	$V_0 = \frac{0.2724}{1000}Q + 0.25$
天然气	Q＜34 535	$V_0 = 1.0$
	Q＞34 535	$V_0 = \frac{0.0179}{1000}Q + 0.38$

注：V_0——理论烟气量，固体、液体燃料，m^3/kg；气体燃料，m^3/m^3；

Q——燃料低发热值，固体、液体燃料，kJ/kg；气体燃料，kJ/m^3。燃料低发热值可查阅有关资料。

（3）实际烟气量的计算

$$V = V_0 + (\alpha - 1)L_0 \tag{4-26}$$

式中 V_0、L_0意义同前；

V——实际烟气量，固体、液体燃料，m^3/kg；气体燃料，m^3/m^3；

α——空气过剩系数，是实际进入炉膛的空气量与理论空气量之比。可用式（4-27）、式（4-28）计算得到或查阅有关文献资料选择α值。

固体和液体燃料未完全燃烧时：

$$\alpha = \frac{1}{1 - 3.76 \times \dfrac{O_2 - 0.5CO}{100 - (RO_2 + O_2 + CO)}} \tag{4-27}$$

各种燃料完全燃烧时：

$$\alpha = \frac{1}{1 - 3.76 \times \dfrac{O_2}{100 - (RO_2 + O_2)}} \tag{4-28}$$

式中　O_2、CO、RO_2——分别为烟气中该气体的体积百分含量，%，RO_2＝CO_2＋SO_2。

4.2.3.2 污染物排放量的计算

（1）实测法

某污染物的排放量（kg/月）＝某污染物的排放量（kg/h）×生产天数（天/月）×生产时间（h/d）

（2）物料衡算法

①利用单位产品污染物排放系数，计算污染物排放量。

某污染物的排放量（kg/月）＝产生某污染物产品总量（产品总量/月）×某污染物单位产品排放系数（kg/单位产品）

②利用单位产品废气排放量与污染物排放浓度，计算污染物排放量。

某污染物的排放量（kg/月）＝产生某污染物产品总量（产品总量/月）×单位产品废气排放量系数（m^3/单位产品）×单位产品某污染物的排放浓度系数（kg/m^3）

③利用单位产品废气排放量与污染物百分比浓度，计算污染物排放量。

某污染物的排放量（kg/月）＝产生某污染的产品总量（产品总量/月）×单位产品废气排放量系数（m^3/单位产品）×废气中某污染物的百分比浓度（%）×某污染物的气体密度（kg/m^3）

（3）燃料燃烧过程污染物排放量计算

燃料是指固体燃料（主要包括煤炭、木材、柴草等），液体燃料（主要包括原油柴油、汽油等）和气体燃料（主要是天然气）。燃料在燃烧过程中，产生大量烟气和烟尘，烟气中主要污染物有二氧化硫、氮氧化物和一氧化碳等。

①燃煤过程中污染物排放量计算。根据国家有关法规及规章要求，燃料耗用量通常指的是“标准耗用量”，因此，对于燃煤、燃油或燃气用锅炉和工业窑炉，在计算能源结构中各种能源所占消耗量时，首先要将原煤、燃油或燃气量折算成标准煤耗量。

折算燃料为标准煤的各种燃料的折算率见表 4-4。

a. 燃煤烟尘量的计算。燃煤烟尘包括黑烟和飞灰两部分。黑烟是指烟气中未完全燃烧的炭粒，它的排放量与炉型、燃烧状况有关。燃烧越不完全，烟气中黑烟的浓度越大，则烟尘的含量越高。飞灰是指烟气中不可燃烧的矿物质的微粒，与燃烧状态及炉型有关。

表 4-4 各种燃料的折算表

燃料名称	折算成标准煤/t	燃料名称	折算成标准煤/t
1 t 原煤	0.714	1 t 汽油	471
1 t 原油或重油	1.429	1 000 m³ 天然气	33
1 t 渣油	286	1 t 焦炭	0.971
1 t 柴油	457		

对于具有测试条件或具有测试数据的单位，可以利用下式计算烟尘的排放量。

$$G_{sd}=10^{-6}Q_y\bullet\overline{C}_i\bullet h \tag{4-29}$$

式中 G_{sd}——烟尘排放量，kg/月；

Q_y——烟气平均流量，m³/h；

$\overline{C}_i$——烟尘的平均排放质量浓度，mg/m³；

h——排放时间，h/月。

对于无试测条件和数据的单位，可采用下面方法计算燃煤烟尘排放量：

$$G_{sd}=\frac{B\bullet Ad_{fh}(1-\eta)}{1-C_{fh}} \tag{4-30}$$

式中 B——耗煤量，t/月；

A——煤中的灰分，%；

d_{fh}——烟气中烟尘占灰分量的质量分数，%；

η——除尘系统的除尘效率，%；

C_{fh}——烟尘中可燃物的质量分数，%。与煤种，燃烧状况、炉型有关，烟尘中可燃物的质量分数 C_{fh} 一般可取 15%～45%，电厂煤粉炉可取 4%～8%，沸腾炉可取 15%～25%。

b．燃煤 SO_2 排放量的计算：

$$G_{SO_2}=2\times80\%B\bullet S(1-\eta) \tag{4-31}$$

式中 G_{SO_2}——二氧化硫排放量，kg/月；

B——耗煤量，kg/月；

S——煤中的全硫分质量分数，%；

η——脱硫装置的二氧化硫去除效率，%；

80%——为可燃硫占全硫分的百分含量（一般为 70%～90%，平均为 80%）。

c．燃煤 NO_x 排放量的计算：

$$G_{NO_x}=1.63B(N\bullet b+0.000\,938) \tag{4-32}$$

式中 B——耗煤量，kg/月；

N——燃料中的含氮量，%，煤一般为 1.5%；

b——燃料中 N 的转化率，%，一般层燃炉取 25%～40%，煤粉炉取 b 取 20%～25%；

$N \cdot b$——燃烧中的 N 转变成 NO_x 的转化率，%；

0.000 938——单位燃料燃烧，使空气中的 N 转变成 NO_x 的转化率。我国目前煤燃烧 1 t，产生 NO_x 7～9 kg。

d．燃煤（焦炭）CO 的产生量的计算（若无 CO 的去除装置，产生量即为排放量）：

$$G_{CO} = 2.33B \cdot CQ \tag{4-33}$$

式中 G_{CO}——煤（焦炭）燃烧 CO 的产生量，kg/月；

B——耗煤（焦炭）量，kg/月；

C——燃煤（焦炭）中碳的质量分数，%；

Q——燃煤（焦炭）的不完全燃烧值，%。

此式中只适用于一般锅炉燃烧产生 CO 的数量计算，不适用电厂锅炉和工业炉窑。电厂锅炉燃烧时产生 CO 的量很少，工业炉窑产生的 CO 根据炉型不同都会大于式（4-33）计算值。

②液体燃料燃烧过程中污染物排放量的计算

a．燃油 SO_2 的排放量计算：

$$G_{SO_2} = 2B_0 S_0 (1-\eta) \tag{4-34}$$

式中 G_{SO_2}——二氧化硫排放量，kg/月；

B_0——燃油耗量，kg/月；

S_0——油中硫的含量，kg/月；

η——二氧化硫的去除效率，%。

b．燃油 NO_x 的产生量计算：

$$G_{NO_x} = 1.63 \cdot B_0 (N \cdot b + 0.000\,938) \tag{4-35}$$

式中 G_{NO_x}——燃油 NO_x 的产生量，kg/月；

B_0——燃油耗量，kg/月；

N——燃料中的含氮量，%；

b——燃油氮的 NO_x 的转化率，%。

c．燃油 CO 产生量的计算：

$$G_{CO} = 2.33 \cdot B_0 \cdot C \cdot Q \tag{4-36}$$

式中 G_{CO}——燃油 CO 产生量，kg/月；

B_0——燃油耗油量，kg/月；

C——燃油碳的含量，%；

Q——燃油的不完全燃烧值。

③气体燃料污染物产生量计算

a．气体燃料 SO_2 产生量计算：

$$G_{SO_2} = 2.857 \cdot V \cdot b_{H_2S} \tag{4-37}$$

式中 G_{SO_2}——二氧化硫产生量，kg/月；

2.857——1 标准立方米二氧化硫的质量，kg/m^3；

V——气体燃料的消耗量，m^3；

b_{H_2S}——气体燃料中硫化氢的体积分数，%。

b．气体燃烧 CO 的产生量计算：

$$G_{CO} = 1.25\,VqC(V_1 + V_2 + \cdots + V_n) \tag{4-38}$$

式中 G_{CO}——CO 的产生量，kg/月；

V——气体燃料耗量，m^3/月；

C——燃料中碳的质量分数，%；

q——燃料中燃烧不完全值，%；

V_1，V_2，…，V_n——气体燃料中 CO、CH_4、C_2H_4、C_2H_6、C_3H_8、C_4H_{10}、C_5H_{12}、C_6H_6 和 H_2S 等的体积分数，%。

4.2.4 固体废弃物排放量的核算

固体废弃物统称为废渣。按来源分，废渣包括生活废渣、工业废渣（含矿业废渣）和农业废渣三大类。工业废渣即是企业和事业单位在生产、科研过程中排出的一切固体废弃物。环境管理把工业废渣又分为八类：危险废物、冶炼废渣、炉渣、粉煤灰、煤矸石、尾矿（包括赤泥）、放射性废物、其他渣。

4.2.4.1 固体废弃物产生量的计算

工业固体废弃物主要包括在工业生产过程中产生的工业废渣以及环境治理后产生的废渣，如废水处理后产生的污泥、大气治理后产生的颗粒尘埃等。由于工业企业的类别太多，而且各种产渣量又随着科学技术、生产水平、管理水平而改变。所以现在也很难寻求统一的方法来计算。唯一可靠的办法是深入现场了解各种污染源的档案材料，并参考其他行业的同类型固体废弃物的污染源的情况，综合分析，估算其产渣量。把每种产品排渣系数与废渣的容重用统计法折算出来，再用有关公式计算出废渣量。一般有系数法与容重法两种。

（1）系数法

根据产品的排渣系数计算废渣量：

$$G_a = \alpha_a \cdot M_a \tag{4-39}$$

式中 G_a——产品 a 所产生的废渣量，t；

α_a——单位产品 a 所产生的废渣量（排污系数），t/t 或 t/kW；

M_a——产品 a 的产量，t 或 kW。

（2）容重法

根据废渣的容重（即单位体积废渣的质量）及堆放体积计算废渣量：

$$G_a = V_a \cdot P_a \tag{4-40}$$

式中 G_a——产品 a 所产生的废渣量，t；

V_a——产品 a 废渣排放总体积，m^2；

P_a——产品 a 的废渣容重，t/m^3。

4.2.4.2 固体废物排放量的计算

$$G = G_a - G_y - G_{ch} \tag{4-41}$$

式中 G——固体废物排放总量，t；

G_a——固体废物产生总量，t；

G_y——综合利用的固体废物总量，t；

G_{ch}——已处理的固体废物总量，t。

或利用废渣的堆积容积计算废渣的排放量：

$$G_{ci} = \rho_{di} \cdot V_{di} \tag{4-42}$$

式中 G_{ci}——某种废渣排放量，t；

ρ_{di}——某种废渣的堆的质量密度，t/m^3；

V_{di}——某种废渣的堆积体积，m^3。

若是几种废渣混合堆积在一起，可以由式（4-43）计算其平均堆质量密度，然后按式（4-42）计算。

$$\overline{\rho}_p = \sum \rho_{di} f_i \tag{4-43}$$

式中 $\overline{\rho}_p$——混合废渣的平均堆质量密度；

ρ_{di}——混合废渣中某渣的堆质量密度；

f_i——混合废渣中某渣的体积百分比。

4.3 中小企业环境监测管理

4.3.1 中小企业环境监测概述

4.3.1.1 环境监测的意义

“监测”一词的含义可理解为监视、测定、监控等，因此环境监测就是运用各种分析、测试手段，对影响环境质量因素的代表值进行测定，取得反映环境质量（或污染程度）及其变化趋势的各种数据的过程。对于中小企业环境管理工作来说，环境监测主要是对污染源的监测。

中小企业进行环境管理，必须通过污染源监测，了解污染物产生的过程和原因，掌握污染物排放的数量和变化规律，弄清污染物扩散、影响的范围和程度，确定环境质量状况。这是企业开展污染源调查、制订污染防治规划和环保目标计划，保证达标排放，完善以污染物排放为主要内容的各类控制标准、规章制度和经济责任制，实施有效管理、监督及综合整治环境污染的科学依据。因此，污染源监测是企业环境管理的主要技术手段和基础。

中小企业在污染治理中，应力求避免工程措施的盲目性、不经济性和环境治理效果差的不良后果。提高污染治理的环境效益和经济效益。为了实现这个目的，企业需要通过污染源监测来提供准确而又符合实际情况的污染数据和环境质量数据。因此，污染源监测是企业治理污染的重要前提和评价污染治理设施效果的技术手段。

中小企业在污染防治技术研究中，需要随时掌控各种技术的变量参数与污染物产生及浓度变化之间的关系，从而为确定污染技术攻关方向提供有价值的信息。因此，污染源监测是企业开展污染防治技术研究的重要技术手段。

4.3.1.2 环境监测的目的

中小企业通过对污染源监测来监视、检查、评价中小企业的污染情况和环境质量。具体有以下几方面：

①监控中小企业排污全过程。通过检查监测，找出污染物产生的原因。污染物与生产工艺过程相联系的变化规律和趋势。

②检测污染物。通过对中小企业污染源、排污口的监测，确定污染物的种类、性质、浓度、排污量、排污去向、影响范围和程度。

③评价环境质量，预测、预报中小企业环境质量发展变化的趋势。通过企业环境监测，提供代表环境质量的数据，判断企业环境质量是否符合国家规定的有关标准，测定企业污染物在时间和空间上的分布。研究污染物迁移、扩散、转化的规律，为中小企业环境质量影响分析提供科学依据。

④通过对环保工程设施和防治措施实际处理结果的全面测试，来评价污染治理工程和污染防治的效果，判断环保设施的处理能力和运行状态等性能指标。

4.3.1.3 环境监测类别

按监测的目的分，企业环境（污染源）监测可分为三类。

（1）常规监测

常规监测是企业最基本的监测工作，是指对企业有关污染源或污染物、企业水源水质、职工劳动环境等进行定期的、长时间监测，以确定企业的环境质量及污染源状况，评价控制措施的效果，衡量环境标准和环境保护工作的进展。这是企业环境监测工作中量最大、面最广的工作内容。

企业污染源监测的主要内容有：①生产工艺废气及各种锅炉、炉窑排放的烟气粉尘的监测，机动车辆尾气的监测。②生产、生活设施产生和排放的各种废水的监测。③噪声、振动、放射性、热污染、电磁污染等物理性污染的监测。④工业废渣污染的监测。

（2）研究性监测

研究性监测的任务是探索污染物迁移，扩散的规律；寻求企业排污与生产活动的内在联系，提出并实施清洁生产的措施和方案；评价环保工程措施的环境效果以及环境污染防治技术研究中的监测；研究企业特有污染物的监测方法以及提高企业环境监测技术自动化水平等。

（3）污染事故监测

污染事故监测是配合污染事故调查，查明造成污染危害的污染物、其扩散和危害过程以及危害的范围和程度，从而为防止污染事态的发生和发展提供依据。

4.3.1.4 环境监测技术

环境监测技术是获得污染物数据的测试分析手段和方式。包括采样技术、分析测试技术和数据处理技术等，其中分析测试技术一般包括化验室分析方法、自动连续监测方法和生物监测方法等。

目前人工（包括半自动）采样、化验室分析是当前企业污染源监测的基础和主要方法。除了少量项目可以在现场直接测定外，大部分项目是现场采样，将样品送回实验室分析，其过程一般为：污染源调查→监测计划设计→优先布点→样品采集→运送保存→分析测试→数据处理→综合评价等。由于这些监测方法是建立在对测定对象间断地、定时、定点地采集样品基础上进行的。因此，分析结果所反映的环境污染的空间特性和时间特性是不全面的。这些数据只能是某一时间，某一局部地点的瞬时污染特征值。自动监测系统长时间的连续监测数据有效地反映了污染物排放和环境质量的动态变化，是环境监测技术发展的方向。

4.3.2 环境监测管理的要求

环境监测管理是企业环境管理的一项重要内容。因此要求：

（1）做好监测机构的建设

环境监测机构是企业进行污染源监测的组织保证，企业应当从环境保护工作的实际需要出发。搞好企业环境监测机构的建设，包括实验室、仪器设备、人员安排以及污染源监测发展规划。开展环境监测技术培训，组织监测技术交流，提高监测人员的技术业务素质。

（2）建立工作制度，形成监测网络

企业要以主要污染物监测和提高监测质量为重点，建立环境（污染源）监测工作制度、监测质量保证制度等。企业的污染源监测要以污染源、排污口、生产车间和厂区环境为监测对象。根据监测任务分工不同，合理组织监测人员和仪器设备，提倡一专多能，注意形成监测网络，以发挥监测系统整体优势，提高企业环境监测工作水平。

（3）加强污染源监测与环境监督管理的组织协调

认真贯彻执行环境保护法、环境标准和企业环保规章制度，积极组织污染源监测、检查生产中污染物排放浓度，排放量和环境质量是否符合标准规定；配合环境监督管理部门，充分发挥监测技术手段的作用，为加强企业日常环境管理提供保证。

4.3.3 环境监测管理原则

企业要做好环境监测管理，必须结合企业的特点并充分考虑人、财、物、信息和技术的投入以及现有的监测技术水平，坚持以下原则：

（1）实用原则。监测不是目的，而是手段，监测数据不是越多越好，而是实用；监测手段不是越现代化越好，而是准确、可靠、实用而有效。

（2）经济原则。确定监测范围、监测对象、监测技术和监测装备以及监测频次等，要经过技术经济论证，进行费用-效益分析。

在实际工作中，企业应坚持以上两个原则的结合和统一。具体监测全过程的质量控制要点参见表 4-5。

表 4-5 环境监测全过程质量控制要点

监测系统过程	要求	质量控制要点
布点系统	1．监测目的系统的控制 2．监测点位点数的优化控制	控制空间代表性和可比性
采样系统	1．采样次数和采样频率优化 2．采样工具方法的统一规范化	控制时间代表性和可比性
运贮系统	1．样品的运输过程控制 2．样品固定保存控制	控制可靠性和代表性
分析测试系统	1．分析方法准确度、精密度、检测范围控制； 2．分析人员素质及实验室质量的控制	控制准确性、精密性、可靠性和代表性
数据处理系统	1．数据整理、处理机精度检验控制； 2．数据分布、分类管理制度的控制	控制可靠性、可比性、完整性和科学性
综合评价系统	1．信息量的控制 2．成果表达的控制 3．结论完整性、透彻性及对策控制	控制真实性、完整性、科学性和实用性

4.3.4 环境监测管理内容

环境监测管理可以归结为四个方面管理，即监测计划管理、监测技术管理、监测质量管理和监测网络管理。具体到企业污染源监测管理，内容应包括污染源监测计划管理、监测标准管理、监测点位管理、采样技术管理、样品运贮保存管理、测试方法管理、仪器设备管理、监测数据管理、监测质量管理、监测综合管理和监测网络管理等。污染源监测管理的内容很多，核心内容是保证监测质量，提高企业的环境管理绩效。

4.3.4.1 污染源监测计划管理

监测计划管理是根据监测工作的总目标和总任务，通过制订监测规划协调好监测工作，及时反映企业环境质量及污染源动态，更好地为环境管理服务。它的内容包括：常规监测计划（包括网点布设与调整计划）、常规监测时间及空间频数的实施计划、质量保证计划、器材供应计划、人员培训调动计划、经费计划及应急监测计划等。

4.3.4.2 污染源监测点位的管理

监测点位的管理包括定性和定量两个方面的管理，确定最佳点数和最佳点位及测点代表的覆盖面积。

（1）水污染源监测点位的布设

水污染源包括工业废水源、生活污水源、医院污水源。废水监测采样时，企业事先必须全面掌握与污染源污水排放有关的工艺流程、污水类型、排放规律、污水管网走向等情况的基础上确定采样点位、采样时间及频率。且排污单位需向地方环境监测站提供废水监测基本信息登记表，由地方环境监测站核实后确定采样点位。

水污染源一般经管道或渠、沟排放，截面积比较小，不需设置断面，而直接确定采样点位。

①工业废水监测点位的布设。

第一类污染物采样点位一律设在车间或车间处理设施的排放口或专门处理此类污染物设施的排口。

第二类污染物采样点位一律设在排污单位的外排口。

进入集中式污水处理厂和进入城市污水管网的污水采样点位应根据地方环境保护行政主管部门的要求确定。

已有废水处理设施的企业，对整体污水处理设施效率监测时，在各种进入污水处理设施污水的入口和污水设施的总排口设置采样点；对各污水处理单元效率监测时，在各种进入处理设施单元污水的入口和设施单元的排口设置采样点。

在厂区内排污渠道上，采样点应设在渠道较直、水量稳定、上游无污水汇入的地方。在厂区内的排污支管和干线上，通常在窨井里。

当废水以水路形式排到公共水域时，为了不使公共水域的水倒流进排放口，在排放口应设置适当的堰，采集点布设在堰溢流处。

②生活污水和医院污水监测点位的布设。采样点设在污水总排放口。对污水处理厂，应在进、出口分别设置采样点采样监测。

（2）固定废气污染源监测点位布设

空气污染的发生源主要来自工业企业、生活炉灶和交通运输等。污染源分为固定污染源和流动污染源，其中固定污染源指烟道、烟囱、排气筒等排放场所。这里主要介绍固定污染源废气监测点位的布设（以烟道气的监测为例）。

废气监测采样，是从排放废气的烟道中抽取一定体积的烟气，从中测定有害物质的量，再根据抽取烟气量，求出有害物质的浓度。具体方法见《固定源废气监测技术规范》（HJ/T 397—2007）。烟道中不同部位流动的烟道气，其流动的速度及组分含量差别很大，如何在烟道气中采集具有代表性的废气样，是污染源监测的关键。采样必须注意以下环节：

①采样位置。采样位置要安全、方便，便于操作。高位测定时，应设置带拉杆的工作平台，且尽可能选在气流分布均匀稳定的管段上，要避开弯头、变径管、三通管及阀门等易产生涡流的阻力构件。一般原则是：以烟气流向为准，采样位置与其上游方向的阻力构件的距离最好大于 $6D$（D 表示烟道直径），与其下游方向的阻力构件的距离最好大于 $3D$。实测现场的情况往往不能满足上述条件。即使在客观条件受限时，最少也不应少于 $1.5D$，同时要求烟道中气流速度在 5 m/s 以上，此外，由于水平管道中，气流速度和颗粒物浓度分布，一般不如垂直管道内均匀，所以选择采样位置时，优先考虑垂直管道。

②采样点。确定采样位置后，在测定烟气流量和采集尘样时，还应根据烟道断面的大小和形状确定测点数目，当烟道断面较大且气流和污染物分布不均匀时，测点数目应适当多些，通常是将烟道断面分为适当数目的等面积环形或矩形，采样点（测点）就确定在各环等面积中心线与呈垂直相交的两条直径线的交点上或矩形中心，具体方法如下：

a．圆形烟道。在选定的采样断面上设两个相互垂直的采样孔。按照如图 4-4 所示的方法将烟道断面分成一定数量的同心等面积圆环，沿着两个采样孔中心线设四个采样点如图 4-5 所示。若采样断面上气流速度较均匀，可设一个采样孔，采样点数减半。当烟道直径小于 0.3 m，且流速均匀时，可在烟道中心设一个采样点。不同直径圆形烟道的等面积环数、采样点数及采样点距烟道内壁的距离见表 4-6。原则上采样点数目不超过 20 个。

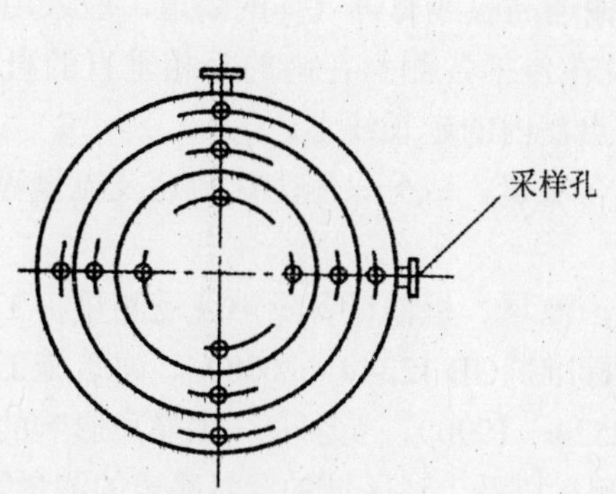

图 4-4　圆形断面的测点

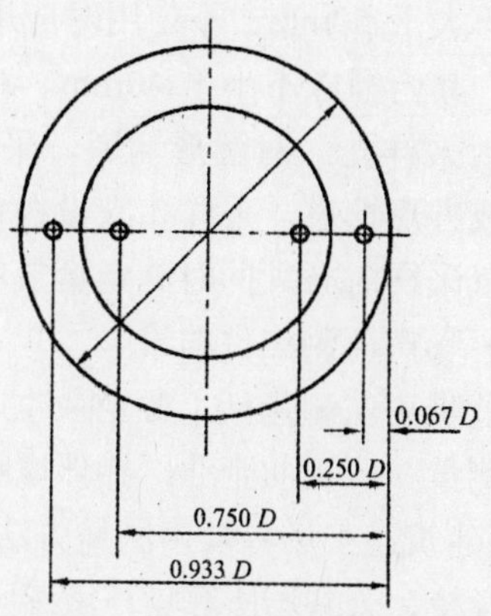

图 4-5　采样点距烟道内壁的距离

表 4-6　圆环数和采样点距烟道内壁的距离

烟道直径/m	等面积环数/个	测点数/个	各测点距烟道内壁的距离（以烟道直径 D 计）									
			1	2	3	4	5	6	7	8	9	10
<0.3	—	1	0.5									
0.3～0.6	1～2	2～8	0.146	0.854								
0.6～1.0	2～3	4～12	0.067	0.250	0.750	0.933						
1.0～2.0	3～4	6～16	0.044	0.146	0.296	0.704	0.854	0.946				
2.0～4.0	4～5	8～20	0.033	0.105	0.195	0.223	0.677	0.806	0.895	0.967		
>4.0	5	10～20	0.026	0.082	0.146	0.227	0.342	0.658	0.774	0.854	0.918	0.974

b．矩形烟道或方形烟道。将烟道断面分成一定数目的等面积矩形小块，各小块中心即为采样点位置。小块的数量即为测点数。小矩形的数目可根据烟道断面的面积，按照表 4-7 所列数据确定。当烟道断面面积小于 0.1 m^2，且流速均匀时可在中心采样。

表 4-7　矩（方）形烟道的分块和测点数

烟道断面面积/m^2	等面积小块长边长度/m	测点总数/个
<0.1	<0.32	1
0.1～0.5	<0.35	1～4
0.5～1.0	<0.50	4～6
1.0～4.0	<0.67	6～9
4.0～9.0	<0.75	9～16
>9.0	≤1.0	16～20

c．拱形烟道。对于上部为半圆形，下部为矩形的拱形烟道，可分别按圆形和矩形烟道的布点原则确定。当水平烟道内积灰时，应将积灰部分的面积从断面内扣除，按有效面积布设采样点。

③采样孔。在选定的测定位置上开设采样孔，采样孔的内径应不小于 80mm，采样孔

管长应不大于 50mm。不使用时应用盖板、管堵或管帽封闭。当采样孔仅用于采集气态污染物时，其内径应不小于 40mm。对正压下输送高温或有毒气体的烟道，应采用带有闸板阀的密封采样孔。对圆形烟道，采样孔应设在包括各测点在内的互相垂直的直径线上，对矩形或方形烟道，采样孔应设在包括各测点在内的延长线上。

废气采样时必须同时测定烟气的温度、含湿量、成分、压力、流速及流量等参数。

（3）噪声监测点位布设

企业噪声监测包括工业企业生产环境噪声测量、机器设备噪声现场测量、工业企业边界噪声测量（《工业企业厂界环境噪声排放标准》GB 12349—2008）、建筑施工场界噪声测量（《建筑施工场界噪声测量方法》GB 12524—1990）、受企业产生噪声影响的住宅区、机关、学校、公共场所等噪声敏感区域噪声测量以及上述区域的背景噪声的测量等。

工业企业生产环境噪声测点选择的原则是：若车间内各处 A 声级波动小于 3 dB，则只需在车间内选择 1～3 个测点；若车间内各处声级波动大于 3 dB，则应按声级大小，将车间分成若干区域，任意两区域的声级应大于或等于 3 dB，而每个区域内的声级波动必须小于 3 dB，每个区域取 1～3 个测点。这些区域必须包括所有工人为观察或管理生产过程而经常工作、活动的地点和范围。测量时，传声器的位置应在操作人员的耳朵位置，但人需离开。要注意减少环境因素对测量结果的影响，如应注意避免或减少气流、电磁场、温度和湿度等因素对测量结果的影响。

现场测量机器噪声，首先必须设法避免或减少环境背景噪声反射的影响。为此，可使测点尽可能接近机器噪声源，除待测机器外，应关闭其他无关的机器设备。其次要减少测量环境的反射面，增加吸声面积等。对于室外或高大车间内的机器噪声，在没有其他声源影响的条件下，测点可选在距机器稍远的位置。选择测点时，原则上应使被测机器的直达声大于本底噪声 10 dB，起码要求大于 3 dB，否则测量效果无效。在一般情况下，对于大小不同的机器和空气动力机械进排气噪声的测点位置和数目，可参考以下建议：

①外形尺寸小于 30 cm 的小型机器，测点距表面的距离为 30 cm。

②外形尺寸为 30～100 cm 的中型机器，测点距表面的距离为 50 cm。

③尺寸为大于 100 cm 的大型机器，测点距表面的距离为 100 cm。

④特大型或危险性的设备，可根据具体情况选择较远位置的测点。

⑤各类型机器噪声的测量，均需按规定距离在机器周围均匀选点，测点数目视机器尺寸大小和发声部位的多少而定，可取 4～6 个；测点高度应以机器的 1/2 高度为准或选择在机器轴水平线的水平面上，测量 A、C 声级和倍频带声压级，并在相应测点上测量背景噪声。

⑥测量各种类型的通风机、鼓风机、压缩机等空气动力性机械的进排气噪声和内燃机、燃汽轮机的进排气噪声时，进气噪声测点应在吸气口轴向，与管口平面距离不能小于 1 倍管口直径，也可选在距离管口平面 0.5 m 或 1 m 等位置；排气噪声测点应选在与排气口轴线夹角成 45°方向上，或在管口平面上距管口中心 0.5 m、1 m、2 m 处。进排气噪声应测量 A、C 声级和倍频带声压级，必要时测量 1/3 倍频程声压级。

机器设备噪声的测量，由于测点位置的不同，所得结果也不相同。为了便于对比，各国的测量规范对测点的位置都有专门的规定，有时由于具体情况不能按照规范要求布置测点，则应注明测点的位置，必要时还应表示出测量场地的声学环境。

工业企业厂界噪声测点的布设是根据工业企业声源、周围噪声敏感建筑物的布局以及毗邻的区域类别，在工业企业厂界布设多个测点，其中包括距噪声敏感建筑物较近以及受被测声源影响大的位置。一般情况下，测点选在工业企业厂界外 1 m、高度 1.2 m 以上。当厂界有围墙且周围有受影响的噪声敏感建筑物时，测点应选在厂界外 1 m、高于围墙 0.5 m 以上的位置；当厂界无法测量到声源的实际排放状况时（如声源位于高空、厂界设有声屏障等），测点选在工业企业厂界外 1 m、高度 1.2 m 以上，同时在受影响的噪声敏感建筑物户外 1 m 外另设测点；室内噪声测量时，室内测量点位设在距任一反射面至少 0.5 m 以上、距地面 1.2 m 高度外，在受噪声影响方向的窗户开启状态下测量；固定设备结构传声至噪声敏感建筑物室内，在噪声敏感建筑物室内测量时，测点应距任一反射面至少 0.5 m 以上、距地面 1.2 m、距外窗 1 m 以上，窗户关闭状态下测量。被测房间内的其他可能干扰测量的声源（如电视机、空调机、排气扇以及镇流器较响的日光灯、运转时出声的时钟等）应关闭。

建筑施工场界噪声测量的测点应根据城市建设部门提供的建筑方案和其他与施工现场情况有关的数据确定建筑施工场地边界线，并应在测量表中标出边界线与噪声敏感区域之间的距离。根据被测建筑施工场地的建筑作业方位和活动方式，确定噪声敏感建筑或区域的方位，并在建筑施工场地边界线上选择离敏感建筑物或区域最近的点作为测点。由于敏感建筑物方位不同，对于一个建筑施工场地，可同时设几个测点。传声器高度处于距地面 1.2 m 的边界线噪声敏感处，如边界有围墙，测点应高于围墙。

污水、废气、固体废物和噪声排污口必须进行规范化设置，即对排放污染物的种类、数量、浓度（噪声强度）及排放方式进行规范化管理。各排污口按 GB 15562.1—1995 标准和 GB 15562.2—1995 标准设置明显标志牌。采样点位一经确定，不得随意改动。经设置的采样点应建立采样点管理档案，内容包括采样点性质、名称、位置和编号，采样点装置，排污规律和排污去向，采样频次及污染因子等。经确认的采样点是法定排污监测点，如因生产工艺或其他原因需变更时，由当地环境保护行政主管部门和环境监测站重新确认。排污单位必须经常进行排污口的清障、疏通工作。

4.3.4.3 采样技术管理

随机化是监测采样的重要原则，样品随机化的办法是采样规范化。不同的环境样品有不同的采集方法和保存方法，要严格按照规范的技术要求和程序实施并辅之以质量保证。

（1）水样采集

工厂废水的污染物含量和排放量常随工艺条件及开工时间的不同而有很大差异，故采样时间、周期和频率的选择是一个较复杂的问题。一般情况下，可在一个生产周期内每隔 0.5 h 或 1 h 采样 1 次，将其混合后测定污染物的平均值。如果取 n 个生产周期（如 3～5 个生产周期）的废水样监测，可每隔 2 h 取样 1 次。对于排污情况复杂、浓度变化大的废水，采样时间间隔要短，有时需要 5～10 min 采样 1 次，这种情况最好使用连续自动采样装置。对于水质和水量变化稳定或排放规律好的废水，待找出污染物在生产周期内的变化规律后，采样频率可降低，如每月采样 2 次。

采集水样的器具，应事先洗净，在采样前用采样地点的水充分润洗后方可采样。采集的水样盛于玻璃或聚乙烯容器中，加盖封好，有的项目需在现场测定（如污水流量、水温、浊度、透明度、pH 值、溶解氧、COD、BOD 等），有的项目需保存后送至实验室测定。因此，废水样品采集后，应及时将污染源名称、排污口名称、废水种类、废水流量、现场测定结果、送检样品标记、保存条件和现场简要描述等做认真登记，填入废水采样记录及样品送检表。关于水样的现场处置，测定和贮存，详见各自的技术规范。

微生物的新陈代谢活动和化学作用的影响；通过某些物质的聚合、解聚作用而发生变化；物理作用引起的絮凝作用；悬浮物表面产生胶体吸附现象等因素都可引起水样组分的变化。为尽量减少水样组分的变化，使水样具有代表性最有效的方法是力求缩短保存时间，尽快分析。水样的运输时间不得超过 24 h。最大贮存时间一般是：清洁水样为 72 h，轻污染水样为 48 h，严重污染水样为 12 h。如不能及时运到或不能及时分析，应根据不同的监测项目要求，采用适宜的保存方法。水样的保存方法有冷藏法、冷冻法（冷藏水样在 2～5℃保存，最好放在暗处或冰箱里，冷冻时温度在−20℃，且不能将水样充满整个容器，可抑制生物活性，减缓物理挥发和化学变化的速率）和化学保存剂法（根据不同的测试项目可以采用杀生物剂法或酸化法）。

（2）气样采集

①烟尘采样。在选定的点位，用等速采样方法吸取一定量的烟尘气样，使之通过一个已知质量滤尘装置，烟气中的烟尘被阻留在滤尘装置的滤料上，称量滤尘装置的质量，根据滤尘装置采样前后的质量差，求出单位体积烟气中的含尘量。监测时必须注意：一是多点采样求平均值确定烟尘浓度；二是必须采用等速采样法。等速采样法即气体进入采样口的速度与采样点气体在烟气道中的流速相等（误差不能超过 10%）。等速采样的方法有：普通采样管法、平行管采样法、平衡管采样法等。

②烟气采样。一般由于烟气中的气态和气溶胶中有害组分在烟道中分布均匀，因此不需等速采样，也不需多点采样，在烟道的中心位置采样即可。常用采样方法是化学采样法，即通过采样管将样品抽到装有吸收液的吸收瓶或装有固体吸收剂的吸收管、真空瓶、注射器或气袋中，样品溶液或气态样品经化学分析或仪器分析测定污染物含量。

（3）固体废弃物采集

大量排放的固体废物，不论从宏观还是微观看，化学组分含量不均匀，要采集到具有代表性的样品十分困难。采样方法大体分为两类，一类是概率抽样，即采样对象假想地分为若干等份，编号后随机抽签，抽取采样单元进行采样；另一类是权威（或专家）采样，由对固体废物的组成情况很熟悉的人，根据其经验进行采样。在发生污染事故时采样，往往不是了解其平均组分，而是采集有害组分含量高的点位，常常用权威采样。工业固体废弃物采样制样按照《工业固体废物采样制样技术规范》（HJ/T 20—1998）进行；危险废物的采样点和采样方法按照《危险废物鉴别技术规范》（HJ/T 298—2007）进行。

固体废弃物样品采集后，去掉石块、树枝等杂物，风干、打碎，用四分法将样品缩分至需要的量，粉碎后通过 60 目筛，装入玻璃瓶或聚乙烯瓶，盖上封好备用。如果样品中有易挥发或者易变质的待测组分时，采样后立即封好，低温保存或充氮气并尽快分析。

4.3.4.4 测试方法管理

测试方法是监测工作的重要手段，是保证监测任务如期完成的关键。中小企业环境监测测试方法的管理内容主要包括对污染源废水、废气、工业固体废物和噪声的监测项目的选择、污染物检测标准（方法）的收集、运用等管理。

由于企业不同类型的生产工艺、产品、设备、投入产出规律、治理技术原理的不同，排放的废水和废气中的污染物亦不尽相同，污染物的性质很不相同，所排放的污染物种类繁多，成分复杂，浓度变化大。无法对所有的污染物一一监测，污染源监测应能够反映污染源排放的特征，结合国家、行业和地方的污染物排放标准决定监测项目，同时还应考虑企业各自所在的区域、行业和生产特点及污染物排放情况确定具体的监测项目。监测项目的选择应从以下几个方面权衡。

（1）根据不同的监测目的，按优先选择的原则选择最主要、最迫切、最有代表性的污染因子作为监测对象。优先监测的原则如下：

①污染范围广、活性大、毒性强、危害严重的污染物优先监测；

②接近或超过规定的浓度标准，其趋势还在上升的污染物优先监测；

③具有特征代表性和时空代表性的污染物优先监测。

（2）综合分析污染物的自然性、扩散性、毒性、活性的持久性、生物可降解性和累积性等各种特点性质，选择可行性最好的污染因子作为监测对象。

（3）选择的监测对象应有可靠的监测方法并能保证获得准确的数据。

（4）可对监测获得的数据作出科学的解释。

（5）对暂时还没有列入环境标准，但是对环境和职工健康确有明显危害作用的污染物也要积极开展监测。

工业废水监测项目因行业不同而各异，详细可参阅《污水综合排放标准》（GB 8978—1996）、有关行业水污染物排放标准监控项目及相关监测规范、方法标准并参见表 4-8，废水物理性质及污染物的测定方法参见表 4-9。

工业废气监测项目详细可参阅《大气污染物综合排放标准》（GB 16297—1996）、有关行业大气污染物排放标准控制项目及相关监测规范、方法标准并参见表 4-10，废气中主要污染物监测方法参见表 4-11。

表 4-8 废水监测项目

类别	监测项目
黑色金属矿山（包括磷铁矿、赤铁矿、锰矿等）	pH、悬浮物、硫化物、铜、铅、锌、镉、汞、六价铬等
黑色金属（包括选矿、烧结、炼焦、炼铁、炼钢、连铸、轧钢等）	pH、悬浮物、COD、硫化物、氟化物、挥发酚、氰化物、石油类、铜、铅、锌、镉、汞、砷等
有色金属矿山及冶炼（包括选矿、烧结、电解、精炼）	pH、COD、悬浮物、硫化物、氟化物、挥发酚、铜、铅、锌、镉、汞、砷、六价铬等
选矿药剂	COD、BOD_5、悬浮物、硫化物、挥发酚等
煤矿（包括洗煤）	pH、悬浮物、硫化物、砷等
火电发电（热电）	pH、悬浮物、硫化物、砷、铅、镉、挥发酚、石油类、水温等
焦化	COD、BOD_5、悬浮物、硫化物、挥发酚、氰化物、石油类、氨氮、苯类、多环芳烃等
石油开采	pH、COD、BOD_5、悬浮物、石油类、硫化物、挥发酚、总铬等

类别		监测项目
石油炼制		pH、COD、BOD_5、悬浮物、石油类、硫化物、挥发酚、氰化物、苯并[a]芘、苯系物等
化学采矿	硫铁矿	pH、悬浮物、硫化物、铜、铅、锌、镉、汞、砷、六价铬等
	磷　矿	pH、悬浮物、氟化物、硫化物、磷酸盐（P）、铅、砷等
	汞　矿	pH、悬浮物、硫化物、砷、汞等
无机原料	硫酸	pH（或酸度）、悬浮物、硫化物、氟化物、铜、铅、锌、镉、砷等
	氯碱	pH（或酸度、碱度）、COD、悬浮物、汞等
	铬盐	pH（或酸度）、六价铬、总铬、悬浮物等
有机原料		pH（或酸度、碱度）、COD、BOD_5、挥发酚、氰化物、悬浮物、苯系物、硝基苯类、有机氯类等
塑料		COD、BOD_5、石油类、悬浮物、硫化物、氰化物、氟化物、铅、砷、汞、有机氯、苯系物、多环芳烃等
化学纤维		pH、COD、BOD_5、悬浮物、色度、石油类、铜、锌等
橡胶	合成橡胶	pH（或酸度、碱度）、COD、BOD_5、石油类、铜、锌、多环芳烃、重金属等
	橡胶加工	COD、BOD_5、硫化物、六价铬、石油类、苯、多环芳烃等
制药		pH、COD、BOD_5、石油类、悬浮物、硝基苯类、硝基酚类、苯胺类等
染料		pH、COD、BOD_5、悬浮物、挥发酚、硫化物、总有机碳、色度、苯胺类、硝基苯类等
颜料		pH、COD、硫化物、悬浮物、色度、汞、六价铬、铅、镉、砷、锌、石油类等
油漆		COD、BOD_5、挥发酚、石油类、氰化物、镉、铅、六价铬、苯系物、硝基苯类等
合成洗涤剂		COD、BOD_5、阴离子合成洗涤剂、石油类、苯系物、动植物油、磷酸盐等
合成脂肪酸		pH、COD、BOD_5、悬浮物、油类、锰等
感光材料		COD、悬浮物、挥发酚、硫化物、银、氰化物、显影剂及其氧化物等
其他有机化工		pH、COD、BOD_5、悬浮物、石油类、挥发酚、氰化物、硝基苯类等
化肥	磷肥	pH、COD、悬浮物、磷酸盐、氟化物、砷、磷等
	氮肥	COD、悬浮物、氨氮、挥发酚、氰化物、硫化物、砷、铜等
农药	有机磷	pH、COD、BOD_5、悬浮物、挥发酚、硫化物、有机磷、总磷等
	有机氯	pH、COD、BOD_5、悬浮物、硫化物、挥发酚、有机氯等
电镀		pH（或酸度、碱度）、氰化物、六价铬、铜、锌、镍、镉、锡等
机械制造		COD、悬浮物、石油类、挥发酚、氰化物、重金属等
电子仪器、仪表		pH、COD、氰化物、重金属、氟化物、苯类等
造纸及纸制品业		pH、COD、BOD_5、可吸附有机卤化物（AOX）、挥发酚、悬浮物、木质素、色度、硫化物等
纺织、印染		pH、COD、BOD_5、色度、悬浮物、硫化物、六价铬、苯胺类等
皮革及皮革加工		pH、COD、BOD_5、悬浮物、硫化物、氯化物、总铬、六价铬、动植物油等

类别	监测项目
水泥	pH、悬浮物等
油毡	COD、悬浮物、石油类、挥发酚、硫化物、苯并[a]芘等
玻璃、玻璃纤维	pH、COD、悬浮物、氰化物、挥发酚、氟化物、铅、砷等
陶瓷制造	pH、COD、悬浮物、重金属等
石棉（开采与加工）	pH、石棉、悬浮物、挥发酚等
人造板、木材加工	pH、COD、BOD_5、悬浮物、挥发酚、甲醛、硫化物等
食品加工	pH、COD、BOD_5、悬浮物、氨氮、挥发酚、动植物油、硝酸盐氮等
屠宰及肉类加工	pH、COD、BOD_5、悬浮物、动植物油、氨氮、大肠菌群、石油类、细菌总数、总有机碳等
饮料制造业	pH、COD、BOD_5、悬浮物、氨氮、粪大肠菌群、细菌总数、挥发酚、油类、总氮、总磷等
制糖工业	pH、COD、BOD_5、色度、油类、硫化物、挥发酚等
电池	pH、重金属、悬浮物等
发酵和酿造工业	pH、COD、BOD_5、悬浮物、色度、总氮、总磷、硫化物、挥发酚、油类等
货车洗刷和洗车	pH、COD、BOD_5、悬浮物、油类、挥发酚、重金属、总氮、总磷等
宾馆、饭店、游乐场所及公共服务业	pH、COD、BOD_5、悬浮物、油类、挥发酚、阴离子洗涤剂、氨氮、总氮、总磷、粪大肠菌群、总有机碳、挥发性卤代烃等
绝缘材料	pH、COD、BOD_5、挥发酚、悬浮物、甲醛等
卫生用品制造业	pH、COD、悬浮物、油类、挥发酚、总氮、总磷、氨氮等
生活污水	pH、COD、BOD_5、悬浮物、氨氮、挥发酚、油类、总氮、总磷、阴离子洗涤剂、细菌总数、大肠菌群等
医院污水	pH、COD、BOD_5、悬浮物、油类、挥发酚、总氮、总磷、汞、砷、粪大肠菌群、细菌总数、氟化物、氯化物、醛类、总有机碳等

表 4-9 废水物理性质及主要污染物的测定方法

序号	项目	检测标准（方法）名称及编号（含年号）
1	水温	《水质 水温的测定 温度计或颠倒温度计测定法》（GB/T 13195—91）
2	色度	《水质 色度的测定》（GB/T 11903—89）
3	电导率	电导率仪法（B）《水和废水监测分析方法》（第四版）（2002）
4	悬浮物	《水质 悬浮物的测定 重量法》（GB/T 11901—89）
5	pH 值	《水质 pH 值的测定 玻璃电极法》（GB/T 6920—86）
6	高锰酸盐指数	《水质 高锰酸盐指数的测定》（GB/T 11892—89）
7	化学需氧量	《水质 化学需氧量的测定 重铬酸盐法》（GB/T 11914—89）
8	五日生化需氧量	《水质 五日生化需氧量的测定 稀释与接种法》（GB/T 7488—87）
9	氨氮	《水质 铵的测定 纳氏试剂比色法》（GB/T 7479—87）
10	总磷	《水质 总磷的测定 钼酸铵分光光度法》（GB/T 11893—89）
11	总氮	《水质 总氮的测定 碱性过硫酸钾消解紫外分光光度法》（GB/T 11894—89）
12	铜、铅、锌、镉	《水质 铜、铅、锌、镉的测定 原子吸收分光光度法》（GB/T 7475—87）
13	氟化物	《水质 氟化物的测定 离子选择电极法》（GB/T 7484—87）
14	砷	《水质 总砷的测定 二乙基二硫代氨基甲酸银分光光度法》（GB/T 7485—87）

序号	项目	检测标准（方法）名称及编号（含年号）
15	汞	《水质 总汞的测定 冷原子吸收分光光度法》（GB/T 7468—87） 冷原子荧光分光光度法（B）《水和废水监测分析方法》（第四版）（2002）
16	铬（六价）	《水质 六价铬的测定 二苯碳酰二肼分光光度法》（GB/T 7467—87）
17	总铬	《水质 总铬的测定》（GB/T 7466—87）
18	总氰化物	《水质 氰化物的测定 第一部分：总氰化物的测定》（GB/T 7486—87）
19	挥发酚	《水质 挥发酚的测定 蒸馏后 4-氨基安替比林分光光度法（GB/T 7490—87）
20	石油类和动物油	《水质 石油类和动物油的测定 红外分光光度法》（GB/T 16488—1996） 重量法（B）《水和废水监测分析方法》（第四版）（2002）
21	硫化物	《水质 硫化物的测定 碘量法》（HJ/T 60—2000） 《水质 硫化物的测定 亚甲基蓝分光光度法》（GB/T 16489—1996）
22	硫酸盐	《水质 硫酸盐的测定 铬酸钡光度法》（试行）（HJ/T 342—2007） 《水和废水监测分析方法》（第四版）（2002）
23	氯化物	《水质 氯化物的测定 硝酸银滴定法》（GB 11896—89） 离子色谱法（B） 《水和废水监测分析方法》（第四版）（2002）
24	硝酸盐氮	《水质 硝酸盐氮的测定 酚二磺酸分光光度法》（GB/ T7480—87） 《水质 无机阴离子 离子色谱法》（HJ/T 84—2001） 离子色谱法（B）《水和废水监测分析方法》（第四版）（2002）
25	铁、锰	《水质铁、锰的测定火焰原子吸收分光光度法》（GB/T 11911—89）
26	镍	《水质 镍的测定 火焰原子吸收分光光度法》（GB/T 11912—89）
27	阴离子表面活性剂	《水质 阴离子表面活性剂的测定 亚甲蓝分光光度法》（GB/T 7494—87）
28	苯胺类化合物	《水质 苯胺类化合物的测定 N-（1-萘基）乙二胺偶氮分光光度法》（GB/T 11889—89）
29	硝基苯胺类化合物（总量）	还原—偶氮光度法（B）《水和废水监测分析方法》（第四版）（2002）
30	亚硝酸盐氮	《水质 亚硝酸盐氮的测定 分光光度法 》（GB/T 7493—87）

表 4-10 工业废气监测项目

类别	监测项目
燃料燃烧	二氧化硫、氮氧化物、碳氢化合物（燃油、燃气）、烟尘等
黑色金属冶炼	二氧化硫、氮氧化物、氰化物、硫化物、粉尘、氟化物等
有色金属冶炼	二氧化硫、氮氧化物、汞、氟化物、粉尘（含铜、砷、铅、锌、镉）等
炼焦	二氧化硫、苯、苯并[a]芘、氨、粉尘、硫化氢、酚等
矿山	粉尘、氮氧化物、硫化氢等
火力发电（热电）	二氧化硫、氮氧化物、苯并[a]芘、烟尘、碳氢化合物（燃油、燃气）等
有机化工	酚、氰化氢、氯、氟化氢、酸雾、粉尘等
石油化工	二氧化硫、氮氧化物、铅、氟化物、烃、硫化氢、苯、酚、醛、粉尘、氯化氢等
氮肥	氨、硫化氢、酸雾、粉尘等
磷肥	粉尘、氟化物、二氧化硫、酸雾等
化学矿山	氮氧化物、硫化氢、粉尘等
氯碱	氯、氯化氢、汞等
硫酸	二氧化硫、氮氧化物、粉尘、氟化物、硫酸雾等
化纤	硫化氢、二氧化硫、氨、粉尘等

类别	监测项目
染料	氯、氯化氢、二氧化硫、氯苯、苯胺类、硫化氢、硝基苯类、光气、汞等
橡胶	硫化氢、苯、粉尘、甲硫醇等
油脂化工	氯、硫化氢、二氧化硫、氟化氢、氯磺酸、氮氧化物、粉尘等
制药	氯、硫化氢、二氧化硫、肼、醇、醛、苯、氯化氢、氨等
农药	氯、硫化氢、苯、粉尘、汞、二氧化碳、氯化氢、硫化氢等
油漆	苯、酚、铅、粉尘、醛、醇、酮类等
造纸	硫化氢、粉尘、甲醛、硫醇等
纺织、印染	硫化氢、粉尘等
皮革	硫化氢、铬酸雾、粉尘、甲醛等
电镀	铬酸雾、氰化物、氮氧化物、粉尘等
灯泡、仪表	汞、铅、粉尘等
水泥	粉尘等
石棉制品	石棉粉尘等
铸造	氮氧化物、二氧化碳、氟化物、铅、粉尘等
玻璃钢制品	苯类等
油毡	粉尘、沥青烟等
蓄电池、印刷	铅等
油漆施工	溶剂、苯类等

表 4-11 废气中主要污染物测定方法

序号	项目名称	检测标准（方法）名称及编号（含年号）
1	烟（粉）尘、烟气参数	《锅炉烟尘测试方法》（GB 5468—91）
		《固定源废气监测技术规范》（HJ/T 397—2007）
2	烟气黑度	《锅炉烟尘测试方法》（GB/T 5468—91）
3	一氧化碳	《固定污染源排气中一氧化碳的测定 非色散红外吸收法》（HJ/T 44—1999）
		定电位电解法《空气和废气监测分析方法》（第四版）（B）（2003）
4	氯化氢	《固定污染源排气中氯化氢的测定 硫氰酸汞分光光度法》（HJ/T 27—1999）
5	氮氧化物	《固定污染源排气中氮氧化物的测定 盐酸萘乙二胺分光光度法》（HJ/T 43—1999）
6	二氧化硫	《固定污染源排气中二氧化硫的测定 碘量法》（HJ/T 56—2000）
		《固定污染源排气中二氧化硫的测定 定电位电解法》（HJ/T 57—2000）
7	硫化氢	亚甲基蓝分光光度法《空气和废气监测分析方法》（第四版）（B）（2003）
8	氟化物	《大气固定污染源 氟化物的测定 离子选择电极法》（HJ/T 67—2001）
9	硫酸雾	铬酸钡分光光度法或离子色谱法 《空气和废气监测分析方法》（第四版）（2003）
10	铬酸雾	《固定污染源排气中铬酸雾的测定 二苯基碳酰二肼分光光度法》（HJ/T 29—1999）
11	氰化氢	《固定污染源排气中氰化氢的测定 异烟酸-吡唑啉酮分光光度法》（HJ/T 28—1999）
12	氯气	《固定污染源排气中氯气的测定 甲基橙分光光度法》（HJ/T 30—1999）
13	砷	二乙基二硫代氨基甲酸银分光光度法 《空气和废气监测分析方法》（第四版）（B）（2003）
14	铅	废气 高锰酸钾溶液吸收—冷原子吸收分光光度法 《空气和废气监测分析方法》（第四版）（B）（2003）
15	铜、锌	原子吸收分光光度法 《空气和废气监测分析方法》（第四版）（B）（2003）
16	锰	气相色谱法《空气和废气监测分析方法》（第四版）（2003）

序号	项目名称	检测标准（方法）名称及编号（含年号）
17	镍	《大气固定污染源　镍的测定　火焰原子吸收分光光度法》（HJ/T 63.1—2001） 《大气固定污染源　镍的测定　石墨炉原子吸收分光光度法》（HJ/T 63.2—2001）
18	镉	《大气固定污染源 镉的测定 火焰原子吸收分光光度法》（HJ/T 64.1—2001）
19	铬	原子吸收分光光度法《空气和废气监测分析方法》（第四版）（2003）
20	光气	《固定污染源排气中光气的测定 苯胺紫外分光光度法》（HJ/T 31—1999）
21	甲烷	气相色谱法《空气和废气监测分析方法》（第四版）（2003）
22	酚类化合物	《固定污染源排气中酚类化合物的测定 4-氨基安替比林分光光度法》（HJ/T 32—1999）
23	苯胺类	《大气固定污染源 苯胺类的测定 气相色谱法》（HJ/T 68—2001）
24	甲醇	《固定污染源排气中甲醇的测定　气相色谱法》（HJ/T 33—1999）
25	氯乙烯	《固定污染源排气中氯乙烯的测定　气相色谱法》（HJ/T 34—1999）
26	乙醛	《固定污染源排气中乙醛的测定　气相色谱法》（HJ/T 35—1999）
27	丙烯醛	《固定污染源排气中丙烯醛的测定　气相色谱法》（HJ/T 36—1999）
28	丙烯腈	《固定污染源排气中丙烯腈的测定　气相色谱法》（HJ/T 37—1999）
29	非甲烷总烃	《固定污染源排气中非甲烷总烃的测定　气相色谱法》（HJ/T 38—1999）
30	氯苯类	《固定污染源排气中氯苯类的测定　气相色谱法》（HJ/T 39—1999）
31	沥青烟	《固定污染源排气中沥青烟的测定　重量法》（HJ/T 45—1999）
32	苯系物（苯、甲苯、二甲苯和乙苯）	活性炭吸附二硫化碳解吸气相色谱法　《空气和废气监测分析方法》第四版（B）（2003）
33	甲醛	《公共场所空气中甲醛测定方法》（GB/T 18204.26—2000） 《民用建筑工程室内环境污染控制规范》6.0.7　（GB 50325—2001） 《室内环境空气质量监测技术规范》附录 H 室内空气中甲醛的测定方法（HJ/T 167—2004）
34	总挥发性有机物（TVOC）	《民用建筑工程室内环境污染控制规范》附录 E　（GB 50325—2001） 《室内空气质量标准》附录 C　（GB/T 18883—2002）　室内空气中总挥发性有机物（TVOC）的检验方法 热解析毛细管气相色谱法
35	饮食业油烟	《饮食业油烟排放标准》附录 A　红外分光光度法　（GB 18483—2001）

固体废弃物监测项目有：对固体废弃物有害特性的监测、对固体废弃物生物降解度、热值的测定以及渗滤液的监测分析、对有害物质的毒理性研究等。一般来说，企业应重点关注固体废弃物的有害特性。我国对有害特性的定义包括急性毒性、腐蚀性、浸出毒性、易燃性、反应性和放射性等主要特性。下面简要介绍有害特性的监测方法。

①急性毒性的初筛试验：有害废物中会有多种有害成分，组分分析难度大。急性毒性的初筛试验可以简便地鉴别并表达其综合急性毒性。方法是以小白鼠（或大白鼠）作为实验动物，对灌胃后的小鼠（或大鼠）进行中毒症状观察，记录 48 h 动物死亡数。如出现半数以上小鼠（或大鼠）死亡，则可判定该废物是具有急性毒性的危险废物。详见《危险废物鉴别标准 急性毒性初筛》（GB 5085.2—2007）的规定。

②腐蚀性的试验方法：腐蚀性是指通过接触能损伤生物细胞组织或腐蚀物体而引起危害。测定方法一种是测定 pH 值（《固体废物 腐蚀性测定 玻璃电极法》GB/T 15555.12—1995），另一种是指在 55.7℃以下对钢制品的腐蚀率（《金属材料实验室均匀腐蚀全浸试验方法》JB/T 7901—2001）。详见《危险废物鉴别标准　腐蚀性鉴别》

（GB 5085.1—2007）规定。

③浸出毒性试验：固体废物受到水的冲淋、浸泡，其中有害成分将会转移到水相而污染地面水、地下水，导致二次污染。浸出试验采用规定办法浸出水溶液，然后对浸出液进行分析。我国规定的分析项目有：汞、镉、砷、铬、铅、铜、锌、镍、锑、铍、氟化物、氰化物、硫化物、硝基苯类化合物。具体测定方法按标准《危险废物鉴别标准 浸出毒性鉴别》（GB 5085.3—2007）的规定及相应的分析方法进行。

④易燃性的试验方法：鉴别易燃性是测定闪点。闪点较低的液态状废物和燃烧剧烈而持续的非液体状废物，由于摩擦、吸湿等自发的化学变化会发热、着火，或可能由于它的燃烧引起对人体或环境的危害。仪器采用闭口闪点测量仪，温度计采用 1 号温度计（-30～＋170℃）或 2 号温度计（100～300℃），防护屏采用镀锌铁皮制成，高度 550～650 mm，宽度以适应为度，屏身内壁漆成黑色。按标准要求加热试样至一定温度，停止搅拌，每升高 1℃点火一次，至试样上方刚出现蓝色火焰时，立即读出温度计上的温度值，该值即为测定结果。操作过程的细节可参阅 B261-77[石油产品闪点测定法（闭口杯法）]。详见《危险废物鉴别标准 易燃性鉴别》（GB 5085.4—2007）规定。

⑤反应性的试验方法：测定方法包括撞击感度测定、摩擦感度测定、差热分析测定、爆炸点测定、火焰感度测定五种。具体见标准《危险废物鉴别标准 反应性鉴别》（GB 5085.5—2007）的规定。

4.3.4.5 环境监测仪器设备的管理

为保证监测质量，实现监测数据的准确性，企业应高度重视环境监测仪器设备的采购、运输、使用和管理，尤其是根据有关法规对监测设备对照能溯源到国际或国家标准的测量标准，按照规定的时间间隔或在使用前进行校准或检定。当不存在上述标准时，应记录校准或检定的依据。

对于设立环境实验室、监测室的企业，还应建立健全管理制度，并定期对相关设备、设施进行检查、维护和保养，满足其正常使用功能并确保其处于安全运行状态。

需要说明的是，一方面，使用仪器设备、试剂及监测过程会产生新的环境问题，其相关环境因素应该得到充分的识别、评价和控制；另一方面，由于仪器设备、试剂的使用具有很强的专业性，监测人员应严格遵照说明书的要求，并通过培训、考核合格方可操作；因缺乏环境监测仪器设备和相关技术时，应委托专业机构实施监测。

（1）对监测仪器设备的管理要求

①建立监测仪器设备管理制度，以确保环境监视和测量装置得到有效控制，为企业污染源监测符合确定的要求提供准确的依据。

②对环境测量设备的使用、配置及精度要求，在策划中应予以考虑，环境测量设备的测量能力应与测量要求相一致。

③保证测量设备在使用时的准确性，及时有效地进行校准；对校准状态予以标识；对环境测量设备在必要时进行调整，确保其准确性；在搬运、使用、贮存、维护时采取防止损坏或失准的措施。

④在校准有效期内使用时，发现偏离校准状态，应对以往监测结果进行有效性的评价，采取相应措施。

⑤计算机软件用于环境监视和测量设备时，初次使用前应对其能力确认，以后在必

要时应进行再确认，如环境实验室、监测室使用的用于计算的专用软件。

⑥企业对环境监视测量装置的检定和校准管理应符合计量法及相关环境法规的要求，对强制检定的环境测量和监视装置，应定期由有资质的法定检测单位进行检定、校准。对非强制检验的环境测量和监视装置，企业可以制订自校规程和管理办法予以控制。

（2）对监测仪器设备的控制

①环境监测仪器应定期进行校准、标准和修正，并遵守其使用规定；各种量器、仪器等除按规定校准外，还应注意如同一监测有两人以上参加时，除专用设备外，其他常用设备（如天平、玻璃器皿和分光光度计等）不得共用。

②各种精密贵重仪器以及贵重器皿（如铂器皿和玛瑙研钵等）要有专人管理，分别登记造册、建卡立档；仪器档案应包括仪器说明书、验收和调试记录、仪器的各种初始参数、定期保养维修、检定、校准以及使用情况的登记记录等。

精密仪器的安装、调试、使用和保养维修均应严格遵照仪器说明书的要求，上机人员应该培训、考核合格后方可上机操作。

③使用仪器前应先检查仪器是否正常；仪器发生故障时应立即查清原因，排除故障后方可继续使用，严禁仪器带病运转。

④仪器用完后，应将各部件恢复到所要求的位置并及时做好清理工作，盖好防尘罩。

⑤仪器的附属设备应妥善安放，并经常进行安全检查。

⑥建立仪器设备管理档案，内容应包括：仪器设备的生产厂家、购置和验收记录；运行监测仪器的例行检查记录；仪器设备检修登记卡；监测仪器的多点线性校准记录（专业环保部门）；运行监测仪器零点和跨度漂移的例行检查报表（专业环保部门）；监测仪器的审核数据报告（专业环保部门）；其他应保存的记录。

4.3.4.6 环境监测数据的管理

环境监测所测得的化学的、物理的、生物的监测数据，是描述评价环境质量进行环境管理的基本依据，一定要准确可靠，将测定结果用概率和数理统计的方法舍弃数据中离群较远的极值，并通过样本了解和判断总体特征，估计数据的可靠程度。

此外，还应做好环境监测记录管理。为保证企业污染源监测质量以及监测技术的完整性和监测过程的追溯性，应对监测全过程的一切文件（包括从制订监测计划、监测布点、采样分析到数据处理以及监测结果等）按照严格的制度予以保存。企业应定期对所累积的资料、数据进行整理，建立本企业的环境监测数据库，为企业制订和实施环境方针、环境目标、环境管理方案、环境应急预案，提高运行控制成效，改进企业的环境管理绩效，证实企业遵守环境法规等提供翔实的资料和数据。因此，认真做好环境监测记录的管理，加强对资料、信息、数据的整理、分析，也是企业环境监测管理的重要内容之一。

环境监测质量管理的核心是监测质量保证，确保监测数据有效，即使其具有准确性、精密性、代表性、可比性、完整性；监测综合管理即综合评价工作，是污染源监测为企业环境管理服务的最终环节，是对所获得的全部环境质量信息汇集、解释、运用能力的集中体现。企业环境监测网络设计要尊重科学规律，要求监测要素必须是完整的、同步的、可比的，并且便于管理。

4.4 污染源评价

4.4.1 污染源评价的目的和概念

污染源评价是在污染源和污染物调查的基础上进行的。污染源评价的目的是确定主要污染物和主要污染源，提供环境质量水平的成因；为环境影响评价提供基础数据，为污染源治理和区域治理规划提供依据。

污染源评价是指对污染源潜在污染能力的鉴别和比较。潜在污染能力是指污染源可能对环境产生的最大污染效应。它和污染源对环境产生的实际污染效应是不同的。污染源对环境产生的实际污染效应，不仅取决于污染源本身的特性（排放污染物的种类、性质、排放量、排放方式等），还取决于环境的性质（背景值、自净能力、扩散条件）、接受者的性质以及各种污染物之间的作用和协同效应等。潜在污染能力取决于污染源本身的性质。因此，用潜在污染能力评价污染源是合适的。

污染源潜在污染能力主要取决于排放污染物的种类、性质、排放方式等。这些具有不同量纲的量是很难进行比较的。污染源评价的关键在于，把具有不同量纲的量进行标准化处理，使其具有可比性，然后进行分析比较。进行标准化处理的方法不同，产生了不同的评价方法。

对污染源评价主要有两类方法。一类是类别评价；另一类是综合评价。类别评价是根据各类污染源某一种污染物的排放浓度、排放总量（体积或质量）、统计指标（检出率、超标倍数、标准差）等各项指标，来评价污染物和污染源的污染程度。污染源综合评价方法不仅考虑污染物的种类、浓度、排放量、排放方式等污染源性质，还要考虑排放场所的环境功能。

目前多采用等标污染负荷法，分别对水、气污染源或污染物进行评价。

4.4.2 污染源评价方法

污染源潜在污染能力的评价方法主要有 3 种：等标污染负荷法、排毒系数法、等标排放量法。这里仅介绍等标污染负荷法。

（1）等标污染负荷法评价公式

①某污染物的等标污染负荷（P_{ij}）：定义为

$$P_{ij}=K\frac{C_{ij}}{C_{0i}}Q_{ij} \tag{4-44}$$

式中 K——单位换算系数，废水为 10^{-6}，废气为 10^{-9}；

Q_{ij}——第 j 个污染源的第 i 种污染物排放流量，t/d、t/a 或 m^3/d、m^3/a；

C_{ij}——第 j 个污染源中第 i 种污染物的排放质量浓度，mg/L（水），mg/m^3（气）；

C_{0i}——第 i 种污染物的评价标准，mg/L（水），mg/m^3（气），根据评价工作需要可取环境质量标准或排放标准。

②某污染源（工厂）的等标污染负荷（P_j）：是指污染源 j 所排各种污染物的等标污

染负荷之和，即：

$$P_j = \sum_{i=1}^{n} P_{ij} \quad (i=1, 2, \cdots, n) \tag{4-45}$$

③区域中某个污染物的总等标污染负荷 P_i：为该区域所有污染源中 i 污染物的等标污染负荷之和，即：

$$P_i = \sum_{j=1}^{k} P_{ij} \quad (j=1, 2, \cdots, k) \tag{4-46}$$

④某区域（或流域）的等价污染负荷（P）：为该区域（或流域）内所有的污染源的等标污染负荷之和，即：

$$P = \sum_{j=1}^{k} P_j \quad (j=1, 2, \cdots, k) \tag{4-47}$$

⑤污染负荷比：在一个污染源内，其所排放的某种污染物的等标污染负荷占该污染源的等标污染负荷之百分比，称为这种污染物对于该污染源的污染负荷比，记作 K_{ij}。污染负荷比中的最大值对应于该污染源中最主要的污染物。

$$K_{ij} = \frac{P_{ij}}{P_j} \times 100\% \tag{4-48}$$

在整个评价范围内，一个污染源所排放所有污染物的等标污染负荷之和占该评价范围总等标污染负荷之百分比，称为该污染源对于这个评价范围的污染负荷比，记作 K_j。污染负荷比中的最大值对应于最主要的污染源。即：

$$K_j = \frac{P_j}{P} \times 100\% \tag{4-49}$$

在整个评价范围内，所有污染源所排放的同一种污染物的等标污染负荷之和占该评价范围总等标污染负荷之百分比，称为该污染物对于这个评价范围的污染负荷比，记作 K_i。污染负荷比中的最大值对应于评价范围内最主要的污染物。

$$K_i = \frac{P_i}{P} \times 100\% \tag{4-50}$$

（2）主要污染物的确定

按调查区域污染物的等标污染负荷 P_i 的大小排列，分别计算百分比及累计百分比，将累计百分比大 80%左右的污染物列为该区域的主要污染物。

（3）主要污染源的确定

按调查区域内污染源的等标污染负荷 P_j 的大小排列、分别计算百分比及累计百分比。将累计百分比大于 80%左右污染源列为区域内主要污染源。

（4）注意事项

采用等标污染负荷法处理容易造成一些毒件大、在环境中易于积累的污染物排不到主要污染物中去，然而对这些污染物的排放控制又是必要的。所以通过计算后，还应作全面考虑和分析，最后确定出主要污染源和主要污染物。

4.5 中小企业污染源档案建立

4.5.1 企业污染源档案的内容

污染源档案包括：企业基本情况、环保基本情况、废水排放量的统计、历年来废水水质变化情况、废气量的排放种类与数量的统计、固体废弃物的种类与堆放量、综合利用的情况汇总、环保科研成果的资料、产生污染大小事故的情况、产生经济效益与社会效益的统计数据等。各种统计表格可参照国家或省市环保部门统一格式，也可以根据本企业的特点自行编制。

4.5.2 建立污染源档案应注意的问题

（1）正确认识建档的重要意义，严肃认真，坚持实事求是的科学态度。

（2）一切数据资料均要在调查研究或现场测试的基础上，经过数学统计、分析推算，使填报的数据准确无误，绝不允许有弄虚作假现象。归档资料要有提供人的签字与档管经手人的签字。

（3）档案填报的项目、标准、格式、方法、程序要统一化、规范化。

（4）档案填报时间拟 1～2 年一次为宜，个别特殊情况可以例外第一次全面填报外，以后每年（或每次）只填新增或变化了的部分。

4.5.3 档案的保管与使用

（1）污染源的档案一般由企业的职能部门或产生污染源的部门填写，一式三份，自留一份，上报主管局职能部门和地方政府环保部门各一份。

（2）污染源档案应由具有一定环保专业知识相工作经验的员工管理，存放在企业统一的资料室内、但必须要与一般技术资料分开保管与编号。

（3）档案管理人员要以《中华人民共和国档案法》为准则，对档案进行收集、整理分类、编号与保管，为环境管理与治理提供基础资料，也可根据需要写出专门报告。

5 清洁生产审核

5.1 清洁生产概述

5.1.1 清洁生产的概念

《中华人民共和国清洁生产促进法》第二条规定："本法所称清洁生产，是指不断采取改进设计、使用清洁的能源和原料、采用先进的工艺技术与设备、改善管理、综合利用等措施，从源头削减污染，提高资源利用效率，减少或者避免生产、服务和产品使用过程中污染物的产生和排放，以减轻或者消除对人类健康和环境的危害。"

5.1.2 清洁生产的内容

根据清洁生产的定义，清洁生产内涵的核心是实行源削减和对生产或服务的全过程实施控制，其内容主要包括以下三个方面。

（1）清洁能源

清洁能源是指常规能源的清洁利用，可再生能源的利用，新能源的开发，各种节能技术等。

（2）清洁的生产过程

清洁的生产过程是指尽量少用、不用有毒有害的原料；尽量使用无毒、无害的中间产品；减少或消除生产过程的各种危险因素，如高温、高压、低温、低压、易燃、易爆、强噪声、强振动等；采用少废、无废的工艺；采用高效的设备；物料的再循环利用（包括厂内和厂外）；简便、可靠的操作和优化控制；完善的科学量化管理等。

（3）清洁的产品

清洁的产品是指节约原料和能源，少用昂贵和稀缺原料，尽量利用二次资源做原料；产品在使用过程中以及使用后不含危害人体健康和生态环境的成分；产品应易于回收、复用和再生；合理包装产品；产品应具有合理的使用功能（以及具有节能、节水、降低噪声的功能）和合理的使用寿命；产品报废后易处理、易降解等。

5.1.3 清洁生产的评价指标

清洁生产的评价指标，是指国家、地区、部门和企业，根据一定的科学、技术、经济条件，在一定时期内规定的清洁生产所必须达到的具体的目标和水平。一般来说，评价指标既是管理科学水平的标志，也是进行定量比较的尺度。

清洁生产评价指标可用于寻找减废、减污空间，产品设计和工艺开发的基准，展现环境绩效以及进行清洁生产程度评比等。

（1）基本指标

描述产出单位产值或产量的产品（服务）所伴随的主要物质消耗和排放水平，这是目前对生产过程进行环境评价和审核工作中归纳的主要数据，可以在总体上给出物质转化过程的输出和输入关系，展示过程的效率。这类指标可分为以下几种：

①主要原材料的消耗指标；

②各种形式的能耗，如电、油、煤、天然气、蒸汽等；

③水的消耗指标，包括总用水量、新鲜用水量、回用水量等；

④各类废水、废气和废渣的产生量和排放量；

⑤“三废”各类主要污染物的产生量和排放量。

（2）特殊指标

用以判断基本指标未能顾及的一些特殊方面，它们涉及的数量可能不大，但对某项技术的环境性能有重要的影响或可能造成重大的潜在事故。

①有毒有害原料的用量、去处，有毒有害的中间产物的产生量；

②易燃易爆物质的用量；

③稀缺资源的使用量，如各种稀有元素等贵金属；

④使用二次资源的种类和数量。

（3）延伸指标

考察超越生产阶段的产品生命周期的一些特征，包括以下内容：

①主要原材料和包装材料的环境性能，包括是否是高能耗、重污染物料，是否来自天然森林的砍伐，是否是受保护的动植物等；

②产品的使用寿命、耐久性；

③产品的可回收性、复用性以及可再循环性；

④产品在环境中的可降解性。

（4）指标的选取

根据上述指标将清洁生产指标分为原辅材料与资源能源指标、污染物产生指标、产品指标、环境经济效益指标四大类。清洁生产指标体系的结构、含义和计算如表 5-1 所示。

表 5-1 清洁生产指标体系

指标	序号	单项指标名称	含义与计算	说明
原辅材料与资源能源指标	1	物耗系数	$\frac{\text{主要原辅材料年用量之和}}{\text{产品年产量}}$	在正常的操作下，生产单位产品消耗的构成产品的主要原料和对产品起决定性作用的辅料的量 适合于同类产品对比分析
	2	能耗系数	$\frac{\text{能源年消耗量}}{\text{产品年产量}}$	在正常操作条件下，生产单位产品消耗的电力、油和煤等能源的量 必须注意各类能源的转换，转换成热值进行计算 属于通用性指标，可以用作不同行业的对比

指标	序号	单项指标名称	含义与计算	说明
原辅材料与资源能源指标	3	新鲜水耗系数	$\frac{\text{新鲜水年消耗量}}{\text{产品年产量}}$	在正常操作下，生产单位产品整个工艺使用的新鲜水量（不包括回用水） 指标越低，说明工艺和产品越清洁 适合同类产品对比分析
	4	资源有毒有害系数	$\frac{\text{有毒有害原辅材料用量之和}}{\text{产品年产量}}$	在正常操作下，生产单位产品所消耗的有毒有害原辅材料用量之和 可作为不同行业类别的对比
	5	危害性指标	单位用量×危害因子	单位用量为每单位产品使用的危害性物质的质量；危害性因子表示化学物质的危害性，可分为毒性及易燃易爆性两类，因此物质的危害性因子可参考其毒性及爆炸危险性而定
污染物产生指标	6	废水产生系数	$\frac{\text{废水年产生量}}{\text{产品年产量}}$	生产单位产品产生的废水量 可作为不同行业的对比
	7	废水中某污染物产生系数	$\frac{\text{废水中某污染物年产生量}}{\text{产品年产量}}$	生产单位产品产生的废水中某污染物量 可作为不同行业的对比
	8	废气产生系数	$\frac{\text{废气年产生量}}{\text{产品年产量}}$	生产单位产品产生的废气量 可作为不同行业的对比
	9	废气中某污染物产生系数	$\frac{\text{废气中某污染物年产生量}}{\text{产品年产量}}$	生产单位产品产生的废气中某污染物量 可作为不同行业的对比
	10	固体废物产生系数	$\frac{\text{固体废物年产生量}}{\text{产品年产量}}$	生产单位产品主要固体废物产生量 适合同类产品对比分析
	11	产污增长系数	$\frac{\text{“三废”中污染物年产生总量增长率}}{\text{年产值增长率}}$	“三废”中污染物依国家“三废”排放标准中的定义来确定 适合同类产品对比分析
	12	有毒有害污染物产生系数	$\frac{\text{“三废”中有毒有害污染物年产生量}}{\text{年产值增长率}}$	“三废”中有毒有害污染依国家“三废”排放标准中的定义来确定 适合同类产品对比分析
	13	环境负荷因子	$\frac{\text{废弃物}}{\text{产品}}$	废物产生量为进料与销售商品量之差，产品产量为可销售之产品
	14	废物产率指标	$\frac{\text{废弃物}}{\text{产出总量}}$	废物产生量为进料与销售商品之差，产出总量为产品、副产品和废弃物总和
产品指标	15	清洁产品系数	$\frac{\text{产品有毒有害成分的量}}{\text{产出总量}}$	单位产品中所含有毒有害成分的量 可作为不同行业对比
	16	产品技术寿命	产品的功能保持良好的时间	适合同类产品对比分析
环境经济效益指标	17	清洁生产方案投资偿还期	$\frac{\text{清洁生产方案投资额}}{B-C}$	B——清洁生产方案投资年效益 C——方案年运转费用

指标	序号	单项指标名称	含义与计算	说明
环境经济效益指标	18	环保成本	$\frac{年环境代价}{产品年产量}$	单位产品所付出的环境代价（能耗、水耗、原材料消耗、废物回收费用、末端处理费用、产品质量下降损失费用、排污费和环保罚款） 可作为不同行业的对比
	19	环境系数	$\frac{年环境代价}{年产值}$	项目创造每元产值所付出的环境代价 可作为不同行业的对比

由于推广清洁生产是个持续的过程，而不是一次性的工作，涉及的范围也很广，尤其值得注意的是，随着新技术和新设备的不断发展，企业状况的变化，指标的种类、数量、层次等还将发生变化。因此，在实践中有某些指标需要更新或不适当时，可根据实际情况对指标进行调整。

5.1.4 实施清洁生产的主要途径

清洁生产是工业发展的一种新模式，贯穿产品生产和消费的全过程。它不单纯是一个清洁生产技术问题，而是一个复杂的系统工程。因此，要实现清洁生产，必须首先转变观念，从揭示传统生产技术的主要问题入手，从生产—环境保护一体化的原则出发，具体问题具体分析，逐个解决产品生产、贮运、使用和消费全过程中存在的问题。

5.1.4.1 实施源削减，实现源头控制

清洁生产的基本精神是源削减，源削减是指通过预先制订的措施预防污染，使污染物产生之前就要被削减或消灭于生产过程中。其实质是避免污染的产生，它在经济上和环境上要比净化和控制污染更为可取。

（1）改进产品设计、调整产品结构

工业产品设计原则往往是从经济利益考虑，仅考虑其适用性和经济性。产品出厂后，企业不再顾及它们随后的命运。随着产品的更新换代、工业的发展，人们开始认识到，工业污染不但发生在产品的生产过程中，有时更严重地出现在消费过程中。有些产品使用后废弃、分散在环境中也是重要的污染源。如使用破坏臭氧层的氟利昂冰箱、强致癌联苯、六六六等农药。

按照清洁生产概念，对于工业产品要进行整个生命周期的环境影响分析，也就是对于产品要从设计、生产、流通、消费以致报废后处置的几个阶段进行环境影响分析。对于那些生产过程中物耗、能耗高，污染严重的产品，对于那些使用、报废后破坏生态环境的产品要尽快调整与停产。我国 1984 年停止生产了农药六六六、DDT，早已禁止生产多氯联苯、汞制剂、砷制剂等剧毒产品，严禁建设小铬盐、小染料、小农药、土法砒霜、土磷肥、土硫黄等严重污染项目。这对于保护环境起了重要作用。对于开发清洁产品提出如下一些途径：

①更新产品设计。使产品在生产、使用中及报废后处置对环境无害，鼓励生产绿色产品。

②调整产品结构。从产品的生命周期整体设计，优化生产，如造纸工业从种速生

林—制纸浆—造纸—废纸—废纸回收利用与纸浆循环利用，整体布局“一条龙”生产。

③提高产品的使用寿命，减少报废。

④合理的使用功能。盲目追求“多功能”、“万能”，往往造成资源浪费。

⑤简化包装，易降解、易处理。产品报废后，应易处理，可降解，并且对环境无害。鼓励采用可再生材料制作包装材料，包装物可回收重复使用等，避免使用处置后仍有污染和不易降解的材料作包装材料使用。

（2）原材料的改进

可开发用无害或少害的物料来替代产品生产过程中使用的有害物料，从而使产品在使用和生产过程中不产生或少产生污染物。

现在已开发出许多有害物料替代的生产过程，如印刷业采用水溶性油墨替代溶剂性油墨，金属电镀中无氰电镀锌替代氰化镀锌，低浓度三价铬电镀替代六价铬装饰性电镀，纺织工业减少了含磷化学品的使用等。

物料的纯化，替代粗制原料，可减少产品生产过程中引起的质量问题，提高合格率，减少废品的产生，同时也可减少污染物的排放。

加强物料的控制。虽然订货、贮存、运输、发放这些程序大部分都为企业所熟悉，但尚未认识到这是污染产生的根源之一。库存控制不当，即过量的、过期的和不再使用的原材料，都可能增加企业的废物污染。适当的物料控制程序将保障原料没有流失，无污染无损失地进入生产工艺中，还可保证原料在生产过程中被有效地利用，不会成为废品。

定量控制添加物料是保证物料完全转化成产品的有效方法。传统的粗放型经营造成物料的浪费，同时还产生了大量废品。原料配比不当、添加不正确是造成物料浪费的很重要的原因之一。

（3）改革工艺和设备，开发全新流程

我国不少工厂企业至今沿用 20 世纪 50～60 年代的工艺、老设备，工艺落后、设备陈旧，加上管理不善，布局不合理，物料利用率低，物耗、能耗、水耗都很高，造成严重资源浪费和环境污染。遵循清洁生产的原则与要求，在原料规格、生产路线、工艺条件、设备选型和操作控制等方面加以合理改革，并积极创造条件应用生物技术、机电一体化技术、高效催化技术、电子信息技术、树脂和膜分离技术等现代科学技术，创建新的生产工艺和开发全新流程，从而提高生产效率和效益，实现清洁生产，彻底根除在生产过程中产生的污染。

新的工艺、高效的设备和自动化控制操作，可以更有效地利用原材料，减少废物产生，可减少废品或不合格品，从而减少需要重新加工或处置的物料量。采用有效的设备和工艺提高生产能力，降低原材料费用和废物处理处置费用，从而可以增加企业资金收入，给企业带来明显的经济效益和环境效益。

改革工艺和设备，可以局部进行，也可整个生产线的技术改造，视企业情况和资金能力而定，主要包括以下几种情况：

①局部关键设备的革新。采用先进、高效设备，提高产量，减少废物的产生。改进设备布局，避免操作中工件的传递带来的污染物流失；减少运转过程造成的产品损失。

②生产线采用全新流程。建立连续、闭路生产流程，减少物料损失、提高产量、提

高物料转化率、减少废物的产生。

③工艺操作参数优化。在原有工艺基础上，适当改变操作条件，如浓度、温度、压力、时间、pH 值、搅拌条件、必要的预处理等，可延长工艺溶液使用寿命，提高物料转化率，减少废物的产生。

④工艺更新。采用新工艺，改变落后旧工艺，采用最新的科学技术成果，如机电一体化技术、高效催化技术、生化技术、膜分离技术等，从而提高物料利用率，从根本上杜绝废物的产生。

⑤装配自动控制装置。实现过程的优化控制，避免人为产生的错误操作，减少污染物的产生。

（4）加强管理

加强管理是企业发展的永恒主题。实现清洁生产是一场工业革命，必须转变观念，加强领导和管理，必须制定一套完整的法规与政策，必须建立一套健全的环境管理机构和实施环境审计制度。

根据全过程控制概念，环境管理贯穿工业建设的全过程，落实到企业各层次，分解到企业各个环节，关联到产品与消费过程的各个方面。

管理措施一般花费很小，不涉及工艺生产过程的技术改造，但经验表明，强化管理能削减 40%污染物的产生，对我国现有工业水平来说，改变粗放型经营传统、加强管理可发挥投资少而成效巨大的效果，这些措施主要有以下几点：

①安装必需的监测仪表，加强计量监督。

②加强设备维护、维修，杜绝跑、冒、滴、漏。

③建立有环境考核指标的岗位责任制与管理职责。

④完善可靠的统计和审核。

⑤产品的全面质量管理。

⑥有效的生产调度，合理安排批量生产日程。

⑦改进清洗方法，节约用水。

⑧原材料合理贮存、妥善保管。

⑨产品的合理贮存与运输。

⑩加强人员培养，提高职工素质。

⑪建立激励机制，公平的奖惩制度。

⑫组织安全文明生产。

5.1.4.2 废物循环利用，建立生产闭合圈

工业生产中物料的转化不可能达到 100%。生产过程中工件的传递、物料的输送，加热反应中物料的挥发、沉淀，加之操作的不当，设备的泄漏等原因，总会造成物料的流失。工业中产生的“三废”实质上是生产过程中流失的原料、中间体和副产品及废品废料。尤其是我国农药、染料行业，主要原料利用率一般只有 30%～40%，其余都以“三废”形式排放环境。因此，对废物的有效处理和回收利用，既可创造财富，又可减少污染。

实现清洁生产，要求流失的物料必须加以回收，返回流程中或经适当处理后作为原料或副产品回用。建立从原料投入到废物循环回收利用的生产闭合圈，使工业生产不对

环境构成任何危害。

在生产过程中，比较容易实现的是用水闭路循环。工业用水的原则是供水、用水和净水一体化，要一水多用、分质使用、净水重复使用。尤其是在水资源短缺的地区，实现用水闭路循环的工作更为紧迫。

如江苏省海门县化肥厂在 1991 年成功开发了吹风气和合成气余热回收利用，降低了正常生产用气量，每吨合成氨蒸气减为 2 t，每年节约 8 000 t 标准煤和 564 万 kW・h 电，减少 CO_2 排放 4 000 t。山东牟平造锁总厂电镀分厂和江苏江都自行车车把电镀厂，应用电镀漂洗水无排（或微排）技术，使电镀漂洗水实现了闭路循环。电解食盐制碱和漂白粉等氯碱化学工业都应用了综合利用技术。厂内物料循环有以下几种情况：

①将流失的物料回收后作为原料返回流程中；

②将生产过程中产生的废料经适当处理后作为原料或替代物返回生产流程中；

③将生产过程中生成的废料经适当处理后作为其他生产过程的原料回用或作为副产品回收。

5.1.4.3 发展环保技术，搞好末端治理

为了实现清洁生产，在全过程控制中还需包括必要的末端治理，使之成为一种在采取其他措施之后的防治污染最终手段。这种厂内末端处理，往往是作为集中处理前的预处理措施。在这种情况下，它的目标不再是达标排放，而只需处理达到集中处理设施可接纳的程度。因此，对生产过程也需提出一新的要求：

①必须清浊分流，减少处理量，有利于组织再循环；

②必须开展综合利用，从排放物中回收有用物质；

③必须进行适当的预处理和减量化处理，如脱水、浓缩，包装、焚烧等。

为实现有效的末端处理，必须努力开发一些技术先进、处理效果好、占地面积小、投资少、见效快、可回收有用物质、有利于组织物料再循环的实用环保技术。

20 世纪 80 年代中期以来，我国已开发很多成功的环保实用技术。如粉煤灰处理和综合利用技术、钢渣处理及综合利用技术、苯系列有机气体催化净化技术、合成氨放空气回收氨气新工艺、碱吸收法处理硝酸尾气、氨吸收法处理硫酸尾气、电石炉、炭黑炉炉气除尘、氯碱法处理含氰废水等。然而，我国还有不少环保上的难题至今尚未彻底解决。例如，处理含二氧化硫废气的脱硫技术、造纸黑液的治理与回收碱技术、萘系列和蒽醌系列染料中间体生产废水的治理与回收技术、汽车尾气的处理技术、高浓度有机废液的处理及综合利用技术等。因此，还需依靠科学技术的不断进步，继续努力开发最佳实用技术，使末端处理更加行之有效，真正起到污染控制的“把关”作用。

5.2 清洁生产审核

5.2.1 清洁生产审核的概念

清洁生产审核，也有称清洁生产审计或评价。广义地说，它是指对特定生产过程进行分析评价、识别清洁生产机会、形成清洁生产方案并组织实施的系统化的活动程序或方法。《清洁生产审核暂行办法》所称清洁生产审核是指按照一定程序，对生产和服务过

程进行调查和诊断，找出能耗高、物耗高、污染重的原因，提出减少有毒有害物料的使用、产生，降低能耗、物耗以及废物产生的方案，进而选定技术经济及环境可行的清洁生产方案的过程。

清洁生产审核是企业实施清洁生产的基础。一般情况下，清洁生产审核首先对生产过程进行系统的调查和分析，识别该过程的物质能量输入输出种类、数量及其来源；然后，提出如何减少能源、水和原材料的使用，消除或减少有毒有害物质的使用以及各种废物产生排放的方案；最后，在对备选方案进行技术、经济和环境的可行性分析后，选定并实施一些可行的清洁生产方案，进而取得环境效益与经济效益双赢的效果。

概而言之，清洁生产审核遵循了发现问题、分析问题和提出方案的一般性解决问题思路，并围绕这一思路形成一套系统化和综合性的规程方法，对生产或服务过程进行废物产生位置的判定、废物产生原因的剖析及削减废物方案的确定。

5.2.2 清洁生产的基本程序

借鉴国外清洁生产审核方法的经验，结合我国清洁生产审核的实践，我国建立了一套包含筹划与组织、预评估、评估、备选方案产生与筛选、方案可行性分析、方案实施、持续清洁生产共 7 个阶段、35 个步骤的清洁生产审核方法，其基本程序框图如图 5-1 所示。

（1）筹划与组织

该阶段要点是实施清洁生产审核的宣传培训、发动和组织准备等工作。取得企业高层领导的支持和积极参与是清洁生产审核准备阶段的关键。审核过程需要领导的认可、承诺与发动，需要组织各个职能部门和全体员工积极投入，需要各部门之间的协调配合，需要投入相应的物力和财力等。因而，高层领导对审核工作的大力支持，既是顺利实施审核工作的保证，也是使审核提出的清洁生产方案切实实施、取得成效的关键。从实际来看，越是领导支持的企业，审核工作的进展越是顺利，审核成果也越是明显。

（2）预评估

清洁生产是一个持续滚动的工作，这需要长期与近期结合，突出重点。怎样从企业整个生产过程中确定审核的重点，是预审核阶段的主要工作内容。通常，这需要在全厂范围内进行调研和考察，完成企业生产过程的总体评价，初步识别生产系统内各个过程单元的资源、能源消耗高和废物产生排放大的产生部位和产生数量，找出进一步深入进行审核的重点。对于那些生产过程改进明显的无费低费清洁生产方案，一旦可行和有效就应立即实施，属于管理问题的应建立相应的管理制度和监督系统。

（3）评估

该阶段的要点是通过审核重点物料平衡，识别清洁生产的机会。针对审核重点进行物料平衡分析，主要包括物料输入输出的实测、建立物料平衡（见图 5-2）。物料输入输出实测和平衡的目的是准确判明物料流失和废物产生的部位和数量（预审核阶段更多的是经验和观察的结果）。根据物料平衡，分析存在的能源物料消耗、资源转化、废物产生排放的问题和产生的原因，包括原材料的存储、运输与管理等多方面的问题。集思广益，准确把握运用清洁生产的机会。

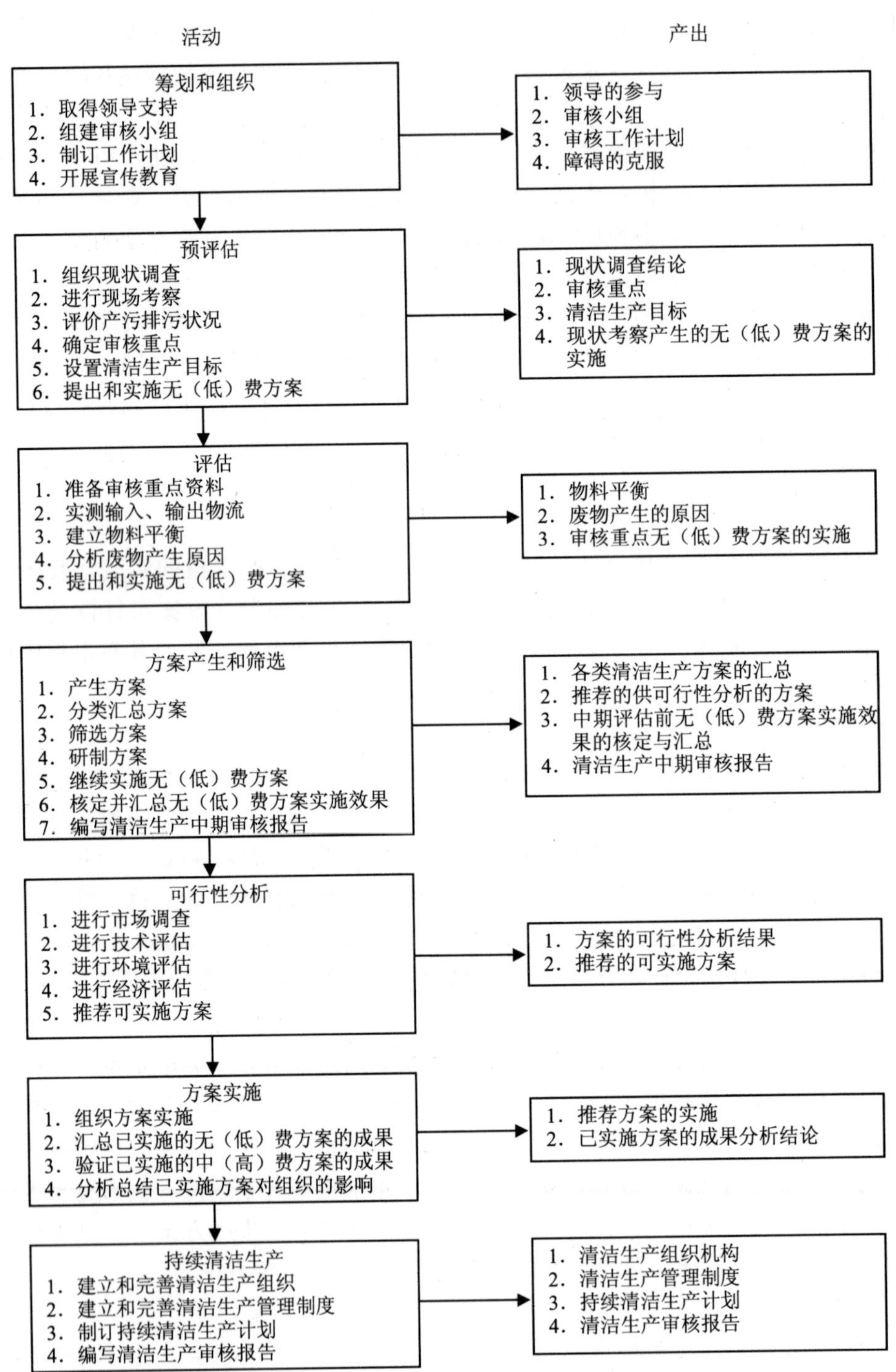

图 5-1 清洁生产审核工作程序图

（4）清洁生产方案产生与筛选

对评估等有关阶段获得的结果，主要是各种可能的清洁生产机会，进行提炼、综合，形成清洁生产方案，并进行初步筛选，包括无/低费和中/高费方案。方案的产生是审核过程的一个关键环节。在审核重点基础上产生的清洁生产方案，特别是要注意在整个生产过程系统层面上的分析综合。

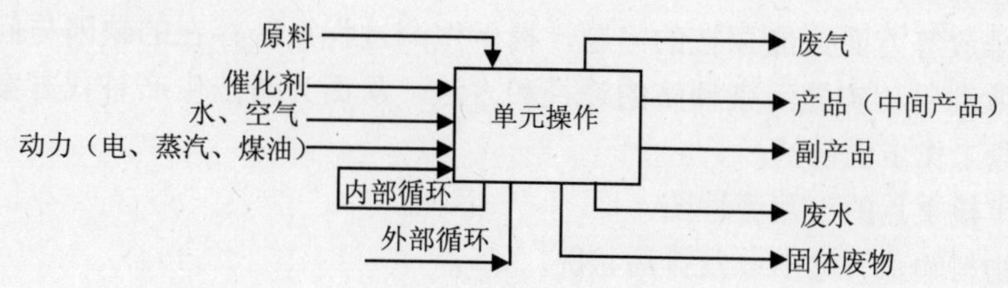

图 5-2 物料平衡分析

（5）清洁生产方案的确定

对筛选出的预选方案，特别是中/高费用清洁生产方案进行可行性评估。在结合市场调查和收集与方案相关的资料基础上，对方案进行技术、环境、经济等可行性分析和比较，通过各投资方案的技术工艺、设备、运行、资源利用率、环境健康、投资回收期、内部收益等分析指标，确定最佳可行的推荐方案。

（6）方案实施

方案实施是企业清洁生产审核的第 6 个阶段。目的是通过推荐方案（经分析可行的中（高）费最佳可行方案）的实施，使企业实现技术进步，获得显著的经济效益和环境效益；通过评估已实施的清洁生产方案成果，激励企业推行清洁生产。本阶段工作重点是：总结前几个审核阶段已实施的清洁生产方案的成果，统筹规划推荐方案的实施。

（7）持续清洁生产

持续清洁生产是企业清洁生产审核的最后一个阶段。目的是使清洁生产工作在企业内长期、持续地推行下去。本阶段工作重点是建立推行和管理清洁生产工作的组织机构、建立促进实施清洁生产的管理制度、制订持续清洁生产计划以及编写清洁生产审核报告。

上述 7 个阶段的清洁生产审核方法是从企业自身角度提出的，因而包含有清洁生产方案的实施以及持续清洁生产的步骤。从狭义上看，当由企业外部机构提供清洁生产审核技术支持时，在完成清洁生产方案的筛选、可行性分析及其建议后，即可认为完成了一个清洁生产审核过程。当然对企业而言，这种狭义的清洁生产审核后，自然是方案的实施，只有实施才能检验与衡量审核的效果，成为清洁生产审核工作的归宿。因此，对清洁生产审核得到的建议方案通过决策过程，进一步制订实施计划，并付诸实施，可视为广义清洁生产审核的一部分。它实质上是将审核作为清洁生产的一个有机组成，反映了清洁生产的 P（计划），D（实施）、C（检查）、A（改进）动态与持续改进的本质特征。

生产过程的清洁生产，是企业将资源环境纳入其生产过程中，转变其生产方式的基本体现。作为清洁生产的重要组成，清洁生产审核应当以企业为主体，因地制宜，有序开展，注重实效。从技术的角度看，清洁生产审核所包含的三个最主要的技术环节是：生产过程评估、替代方案的产生、替代方案的评价。

5.2.3 生产过程评估

生产过程评估主要指由预评估和评估组成的活动过程。它是以生产过程系统为对象，重点通过对构成生产过程的单元操作的功能、状态，包括废物流在内的物、能流现状的评价分析，建立物料平衡、水平衡以及污染因子平衡，查找物料储运、生产运行、管理以及废弃物排放等方面可能存在的问题，揭示生产过程系统存在的缺陷与问题，寻求资源、能源有效利用、实施污染预防的途径和方法，从而为清洁生产替代方案的产生奠定基础。本阶段工作步骤包括：

①编制审核重点的工艺流程图；

②确定物料输入、输出以及排污状况；

③建立物料平衡图和主要污染因子平衡图；

④废物产生原因分析。

通过绘制物料流程图和清洁生产审核重点物料输入输出汇总表，可以对物料利用和废物产生情况有一个较详细的了解。在此基础上，通过建立物料、元素、水、能量和主要污染因子的平衡图，可以寻求资源、能源有效利用、实施污染预防的途径和方法。

5.2.3.1 编制审核重点的工艺流程图

收集审核重点及其相关工序或工段的有关资料，包括工艺资料、原材料和产品及生产管理资料、废弃物资料和国内外同行业资料等。例如，废弃物资料包括：

①年度废弃物排放报告；

②废弃物（水、气、渣）分析报告；

③废弃物管理、处理和处置费用；

④排污费；

⑤废弃物处理设施运行和维护费等。

接下来，结合现场调查编制审核重点的工艺流程图。首先，应掌握审核重点的工艺过程和输入、输出物流情况，整理、标示工艺过程及输入和排出系统的物料、能源以及废物流；然后，编制单元操作工艺流程图和功能说明表。表 5-2 为某啤酒厂审核重点（酿造车间）各单元操作功能说明表；最后，编制工艺设备流程图。与工艺流程图着眼点不同，它强调的是设备和进出设备的物流。设备流程图要求按工艺流程，分别标明重点设备输入、输出物流及监测点，见图 5-3。

表 5-2 某啤酒厂单元操作功能说明

单元操作名称	功能简介
粉碎	将原辅料粉碎成粉、粒，以利于糖化过程物质分解
糖化	利用麦芽所含酶，将原料中高分子物质分解制成麦汁
麦汁过滤	将糖化醪中原料溶出物质与麦糖分开，得到澄清麦汁
麦汁煮沸	灭菌、灭酶、蒸出多余水分，使麦汁浓缩至要求浓度
旋流澄清	使麦汁静置，分离出热凝固物
冷却	析出冷凝固物，使麦汁吸氧、降到发酵所需温度
麦汁发酵	添加酵母，发酵麦汁成酒液
过滤	去除残存酵母及杂质，得到清亮透明的酒液

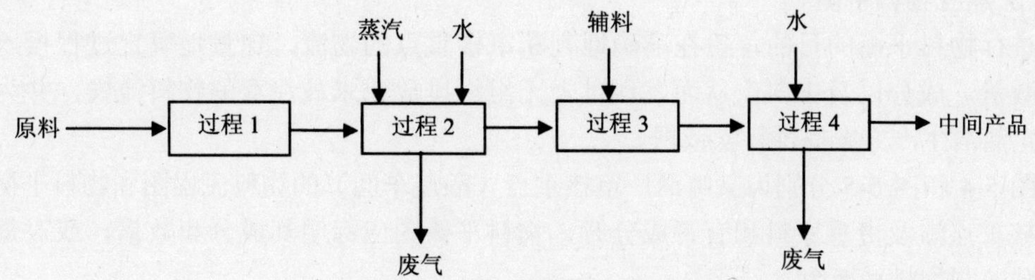

图 5-3 单元操作的详细工艺流程

5.2.3.2 确定物料输入、输出以及排污状况

要使审核重点的物料平衡和物耗、废物产生原因分析切实有效，一般来说，实测审核重点的输入、输出物流是非常必要的。实测项目包括：原料、辅料、水、产品、中间产品及废弃物等。物流中组分的测定根据实际工艺情况而定，有些工艺应具体实测（如电镀液中的 Cu、Cr 等），有些工艺则不一定（如炼油过程中各类烃的具体含量），原则是监测项目应满足对物料平衡分析的需要。

将单元操作现场实测的数据经过整理、换算，进行汇总，如表 5-3 所示。

表 5-3 各单元操作数据汇总

单元操作	输入物					输出物					
	名称	数量	成分			名称	数量	成分			去向
			名称	浓度	数量			名称	浓度	数量	
1											
2											
3											

在单元操作数据的基础上，进一步将审核重点的输入和输出数据汇总，使其更加清楚明了，见表 5-4。对于输入、输出物料不能简单加和的，可根据组分的特点自行编制类似表格。

表 5-4 审计重点输入、输出数据汇总

输入		输出	
输入物	数量	输出物	数量
原料 1		产品	
原料 2		副产品	
辅料 1		废水	
辅料 2		废气	
水		废渣	
……		……	
合计		合计	

5.2.3.3 建立物料平衡

进行物料平衡的目的，旨在准确地判断审核重点的物流，定量地确定过程投入产出物的数量、成分以及去向，从而发现过去无组织排放或未被注意的物料流失，并为产生和制定清洁生产方案提供科学依据。

图 5-4 和图 5-5 分别为某啤酒厂审核重点（酿造车间）的物料流程图和物料平衡图。当审核重点涉及贵重原料和有毒成分时，物料平衡图应标明其成分和数量，或对每一成分单独编制物料平衡图。

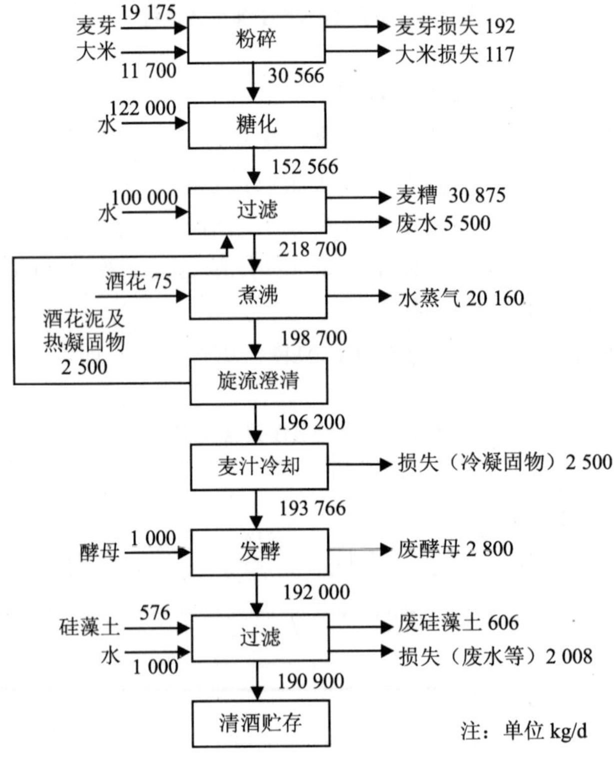

图 5-4 审核重点（酿造车间）物料流程图

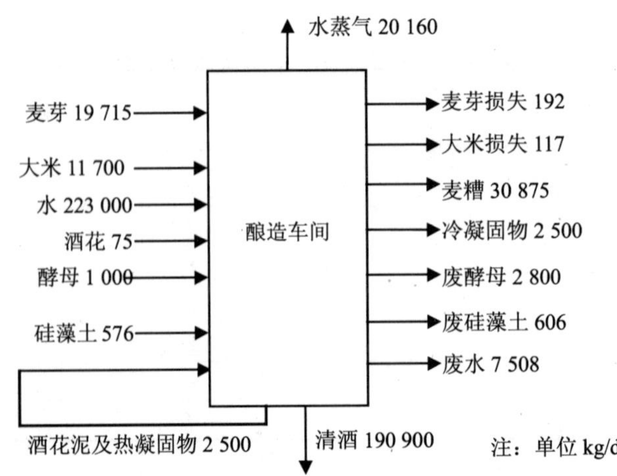

图 5-5 审核重点（酿造车间）物料平衡

在实测输入、输出物流及物料平衡的基础上，寻找物质能量高消耗高排放的产生部位，阐述物料平衡结果，对审核重点的生产过程作出评估。主要内容如下：

①物料平衡的偏差；

②实际原料利用率；

③物料流失部位（无组织排放）及其他废物产生环节和产生部位；

④废弃物（包括流失的物料）的种类、数量和所占比例以及对生产和环境的影响等。

5.2.3.4 分析废弃物产生的原因

对所有出现物料流失和废弃物的部位，分析识别它们产生的原因。一般来说，这可从影响生产过程的主要因素方面来考察，如：

①原辅料和能源；

②技术工艺；

③设备；

④过程控制；

⑤产品；

⑥废弃物；

⑦管理；

⑧员工；

⑨其他。

5.2.4 替代方案的产生

清洁生产备选或替代方案的产生属于审核的第 4 个阶段。替代方案的数量、质量和可实施性，直接关系到清洁生产审核的成效，因而它是审核过程的一个关键环节。通常，产生方案的方法包括：

①广泛采集，创新思路，利用各种渠道和多种形式，进行宣传动员，鼓励全体员工提出清洁生产方案或合理化建议。通过实例教育，克服思想障碍，制定奖励措施以鼓励创造性思想和方案的产生。

②直接根据物料平衡和针对废物产生原因分析产生方案。进行物料平衡和废弃物产生原因分析的目的就是要为清洁生产方案的产生提供依据，因而方案的产生要紧密结合这些结果。

③类比是产生方案的一种快捷、有效的方法。组织工程技术人员广泛收集国内外同行业的先进技术，结合本企业的实际情况，制订清洁生产方案。

④借助于外部力量，组织行业专家进行技术咨询，这对启发思路、畅通信息大有帮助。

⑤清洁生产涉及企业生产和管理的各个方面，虽然物料平衡和废弃物产生原因分析将大大有助于方案的产生，但是在其他方面可能也存在着一些清洁生产机会，因而可从影响生产过程的有关方面全面系统地产生方案。

5.2.5 替代方案的评价

替代方案评价包括第 4 阶段中的筛选和第 5 阶段的替代方案确定等活动。

替代方案的数量往往较多，甚至多达上百个。这些方案在技术、经济和环境等指标上往往存在差异，方案之间可能存在相容、排斥、交叉等关系。因此，需要进行方案的筛选、综合，并进行技术、环境、经济的可行性分析和比较，从中选择和推荐最佳的可行方案。可行性分析的要点如下。

5.2.5.1 技术可行性评价

技术评价帮助预测替代方案在实施清洁生产中各种技术状况，评价准则主要有产品质量、产品安全性、工作条件、现场空间、安装日程、可靠性以及法规约束等。这需要对清洁生产技术、供货商、相关制造工艺、工厂可利用的资源及限制有全面的了解。常用的信息收集做法包括：对类似的设施进行调研、从工业合同和供货商那里获取信息，在必要时租用测试装置进行工作台规模试验等。

技术分析归根结底是要确定技术选择方案，以适合审核所关注的清洁生产问题，确保污染预防技术能发挥预期的作用。因此，以下问题值得考虑：

①方案设计中采用的工艺路线、技术设备在经济合理的条件下的先进性、适用性；

②与国家有关的法律法规、技术政策和能源政策等的相符性；

③技术引进或设备进口要符合国情，引进技术后要有“消化”能力；

④资源的利用率和技术途径合理；

⑤技术设备操作上安全、可靠性；

⑥技术成熟程度（如国内有无实施的先例）。

5.2.5.2 经济可行性分析

经济评价是对替代方案所涉及的各项费用进行评估，所处理的问题包括：把稀缺、有限的资源分配到各类清洁生产措施中去；比较不同的投资项目，以确定哪些投资项目能使公司获得最大利益。经济评估主要采用现金流量分析和财务动态获利性分析方法。评估指标一般有投资偿还期、内部收益率和净现值等。见图 5-6。

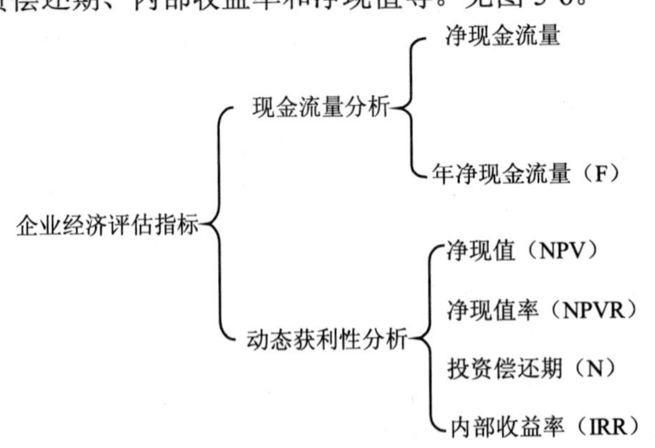

图 5-6 经济评估指标

（1）直接成本

在实施经济分析时，各种成本支出都必须加以考虑，如同任何项目一样，直接成本可以分成基建投资及运营成本两部分：

基建投资——如购买生产设备、辅助设备、材料、场地整理、设计、采购、安装、公用设施安装、培训成本、启动成本、许可证费用、催化剂和化学品的最初费用、流动资金及融资费用等。

运营成本——通常是与原料、水及能源、维护、供给、人工、废弃物处理、运输、管理控制、贮存、处置有关的支出及其他费用。而生产率的提高、副产品或废弃物的出售及重复利用等所获得的收入可一部分补偿运行支出。

应注意的是，对于清洁生产项目来说，有时即使计算中的很多部分都显示出费用的节约，直接成本因素也可能只是一个净成本。所以如果只限于直接成本分析，可能会得出清洁生产并不是一个合理的商业投资的错误结论。

（2）间接成本

间接成本往往显示出大幅的费用节约，但其含义上是不明确的，既可以把它们分配给日常管理开支而不考虑它们的来源（生产工艺或产品），也可以把它们从整个财务分析中忽略掉。因此，在经济分析中要把间接成本包括进去，首要问题就是估算这些间接成本并将其合理分配到它们的来源处。间接成本可能包括：行政管理费；为遵守法规而需的费用，如：执照申请、记录保存、报告、监测及载货清单等；保险费；工人赔偿费；现场废弃物管理及控制设备运营费等。

（3）责任成本

对未来责任成本的估算、分配，同样存在有许多不确定性，尤其对于许多非人为因素可以控制的活动更是难以估算。例如，废弃物搬运工所造成的意外泄漏，对目前尚不存在的法规标准一旦违规时可能遭受到的处罚及罚款等。总体上来说，目前把成本评估部分的未来责任成本分配给产品或生产工艺还很困难。

（4）效益

一个污染预防项目可以由于水、能源和材料的节约，以及废弃物减量、回收和重复利用等获益，也可以由于产品质量的提高、公司形象的提高及员工健康的改善等方面获益。虽然这些收益往往很难衡量，但是只要可行就应尽可能地将其纳入到评估中。在列出所有较容易定量化和分配的成本之后，至少应当向管理者强调这些效益的重要性。图 5-7 为清洁生产效益。

5.2.5.3 环境可行性分析

环境可行性评价是对替代方案的潜在环境影响做出的预测与评估。不同于工程项目环境影响评价，环境可行性分析往往只有少量的高度不确定性的数据可供参考。由于这种信息的不确定性、不完全性和模糊性以及环境效应的空间和时间的复杂性，替代方案的环境影响评价是一个多层次、多目标的决策问题。评判标准可能包括：

①废弃物量和毒性的降低；

②将毒性转移至其他介质的风险；

③废弃物处理及处置要求的减少；

④原材料及能源消费的减少；

⑤替代性输入物料及生产程序的影响；

⑥公司或其他工业以前的成功运用；

⑦较低的运营及维护成本；

⑧执行期短且执行起来容易；

⑨相关的法规要求。

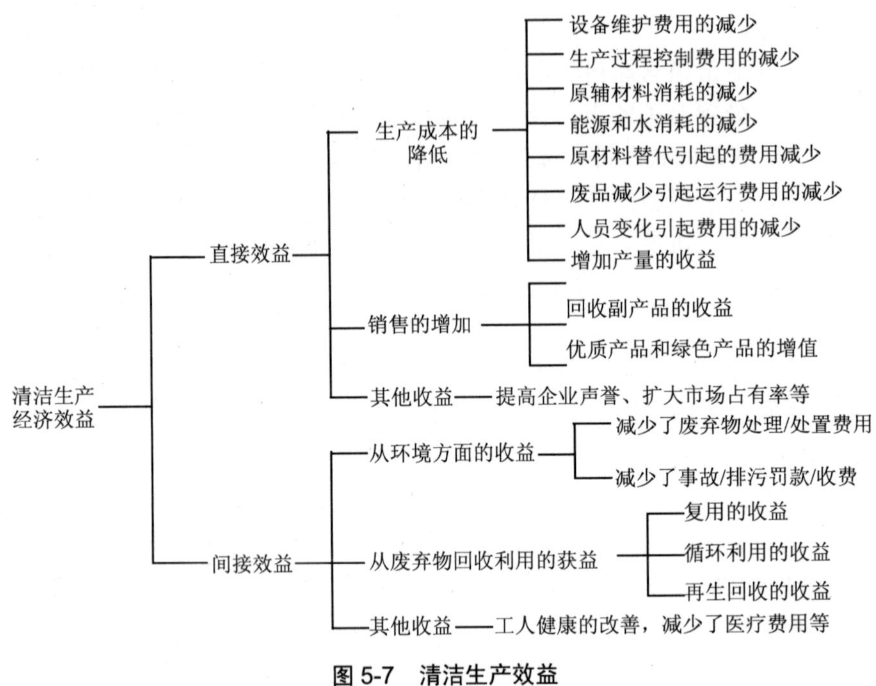

图 5-7 清洁生产效益

环境信息不仅应考虑生产阶段和产品生命周期的环境影响，还应考虑开采及运输替代性原材料和处理不可避免的废弃物时所产生的环境影响；同样还应当考虑到能源消耗等。

5.2.5.4 制度可行性分析

制度上的分析是在企业参与清洁生产项目投资时，对操作和实施过程中的组织状况进行的评估。通常包括以下内容：

①职工总体状况；

②任务分析及责任界定；

③技能水平；

④生产工艺及步骤；

⑤信息系统及决策流程；

⑥污染预防在政策上的优先地位。

分析应涵盖管理实施、财务管理程序及步骤、个人经验、人员配备模式及培训要求等。需要强调的还有经济的激励问题，经济刺激及升职等适当的表扬或报酬会促使员工积极完成污染预防的目标要求。

5.2.6 编制清洁生产审核报告

一个完整的企业清洁生产审核过程需完成两个审核报告，即清洁生产中期审核报告和清洁生产审核报告。

5.2.6.1 清洁生产中期审核报告编制

目的：汇总分析筹划和组织、预评估、评估、方案产生和筛选这 4 个阶段清洁生产审核工作成果，及时总结经验和发现问题，为在以后阶段的改进和继续工作打基础。

时间：在方案产生和筛选工作完成后，部分无（低）费方案已实施的情况下编写。

编写大纲及要求：

前言

1 筹划和组织

1.1 审核小组

1.2 审核工作计划

1.3 宣传和教育

本章要求有如下图表：

· 审核小组成员表；

· 审核工作计划表。

2 预评估

2.1 企业概况：包括产品、生产、人员及环境等概况。

2.2 企业产污和排污现状分析：包括国内外情况对比，产污原因初步分析以及企业的环保执法情况等，并予以初步评价。

2.3 确定审核重点

2.4 清洁生产目标

要求有如下图表：

· 企业平面布置简图；

· 企业组织机构图；

· 企业主要工艺流程图；

· 企业输入物料汇总表；

· 企业产品汇总表；

· 企业主要废弃物特性分析表；

· 企业历年废弃物流情况表；

· 企业废弃物产生原因分析表；

· 清洁生产目标一览表。

3 评估

3.1 审核重点概况

包括审核重点的工艺流程图、工艺设备流程图和各单元操作流程图。

3.2 输入、输出物流的测定

3.3 物料平衡

3.4 废弃物产生原因分析

要求有如下图表：

· 审核重点平面布置图；

· 审核重点组织机构图；

· 审核重点工艺流程图；

· 审核重点单元操作功能说明表；

· 审核重点工艺设备流程图；

·审核重点物流实测准备表；
·审核重点物流实测数据表；
·审核重点物料流程图；
·审核重点物料平衡图；
·审核重点废弃物产生原因分析表。
4 方案产生和筛选
4.1 方案汇总
包括所有的已实施、未实施和可行、不可行的方案。
4.2 方案筛选
4.3 方案研制
主要针对中（高）费清洁生产方案。
4.4 无（低）费方案的实施效果分析
仅对已实施的方案进行核定和汇总。
要求有如下图表：
·方案汇总表；
·方案的权重总和计分排序表（若已决定实际使用）；
·方案筛选结果汇总表；
·方案说明表；
·无（低）费方案实施效果的核定与汇总表。

5.2.6.2 清洁生产审核报告编制

目的：总结本轮企业清洁生产审核成果，汇总分析各项调查、实测结果，寻找废弃物产生原因和清洁生产机会，实施并评估清洁生产方案，建立和完善持续推行清洁生产机制。

时间：在本轮审核全部完成之时进行。

编写大纲及要求

前言
基本同《清洁生产中期审核报告》，只要根据实际工作进展加以补充、改进和深化。
1 筹划和组织
基本同《清洁生产中期审核报告》，只要根据实际工作进展加以补充、改进和深化。
2 预评估
基本同《清洁生产中期审核报告》，只要根据实际工作进展加以补充、改进和深化。
3 评估
基本同《清洁生产中期审核报告》，只要根据实际工作进展加以补充、改进和深化。
4 方案产生和筛选
基本同《清洁生产中期审核报告》，只要根据实际工作进展加以补充、改进和深化。但“4.4 无（低）费方案的实施效果分析”一节中的内容归到第6章中编写。

5 方案可行性分析

5.1 市场调查和分析

仅当清洁生产方案涉及产品结构调整、产生新的产品和副产品以及得到用于其他生产过程的原料时才需编写本节，否则不用编写。

5.2 技术评估

5.3 环境评估

5.4 经济评估

5.5 确定推荐方案

要求有如下图表：

· 方案经济评估指标汇总表；

· 方案简述及可行性分析结果表。

6 方案实施

6.1 方案实施情况简述

6.2 已实施的无（低）费方案的成果汇总

6.3 已实施的中（高）费方案的成果验证

6.4 已实施方案对企业的影响分析

要求有如下图表：

· 已实施的无（低）费方案环境效果对比一览表；

· 已实施的无（低）费方案经济效益对比一览表；

· 已实施的中（高）费方案环境效果对比一览表；

· 已实施的中（高）费方案经济效益对比一览表；

· 已实施的清洁生产方案环境效果汇总表；

· 已实施的清洁生产方案经济效果汇总表；

· 审核前后的企业各项单位产品指标对比表。

7 持续清洁生产

7.1 清洁生产的组织

7.2 清洁生产的管理制度

7.3 持续清洁生产计划

结论

结论包括以下内容：

· 企业产污、排污现状（审核结果时）所处水平及其真实性、合理性评价；

· 是否达到所设置的清洁生产目标；

· 已实施的清洁生产方案的成果总结；

· 拟实施的清洁生产方案的效果预测。

5.3 清洁生产审核案例

某化肥生产企业拥有年产 3 万 t 合成氨、10 万 t 碳酸氢氨、1.5 万 t 半水物湿法磷酸和 3

万 t 磷酸钙的生产装置。由于生产工艺落后，设备陈旧，大多缺乏严格的过程和仪表检测，企业管理水平也不高，环境保护的压力很大。在此背景下，该企业开展了清洁生产审核工作。

按照第一阶段“筹划和组织”的要求，该企业首先组建了清洁生产审核小组，由企业法人代表任审核小组组长，小组成员包括厂总工、技术开发部主任、财务部部长、造气车间主任、磷氨厂厂长、硫酸厂厂长、安全环保科科长，并进行了明确的责任分工。然后，审核小组邀请清洁生产专家进行培训，提高对清洁生产的认识，并掌握了清洁生产审核的方法和程序。同时，审核小组也通过黑板报、各种例会、工作会等多种形式对全体员工开展了广泛的宣传和教育，增强他们的清洁生产意识，为顺利开展清洁生产审核工作奠定了良好的基础。

在第二阶段“预评估”阶段，通过对企业近 3 年生产状况、管理水平及整个生产过程的调查结果的分析和评估，审核小组掌握了企业各部门原材料和能源的消耗情况和废物的排放情况，筛选出磷氨分厂、合成氨分厂、硫酸分厂为本轮审核的备选审核重点。采用权重总和计分排序法，从污染物产生量、资源消耗量、污染处置费用、清洁生产潜力及公众压力和车间积极性 5 个方面，对这 3 个备选审核重点分别进行了打分，最终确定磷酸车间为本轮审核的审核重点，并设置了审核重点的清洁生产目标，重点控制废水中氟量、总磷量（TP）及废水总量的排放，至 2000 年年底 3 项指标均削减 100%。

在该阶段，审核小组还注重边审核边实施的原则，通过在全厂范围内散发清洁生产建议表，征集无费/低费清洁生产方案，并组织实施这些方案，获得了良好的效果和显著的效益。例如，矿粉输送漏风维修，矿仓布袋收尘器的维修，氟硅酸循环泵和喷头的维修等。审核小组对这些典型案例进行了总结和宣传以激励全体员工参与到这项工作中来，并增强他们对清洁生产的信心。

进入第三阶段“评估”后，审核小组将磷酸车间生产过程分为 6 个单元操作：溶解、结晶、初滤、一洗、二洗和三洗。在生产实测、理论计算与相关资料对照基础上，确定了审核数据表，绘制了重点物料平衡图（图 5-8）、反应工段物料平衡图（图 5-9）及过滤工段物料平衡图（图 5-10）。从物料平衡图可以看出，生产系统工艺水平较高，原料消耗基本合理，主要物料损耗为 243.01 kg/h，发生在过滤工段，占总物料量的 0.41%，无明显的损耗现象。固体废物磷石膏产生于过滤工段，气体废物（含氟气体）产生于反应工段。水平衡图和氟平衡图分别如图 5-11、图 5-12 所示。

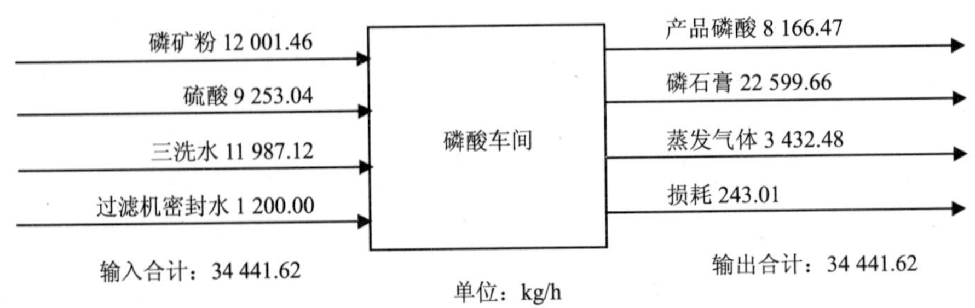

图 5-8 审核重点物料平衡图

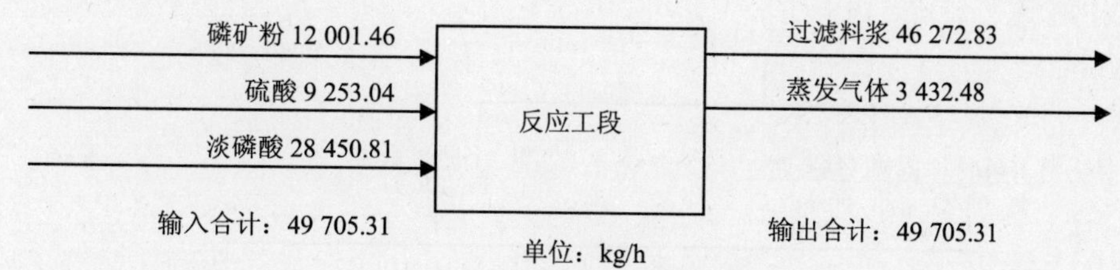

图 5-9 反应工段物料平衡图

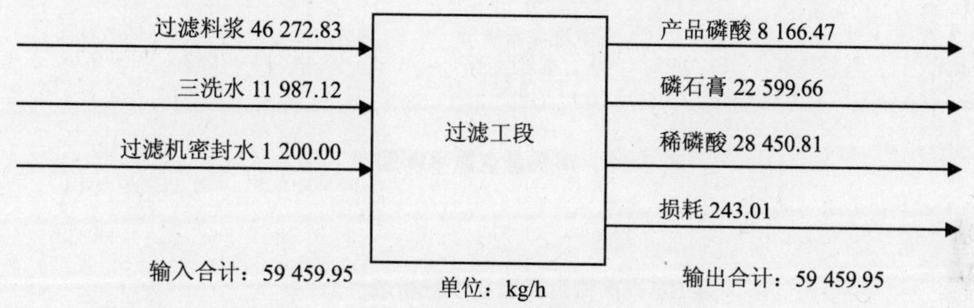

图 5-10 过滤工段物料平衡图

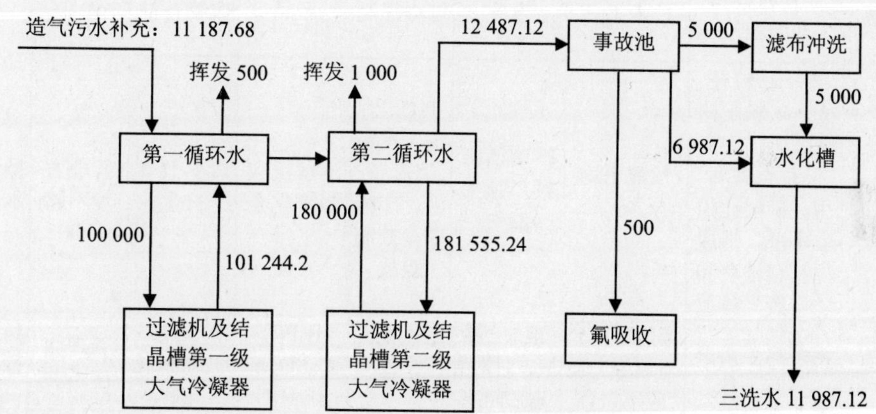

图 5-11 审核重点水平衡图

从水平衡图可以看出：磷酸生产以造气污水作为外部补充水，内部第一循环水补充给第二循环水，且设事故池作滤布冲洗和水化槽用水，水损耗不大，用水基本合理。

从氟平衡图可以看出：矿石中的氟经过反应工段及过滤工段后，半成品带走氟 64.03 kg/h，占总氟量的 27.99%，从固废中带走的氟为 66.03 kg/h，占总氟量的 28.0%。从气相中逸出的氟，包括转变为氟硅酸的氟为 106.71 kg/h，占总氟量的 45.0%，经过氟吸收塔处理后，外排气中的氟（包括无组织和有组织）的排放量为 1.7 kg/h，占气态氟量的 1.59%，说明系统对氟的利用和处置是可行且有效的。

针对物料平衡结果，审核小组从 8 个方面对废物产生的原因进行了分析，分析结果如表 5-5 所示。针对这些原因，提出了相应的清洁生产方案。

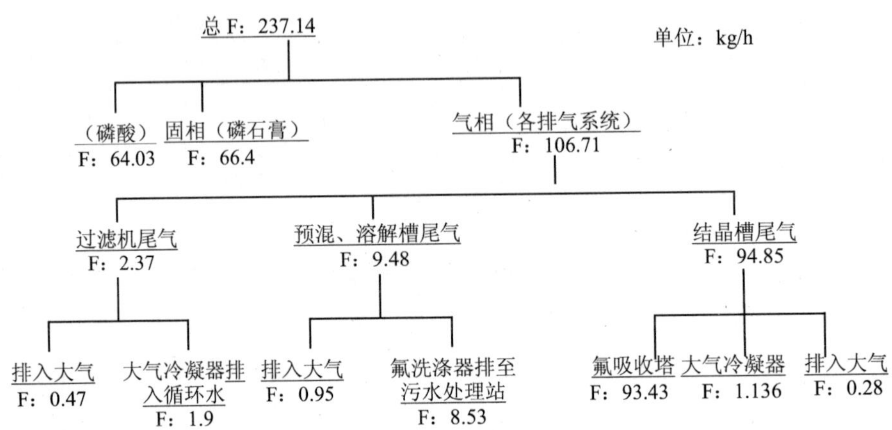

图 5-12 审核重点氟平衡图

表 5-5 产排污原因初步分析表

主要废物产生位置	主要废物	原因分析							
		原辅材料和能源	技术工艺	设备	过程控制	产品	废物特性	管理	员工
溶解槽	废气	磷矿粉粒径大，矿粉配比应改进，中高品位合理利用。矿酸比控制不严，造成原材料浪费和“三废”排放	预混不均匀	溶解槽腐蚀，顶部漏气	P_2O_5含量、反应温度条件、硫酸浓度控制粗放	溶解反应料不完全	含 F 气体产生	管理力度不够	操作人员水平较低
结晶槽	废气	溶解料浆溶解偶有不佳	溶解不充分与H_2SO_4反应不完全	顶部会漏气，时常由硅胶阻塞	温度控制不严	H_3PO_4 $CaSO_4 \cdot 1/2H_2O$	产生 HF 气体和硅胶	管理力度不够	员工操作控制水平不高
三洗	磷石膏	来料中结晶不完全	喷洗头易阻	洗泵易腐蚀	水洗水量控制不严，影响洗涤效果	磷石膏	磷石膏未综合利用	对磷石膏厂内管理力度不够	操作水平不高
过滤	水雾废水	结晶料损失	半水法工艺属试验工艺，不成熟	洗涤水水压高，造成喷溅	水压不稳	过滤料含水高	滤料中含P_2O_5	应增加警示标志的点数	员工缺乏自我保护意识
氟吸收塔	废气	进入塔中气体含 F 和硅胶	二级吸收一级除沫吸收率不高	管道和塔体易被硅胶阻塞。氟硅酸循环泵易坏，氟吸收塔喷头易阻塞	循环吸收氟硅酸的浓度控制不严造成吸收率下降	H_2SiF_6	含 F 气体及硅胶 SiF_4	管理力度不够	劳动强度大

主要废物产生位置	主要废物	原因分析							
		原辅材料和能源	技术工艺	设备	过程控制	产品	废物特性	管理	员工
焚烧炉	废气	燃硫产生的废气未利用造成热能浪费，溶硫含杂质	二转二吸后，用氨水吸收 SO_2	焚硫炉供料口易漏	溶硫炉中蒸汽温度控制不严	SO_2 废热	SO_2 废热	管理力度不够	员工操作水平不高
锅炉	废气	煤中含灰分和硫分	无脱硫过程	旋风和水膜除尘器运行不稳定	水膜除尘，水压不稳定	蒸汽	TSP、SO_2、煤渣	除尘设备缺乏专门管理维护人员	操作人员操作及维护能力差
合成氨	废气废水	造气、碳化脱硫产生 SO_2 和 TSP	用煤造气污染大	设备使用年久，跑、冒、滴、漏严重	碳铵露天堆放，NH_3 挥发，影响产品质量和污染环境	液氨	含 NH_3-N、CN、固体悬浮物（SS）废水及 NH_3 气味	管理力度及维护措施不够，有跑、冒、滴、漏现象	操作人员水平不高
氨化反应釜	废气	磷酸浓度和氨量的配比控制不精确	用水喷淋洗涤尾气中的 NH_3 不完全	喷头易阻塞	反应条件控制不严	产品中偶有杂质含量高，产生不合格产品	产生含 NH_3 废气	管理力度不够	操作水平不高

在第四阶段“方案产生和筛选”阶段，根据审核阶段的分析，提出了 36 个清洁生产方案，其中无/低费方案 17 个，中/高费方案 19 个。经过初步筛选，所有 17 个无/低费方案均可，19 个中/高费方案有 12 个方案是可行的，其余 7 个方案为不可行方案，如表 5-6 所示。

表 5-6 清洁生产方案目录

初选结果	方案编号	方案名称
可行的无/低费方案	A-2	硫酸用量控制
	C-1	矿粉输送漏风维修
	C-3	氟吸收塔维修
	C-4	氟吸管道维修
	C-5	氟硅酸循环泵和喷头维修
	D-2	硫酸计量控制
	D-4	氟硅酸浓度控制
	D-5	磷酸浓度与 NH_3 投加量控制
	F-5	设备冲洗及事故排水循环使用
	G-1	严格岗位责任及操作规程
	G-2	设置质量控制科
	G-3	完善奖惩制度
	G-5	加强全厂环境卫生管理
	G-6	开展 ISO 9002 质量体系认证
	H-1	管理水平提高培训

初选结果	方案编号	方案名称
可行的无/低费方案	H-2 H-3	岗位技能培训 员工合理化建议给予奖励
可行的中/高费方案	A-1 A-3 B-1 B-2 B-3 C-2 C-6 D-1 D-3 D-6 E-1 F-6	磷矿粉配比优化 磷酸车间水循环使用 结晶及溶解废气深化处理 氨化反应釜含 NH_3 尾气改用水喷淋为用酸洗回收 增加磷酸改良剂和消泡剂 矿粉仓收尘改造 10 t 锅炉烟气除尘改造 控制矿粉 P_2O_5 含量及粒径 控制结晶温度 扩大碳铵产品仓库 改副产品氟硅酸为氟硅酸钠 全厂逐级补水
不可行方案（时机不成熟或存在技术、资金难度的方案）	E-2 E-3 E-4 F-1 F-2 F-3 F-4	增加液氨产量 开发饲料钙 改碳铵为硫铵 磷石膏生产水泥熟料和硫酸 磷石膏生产建材材料 磷石膏生产硫酸铵 磷石膏生产氢钙

为在预定条件下，达到投资目标，对筛选出来的中高费清洁生产方案需要进行技术、环境、经济可行性分析和评估。本轮审核中，首先在技术评估的基础上，筛选出了 10 个技术上可行的方案作环境评估，环境评估的结果是方案 A-1、C-2、C-6 和 F-6 为最佳环境方案，针对这 4 个环境、技术均可行的方案又进行了详尽的经济核算。可行性分析的最终结果如表 5-7 所示。

表 5-7 可行性分析结果表

	方案名称			
	A-1	C-2	C-6	F-6
方案内容	原料配比优化	改变矿粉输送条件，改造除尘设备	改造除尘设备	废水资源化
获得何种效益	经济效益 环境效益	经济效益 环境效益	环境效益	经济效益 环境效益
国内外同行业水平	成熟	先进成熟可靠	成熟可靠	国内外先进
方案投资	150 万元	8.0 万元	35.0 万元	1 250 万元
影响下列废物	固废	粉尘	烟尘	废水
影响下列废物和添加剂	稳定原料品质	无	无	无
影响产品	无	无	无	无
技术评估简述	技术成熟	先进成熟可靠	成熟可靠	先进成熟可靠
环境评估简述	环境生态效益较好	环境效益明显	环境效益明显	环境效益尤为突出
经济评估简述	一般	良	良	优

从可行性分析结果来看，C-2、C-6 和 F-6 有较好的经济效益和投资回报能力，A-1 在目前技术条件下，经济效益一般，具有较好的环境生态效益。综合技术、环境和经济考虑，首先应实施 F-6、C-2 和 C-6。A-1 作为远期持续清洁生产实施方案。

随后，该企业对上述 3 个中/高费方案进行了实施，基本达到了预期的目标。企业审核前后取得的清洁生产成效如表 5-8、表 5-9 所示。通过清洁生产培训及审核，企业管理者、审核小组成员及员工对清洁生产、清洁生产的效益、清洁生产审核的方法和程序都有了更加深入的了解。

表 5-8 已实施清洁生产方案环境效果和清洁生产目标对比表

序号	项目	目标（削减量）/（$t \cdot a^{-1}$）	实际（削减量）/（$t \cdot a^{-1}$）	实际/目标/%
1	废水排放量	36 000	36 000	100
2	废水氟排放量	61.2	61.2	100
3	废水总 P 排放量	1.94	1.94	100
4	废气氟排放量	100	173.9	173.9
5	磷铵生产磷矿消耗/（t/t）	19	57.0	300
6	工艺能耗/（kg/t）	8	0.05	0.63

表 5-9 审核前后企业各基本单位产品指标对比表

单位产品指标	审计前	审计后	差值	国内先进水平	国外先进水平
单位产品磷酸原料消耗/kg	2 049	1 992	57.0	√	
单位磷酸产品耗水量/t	1.96	1.61	0.35	√	
磷酸耗煤/t	0	0	0		
单位产品耗能折标煤/（kW·h）	602	599	3	√	
单位产品耗汽/m^3	0	0	0		
单位产品排水量/m^3	1.15	0	1.15		√

6 中小企业环境因素识别与评价

一个组织的活动、产品或服务中能与环境发生相互作用的要素称为环境要素。例如：废物生成、污染物排放、材料的消耗或再利用、噪声的产生等，都属于环境因素。这些要素对环境势必会产生一定的影响。无论是有益的，还是有害的都称为环境影响。环境因素的识别和评价是中小企业（组织）在运行环境管理体系中一项最基本也是相当重要的系统性工作，是中小企业明确环境管理现状的一种手段，是对自身环境问题、环境因素、环境影响、环境行为及有关管理活动进行的初始综合分析，以作为建立环境管理体系并有效运行的基础，在很大程度上决定了环境管理体系运行的成败。

环境因素的识别与评价活动是一项动态的持续进行的过程，特别是中小企业由于其生产活动中涉及的相关环境是复杂和多变的，因此开展卓有成效的环境因素识别活动是至关重要的。通常，可以考虑在以下情况下开展环境因素的识别和评价工作：①初次建立环境管理体系；②在日常体系运行活动中的变化；③新开工的项目，结合项目本身所处的一组环境特性；④新工艺、新材料、新设备等的使用；⑤法律法规的变化；⑥企业自身的资源、环境和管理上的需求；⑦其他任何引起企业活动、产品和服务的变化。

一般组织识别、评价环境因素的过程，可通过以下的活动步骤实现：确定环境因素的识别范围和权限、识别环境因素、通过环境因素评价以确定环境影响和重要环境因素。

6.1 环境因素的识别

6.1.1 环境因素的识别范围

环境因素的识别范围是指组织环境管理体系覆盖范围内活动、产品或服务中能够控制的环境因素或能够施加影响的环境因素。

活动就制造业而言，诸如设计、生产、制造、仓储、运输等，例如喷漆是一种过程活动，喷漆会产生废气排放、漆渣废弃等环境因素。

硫酸是一种产品，但它在使用中也存在硫酸泄漏等环境因素。

服务可以是提供产品后的活动，也可以是产品本身，如空调保养会产生废水排放、氟利昂泄漏等环境因素。

（1）组织能够控制的环境因素

这类环境因素是组织自身活动、产品或服务中产生的，组织可以自身通过改变产品设计、工艺过程、进行设备维护保养、运行控制来直接进行控制与管理其环境因素。例如，化工厂的废水排放、废气排放、噪声排放等可通过改变工艺、改进设备加以控制和管理。

（2）组织能够施加影响的环境因素

这类环境因素是指组织不能直接加以控制管理的。多数属于与组织关系密切的相关方（如原材料供应商、运输贮存服务部门、销售商、环保部门、技术服务单位等）承担组织的某些活动、产品和服务而产生的环境因素。这类环境因素应视环境影响的大小及相关方特点，采取不同的控制管理或施加影响的办法。例如，组织危险化学品的运输，要选择有危险化学品运输资质的单位，与其签订书面协议；在运输时要检查车辆和司机是否符合交通管理部门规定要求，要有公安部门批准的“准运证”及运输车辆、行驶线路；并派押运员跟车押运。通过上述办法施加影响进行控制和管理。

6.1.2 环境因素的状态、时态的识别

（1）环境因素的三种状态

在识别环境因素时，考虑环境要素的 3 种状态：正常、异常和紧急状态。

①正常状态：在日常生产条件下，可能产生的环境因素。例如机械制造厂设备正常运转过程中产生的废水、废气和噪声等环境要素；

②异常状态：在开机、关机、停机检修时产生的与正常状态有较大的不同的环境要素。如机械制造厂停机检修时产生的含油废弃物、废旧零件等环境因素；

③紧急状态：如火灾、爆炸、泄漏、设备故障、洪水、暴雨、雷击等突发情况带来的环境因素。对于可预见的潜在的紧急情况中的环境因素，制订应急预案，预防或减少随之产生的有害环境影响。

（2）环境因素的 3 种时态

①过去：以往留下的环境问题或过去曾发生的环境事故等。如组织在锌粉厂基础上建立起来，土壤中锌的残留就是过去的环境因素；过去发生的化学品泄漏事件；

②现在：组织日常活动、产品和服务中的环境因素，如汽车行驶时尾气排放和油消耗等环境因素；

③将来：指组织已纳入计划或新的开发、新的或修改的活动、产品和服务中的环境因素，以及组织提供的产品在其使用和处置中的环境因素。如木质家具中甲醛释放；电池厂生产的电池，用户使用失效后危险废物的排放、收集、处置，构成电池厂将来的环境因素。

（3）8 种情况

环境因素的识别不存在唯一的方法，通常要考虑 8 种情况：

向大气的排放；向水体的排放；向土地的排放；原材料和自然资源的使用；能源使用；能量释放（如热、辐射、振动等）；废物和副产品；物理属性（如大小、形状、颜色、外观）等。

6.1.3 环境因素识别注意事项

①环境因素表述。环境因素一般采用主谓语形式，如含锌废水排放、含苯废气排放、电子垃圾废弃等。

②环境因素复杂性。同一活动、产品和服务中可能不止一种环境因素，如空压机运行的环境因素包括电的消耗、冷凝水排放、噪声、废气排放、润滑油废弃、振动。

③性质相同的环境因素宜合并，如生活废水、办公、生活用电和用水等。

④重点关注危险化学品采购、运输、搬运、贮存、使用和废弃中的环境因素。

6.1.4 识别环境因素的方法

识别环境因素并确定其重要性有赖于对环境影响的认识。环境因素识别有多种方法，下列方法可供参考使用：①问卷调查；②专家咨询；③面谈和现场观察；④头脑风暴法；⑤查阅文件记录；⑥测量；⑦水平对比和纵向对比；⑧职能分析；⑨过程分析；⑩流程图法；⑪产品生命周期分析；⑫物料衡量。

下面推荐几种方法供中小企业参考。

（1）过程分析

过程分析适用于生产过程及物流过程中环境因素的识别。该法多采用问卷调查的方法进行，由企业具有实践经验的生产操作人员或管理人员，列出各自岗位的流程示意图，再将本岗位的运行作为一个过程，列出输入和输出，并同时列出能源使用消耗情况，以及生产哪些废弃物，从中找出本岗位的环境因素。然后由各部门负责将各岗位的环境因素汇总，列出清单。表 6-1 是环境因素识别问卷调查表的通用格式。

表 6-1 环境因素识别问卷调查表

部门：
岗位：
本岗位流程示意：
输入输出、能源（水、电、汽、油、煤等）、下一工序 上一工序→某一过程（活动/产品/服务）→（半成品或产品）、（原材料或半成品）、废弃物（废水、废气、噪声、固废等）
能源消耗情况：
使用材料：
产生哪些废弃物，目前如何处置：
有哪些紧急状态，采取了什么预防措施：
环境因素：

（2）生命周期分析

生命周期分析适用于产品制造、运输、使用、废弃等过程的环境因素识别。通过对产品进行“从摇篮到坟墓”的分析，了解从原材料生产到最终废弃处置的全部生命过程中可能涉及的环境问题。

产品的生命周期通常分为：原材料的选用，产品的生产与加工，包装，运输，销售，产品的使用与回用，产品的废置与再生等。

产品生命周期分析的一种简单做法是运用产品生命周期矩阵。其纵栏为产品的各个生命阶段，其横栏是可能存在的环境影响，表格由专业技术人员填写每一阶段涉及的环境因素的具体内容。具体形式可参照表 6-2。

（3）流程图法

①中小企业典型流程；

②按照流程识别出典型的环境因素。

表 6-2 产品生命周期矩阵

	大气污染	水污染	能源消耗	有毒品使用	噪声污染	固体废气物	其他
原材料选用							
生产加工							
包装							
贮存、运输							
销售							
使用/回用 废弃/再生							

（4）问卷调查

事先准备好一系列问题，通过到现场查看和与相关人员交谈的方式，来获取环境因素的信息。问卷的设计应本着全面和定性与定量相结合的原则。问卷包括的内容应尽量覆盖组织活动、产品、服务中以及其上、下相关环境问题中的所有环境因素。在设计问卷时可以考虑不同专业或不同活动的相关人员参加。

典型调查问卷中的问题应包括：

①产生哪些大气污染物？污染物浓度及总量是多少？

②产生哪些水污染物？污染物浓度及总量是多少？

③使用哪些有毒有害化学品？数量是多少？

④产生哪些有毒有害固体废弃物？如何处置的？

⑤主要的噪声源是哪些？厂界噪声是否达标？

⑥是否有相关方投诉？是否做了调查？

以上只是问卷调查的一部分内容，组织要根据实际情况制定完整的问卷调查提纲。

（5）现场调查（评审）

现场观察和面谈是快速直接地识别出现场环境因素最有效的方法。这些环境因素可能是已具有重大环境影响的，或者是具有潜在的重大环境影响的，有些还明显存在着较大的环境管理风险。例如，①观察到较大规模的废机油流向厂外的痕迹；②询问现场员工，回答“这里不使用有毒物质”，但在现场房角处发现存有剧毒物质；③员工不知道组织是否有环境管理制度，而组织确是存在一些环境制度；④发现锅炉房烟囱黑烟；⑤听到厂房传出刺耳的噪声；⑥垃圾堆放场各类废弃物混放，包括金属、油棉布、化学品包装瓶、大量包装箱、生活垃圾等。

现场面谈和观察还能获悉组织环境管理的其他现状，如环保意识、培训、信息交流、运行控制等方面的缺陷，另外，也能发现组织增强竞争力的一些机遇。如果是初始环境评审，评审员还可向现场管理者提出未来体系建立或运行方面的一些有效建议。

（6）查阅文件和记录

中小企业一般都存在有一定量有价值的环境管理方面的信息资料和文件，在进行环境因素识别时应认真收集这些文件和资料。需要关注的文件和资料包括：①排污许可证、执照和授权；②废物处理、运输记录，成本信息；③监测和分析记录；④设施操作规程和程序；⑤与环境执法部门沟通、交流的记录；⑥内部、外部的抱怨及处理的记录；⑦有毒有害化学品使用方面的记录；⑧废水（废气）等排放物和排污收费记录；⑨资源、能源消耗统计报表等。

对于上面所介绍的环境因素识别方法，企业在运用时要根据自身的活动特点，选择适用的一种或几种方法。通常情况下，这几种方法在使用时往往是2～3种方法综合使用，如现场观察辅以问卷调查，专家咨询辅以文件资料的查阅，总之方法本身是为组织更有效开展环境因素识别的手段，在运用中关键是要注重实际的可操作性。尤其要照顾到中小企业的特点。我们认为上面向大家推荐的方法均是比较适合于中小企业特点的，当然，还要求组织在运用任何一种方法时都应注意总结和积累经验，使这项活动的开展更加适合于本组织活动。

6.1.5 环境因素识别的步骤

①划分和选择组织过程（即某一产品、活动或服务）或部门；
②确定选定过程或部门中存在的环境因素；
③明确每个环境因素的环境影响。

6.1.6 环境因素识别的依据

①法律法规和其他要求有明确规定的；
②客观地具有或可能具有环境影响的；
③有益或有害的环境影响；
④相关方关注或要求的；
⑤其他。
只要过程或部门有6.1.2（3）8种情况的任意1种情况的，组织即可判断为环境要素。

6.1.7 各类常见环境因素识别示例

各类常见环境因素详见表6-3至表6-6。

表6-3 石油化工类常见环境因素识别

序号	活动/产品/服务	环境因素
1	物料贮存	液体泄漏
		易燃液体燃爆
		包装材料废弃
		物料废弃
		废气排放
2	物料输送	液体泄漏
		易燃液体燃爆
3	产品加工	电消耗
		水消耗
		废水排放
		噪声排放
		恶臭气体排放
		物料消耗
		物料废弃

序号	活动/产品/服务	环境因素
4	产品试验	化学品消耗、泄漏、废弃
		废气排放
		废水排放
		化学品包装物废弃
		废液、废样品处置
5	设备维护	变压器/电容器废弃
		机油/润滑油废弃
		电线电缆废弃
		抹布废弃
		灯管/电池废弃
		其他固体废物处置
		水消耗
		废水排放
		气体消耗
		废气排放
		维护产生噪声
6	动力供应	燃料的含硫废气排放
		燃料消耗、泄漏、燃爆
		飞灰及底灰排放
		噪声排放
		废弃治理设备失灵
		废热

表 6-4 机械制造类常见环境因素识别

序号	活动/产品/服务	环境因素
1	铸造	含粉尘废气排放
		废渣排放
		循环水消耗
		废水排放
		污泥废弃
2	锻造	噪声排放
		烟尘排放
		锻件氧化物处置
3	电镀	水消耗
		含重金属废水排放
		酸类物质消耗、泄漏、废弃
		碱类物质消耗、泄漏、废弃
		污泥废弃
		恶臭气体排放
4	焊接	烟尘排放
		粉尘排放
		辐射

序号	活动/产品/服务	环境因素
5	切削加工	切削消耗、泄漏、废弃
		润滑油消耗、泄漏、废弃
		含切削液物品废弃
		回丝、抹布废弃
6	零件清洗	清洗剂消耗、泄漏、废弃
		清洗废水排放
		污泥废弃
		滤网废弃
7	木材预处理	酸类物质消耗、泄漏
		碱类物质消耗、泄漏
		电消耗
		蒸汽消耗
		各类废水排放
		碱类和酸类物质废弃
8	调漆	油漆消耗
		油漆泄漏
		油漆燃爆
		稀释剂消耗
		稀释剂泄漏、挥发
		稀释剂燃爆
		油漆废弃
		油漆桶废弃
		稀释剂废弃
9	喷涂	煤气消耗
		煤气泄漏
		煤气燃爆
		燃烧装置失灵
		水幕帘废水排放
		棕网废弃
		过滤棉废弃
		塑料膜废弃
		漆渣废弃
10	挂件烘烤	含苯系物质废气排放
		漆渣废气
		废水排放
11	废水处理	设备耗电
		设备噪声
		污泥废弃
		漆渣废弃
		各种药剂消耗
		各种药剂泄漏
		各种药剂废弃
		活性炭废弃废水运输泄漏

表 6-5 纺织印染类常见环境因素识别

序号	活动/产品/服务	环境因素
1	烧毛	燃气消耗、泄漏、燃爆
		水消耗
		废水排放
		废气排放
2	退浆	化学品消耗、泄漏、废弃
		水消耗
		废水排放
3	煮炼	酸消耗、泄漏、废弃
		碱消耗、泄漏、废弃
		各类能源消耗
		水消耗
		废水排放
4	丝光	酸消耗、泄漏、废弃
		碱消耗、泄漏、废弃
		水消耗
		废水排放
5	漂白	漂白剂消耗、泄漏、废弃
		水消耗
		废水排放
6	染色、印花染色、印花	各种染料、泄漏、废弃
		酸消耗、泄漏、废弃
		碱消耗、泄漏、废弃
		水消耗
		废水排放
7	后处理	水消耗
		废水排放
		化学品消耗、泄漏、废弃

表 6-6 工程建设类常见环境因素识别

序号	活动/产品/服务	环境因素
1	部件预制	切割类环境因素，如粉尘排放
		焊接类环境因素，如烟尘排放
		铆接类环境因素，如噪声排放
		防锈衬里类环境因素，如噪声排放
		泥浆水排放
2	土建施工	建材消耗
		噪声排放
		扬尘排放
		废物排放
		能源消耗
		危险品化学品管理类环境因素，如易燃化学品泄漏、火灾
		泥浆水排放

序号	活动/产品/服务	环境因素
3	设备、管线及备件安装	切割类环境因素，如粉尘排放
		焊接类环境因素，如烟尘排放
		铆接类环境因素，如噪声排放
		吊装类环境因素，如钢丝绳废弃
		防锈衬里类环境因素，如噪声排放
		能源消耗
		危险化学品管理类环境因素，如易燃化学品泄漏、火灾
4	系统安装调试	电/水/气消耗
		废水排放
		废气排放
		易燃危险物品泄漏、火灾、废弃，包装物废弃

6.2 环境因素的评价

由于环境因素对环境的影响大小、程度各不相同，环境因素评价的目的就是从识别的环境因素中，确定那些具有或可能具有重大环境影响的环境因素（即重要环境因素）。对于产生环境影响相对较大的环境因素即主要环境因素。主要环境因素可能是重大环境因素，也可能不是，对于中小企业而言常见的主要环境因素有烟尘、SO_2、氮氧化物；水体中的 COD 与 BOD_5、氮、磷；噪声、固体废物、能源的消耗等。对于不同的组织或同一组织的不同时段，重要环境因素可能不同，但主要环境因素一般不会变化。因此应当确定重要环境因素的评价准则和方法。建立准则时应当考虑的如环境特征、关于适用法律法规和其他要求的信息，内、外部相关方的关注等。

6.2.1 确定环境影响

环境影响是指全部或部分地由组织的环境因素给环境造成的任何有害或有益的变化。如空气污染、自然资源的耗竭等属于有害影响；水质或土壤质量的改善等属于有益影响。环境因素和环境影响之间是因果关系，见表 6-7。

表 6-7　环境因素和环境影响的关系

活动、产品和服务	环境因素	环境影响
搬运危险材料	潜在的泄漏事件	土壤或水污染
产品改进	无氟替代	保护臭氧层
车辆维护	减少废气排放量	减少空气污染

识别环境因素并确定其重要性有赖于对环境影响的认识。评价环境影响存在多种方式，组织应当选择一种适合其需要的方式。

对于某些组织，和其他环境因素有关的环境影响类型的充分信息很容易获取，否则，可选择使用因果关系图表或流程图来表明输入、输出或物质/能量平衡，或选择其他方法，如环境影响评价和生命周期评价。

所采用的方法应当能够识别：

①积极的（有益的）和消极的（有害的）环境影响；

②实际的和潜在的环境影响；

③环境中可能受到影响的部分，如空气、水体、土地、植物、动物、文化遗产等；

④可能造成环境影响的区域特性，如当地的气候条件、地下水位、土壤类型等；

⑤环境变化的性质（如属于全球性还是区域性、环境影响的持续时间、环境影响经长期积累达到一定严重程度的可能性）。

6.2.2 重要环境因素评价的准则

①环境法律法规和其他要求；

②环境影响的规模（组织内、地区性等）；

③环境影响的严重程度（一般、严重、灾害性）；

④发生的频率和影响范围；

⑤相关方关注度。

6.2.3 环境因素的评价方法

环境因素的评价方法多采用“多因子评价法”（打分法之一）和“是非判断法”相结合的方法进行。废水、废气、噪声采用“多因子评价法”，其他采用“是非判断法”。

6.2.3.1 多因子评价法

污染类环境因素评价，评审小组可用环境因素评价表（见表 6-8），顺次对各环境因素进行打分评价，把一定分值以上评价为重要环境因素。

表 6-8　环境因素评价表（打分法）

因子名称	评分标准	分值
a. 排放（泄漏）污染物总量	排放总量非常大	5
	排放总量较大	4
	排放总量略大	3
	排放总量一般	2
	排放总量较小	1
b. 污染物排放（泄漏）的频率	年排放天数大于 300 d	5
	年排放天数＜300 d	4
	年排放天数＜200 d	3
	年排放天数＜100 d	2
	年排放天数＜50 d	1
c. 环境影响的程度	对全球、全国范围造成严重影响	5
	对地区造成环境影响	4
	对地区造成较轻的影响	3
	一般性影响	2
	影响较小	1

因子名称	评分标准	分值
d．相关方关注程度	社会极度关注	5
	地区性极度关注	4
	地区性关注	3
	地区性一般关注	2
	不为关注	1
e．控制环境因素经济、技术可行性	不用投资或少量投资，通过加强管理，改进或控制就能达到	5
	技术可行，有少量投资就可实现	4
	技术可行，但投资较高	3
	技术不成熟，近期改进有困难	2
	技术、经济均不可行	1

中小企业可根据评价因子，针对自己实际控制的侧重点制定一个适合于本组织的相对固定的评价分值，作为评价重要环境因素的依据。如：$a+b+c+d+e\geqslant 15$ 定为重要环境因素的评价标准，那么环境因素评价中 5 项加和超过 15 分的即为重要环境因素。

本方法的特点是对环境因素进行量化评价的评价方法，对同一类环境因素可进行优先级排序，评价出重要环境因素在制定目标指标、管理方案时应优先考虑。当然需要指出的是，在运用此方法时组织还应考虑随着环境管理体系的成熟，环境现状得到了一定的改善，取得了明显的环境绩效，即可根据具体情况适当降低评价分值，重新对环境因素进行评价，以达到持续改进的目的。

6.2.3.2 是非判断法

这种方法主要用于难以打分或直观判断的环境因素的评价。采用是非判断法进行评价，应规定一些用于判断的项目和判定原则，符合某些条件的即为重要环境因素，否则为一般环境因素。采用是非判断法评价污染类重要环境因素包括以下方面。

①违反法律法规和其他要求——如超标排放污染物；

②紧急、异常状态下可能造成重大环境影响的。一些易燃易爆危险化学品（如柴油，液化石油气、油漆）的泄漏、火灾和爆炸会造成重大的环境污染，因此这类危险化学品的泄漏、火灾和爆炸即为重要环境因素；

③当地特别关注的——如 SO_2 的控制；

④法规明令禁止使用或限制使用的——如石棉、CFC；

⑤有法规要求要严格管理的——如危险化学品、危险废物等；

⑥相关方合理的要求。合理要求是指组织的环境绩效虽然满足法律法规的要求，但为了满足相关方的需求仍然需要改进，如产品和服务噪声扰民，引起相关方不满，就应列为重要环境因素；

⑦能源、资源消耗方面有节省潜力。能源、资源（如液化石油气、原材料、水、电、燃油等）与国内、外同行业（包括子公司和竞争者）相比，有节省潜力，通过管理方案和运行控制能实现改进目标，与这类能源、资源消耗有关的环境因素可列为重要环境因素；

符合以上任一条件的，可判断为重要环境因素。

⑧发生概率大。发生概率大指发生环境污染的几率高或环境影响的时间长。如空压机运行产生噪声，如果组织正常的工作时间内（如 8h）都需要使用压缩气体，则由空压机噪声造成的环境影响的延续时间长；

⑨预防/发现可能性小。预防/发现可能性小是指预防/发现环境影响的可能性小。组织的办公活动会产生生活污水，生活污水的排放会影响水体环境，预防由生活污水产生的水体污染的可能性很小；

⑩环境影响程度大。环境影响程度的大小取决于环境影响的范围，即全球性、全国性、地区性、组织的区域内。如氟利昂的排放即为全球性的环境影响，从而环境影响程度大；

⑪公司现有财力、技术能力能达到。根据公司现有财力和技术能力，可以将环境因素造成的环境影响降低到最低限度；

⑫损害公司形象。环境影响一旦发生，会导致政府部门罚款和信息公开、周围居民投诉等，从而损害公司的形象；

⑬无控制方法或目前无针对该环境因素的运行控制程序。

经过环境因素的评价，确定出的重要环境因素登记到《重要环境因素清单》，并对有关信息形成文件，列出各项重要环境因素的控制方法，按 ISO 14001 标准要求通过管理方案、运行控制和应急准备和响应进行控制。

6.2.4 环境因素识别与评价控制程序的应用实例

×××公司环境因素识别与评价控制程序

1 目的

识别和评价本公司产品、活动和服务中能够控制以及可望对其施加影响的环境因素，并确定重要环境因素。

2 适用范围

适用于本公司活动、产品和服务中的环境因素识别、评价和对相关方须施加影响的环境因素的识别与评价工作。

3 职责

3.1 管理者代表负责环境因素影响的识别、评价、判定和控制的组织协调及督促检查等领导工作。

3.2 ×××部门具体负责环境因素影响的识别、评价、判定和控制工作。

3.3 各部门积极参与环境因素的识别、管理工作。

4 程序

4.1 初始环境的识别和评审

4.1.1 明确适用的相关法律、法规及其他应遵守的要求；

4.1.2 识别和评价环境现状和上述要求的符合程度，包括污染物排放、废弃物的处理处置、资源能源消耗情况等；

4.1.3 在识别和评价的基础上判定重大环境因素；

4.1.4 对以往不符合要求的事件调查所取得反馈意见的评价；

4.1.5 相关方提供的报告、记录等资料和包括环境报告、“三同时”验收报告等。

4.2 环境因素识别

4.2.1 环境因素的识别需要考虑以下方面

（1）公司的活动、产品和服务过程中所排出的水、气、声、固体废弃物等以及能源、资源的消耗造成的影响；

（2）公司所需要的原材料的供方、废弃物处理者等相关方的活动所产生的环境影响；

（3）应考虑不同时态：过去、现在、将来的环境问题；

（4）应考虑不同的运行状态：正常、异常、紧急的环境问题。

4.2.2 识别的方法：可以采用问卷调查法、过程分析和评价法、现场观察法。

4.2.3 识别步骤

（1）各部门车间识别各自范围内的环境影响因素，并将识别的环境因素填入《环境因素清单》并交××××××；

（2）××××××根据各部门车间的《环境因素清单》的基础上汇总成《公司环境因素清单》送管理者代表批准。

4.3 重要环境因素评价

4.3.1 评价要考虑的因素

（1）环境影响的程度、发生频率、相关方的反馈；

（2）我国参与签署的相关国际公约的要求；

（3）国家和地方的环保法律、法规、规章、标准和其他环境要求；

（4）行业主管部门以及公司有关环境保护、能源、资源管理、化学危险品等方面的规章和要求；

（5）公司的实际情况。

4.3.2 评价方法

（1）对违反环境法律、法规所规定要求；已列入《国家危险废物名录》的固体废弃物的排放；水、电、煤、油的消耗等环境因素直接确定为重要环境因素；

（2）其他环境因素采用综合评价法进行判定，见下表。

发生概率	m_1	发现/预防的可能性	m_2	影响程度	m_3
频繁发生每日发生	5	不可发现/预防	5	严重影响区域环境	5
经常发生每周一次	4	难以发现/预防	4	影响本单位环境	4
每月一次	3	可发现预防、无措施	3	影响作业岗位周围	3
发生可能性小	2	易发现、预防	2	影响小操作人员	2
根本不可能发生	1	经常性预防	1	没有影响	1
法律法规符合性	m_4	组织的监控状态	m_5	相关方投诉	m_6
严重违规或超标	5	没有监控	3	投诉多，涉及范围广	5
违规或超标	4	有监控	0	投诉较多，涉及范围局部	3
偶然违规或超标	3			投诉后能及时解决	2
符合要求	2			没有投诉	1
没有规定要求	1				

综合评价值 $d=\Sigma m_1\cdots m_6$，若 $d\geqslant 18$，即定为重要环境因素。

根据环境因素评价结果，填入《重要环境因素清单》。

4.3.3 评价步骤

（1）由××××××组织各部门车间对列入《公司环境因素清单》中的环境因素根据上述评价准则和方法对环境因素进行评价，填入《环境因素评价表》确定重要环境因素，并形成《重要环境因素清单》报管理者代表审批。

（2）重要环境因素应列入环境目标及管理方案中加以控制。

4.4 环境因素的更新

当环境相关的法律、法规和其他要求变更时，在组织进行新建、改建、扩建项目时，以及有相关方要求、以确立重大环境因素已经治理完成时等情况下要及时进行环境因素识别，更新环境因素。

4.5 各部门车间负责保管各自环境因素识别过程中的有关记录；××××××保存公司环境因素识别及评价过程中的有关记录。记录保存有效期三年。

5 相关文件

5.1 ECP/YS 02-4.3.2 《法律与其他要求控制程序》《环境合规性评价控制程序》

5.2 ECP/YS 02-4.3.4 《目标、指标和方案管理程序》《记录控制程序》

6 记录 保存期限

《环境因素清单》(保存期限：三年)

《重要环境因素清单》(保存期限：三年)

《环境因素评价表》(保存期限：三年)

7 环境管理体系的建立

7.1 ISO 14001：2004 环境管理体系标准简介

7.1.1 ISO 14000 系列标准的构成

（1）ISO 14000 环境管理系列标准编号系统

ISO 14000 是环境管理系列标准的总代号。ISO 中央秘书处给 ISO 14000 系列标准预留了 100 个标准号，标准编号为 ISO 14001—ISO 14100。ISO/TC 207 各分技术委员会负责相应标准的制定工作，其标准号的分配见表 7-1。

表 7-1 ISO/TC 207 分技术委员会标准编号分配表

分技术委员会	秘书国	标准子系统中文名称（英文缩写）	标准号
SC1	英国	环境管理体系（EMS）	14001—14009
SC2	荷兰	环境审核（EA）	14010—14019
SC3	澳大利亚	环境标志（EL）	14020—14029
SC4	美国	环境绩效评价（EPE）	14030—14039
SC5	法国	生命周期评估（LCA）	14040—14049
SC6	挪威	术语和定义（T&D）	14050—14059
WG1		产品标准中的环境因素（EAPS）	14060
WG2		备用	

ISO/TC 207 从成立至今，先后制定并修改了环境管理体系（EMS）和审核（EA）方面的系列标准，我国已将部分用于环境管理和环境审核的标准等同转化为国家标准。目前，组织最常用的环境管理标准如下：

GB/T 24001—2004 idt ISO 14001：2004《环境管理体系要求及使用指南》。

GB/T 24004—2004 idt ISO 14004：2004《环境管理体系 原则、体系和支持技术指南》。

GB/T 1901—2003《质量和（或）环境管理体系审核指南》。

其中 GB/T 24001—2004 和 GB/T 19011—2003 两个标准组成了从建立、实施环境管理体系到环境管理体系认证/注册的完整体系，便于组织改善环境绩效和对环境绩效进行客观、公正评价。

（2）ISO 14000 环境管理系列标准分类

①按标准的性质分：

a．基础标准子系统：环境管理方面的术语和定义。

b．基本标准子系统：环境管理体系标准和产品标准中的环境因素。

c．技术支持子系统：环境审核标准；环境标志标准；环境绩效评价标准；生命周期评价标准。

②按标准的功能分：

a. 评估组织的标准：环境管理体系标准；环境审核标准；环境绩效评价标准。

b. 评估产品的标准：环境标志标准；生命周期评价标准，产品标准中的环境因素标准。

7.1.2 ISO 14001：2004 标准的适用范围

（1）ISO 14001：2004 标准适用于任何产品类型的组织

产品类别包括硬件、软件、流程性材料和服务，任何产品类型的组织均可按 ISO 14001 标准建立环境管理体系。

（2）ISO 14001：2004 标准适用于任何规模的组织

组织按规模可分为大型组织和中小型组织，但任何规模的组织均可按 ISO 14001 标准建立环境管理体系。

（3）ISO 14001：2004 标准适用于任何环境绩效的组织

本标准并未提出环境绩效的具体要求，只要求在方针中承诺遵守适用的法律法规要求和其他应遵守的要求，以及进行污染预防和持续改进。至于具体的环境排放标准、污染治理水平与技术等内容，并未规定。组织可根据其现有的污染治理水平、现有的环境绩效等状况，承诺遵守法律法规和其他要求，并评价其符合性，对不符合采取纠正措施，持续改进组织的环境绩效。因此，具有不同污染治理水平、不同环境绩效的组织，都可满足本标准要求。

（4）ISO 14001：2004 标准适用于任何地理、文化和社会条件的组织

无论组织所在的国家发达与否，管理水平先进与否，所处的位置是否在东西半球，只要具有下列愿望，均可实施本标准：

①建立、实施、保持并改进环境管理体系；

②使自己确信能符合所声明的环境方针；

③通过进行自我评价和自我声明、寻求组织的相关方（如顾客）对其符合性的确认、寻求外部对其自我声明的确认、寻求外部组织对其环境管理体系进行认证（或注册）等方式证实对本标准的符合。

7.1.3 ISO 14001：2004 标准的结构特点

（1）ISO 14001：2004 标准的结构

ISO 14001：2004《环境管理体系　要求及使用指南》是 ISO 14000 系列标准中重要和关键的标准之一，用作组织建立、实施和保持环境管理体系，用作第一方审核（内部审核）的准则，同时可作为顾客对供方进行第二方审核的依据，也是唯一能用于第三方认证的标准。

该标准由“要求”和“使用指南”两大部分组成。“要求”部分是该标准主体，如果组织采用该标准建立环境管理体系，则必须满足该标准规定的所有要求。“使用指南”部分完全是增补性的，是对该标准第四章中“要求”部分的各条款作出的解释，是参考文件，以附录 A 形式给出，其目的是指导并帮助组织建立和运行环境管理体系。

本标准中的附录 B 部分，给出了 ISO 14001：2004 与 ISO 9001～2000 标准之间，以及 ISO 9001—2000 与 ISO 14001—2004 之间相近技术内容的对应关系，其目的是可供组

织采用两个标准建立整体的管理体系。

注：国际标准化组织 ISO 于 2008 年 11 月 15 日发布了新版 ISO 9001：2008《质量管理体系 要求》，2008 年 12 月 30 日我国发布了 GB/T 19001—2008/ISO 9001：2008《质量管理体系 要求》，代替 GB/T 19001—2000。

ISO 14001：2004《环境管理体系 要求及使用指南》，是由环境方针、策划、实施与运行、检查及管理评审 5 个部分、17 个核心要素组成，构成了组织建立环境管理体系的基本要求见表 7-2。

表 7-2 ISO 14001：2004 环境管理体系结构

<table>
<tr><td rowspan="7">环境管理体系EMS框架</td><td>4.1 总要求</td><td rowspan="2"></td><td>组织建立并保持（EMS）应符合以下要求</td><td rowspan="4">EMS 的主干部分</td></tr>
<tr><td>4.2 环境方针</td><td>EMS 的总纲领，设定了环境目标的基本框架</td></tr>
<tr><td rowspan="2">4.3 策划</td><td>4.3.1 环境因素
4.3.2 法律法规和其他要求</td><td>制定方针、目标的基本依据</td></tr>
<tr><td>4.3.3 目标、指标和方案</td><td>环境方针的具体落实</td></tr>
<tr><td>4.4 实施与运行</td><td>4.4.1 资源、作用、职责和权限
4.4.2 能力、培训和意识
4.4.3 信息交流
4.4.4 文件
4.4.5 文件控制
4.4.6 运行控制
4.4.7 应急准备和响应</td><td>EMS 实施的资源保证、技术支撑</td><td>EMS 的支持部分</td></tr>
<tr><td>4.5 检查</td><td>4.5.1 监测和测量
4.5.2 合规性评价
4.5.3 不符合，纠正措施和预防措施
4.5.4 记录控制
4.5.5 内部审核</td><td>对 EMS 进行监测、调整</td><td>EMS 的改进措施</td></tr>
<tr><td>4.6 管理评审</td><td></td><td>对 EMS 进行评价和改进</td><td></td></tr>
</table>

ISO 14001 环境管理体系是在环境方针指引下，通过策划、实施与运行、检查、管理评审后的措施等各个环节组成动态循环过程，并将这些过程文件化，通过这些过程的 PDCA 循环，实施持续改进（见图 7-1）。

PDCA 的含义：

①策划（PLAN）：建立所需的目标和过程，以实现组织的环境方针所期望的结果；

②实施（DO）：对过程予以实施；

③检查（CHECK）：根据环境方针、目标和指标，以及法律法规和其他要求，对过程进行监测和测量，并报告其结果；

④改进（ACTION）：针对检查结果显示的偏离，采取措施，以持续改进环境管理体系的绩效。

（2）ISO 14001：2004 标准的特点

①以市场驱动为前提，是自愿性标准。

②强调对有关法律，法规的持续符合性，没有对环境行为的要求。

③强调全过程预防。从生产开始到产品生命结束，全过程预防环境污染。

④持续性改进原则。改进是永恒的主题。

⑤广泛适用性。适用于任何类型的组织；适用于组织内部管理；适用于注册认证。

⑥兼容性。与 ISO 9001 标准、OHSAS 18001 标准兼容。

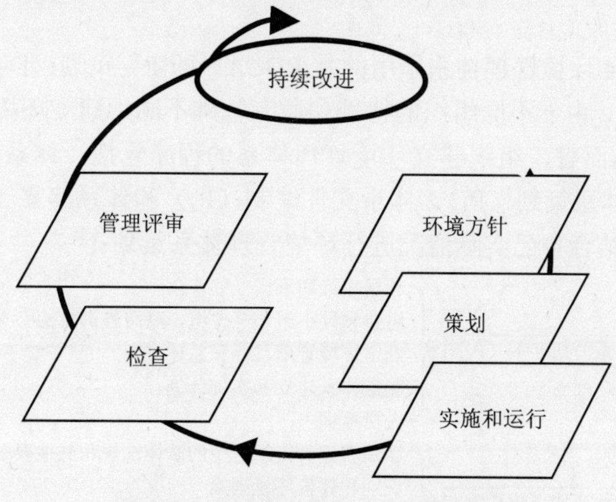

图 7-1 环境管理体系（EMS）模式

7.1.4 ISO 14001 与其他标准的关系

（1）ISO 14001 与 ISO 14004 的关系

ISO 14001 与 ISO 14004 都是关于环境管理体系的标准。但 ISO 14001 是建立环境管理体系的基本“要求”的标准，若组织采用该标准，各条款必须执行，可用于认证/注册。而 ISO 14004 是建立环境管理体系的指南性标准，该标准以实用指导、典型示例、检查表等方式指导组织如何描述环境管理体系各要素、如何建立、改进和保持环境管理体系，组织在建立体系时可以参考其标准，但不能作为认证/注册标准。两标准的目的是一致的，但功能不同。

ISO 14004 附录 A 中的表 A.1 给出了活动、产品和服务以及其相关的环境影响示例，可为识别环境因素提供参考。

（2）ISO 14001 与环境审核标准的关系

GB/T 19011—2003《质量和（或）环境管理体系审核指南》替代了环境管理体系的审核标准，这给整合型体系的审核带来了方便。该标准包括审核的术语和定义、审核原则、审核方案的管理、审核活动、审核员的能力和评价等内容。该标准与 ISO 14001 配套使用，形成了环境管理体系审核认证的国际准则。

（3）ISO 14001 与 ISO 9001 标准的关系

环境管理是组织管理的一个部分，它不是一个孤立的管理系统。ISO 14001 与 ISO 9001 标准的要求较为相似。组织在建立质量和环境体系时，可以在以 ISO 9001 标准建立的质量管理体系的基础上加以整合，整合后的体系中包含 ISO 14001 标准要求。目前，我国已有不少组织将 ISO 9001 体系和 ISO 14001 体系合并为一个体系进行认证/注册。

环境管理体系中并不专门涉及职业健康与安全管理方面的内容，但这部分内容与环境保护密切相关，标准没有强制要求将此部分内容纳入环境管理体系，也未作限制。建议在建立环境管理体系时将此部分内容纳入。

7.2 环境管理体系建立的基本程序

ISO 14001：2004 环境管理体系采用的是 PDCA（即 P—策划；D—实施；C—检查；A—改进）运行模式。由于不同组织的特性和原有基础不同，建立环境管理体系的过程不会完全相同。但总体而言，组织建立环境管理体系的程序包括：体系前期准备（P_1）、初始环境评审（P_2）、体系策划（P_3）、体系文件编制（P_4）和体系建立（P_5）等，基本程序见图 7-2。各组织可结合自己实际情况进行环境管理体系策划。

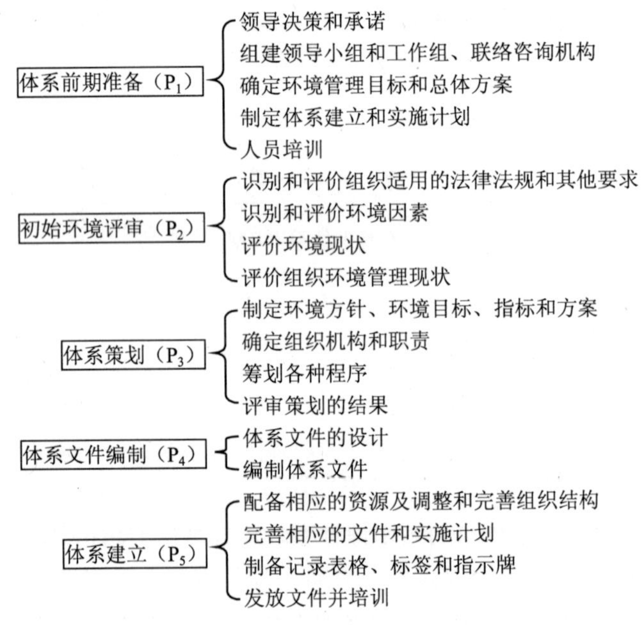

图 7-2 建立环境管理体系的基本程序

7.3 前期准备

7.3.1 领导决策和承诺

采用 ISO 14001：2004 建立环境管理体系是一个组织的高层管理活动，它对组织的生存和发展有深远影响。组织建立环境管理体系需要领导者的决策，特别是最高管理者的决策和改善组织环境绩效的承诺，有利于发动管理层及员工积极参与和相互配合，有利于环境管理体系的实施与运行得到充足的资源，有利于环境管理体系顺利建立和实施。

7.3.2 组建领导小组和工作组、联络咨询机构

（1）组建领导小组和工作组

当组织的最高管理者决定建立实施环境管理体系后，需要组建领导小组和工作组。

领导小组通常由组织的最高管理者为决策者，与环境管理有关的部门负责人组成。负责体系建立和实施的决策和协调。

工作组的主要任务是负责环境管理体系的组织和实施工作。成员来自各相关职能部门，他们既是各部门派出的联络员，又是承担文件编写的主要起草人员，他们也可能成为内部审核员；工作组组长最好是将来的管理者代表或是管理者代表之一。根据组织的规模，工作组的规模可大可小，可专职或兼职，可以是一个独立的机构，也可挂靠在某个部门。

（2）联络咨询机构

组织根据内部人力资源状况、体系建设计划等因素，确定选择认证咨询机构的需求。在中国，咨询机构从事认证咨询的资格应经过中国国家认证认可监督管理委员会（CNCA）的批准、备案，可通过 www.cnca.gov.cn 获悉相关内容。

7.3.3 确定环境管理目标和总体方案

在建立环境管理体系工作正式开展之前，领导小组应就环境管理体系的目标和总体方案作出决定：

①确定环境管理体系的范围。环境管理体系的范围是组织的全部还是局部；体系覆盖的产品是组织的全部产品还是部分产品。

②决定是否与质量管理体系、职业健康安全管理体系的建立同步进行。建立一体化的管理体系可通过一次认证审核，获取质量管理体系、环境管理体系和职业健康安全管理体系等多张证书。

7.3.4 制定体系建立和实施计划

工作组根据领导层确定的环境管理体系的目标和总体方案，制定环境管理体系建立和实施计划，此计划应按实施的先后顺序，列入体系策划、体系文件化、体系建立、体系实施和评价等过程及子过程，规定每个过程的责任及完成期限。该计划可视实际执行情况作适当的调整。环境管理体系建设计划见表 7-3。

表 7-3 环境管理体系建设计划

<table>
<tr><th rowspan="2">序号</th><th colspan="2" rowspan="2">活动</th><th colspan="7">（ ）年</th></tr>
<tr><th>（ ）月</th><th>（ ）月</th><th>（ ）月</th><th>（ ）月</th><th>（ ）月</th><th>（ ）月</th><th>（ ）月</th></tr>
<tr><td>1</td><td rowspan="9">体系策划阶段</td><td>ISO 14000 导入</td><td></td><td></td><td></td><td></td><td></td><td></td><td></td></tr>
<tr><td>2</td><td>成立工作小组</td><td></td><td></td><td></td><td></td><td></td><td></td><td></td></tr>
<tr><td>3</td><td>培训识别和评价环境要素</td><td></td><td></td><td></td><td></td><td></td><td></td><td></td></tr>
<tr><td>4</td><td>培训评价法律法规和其他要求</td><td></td><td></td><td></td><td></td><td></td><td></td><td></td></tr>
<tr><td>5</td><td>初始环境评审</td><td></td><td></td><td></td><td></td><td></td><td></td><td></td></tr>
<tr><td>6</td><td>确定重要环境因素</td><td></td><td></td><td></td><td></td><td></td><td></td><td></td></tr>
<tr><td>7</td><td>制定环境方针</td><td></td><td></td><td></td><td></td><td></td><td></td><td></td></tr>
<tr><td>8</td><td>制定环境目标、指标和方案</td><td></td><td></td><td></td><td></td><td></td><td></td><td></td></tr>
<tr><td>9</td><td>分配环境管理职责</td><td></td><td></td><td></td><td></td><td></td><td></td><td></td></tr>
</table>

序号	活动		（ ）年						
			（ ）月	（ ）月	（ ）月	（ ）月	（ ）月	（ ）月	（ ）月
10	体系文件化阶段	编制环境管理体系文件目录							
11		培训环境管理体系文件编制							
12		编制程序文件和作业指导书							
13		批准和发布程序文件和作业指导书							
14		编制环境手册							
15		批准和发布环境手册							
16	体系建立实施和评价阶段	配备相应资源							
17		调整和完善必要的组织结构							
18		制备相应表格、标签等							
19		体系文件实施的培训							
20		培训内部审核员							
21		内部审核及纠正措施							
22		管理评审及改进措施							
23		符合性审核及改进措施							
24		接受第一阶段审核及体系微调							
25		接受第二阶段审核及不合格项关闭							

7.3.5 人员培训

工作组在开展工作之前，应接受环境意识、环境管理、环境管理体系标准及相关知识、初始环境评审、本组织建设环境管理体系的目标和初步计划等的培训。同时，组织体系运行需要的内审员，也要进行相应的培训。

7.4 初始环境评审

一个尚未建立环境管理体系的组织，首先应当通过初始环境评审的方式来确定自身当前的环境现状，以便对其所有的环境问题、环境风险、环境绩效及有关管理活动进行初始综合分析，作为建立环境管理体系的基础。

7.4.1 初始环境评审的策划

（1）组成评审组

评审组可由组织的员工、外部咨询人员或是两者兼而有之组成。这取决于初始环境评审的范围、复杂程度及组织的资源。评审组的主要人员是体系建立工作组的骨干力量。

组成评审组还应考虑：

①最高管理者任命评审组组长并授权负责初始环境评审的全过程；

②评审组成员应具备必要的技术知识和环境法律法规知识，具备识别相关数据或信息，并有效地分析和评估这些数据和信息的能力；

③具备相关的评审技巧和能力，如研究、面谈、数据分析、文字工作等。

评审组组成以后，应经过适当的培训，并使每个成员了解初始环境评审的目的、其担当的角色和责任，以确保每个人都能胜任工作。

（2）确定评审范围

初始环境评审的范围一般可从以下几方面界定：

①组织的管理权限。在该范围内组织在财务或行政等管理方面应承担的责任，尤其是组织对该范围内的投入（如设备维护）和产出（如危险废物、废水排放）的环境绩效承担责任。如从事家具生产的工厂，由于其拥有的生产区域比较大，将部分生产厂房租赁给某印刷厂，印刷厂产生的废水流入家具厂的污水站。家具厂负有对印刷厂排放的废水进行管理的责任，因为一旦政府部门罚款，家具厂是第一责任人，初始环境评审时，应把印刷厂排放的废水纳入评审范围。

②组织的活动领域。从组织的环境管理体系所覆盖的全部活动进行界定，包括设计、生产、检验、后勤服务、设备维护及其他相关管理活动。

③组织的产品覆盖范围。生产过程相同的产品可以归为一类，初始环境评审应覆盖各大类产品（包括产品出厂后的环境影响范围）。

④组织的现场区域。现场是指在组织的控制下进行活动的特定的区域。初始环境评审时应包括任何与原料、半成品、成品和废品贮存和必要活动有关的区域。确定现场区域时，把握以下原则：

a．当一个组织有两个以上固定现场时，应都纳入评审范围。

b．当组织同时拥有两个以上（含两个）相同的临时生产现场时，可选择一个或多个典型的生产现场纳入初始环境评审范围。

c．当组织同时拥有两个以上（含两个）不同的临时生产现场时，初始环境评审应包括所有现场。

在保证覆盖范围的前提下，应重点关注那些产生或可能产生重大环境影响和在未来体系中具有关键功能的环境因素部门或区域。

（3）现场评审前的准备工作

①识别和获取环境法律法规及其他要求。获取环境法律法规及其他要求的主要信息途径有：国家和地方环境立法、执法机关；出版社或其发行机构；公共图书馆和信息部门；环境专业机构，如研究所、咨询公司等；行业协会或贸易促进机构；公共媒体，如网络、报刊等。

②初始评审程序和方法的选择

a．面谈。评审小组通过询问公司在职员工和以前为组织工作过的员工以及发放环境因素识别和评价表，了解组织过去及现在产品和服务的范围，各时期存在哪些环境因素，发生过什么事故，产生了哪些重大的环境影响，以初步掌握组织部分重要环境因素，环境管理体系涉及的范围。

b．收集组织的内、外部有关环境方面交流的信息。包括相关方的抱怨、违反法律法规而受到的处罚、相关方的要求和组织的违规行为以及向政府机构、情报机构咨询有关的外部环境信息，如相关的环境法律法规和标准。

从组织外部有关部门收集信息，这些部门有：和法规、许可证相关的政府机构；图书馆和信息部门；工业协会、企业家协会、工会；消费者协会；供应方等。

c．对现有文件和记录审阅。如通过审阅合同、协议、证书、监测报告、作业记录和内外部的投诉记录，收集内部环境信息。

d．到各活动现场进行考察。包括必要的测量，了解公司在运行过程中环境因素的实际控制状况。

③制定评审计划

7.4.2 初始环境评审的内容

初始环境评审内容一般包括：

①识别和评价适用的法律法规和其他要求（详见本书第2章）；

②识别和评价环境因素，包括在正常运行条件下、异常条件下（如启动和关闭）、发生紧急情况或事故时的环境因素（详见本书第6章）；

③评审所有现行环境管理惯例和程序（包括与采购和合同活动有关的管理惯例和程序）；

④评价环境管理现状（包括此前发生的紧急情况和事故）；

⑤对照适用的内部准则、外部标准、法规、行为规范和各种原则及指南所进行的环境绩效评价；

⑥取得竞争优势的机会，包括降低成本的机会；

⑦相关方的观点；

⑧组织的其他体系对环境绩效的正面或负面影响。

7.4.3 初始环境评审报告

（1）初评信息的归类

完成初始环境的现场评审后，应认真全面地整理、分析和归纳初始环境评审所获取的大量信息。经处理的信息主要包括如下几方面：

①现存的组织机构和职责，特别是关于环境管理的；

②环境法律法规及其他要求的清单；

③环境因素和重要环境因素清单；

④现有环境文件，包括规定、制度、程序、作业指导书等；

⑤其他信息，如事故调查报告、数据和记录等。

（2）编写初评报告

编写初始环境评审报告，更有利于环境管理体系的建立、运行及保持。初始评审报告内容为：

①初始环境评审的目的：初始环境评审的主要目的是通过识别和评价环境因素、收集和评价法律法规、评价现有环境管理制度等，找出与环境标准的差距，为建立环境管理体系做准备。

②初始环境评审的范围：

a．产品和服务范围：主要指组织交付给顾客的产品和服务的类别。

b．活动范围：包括设计、生产、服务及相关管理活动，关注流动活动，如班车运营、车辆清洗等。

c．场所范围：组织相应的产品和服务以及活动所涉及的固定或流动场所。

d．组织范围：组织结构中纳入环境管理体系控制的范围。

③初始环境评审的有关人员、程序和方法。

④组织的基本情况：包括公司成立、发展、产品结构、重要环境因素、环保设备及投资等。必要时引入组织平面布置图以及污水和雨水管网布置图。

⑤环境因素的识别、评价：概括性地介绍公司的活动、产品和服务中的环境因素识别程序，并引入环境因素清单。

⑥重要环境因素的评价：说明重要环境因素评价准则和评价部门（人员），并概括性地介绍组织的活动、产品和服务中的重要环境因素及其分布和控制现状，并引入重要环境因素清单。

⑦收集和识别适用的法律法规和其他要求：说明目前法律法规和其他要求类别、收集（收集人员、收集渠道、收集频次）、识别（识别人员、识别方法、识别内容）、传递（传递形式）、使用（培训、借阅等）、合规性评价（评价人员、评价方法、评价频次、评价结果处理）、更改、作废等管理程序，引入法律法规和其他要求清单。

⑧环境管理现状的评审：评审环境管理现状至少应包括但不限于以下方面：

a．环境管理的惯例和程序。包括废气、废水、噪声、危险废物控制情况、危险化学品的管理状况、节能降耗管理情况等。必要时引入危险化学品和危险废物清单。

b．环境管理的文件现状。主要评审文件的充分性、系统性、可操作性和适宜性。

c．环境管理方面以往发生的事故或事件。说明事故或事件的类型、产生的影响、事故或事件的原因及纠正措施状况等。

⑨现存环境管理体系与标准之间的差距分析。

⑩建立和保持体系建议及急需解决的优先问题。

从体系策划、建立、运行和评价等各方面针对文件和重要环境因素的控制及监测等方面进行建议。

对目前违反法律法规和其他要求的重要环境因素进行策划，考虑建立目标指标和管理方案。对初始评审过程中发现的其他有时间和资源要求的项目也应重点关注，如污染物的监测等。

作为初始环境评审报告的附录一般可包括：

a．组织结构图；

b．平面布置图；

c．产品实现流程图；

d．环境因素清单；

e．重要环境因素清单；

f．适用的法律法规和其他要求清单；

g．环境影响评价报告（表）或登记表；

h．“三同时”验收监测报告；

i．“三同时”验收报告；

j．排污许可证；

k．排污申报登记注册证；

l．危险化学品清单及化学品安全技术说明书MSDS；

m．危险废物清单；

n．危险化学品生产（经营）和危险废物处理单位的资质；

o．生活、生产、实验废水和雨水管网图；

p．废气排放口示意图；

q．一年内废水、废气和噪声监测报告；

r．环境事故或事件（火灾、爆炸等）资料；

s．当地环保局开具的一年内罚款证明；

t．现有环境文件清单；

u．环境管理职能分配表；

v．现存环境管理体系与标准联系和差距；

w．其他。

（3）初始评审报告案例（示例7-1）

示例7-1　××××公司初始环境评审报告

1　评审目的

通过识别和评价环境因素、收集法律法规和其他要求，为环境管理体系的建立提供依据。

2　评审范围

2.1　产品范围

a）空调主机及其系统的维修保养；

b）空调主机及其系统的全承包服务；

……

2.2　活动范围：上述产品的设计开发、服务提供及相应管理活动。

2.3　场所范围：上海、广州、重庆及各服务网点所在地。

3　组织的基本情况

××××空调服务有限公司，是国内空调服务市场上最先推出“一站式”服务理念的公司。公司在空调主机及其系统安装和调试、维修保养、备件供应领域为顾客提供优质服务。

……

4　环境情况

××××空调服务有限公司的主要环境因素：

a）服务活动产生的主要危险废物有废油、废抹布以及氟利昂、乙炔、氧气、氮气的废品，工程施工中的废油漆及废油漆桶；

b）服务中产生的废水来自于对空调设备和系统的清洗和办公活动产生的生活污水；

……

5　识别和评价环境因素

5.1　公司环境部组织各部门经理和骨干，采取面谈、审阅环境文件和记录与现场巡查相结合的方式，识别公司的环境因素。在识别过程中，已考虑以下方面：

a）公司的活动、产品和服务所产生的废水、废气、噪声、固体废弃物以及资源、能源的消耗等；

b）原材料供方、工程承包方、废弃物处理商以及化学品运输方等可望施加影响的相关方的活动；

c）正常运行条件、异常运行条件（如机器的启动、关闭与检修等情况）以及潜在的紧急状态（如火灾、爆炸等事故）所伴随的潜在环境影响；

d）以往遗留的环境问题、环境现状和将来的环境问题；

e）法律法规和其他要求。

5.2 各部门已将其识别的环境因素登记到《环境因素识别和评价表》中。

5.3 公司环境部组织评审小组按“是非判断法”评价出重要环境因素，并将评价结果登记到《环境因素识别和评价表》中。

5.3.1 评价的准则：

a）法律法规和其他要求；

b）紧急、异常状态下造成重大环境影响；

c）能源、资源消耗方面有节能潜力。

5.3.2 评价的方法：满足 5.3.1 中任何一项即评为重要环境因素。

5.3.3 环境部汇总各部门重要环境因素，形成《重要环境因素清单》。

……

6 适用的法律法规和其他要求收集、识别和传递

a）收集渠道：网络、杂志、环境保护部等。

b）程序：总部收集国家环保方面的法律和法规；各大区负责收集当地关于环保的法律法规；技术、物流、工程等部门负责收集本部门职能范围内的法律法规；

……

识别和传递（略）

7 合规性评价

a）废油、废抹布的处置不满足国家有关危险废物的处置要求；

b）空调服务所使用的制冷剂属于环保允许的产品；

c）办公楼的生活废水由物业公司处理，基本达标；

d）清洗剂选用环保型的药剂，满足废水达标排放要求；

……

8 环境管理的评审

a）公司已建立和实施了危险化学品的管理制度；

b）公司对于废机油等危险废物，进行回收和集中处置；

……

9 现存体系与标准差距

a）环境管理职能没有具体落实到位；

b）未建立环境方针；

c）环境因素识别、评价和控制也刚完成；

……

10 建立和保持体系的优先问题

a）解决危险废物，如废机油、废抹布和废清洗剂的处置；

b）解决废制冷剂瓶的回收；

……

附件（略）

7.5 体系策划

7.5.1 环境方针的制定

（1）环境方针制定的原则

①具有组织特点；

②文字精练，便于记忆；

③严肃负责，相对稳定；

④先进合理，可行可信。

（2）确定环境方针应收集的相关信息

收集相关的信息是确定环境方针的输入之一，组织应收集的信息一般包括：

①上级组织的环境方针（如果有）；

②组织总的经营方针、理念和目标；

③组织现实的环境影响；

④适用的法律法规和其他要求；

⑤新老项目的环境评价报告、污染源监测记录和目前存在的环境问题，如相关方投诉等；

⑥管理层和员工的环境意识和环境绩效现状；

⑦环境保护和监测设施配置和运行情况。

（3）环境方针的内容

环境方针的内容上应符合“一个适合、两个承诺、一个框架”。一般包括：

① 适合于组织的活动、产品和服务的性质、规模和环境影响。体现组织的行业产品类别、规模、性质和重大环境影响的特点；

②组织环境保护的意图和方向；

③组织环境绩效的特点；

④遵守环境法律法规和其他要求的承诺；

⑤持续改进环境绩效和污染预防的承诺。

（4）环境方针案例（示例 7-2）

示例 7-2　××××贮运公司的环境方针

加强培训，树立环保意识。遵纪守法，体现社会责任。 预防污染，倡导绿色物流。节能降耗，确保持续发展。

【评注和说明】

该方针有以下特点：

a. “树立环保意识”和“体现社会责任”，阐述组织环保的意图和方向；

b. “绿色物流”体现组织的环境绩效的特点；

c. “遵纪守法”体现组织遵守环境法律法规和其他要求的承诺；

d.“确保持续发展”体现组织持续改进环境绩效的承诺；

e.“预防污染”体现污染预防的承诺。

7.5.2 环境目标和指标的制定

7.5.2.1 ISO 14001：2004 关于环境目标和指标的要求

ISO 14001：2004 中 4.3.3 对环境目标和指标有如下要求：

①组织应针对其内部有关职能和层次，建立、实施并保持形成文件的目标和指标。

②如可行，目标和指标应可测量。目标和指标应符合环境方针，包括对污染预防、持续改进和遵守适用的法律法规和其他要求的承诺。

③组织在建立和评审目标和指标时，应考虑法律法规和其他要求，以及自身的重要环境因素。此外，还应考虑可选的技术方案，财务、运行和经营要求，以及相关方的观点。

7.5.2.2 环境目标和指标的制定

（1）目标和指标制定的依据

①环境方针；

②重要环境因素及其控制措施；

③可选的技术方案；

④财政能力；

⑤经营和运行目标；

⑥法律法规和其他要求；

⑦相关方的要求等。

（2）环境目标和指标内容

环境目标的内容一般包括：

①节能降耗；

②减少或消除向环境排放污染物；

③产品设计应考虑最大限度地减少生产、使用和处置过程中的环境影响；

④控制原材料来源的环境影响；

⑤尽量减少新开发项目所造成的有害环境影响；

⑥提高员工及所在社区的环境意识。

环境指标的内容，一般包括：

①原材料或能源使用量降低率；

②气体排放量降低率；

③单位产品所产生的废物降低率；

④材料和能源的使用效率提高率；

⑤意外环境事件的数量降低率；

⑥废物循环率；

⑦环保方面投资增加率；

⑧包装材料再循环使用率。

（3）环境目标和指标案例（示例 7-3）

示例 7-3 ××××公司的环境目标和指标

环境目标	环境指标
减少单位产品废水排放量	从××××年起三年内每年废水排放量比上一年降低 3%
减少废气对环境的影响	××××年底前确保含“三苯”废气达标排放
减少废物对环境的影响	危险废物××××年底前合法处置
节能降耗	××××年起三年内单位产品原辅料消耗降低 3%
	××××年起三年内单位产品的水、电、柴油消耗降低 3%
提高员工及所在社区的环保意识	××××年 10 月前完成 5 次环保培训

7.5.3 环境管理方案的策划

（1）环境方案的含义和要求

环境方案的含义：为实现环境目标和指标而规定有关职能和层次的职责、方法和时间进度的文件。

ISO 14001：2004 中 4.3.3 目标、指标和方案对环境方案内容有如下要求：

①规定组织内各有关职能和层次实现目标和指标的职责；

②实现目标和指标的方法和时间表。

（2）环境方案编制

①收集的输入信息，诸如：

a．环境目标和指标；

b．法律法规和其他要求符合性评价的结果；

c．技术方案可行性分析结果；

d．财务计划；

e．经营和运行目标；

f．相关方的要求。

②编制要求：

a．环境方案一般由环境管理职能部门编制，管理者代表审核，总经理批准。复杂的方案，其措施应分层次地落实到相关部门或岗位实施，环境方案是环境管理体系文件之一，应按文件控制程序进行控制。

b．ISO 14001：2004 并未规定环境方案格式，组织可根据自己的文化和惯例编制。

c．一般而言，环境管理方案的内容包括现状、措施、时间、所需资源、责任部门/人员、监督要求和监督部门/人员。

“现状”要结合法律法规和标准要求，写出差距点。

“措施”是针对差距而拟定的技术或管理办法、拟采取的步骤，措施的详略程度考虑组织规模和人员能力。组织规模较大，人员能力较强，可以只写出大的过程，如果组织规模较小，人员能力较差，要详细规定措施的细节和过程的控制要求。

“时间”设定要考虑组织的经营计划、认证计划、法律法规要求等因素，根据方案复杂程度、组织规模和人员能力，可以到月、季、周甚至到天。

“所需资源”包括人力资源、设备、材料、方法、环境、财务费用等。

“责任部门/ 人员”是该项措施的负责部门及人员，如果涉及跨部门的活动，由责任部门的相关人员去协调。

“监督要求”是管理层为确保方案的有效实施，规定监督验证的内容。

（3）环境方案实施

环境方案规定的责任部门应按照方案规定的时间框架，实施措施，必要时对部门内部人员进行培训，以实现环境目标和指标要求。方案在实施过程中应保留相应证据，如培训记录等。

方案在执行过程中，出现下列情况时，应对方案进行调整，按原审批程序审批后，再行实施：

①重要环境因素发生变化；

②环境目标指标发生变化；

③环境方案规定的措施和时间变更；

④涉及活动、产品和服务的更新或修改。

（4）环境方案的监督

监督部门和人员按方案规定的时间，对责任部门/人员的措施实施情况进行监督，主要按监督要求的内容进行验证，包括与人员的面谈，调阅文件和记录以及现场环境绩效的检查。验证结果可以在环境管理方案中注明，也可另行建立验证记录。如果验证表明方案未有效实施，应对方案进行更改，规定新的措施、时间、资源、责任部门、监督要求，进行下一轮 PDCA 循环，直至任务完成。

（5）环境方案案例

为实现环境目标和指标，一个组织的环境方案可以是一个或多个。这里仅举某公司某年度危险废物处置的方案，见示例 7-4。

示例 7-4 ××××公司××××年危险废物处置方案

一、目标：减少危险废物对环境的影响。

二、指标：危险废物处置满足《中华人民共和国固体废物污染环境防治法》关于危险废物处置的要求。

三、措施计划：

序号	现状	措施	×××年			所需资源	负责部门/人员	监督要求	监督部门/人员
			6月	7月	8月				
1	无危险废物处置办法	制定危险废物处置办法	V			胜任的文件编写人员	物流部/×××	1. 废物处置办法满足《文件控制程序》要求 2. 内容满足指标所列防治法要求	环境部/×××
2	员工对危险废物置要求不清楚	全员培训		V		培训师及培训场地	培训部/×××	1. 保留培训及其效果评价记录 2. 相关人员能识别危废物，并合法处置	环境部/×××

序号	现状	措施	×××年			所需资源	负责部门/人员	监督要求	监督部门/人员
			6月	7月	8月				
3	未实施转移联单管理	到当地环保部门登记，获得五联单			V	2 000 元	物流部/×××	获取并实施五联单管理	环境部/×××
4	目前卖给无资质的单位回收	危险废物处置			V	4 000 元容器购置费+5 000 元处置费/年	物流部/×××	1．获取供方许可证 2．标识清楚 3．仓储合理 4．每批处置保留转移联单	环境部/×××

编制：××× 审核：××× 批准/日期：×××/××××年××月××日

注："V"为执行计划的时间。

7.5.4 环境管理职能的分配

所谓环境管理职能的分配是将 ISO 14001：2004 的 17 项主要要求和 1 项总要求所必需的全部活动，分配落实到相关部门，必要时落实到岗位，成为该部门或岗位的环境管理职责。通常采用矩阵表的形式分配环境管理职能，以规定各部门或岗位应承担的环境管理责任，见示例 7-5。

示例 7-5 某公司环境管理体系环境管理职能分配表

ISO 14001：2004 的要求		岗位/部门							
章	条	总经理	管理者代表	办公室	安全环保部	采购部销售部	生产技术部	机加车间	装配车间
4 环境管理体系要求	4.1 总要求	●	★		★				
	4.2 环境方针	★	●		○				
	4.3.1 环境因素		●	○	★	○	○	○	○
	4.3.2 法律法规与其他要求	●	●	○	★	○	○	○	○
	4.3.3 目标、指标和方案	●	●	○	★	○	○	○	○
	4.4.1 资源、作用、职责和权限	★	●	○	○	○	○	○	○
	4.4.2 能力、培训和意识		●	★	○	○	○	○	○
	4.4.3 信息交流		●	○	★	○	○	○	○
	4.4.4 文件	●	★	○	★	○	○	○	○
	4.4.5 文件控制		●	★	★		○	○	○
	4.4.6 运行控制		●	○	★	★	★	★	★
	4.4.7 应急准备和响应		●	○	★	★	★	★	★
	4.5.1 监测和测量		●		★	○	★	★	★
	4.5.2 合规性评价	●	●		★	○	○	○	○
	4.5.3 不符合、纠正措施和预防措施	●	●	○	★	○	○	○	○
	4.5.4 记录控制		●	○	★	○	○	○	○
	4.5.5 内部审核		★	○	○	○	○	○	○
	4.6 管理评审	★	●	○	○	○	○	○	○

注：●—领导职能；★—主管职能；○—协办或参与

7.5.5 评审策划的结果

环境管理体系策划的结果一般包括环境管理体系建设计划，初始环境评审报告（含环境因素和重要环境因素清单，适用的法律法规和其他要求清单等），组织结构，环境方针，环境目标、指标和方案，确定的体系范围，环境管理职能分配表和环境管理体系文件目录等。评审策划结果的主要目的是确保所建立的环境管理体系的适合性，包括可行性；过程网络的完整性；过程接口相容性以及责任分配的正确性。管理者代表宜在文件编制前组织评审小组评审体系策划的结果。

7.6 体系文件编制

7.6.1 环境管理体系文件编写的原则

ISO 14001：2004 国际标准是推荐性标准，我国同样采用该标准，并将其转化为国家标准，标准号为 GB/T 24001—2004，也是推荐性标准。标准中每一条款之间存在着相互联系和相互作用的关系，组织一旦采用，就应该完全按标准的要求去建立环境管理体系，不应该选择性地使用标准条款。

概括起来，环境管理体系文件的编写应考虑以下几点原则：

（1）要符合标准的要求

ISO 14001：2004 对文件的要求是组织编写环境管理体系文件的基本依据。组织应按标准的要求编写环境管理体系文件，凡标准要求的文件都必须包括在环境管理体系文件中。

（2）依据自身的特点

组织在进行环境管理体系文件编制时，应密切结合组织管理基础和工作活动的特点，充分反映出组织的环境现状及管理现状。

（3）要努力做到管理体系各文件的结合

各类组织可包含若干不同的管理体系，如环境管理体系、质量管理体系、职业健康与安全管理体系、财务管理体系等。以 ISO 14001：2004 标准建立的环境管理体系是 PDCA 循环的管理模式，以 PDCA 循环管理模式制定的国际管理标准还有 ISO 19001：2008《质量管理体系要求》、BS OHSAS 18001：2007《职业健康安全管理体系要求》。这些标准在结构形式上有许多相同之处，某些共性管理部分，要求也完全相同，所以这 3 个标准具有很好的兼容性，可以将 3 种管理体系整合为组织的综合管理体系。

7.6.2 环境管理体系文件的结构及要求

环境管理体系标准中并未对环境管理体系文件的结构和内容提出具体要求，组织可以依据环境管理体系标准要求，结合自身的管理特点，编制其环境管理体系文件。

7.6.2.1 管理体系文件构成

（1）文件的层次

管理体系文件通常分为 3 个层次，如图 7-3 所示。

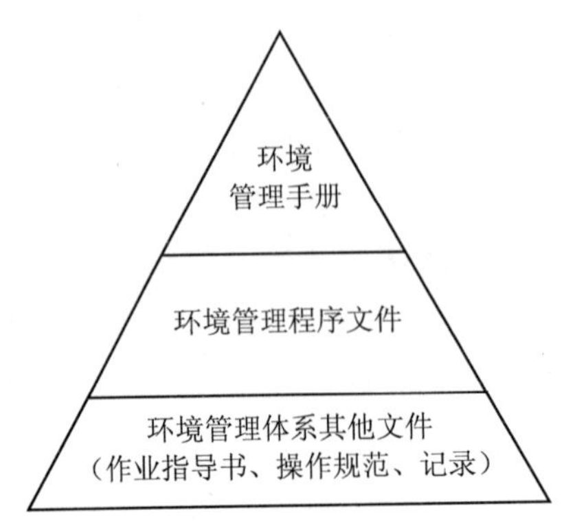

图 7-3　管理体系文件层次结构

第 1 层次文件是管理手册，这是纲领性文件，是对管理体系提出具体要求的文件，如规定某个过程应制定××文件、应执行××程序、应做××记录、应达到××效果、评价效果的方式是××等。

第 2 层次文件是程序文件，这类文件是指导性文件，用于指导如何去实施某项活动或某个过程，它包含的主要内容能阐明以下问题：做什么？由谁来做？在什么地方做？什么时间做？怎么做（或用什么方法做）？用什么资源（人力资源、设备、材料、信息等）？用什么控制方法？应做哪些记录？

第 3 层次文件是操作性文件和记录，操作性文件用于指导工作人员如何操作某项具体的工作，它主要包括操作步骤、工艺参数控制要求、注意事项等内容，如作业指导书、操作规范等；记录是一种特殊形式的文件，通常是表格形式，用于记载实际运行状况。某一项活动或过程，可能包含多项工作，那么程序文件中不仅要阐明各项工作间的衔接，还应说明每项工作应怎么做，这种“说明”可以用第 3 层次文件描述，程序文件中只要给出对其引用即可。

（2）文件化要求

ISO 14001：2004 中 4.1 总要求对体系的文件化提出以下 4 点要求：

①ISO 14001：2004 要求建立一个文件化的环境管理体系；

②所形成的文件应是可操作的，并应付诸实施；

③这个文件化体系应不断更新和完善，使环境管理体系予以保持并持续改进；

④环境管理体系的范围，包括产品范围、活动范围、场所范围、组织范围等应以明确的文件形式规定下来。

环境管理体系文件应包括：

①环境方针、各职能层次的目标和指标（环境方针可单独成文或载入环境手册。环境目标和指标可单独成文或载入环境手册或环境管理方案中）。

②对环境管理体系覆盖范围的描述（描述环境管理体系所覆盖范围的文件可单独成文或编入环境手册）。

③对环境管理体系主要要素及其相互作用的描述，以及相关文件的查询路径（可编入环境手册）。

④组织为确保对涉及重要环境因素的过程进行有效策划、运行和控制所需的文件，

包括记录。

⑤ISO 14001：2004 要求的其他文件，包括记录。

ISO 14001：2004 要求的文件见表 7-4。

表 7-4 ISO 14001：2004 要求的文件

ISO 14001：2004 的条款	体系文件化要求		
	建立程序	形成文件	保持记录
4.2 环境方针	—	√	—
4.3.1 环境因素	√	√	—
4.3.2 法律法规和其他要求	√	—	—
4.3.3 目标、指标和方案	—	√	—
4.4.1 资源、作用、职责和权限	—	√	—
4.4.2 能力、意识和培训	√	—	√
4.4.3 信息交流	√	√	—
4.4.5 文件控制	√	√	—
4.4.6 运行控制	√	√	—
4.4.7 应急准备和响应	√	—	—
4.5.1 监测和测量	√	√	√
4.5.2 合规性评价	√	—	√
4.5.3 不符合、纠正措施和预防措施	√	—	√
4.5.4 记录控制	√	—	—
4.5.5 内部审核	√	√	√
4.6 管理评审	—	—	√

注：“√”表示有；“—”表示无。

环境管理体系可以不编写环境管理手册，只要有 ISO 14001：2004 中 4.4.4 条款要求的 5 方面的文件即可，当然，也可以编写环境管理手册，以便指导如何建立环境管理体系。

7.6.2.2 管理体系文件编写要求

①按标准逐条描述组织以什么方式实现标准要求，若是综合管理体系，通常以质量管理体系标准为基准，其他标准条款可以分别插进相对应的条款中描述。

②文件应能阐明管理体系及其各部分协同运作的情况，若文件中有对其他文件的引用，应给出对引用文件的查询途径。

③由于各组织的活动、产品或服务的规模和类型不同，过程及其相互作用的复杂程度不同，人员的能力不同，管理体系文件的内容、复杂程度也各不相同。例如一个组织的文件可包括：

a．环境方针、目标和指标；

b．重要环境因素信息；

c．程序；

d．过程信息；

e．组织机构图；

f. 内外部标准；

g. 现场应急计划；

h. 记录。

④管理体系中，有些过程的程序可以不形成文件，相关工作人员知道按什么途径做即可，有些过程的程序应形成文件。环境管理体系中，哪些过程的程序需要形成文件，可从以下几个方面予以考虑。

a. 不形成文件可能产生偏离环境目标和指标，包括会造成一定环境影响的后果。如重要环境因素控制程序、环境监测控制程序等。

b. 用来证实组织遵守法律法规和其他要求的需要。如法律法规和其他要求识别程序、合规性评价程序、合规性的重要环境因素控制程序。

c. 保证活动一致性的需要。如环境管理体系内部审核，每年至少进行一次，且同一次审核可能要由多个人员共同完成，要使每次审核工作保持公正、独立、有效，且不同的审核员对同一客观证据判断一致，需要用程序文件来保证内审活动的一致性。

d. 出于 ISO 14001：2004 标准的要求。标准中仅 4.4.6 条款要求编写程序文件，其他条款是要求建立程序。如果是独立的环境管理体系，本标准要求建立程序的条款，建议编写程序文件。如果是建立综合管理体系，本标准要求建立程序的条款，可以编写程序文件，也可以在其他形式的文件中将本条款的程序阐述清楚。

e. 形成文件的益处，例如易于交流和培训，从而加以实施；易于维护和修订；避免含混和偏离；提供证实功能和直观性等。

7.6.3 环境管理体系文件的编写

7.6.3.1 体系文件的策划

体系文件的策划是在组织初始环境评审的基础上，结合 ISO 14001：2004 关于文件的要求，初步确定本组织所需体系文件及其结构和层次，规定各类文件的体例和格式，确定文件的标识和编码方法，并制订文件编制计划。

（1）重要环境因素控制的要求

一般情况下，组织在初始环境评审时评价出重要环境因素，这些重要环境因素通过管理方案、运行控制和应急准备和响应加以控制，故在文件策划时应考虑上述要求，见示例 7-6。

示例 7-6　重要环境因素和文件化要求对照表

产品、活动和服务	重要环境因素	控制措施	文件化需求
零件清洗	含切削液、油废水排放	管理方案/运行控制	《含切削液、油废水排放管理方案》、《零件清洗控制程序》、《含切削液、油废水泄漏预案》
	含切削液、油废水泄漏	运行控制/应急准备和响应	
	沉淀物处置	运行控制	
	清洗剂废弃	运行控制	
	过滤网废弃	运行控制	
	过滤网清洗水处置	运行控制	

（2）现有文件结构和执行情况的调查

①组织应充分利用现有的文件和资料，如法律法规、规章制度、作业指导文件和在用的各种记录表格等，确保新建的文件化体系与原有的管理体系具有适当的连续性。

②文件策划人员负责将收集到的原有文件和资料进行分类整理，并附文件的管理和使用部门调查执行情况，听取修改意见，以便决定现有文件部分修改、合并至其他文件或取消等。

③此项工作可在初始环境评审时进行。

（3）文件的结构和层次

组织在策划文件结构时应考虑：

①单一的体系文件还是综合性管理体系文件；

②程序文件是否分层次（如集团级、公司级、部门级）；

③是否考虑体系描述、程序文件和环境手册合并成一本手册（小型组织）；

④应急预案是否与相关程序文件或作业指导书合并；

⑤记录表格是单独形成文件还是作为程序文件或指导书的附录。

（4）文件的体例和格式

①文件的“体例”是指编写某一类型文件时所规定的统一的模式。例如有些组织规定程序文件应按目的、范围、定义、职责、工作程序、相关记录、相关文件的顺序分段落编写。这样规定就是这些组织的程序文件体例。

②文件的“格式”是指对文件打印排版所规定的统一的模式。例如纸张幅面、页眉、页脚、字体、字号、章节编码，以及组织标识等。

不同行业不同规模的组织对文件的体例和格式的习惯做法各不相同，ISO 14001：2004没有也不会作出统一的规定。但一个组织内部在可能的情况下，应当自行作出统一规定（作业指导书可例外），保持文件体例和格式相对稳定。但这并不意味着不提倡改进和创新。

（5）文件的标识与要求

①文件和记录编号、发行版本、修改码

文件编号：是体系文件的识别标记，一个文件只能有唯一的一个编码。管理手册、程序文件、作业文件的编码按组织文件分类编码规定执行。

发行版本：标识为年号版本或首版为 A，以后换版为 B、C、D 等。如 A/1 表示 A 版文件经过 1 次更改。第一次换版标识为 B/0，第二次换版标识为 C/0，……依此类推。换版适用于全套文件的统一更改或一份文件有较多更改的场合。

修改码：未修改时为 0，以后修改依次为 1，2，3 等。如原版为 A/0，第一次更改换页为 A/1，第二次换页为 A/2，……依此类推，适用于文件进行局部少量更改。当文件修改部分大于 1/3 时，文件应换版。

例如标识为年号版本的文件编号方法：

a．环境管理手册的编号

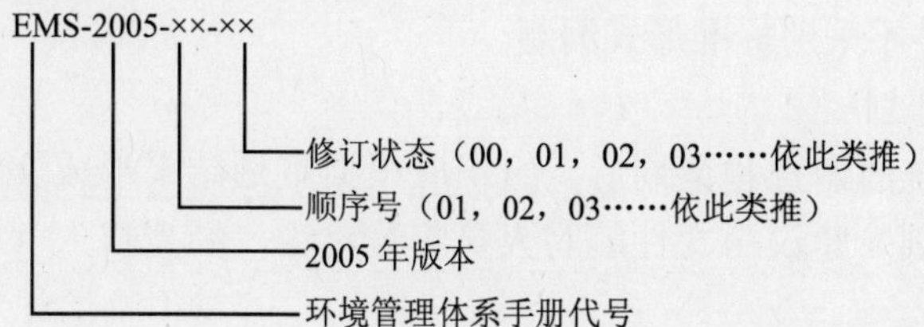

b．程序文件

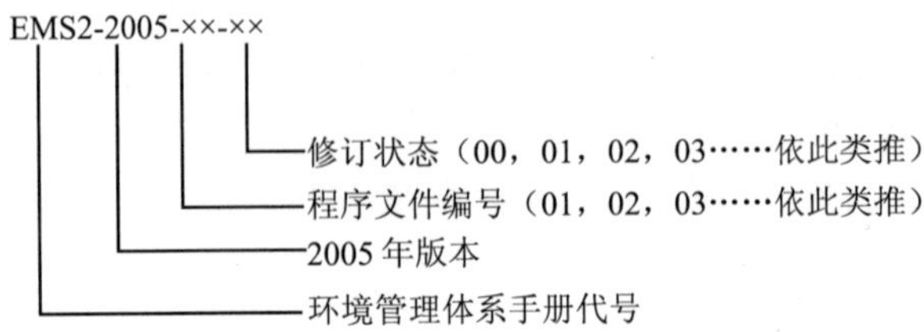

c．作业指导书

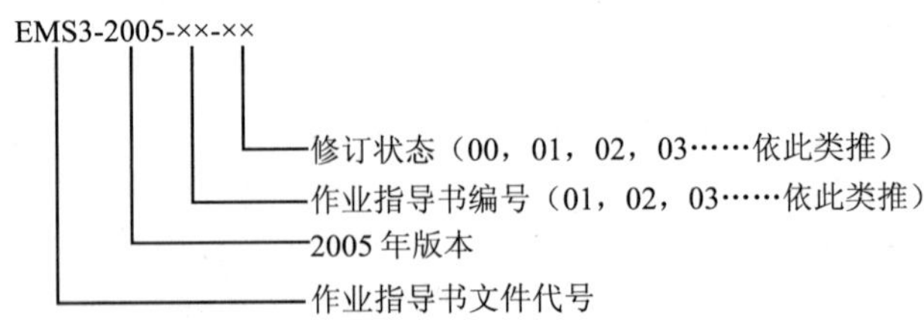

d. 记录

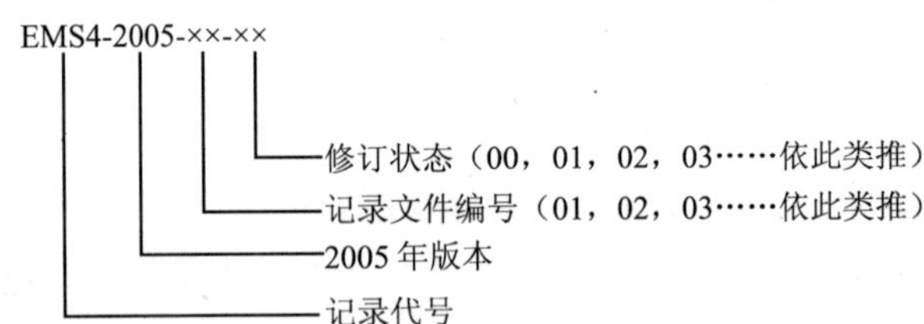

②体系文件受控标识。体系文件分为“受控文件”（受到更改控制的文件）和“非受控文件”两类，受控文件应作受控标识，且每个文件有唯一分发编号，并按更改要求进行更改控制。

受控文本是指对文本的每一次修订、换版，负责进行修订的部门需通知文本的持有者，并同时对其持有的文本进行相应的修改、换版，同时回收旧版的文本。受控文本一般用于企业组织内部管理。一般包括环境手册；程序文件；作业指导书（包括操作规程、监测规程等）。

非受控文本是指对文本的一切修订、换版，负责进行修订的部门不需通知文本的持有者，也不需要进行相应的修改、换版和回收旧版的文本。非受控文本一般用于学习和交流。

③体系文件（管理手册、程序文件）的幅面、格式及字体基本要求，建议按 GB/T 1.2 规定执行，作业文件不采用标准形式编制。

（6）文件编制计划

在经过上述系统的调查和策划后，组织应根据策划结果形成文件，即“文件编制计划”。《文件编制计划》建议由文件编写人员集体讨论，经授权人（如管理者代表或部门经理）审批后实施。

7.6.3.2 各层次文件的编写

（1）环境管理手册的编写

ISO 14001：2004 虽未要求必须编制环境手册，但仍要求组织建立文件以描述环境管理体系覆盖的范围、环境管理体系主要要素及其相互作用，以及相关文件的查询路径。为实现上述要求可以单独编制环境手册，也可以通过编制环境管理职能对照表等形式实现。

环境管理手册的结构和形式并无规定，下面介绍的手册内容的编排形式可供参考：

封面（手册名称、文件编号、版本号、发行号、组织名称和标识、受控状态和分发号）；

0.1 目录[章（节）号、章（节）名、版本号、发行号、生效日期、页次、标准条文编号]；

0.2 修订页[章（节）号、版本号/修改次第、修改单号、修订条款，编制/修改、审核、批准者、生效日期]；

0.3 手册发布声明（最高管理者告全体员工书）；

0.4 引用文件（列出引用文件编号和名称）；

0.5 术语及其缩写（行业及本组织专用术语、词汇或缩略语的定义）；

0.6 手册的控制（如控制方式、状态识别、发放范围和控制、领发手续、修改控制、编制、审核和批准以及修订程序等的简要说明。详细叙述应在文件控制程序中作出规定）；

1 环境管理系统概述

1.1 组织概况（公司、工厂）简介（业务范围和性质、产品、简单背景和发展过程、组织规模、环境保护方面的介绍，如废水排放及治理状况、废气排放及治理状况、危险废物处置状况、节能降耗和组织名称、地址和通讯方法等）；

1.2 环境管理系统的目的；

1.3 环境管理系统的范围（包括产品的范围、活动的范围、场所的范围、组织的范围）；

1.4 认证（范围、业务）；

1.5 组织的运作和活动（运作部门、生产工序流程图等）；

1.6 手册内容；

2 环境方针[标准的要求、权责、工作程序（方针的传达、评审及更新）、参考文件、环境方针的内容（需要时，可增加环境方针的文字说明。此内容宜单独排印，并由最高管理者亲笔签署，以示最高管理者庄严承诺）]；

3 组织结构（通常用框图描述组织的机构设置及隶属关系和横向协调关系，应包括管理者代表），见示例 7-7；

4 环境管理体系（用文字扼要叙述 4.1～4.6 的控制范围和控制过程，必要时引用程序文件或作业指导文件）；

附录（视需要可把组织结构图、环境管理职责分配表、平面布置图以及支持手册所述环境管理体系运行的文件清单等作为手册附录）。

（2）综合管理手册的编写

目前，国内已建立环境管理体系的组织基本上均是将环境管理体系与质量管理体系整合，建立质量与环境的二合一综合管理体系，或再纳入职业健康安全管理体系，建立质量、环境、安全与健康三合一的综合管理体系，将环境管理体系的要求纳入综合管理体系的手册中。

示例 7-7　××××公司环境手册的组织结构

说明：在组织结构中，应体现环境污染较集中的区域，便于外部各方了解环境状况。

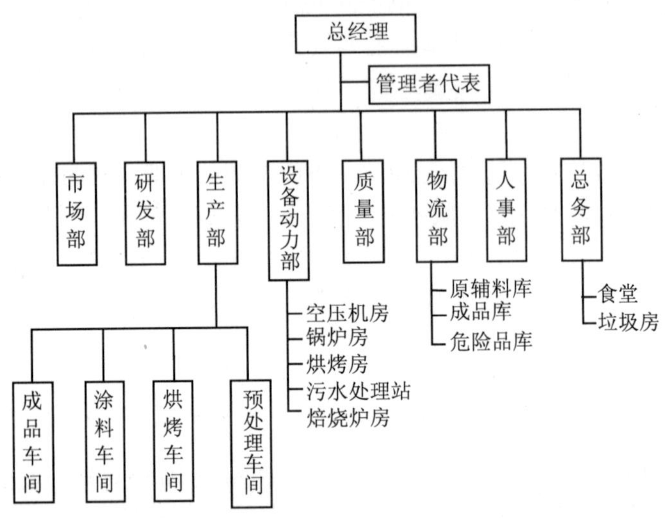

编写综合管理体系手册以质量管理体系为主干体系，对各个标准条款的要求逐一阐述，相近技术内容的条款合并在同一章节阐述。

管理手册的内容应结合组织的特点来说明组织采用什么方式来满足标准中每一条款的要求。管理手册和程序文件通常是分开的，手册中也可以包含程序文件。管理手册中若涉及其他文件，应给出相关文件的查询途径。若涉及记录，应给出相关记录表的查询途径。

（3）程序文件的编写

程序文件应统一规定内容编排的结构形式。程序文件内容的结构形式可用文字、流程图、表格或其他适宜的方法，由组织按需要自行规定上述一种或几种方法的结合。下面介绍用文字表述的方法。

①程序文件名称和编号。每个程序文件均应赋予一个能清楚表述程序主题的文件名称。文件标题最好不超过 12 个字，采用主谓式，如环境要素识别与评价、文件控制程序、废气管理程序、噪声管理程序等。程序文件的编号应体现标准条款中管理要素的编号以及管理活动的层次，以便识别。

②目的。简要说明建立本程序的主要目的以及实施本程序所希望获取的效果。目的一般表述方法有：

a．本程序规定了……通过实施本程序确保……

b．制定本程序的目的在于……

c．为了……建立和保持本程序。

③适用范围。每份程序文件都应界定其适用的范围，包括适用的部门（岗位）、产品、过程范围，有时为了防止误用而阐明不适用的范围，一般表述方法为“本程序适用于……”

④定义。为了正确和统一理解本程序文件，往往对正文所涉及的一些术语进行解释或说明。一般列出组织内专用的术语、组织内易混淆的词汇、ISO 14001：2004 规定的术语或者缩略语。

⑤职责和权限。阐明实施本程序所规定过程的主管部门和相关部门（岗位）的职责和权限（小型组织尽可能到岗位，但不要列出岗位人员姓名）。责任类型一般包括：程序的建立和保持责任，承担某项或某些活动的责任。除规定责任外，必要时还应授予权限，例如×××部（×××部×××员）负责。此处只扼要写清责任者负责做什么即可，不要把过程怎么做的方法和要求也混在其中，否则造成与正文叙述的重复或不一致。

⑥工作程序。工作程序是程序文件的核心内容，描述所涉及范围的全过程，其详略程度因活动的复杂程度和人员能力水平而定。对于复杂活动，其实施涉及多个部门协调工作，程序文件宜规定得具体且详细；人员的素质相对较弱，程序文件也尽可能作出详细规定，以指导其实施。

通常应考虑：

a．规定组织及其顾客和供方的需求；

b．用文字和（或）流程图说明所需活动的途径；

c．规定由谁做？在何地何时做？为何做？依据什么？用什么材料和设备？ 做什么？如何做？在何种环境下做？如何测量？ 所要达到的要求、需形成记录和报告的内容、出现例外情况时的处理措施等。

上述内容中，有的内容可放入相关的作业指导书中更合适，特别是一些纯技术性细节的内容建议放在作业指导书中更适宜。是否要建立作业指导书以及某些内容是放在程序文件中还是放到作业指导书中，均由组织从最有利于实施的角度考虑、决定。

⑦相关文件。列出与该程序文件相关的程序文件、法律法规和其他要求、作业指导书、操作规程、工艺及其他有关规程等支撑性文件的清单。

⑧报告和记录。确定使用该程序时的记录和报告格式。当一份记录在几份程序文件中都引用过时，在该记录生成最直接相关的程序文件中规定并列出，其他程序文件引用即可。可行时，这些记录所采用的格式或表格应予以规定，并对记录的编号、保存部门、保存形式及保存期限作出规定。保存部门主要指活动形成记录的责任部门。保存形式包括电子形式和书面形式两种。

⑨附录。附录提供程序文件的支持信息，如本程序文件某内容的补充性文件、记录用表格样式、流程图等。

程序文件要有针对性、可操作性、可评价性和可检查性，文字应简练、明确易懂，并得到主管部门负责人同意以及相关部门对接口关系的认可，经审批后实施。

程序文件见示例 7-6、示例 8-1 至示例 8-4、示例 9-1、示例 10-1 等。

ISO 14001：2004 标准中要求建立程序的条款，应用文件将活动或过程的程序描述清楚，不一定单独建立程序文件，也可以将环境管理体系的程序与其他管理体系的程序合并，用一个总程序描述两个体系的过程。ISO 14001：2004 标准和 ISO 9001：2008 标准中要求建立程序的条款见表 7-5。

ISO 14001：2004 标准中有 12 个条款要求建立程序，仅 4.4.6 条款要求某些运行控制应建立程序文件（要求建立的程序一定要形成文件），其余条款要求建立程序；ISO 9001：2008 标准中有 6 个条款要求建立形成文件的程序。也就是说两个标准中要求应建立程序文件的地方一定要编写程序文件，质量管理体系中至少应建立 6 个程序文件，环境管理体系中至少有 1 个程序应形成文件（通常有几个重要环境因素，应制定几个运行控制程序文件），但两标准中有 6 个条款建立程序的要求基本相同，即文件控制、记录控制、内部审核、不合格控制（包括应急准备和响应）、纠正措施、预防措施，所以在质量与环境的综合管理体系中至少应建立 7 个程序文件（包括环境管理体系中至少 1 个运行控制程序文件）。ISO 14001 标准中要求应建立程序，但未明确要求建立程序文件的条款，可以建立程序文件，也可在手册中纲领性地描述该程序的要求。建议此类条款最好与质量管理体系相对应的条款合并在一起建立综合的程序文件。整合体系的文件管理程序见示例 7-8。

表 7-5　标准中要求建立程序的条款

ISO 14001：2004	ISO 9001：2000
4.3.1 环境因素	
4.3.2 法律法规和其他要求	
4.4.2 能力、培训和意识	
4.4.3 信息交流	
4.4.5 文件控制	4.2.3 文件控制（要求建立形成文件的程序）
4.4.6 运行控制（要求建立形成文件的程序）	
4.4.7 应急准备和响应	8.3 不合格品控制（要求建立形成文件的程序）
4.5.1 监测和测量	
4.5.2 合规性评价	
4.5.3 不符合、纠正措施和预防措施	8.5.2 纠正措施 8.5.3 预防措施（要求建立形成文件的程序）
4.5.4 记录控制	4.2.4 记录控制（要求建立形成文件的程序）
4.5.5 内部审核	8.2.2 内部审核（要求建立形成文件的程序）

示例 7-8　整合体系的文件管理程序示例

××××公司内、外部文件管理程序

编号/修订状态：QEMS2—2004—01/00

1 目的和范围

为确保本公司管理体系文件充分、适用、有效，确保各岗位能及时获得有效版本的文件，制定了本程序。程序中规定了管理体系文件的管理职责、文件的种类、内容结构、编号方法以及制定、审查、批准的程序、控制方法和要求。该程序适用于本公司管理体系覆盖范围内所有文件管理。

2 文件管理职责和权限

2.1 综合办公室是文件管理的主要职能部门，其职责是：

（1）负责编写和修改管理手册、组织其他部门编写管理体系文件的第二、三层次的文件；

（2）负责各类文件的统稿工作；

（3）负责各类文件（包括外来文件）的收集、整理编目、存档、发放、回收、销毁。

2.2 最高管理者和管理者代表的职责：

（1）最高管理者负责管理手册、环境管理方案的审核批准；

（2）最高管理者负责组织的方针制定和修改，负责下达管理者代表任命书；

（3）管理者代表负责程序文件的审核批准，必要的规章制度文件类的编写和修改；

（4）最高管理者和管理者代表负责目标和指标的制定和修改；

（5）最高管理者和管理者代表负责职责分配文件的编写和修改。

2.3 各部门职责主要是：

（1）各部门负责本部门职责范围内程序文件、操作指导性文件，相关记录表的编写、修改、审核工作；

（2）负责定期评审本部门所用文件的有效性；

（3）技术部和安环部负责第三层次文件、记录表的审核批准；

（4）配方类的技术性文件由技术部负责整理编目、发放、回收、保管、销毁。

3 管理程序

3.1 在文件编写前，最高管理者应确定方针、目标和指标、管理者代表各层次的职责和权限。

3.2 综合办公室按标准要求并结合本公司的特点编写管理手册，手册中应明确哪些过程需要编写程序文件，手册应包含方针、目标和指标、各部门职责和权限。手册经最高管理者审批后，由办公室书面通知相关部门编写程序文件，并附上“文件编写要求”。

3.3 各部门负责人接到通知后，应组织人员编写程序文件和相关记录表。程序文件中应明确需要编写哪些操作性文件，以及对现有文件的引用。各部门负责人应审核本部门编写的程序文件。

3.4 管理者代表收到程序文件时，应进行再次审核，有问题退回职能部门修改，修改后还需再次审核，符合要求才能批准。

3.5 管理者代表批准后的程序文件交综合办公室，由办公室安排人员编写第三层次文件。

3.6 与产品有关的第三层次文件交技术部负责人审批，与控制环境因素有关的文件交安环部负责人审批，若两方面均涉及，应由两部门共同审批。

3.7 各部门将文件的审批稿和电子版交到综合办公室，由综合办公室统稿、打印、分发。

3.8 综合办公室应填写内部“文件清单”，清单中应标明文件编号和修订状态。

3.9 各岗位负责人去综合办公室领本部门各岗位所需的文件，并分发到各岗位。

3.10 综合办公室发放文件时应填写“文件发放登记表”发放文件封面应有发放编号，并登记该编号。应核实相关岗位是否均有所需的文件，若有的岗位没有，应立即通知部门或岗位负责人领取。

3.11 安环部应关注外部因素的变化情况，若外部因素变化可能引起组织的文件更改，应书面通知综合办公室，办公室将信息传递给相关部门。

3.12 各部门负责人根据内、外部因素变化情况，每年至少组织一次文件有效性的评审工作，若需要修改文件，应填“文件更改申请单”，经综合办公室和管理者代表批准后实施更改。更改后的文件仍要经相关授权人审批。审批后将审批的文件和电子稿交办公室统稿打印。

3.13 综合办公室应即时将修改后的文件发放到相关岗位，同时撤销作废文件，并在“文件发放登记表”中记录发放修改的文件和注销回收的文件。

3.14 作废文件应盖“作废”章，放入作废文件保管柜中，每年集中销毁一次。换版的作废文件电子版应刻成光盘保存，光盘上应注明文件名称和版本。

3.15 综合办公室应做好外来文件的购买、发放和保管工作，应单独编制外来“文件清单”，在外来文件封面应盖“外来”章。需用外来文件的部门，其负责人到办公室复印。

3.16 综合办公室、技术部和安环部通过网站、情报机构和政府职能机构等关注外来文件的变化情况。若有变化，办公室应及时购买替换。

3.17 作废的外来文件应盖“作废”章，保管期限为 10 年。

3.18 外来文件的其他管理方式与内部文件管理相同。

3.19 与产品有关的配方、试验报告、工艺流程等技术性文件在技术部保管。文件发放、保管、回收等管理方法与综合办公室相同。技术文件更改执行《设计与开发控制程序》中的设计更改条款。

3.20 所有文件均是打印或复印件，字迹应清楚，文件修改应打印换页，不能在文件上划改。员工在使用文件时应保持文件的干净、清晰，不能在文件上随意乱画。

4 相关引用文件

《设计与开发控制程序》 QEMS 2—2005—02/00

5 相关记录表

文件清单 QEMS 4—2004—01

文件发放登记表 QEMS 4—2004—02

文件更改申请单 QEMS 4—2004—03

（4）作业指导性文件的编写

作业指导性文件是第三层次文件，是程序文件中某些要求的细化和补充，以使各项活动更具有可操作性。作业指导性文件可以用文字、图片描述，也可以将正确操作方式制成录像。

①作业指导性文件类型。作业指导性文件主要有与运行控制有关的文件、行政管理文件以及与相关方有关的管理文件 3 类。

a．与运行控制有关的作业指导性文件。如污染管理（废水管理、废气管理、粉尘管理、废液管理、固体废物管理、噪声管理）；油品管理；化学品管理；资源能源管理；绿化管理；设备管理；食堂管理；机动车辆管理；防火防爆管理；重点岗位管理（锅炉房、污水处理站、危险化学品仓库、油品库、压力容器、电焊、气焊场所、气体工作站）（见示例 9-2、示例 9-3）。

b．行政管理文件。例如费用管理办法、文件编码规则等。

c．与相关方有关的管理文件。例如对材料供应商、工程承包商、运输公司、废弃物处理商等相关方以文件形式提出的环境管理方面的要求。

②作业指导性文件主要内容。一般包括：

a．描述运行某工序或设备时正确的操作步骤，这种描述方式最好按动作的顺序进行条款式描述；

b．可以明示不正确的操作方式；

c．某操作步骤中若有控制要求，应明确控制参数，控制参数应是仪表显示值，不要给出通过计算才能确定的值；

d．当出现不严重的异常情况时，应如何排除，较严重的异常情况时应采取什么措施；

e．可以对设备保养、岗位环境管理提出要求；

f．操作过程中应注意的安全事项。

③作业指导性文件的格式：

a．采用规定的格式时，可参照程序文件的格式；

b．不规定格式时，应含有组织的标识和文件的名称、版本号以及编号等基本信息，编制、审核、批准签署和实施日期。

（5）记录表格的编写

记录用的空白表格是一种特殊形式的文件，空白表格文件的控制按文件控制要求管理，做过记录的表单按记录控制要求管理。

通常，在组织以往的运行过程控制中可能有数量不少的记录表，应收集这方面资料。一般不改动这类表单的内容，在建立管理体系时，将这类表单纳入内部文件进行管理，可以将这类表单按建立的管理体系要求进行统一编号。根据对实际活动或操作应收集的信息量来编制新记录表的内容，记录表主要由以下内容组成：

①明确是做什么记录的记录表；

②应有使用部门的空白栏；

③应有收集足够实际信息量的空白栏；

④若有判定要求时，应有结果判定空白栏；

⑤必要时，应有说明或备注空白栏；

⑥应有记录人签字和记录日期空白栏；

⑦若记录的内容和（或）判定结果需要审批，应有审批意见和审批人签字的空白栏。

7.6.4 环境管理体系文件的审核与批准

7.6.4.1 环境管理体系文件的审核

组织在制定环境管理体系文件时，应严格控制文件的质量，在文件生效前，应对文件的内容进行符合性、适宜性、系统性和编辑性审核。

（1）与标准符合性审核

符合性审核，就是审核组织编制的环境管理体系文件内容是否阐述了 ISO 14001：2004 标准第 4 章所有要素中的各项要求，即手册（若编写了手册）、程序文件、环境方针和目标、环境实施方案等文件是否按标准要求制定。

在文件与标准符合性的审核方面，对审核人员在相关标准内容理解方面的素质要求较高，如果组织的内审员中没有具备这方面能力的人员，建议聘请相关咨询机构人员或国家注册审核员对建立的管理体系文件进行审核。

（2）适宜性审核

适宜性审核是文件规定与组织实际情况符合性的审核。各责任部门对文件中规定的与自己部门有关的活动进行审核，确保文件的适宜性。主要审核程序文件、作业指导性文件和相关记录，从符合性、可操作性和提供信息量的充分性三方面进行审核。

（3）系统性审核

文件系统性审核的内容包括（但不限于）：

①体系范围规定和文件内容的完整性。环境管理体系范围包括产品、活动、组织和场所的范围，组织在环境管理体系策划时规定的体系范围是否在环境管理体系文件中都已规定清楚，有无遗漏。环境管理体系初始评审和策划时发现的一些需要改进的问题是否已纳入文件，使这些问题能够得以改进。

②文件名称及文件控制范围的一致性。环境管理体系文件的名称与该文件所规定的活动范围是否一致。如《固体废物控制程序》是否规定了生活垃圾和工业垃圾的控制过程。

③文件与相关文件间接口的一致性。为了确保过程的完整性，在规定本过程的文件中，常把本过程的一个或多个子过程在相关文件中详细规定。此时组织应评审本过程的文件和相关文件接口的一致性。如组织在《内部审核控制程序》中，有关不符合事项的纠正措施的实施和评审引用《纠正和预防措施控制程序》，此时就应评审上述两个程序对纠正措施的实施和评审的规定的一致性。

④不同文件对同一活动规定的一致性。如《固体废物控制程序》规定危险废物收集、储存和处置的通用程序，《废弃油品管理规定》也规定废弃油品的收集、贮存和处置的详细程序，组织应评审两份文件规定的一致性。

（4）编辑性审核

编辑性审核是对管理体系文件的格式、编排和文字细节的审核。包括以下方面：

①文件名称、编号的一致性。

②文件格式一致性。同层次文件的封面、正文、附录，以及每页文件标识内容（如文件名称、编号、版本号等）及其字体、字号、位置。

③文件封面一致性。同层次文件的文件标识内容、受控状态、发放编号和修订情况及编制/修改、审核、批准者等样式应一致。

④正文一致性。同层次文件的章节标题、章节编号、字体、字号和行距、文件编号等样式应一致。

⑤记录表一致性。公司名称、表格的相关信息（如文件编号、版本号、字体等）、标题的相关信息（如标题名称的字体和字号等）和记录编号等样式应一致。

（5）文件的修改

文件审核结束后，审核文件的人员应书面提出审核意见和修改意见，文件编写人员应根据审核和修改意见更改文件，必要时，还应进行现场调查和（或）查阅相关资料，对文件内容作进一步的补充和更正。文件编写人员可以提出自己对文件内容的想法和理解，供审核人员参考。

修改后的文件应提交相关审核人员对修改内容进行再次审核，必要时，应再次组织人员进行评审。文件编写人员应按再次审核意见修改文件，直至文件内容符合审核人的要求。

（6）文件的统稿

文件统稿时应设置有文件审核与批准人签字以及文件生效日期填写的位置，审核后的文件应由审核人在相应位置签字。

7.6.4.2 环境管理体系文件的批准

按 ISO 14001：2004 标准 4.4.5 条款的要求，文件发放前应经批准，才能实施。文件批准前，批准人应对文件再次进行审核。批准人对文件的审核，主要查看文件对过程或活动相关内容的描述是否正确；环境管理体系的文件是否覆盖了所有的过程或活动，大的过程中包含的子过程是否充分展开，是否对子过程进行了相应的描述；文件的相关要求能否有效地执行。

最高管理者是环境管理体系建立与实施的决策者，环境管理体系实施运行前应得到最高管理者的批准。通常，最高管理者是以发布令的文件形式批准组织按环境管理体系文件的实施运行。发布令文件通常装订在环境管理体系文件合订本的前面。

文件批准权限可根据文件级别不同有所差别，各组织也不尽相同，一般在文件控制程序中明确。环境方针、目标、指标、方案和手册通常由最高管理者批准；程序文件通常由环境管理者代表批准；第三层次文件通常由使用部门的负责人批准。文件批准人在文件相应位置签字，以示文件得到批准，同时还应注明批准日期。

7.7 体系建立

环境管理体系文件编制、审批后到体系正式运行之前的阶段是体系建立阶段，此阶段的主要任务有完善体系实施计划、配备必要的资源、完善组织结构、完善文件体系、发放文件和人员培训等。

7.7.1 完善环境管理体系的实施计划

由于组织经营目标和内外部各种因素的变化，会导致体系实施计划（在体系建立的前期阶段建立）的更新，在体系实施前制订新的实施计划。

7.7.2 配备相应的资源

（1）人力资源

组织应对人员各岗位能力的培训进行统筹安排，制订培训计划，保证人力资源的提供，确保人员的能力能够胜任岗位的要求。

（2）设施资源

设施包括生产设备、监测设备、消防设施和危险化学品（含危险废物）专用库房或专用贮存场所等。

（3）环境资源

对于需要建立许可制度的作业场所，应落实管理措施。如易燃易爆品区域禁止烟火，并配备隔离措施，防止非许可人员入内。

7.7.3 完善必要的组织结构

在实施环境管理体系时，一般均需要调整和完善组织结构，包括建立应急反应小组、监测小组，落实与外部相关方，如处置危险废物供方、危险化学品供方、环境监测供方，必要时包括顾客和地方环保局等的联络责任。

7.7.4 完善相应文件

在体系实施前，如果发现有些文件需要更新，如由于资源、时间、措施的变化，新的方案需重新制定和审批；有些文件需完善，如重要环境因素和法律法规清单以及部分作业指导书等，则应按文件控制程序修改、完善体系文件。

7.7.5 制备记录表格、各种标签和指示牌

环境管理体系建立阶段，需制备完善各类记录表格、标签和指示牌等并分发到相关人员处。标签可能包括：禁止性标签，如禁止吸烟、禁止入内等；引导性标签，如逃生

方向、安全通道、人物流通道等；宣传性标签，如污染预防方面和节能降耗方面。

7.7.6 文件发放

（1）发放文件的原则

文件发放应遵循在使用处可获取现行文件的有效版本的原则，可采用电子文件形式，也可采用书面文件，书面文件发放可以在使用处建立文件柜，也可以张贴到各工作岗位处。

（2）发放文件的策划

文件批准后，应制定文件发放范围表，规定不同级别的文件发放部门和份数，文件发放包括“受控”和“非受控”两类，“非受控”文件一般只在需要时发给顾客、供方等外部相关方（认证公司需要获取受控文件）。在组织内部实施的文件一般均应是受控文件。

7.7.7 文件培训

体系文件培训包括全员培训和各部门的岗位培训。

7.7.7.1 全员培训主要内容

（1）管理体系文件简介

介绍环境方针、目标指标和管理方案、环境管理手册和相关的程序文件及其关系等。

（2）运行初期工作重点

①学习标准：

a．掌握 ISO 14001：2004 的相关术语；

b．理解 ISO 14001：2004 的相关要求。

②熟悉体系文件，应重点关注：

a．哪些证据可以证实已按文件要求完成这项过程或活动；

b．与体系建立前相比，这份文件中有哪些新要求、新过程要做和新记录要记；

c．岗位应实施的活动。

③准备所需文件：如培训计划、废物一览表、相关方的环境影响评价表等。

7.7.7.2 岗位培训

各责任部门结合全员培训的内容，对部门内的各相关岗位需要执行的有关文件进行培训。培训形式包括部门领导讲解、专题讲座（讲课）、竞答、现场模拟操作、机构内部的业务通信和杂志等。适用的法律法规有要求的工种需委外培训，以便获得法定的岗位资格证书。

8 环境管理体系的运行控制

8.1 环境管理体系的运行控制程序

8.1.1 运行控制要求

①组织应建立、实施和保持环境管理体系运行程序，规定环境管理体系日常运行的要求，对确定的重要环境因素，实施有效控制，确保实现组织的环境方针、目标和指标。

②组织在建立或修改其环境管理体系运行程序时，应考虑正在或可能产生重大环境影响的运行和活动（包括设计和施工、采购、签订合同、原材料搬运和贮存、生产和维护、产品贮运、使用和处置等）。新投资的项目或新产品开发都应考虑污染预防和资源保护，满足组织内部的日常环境管理和外部环境管理标准或要求，还应考虑预测并适应变化的环境要求所进行的战略性管理活动。

③组织为满足环境方针的要求，实现环境目标和指标，应评价确定的重要环境因素的运行情况，并采取相应措施，确保其在运行中能够控制或者将其对环境有害的影响程度降到最低。ISO 14001：2004 在使用指南中特别指出，组织环境管理体系运行中的所有活动（包括维护活动）都应该实施有效的控制。

④凡没有程序规定可能造成偏离环境方针、目标和指标的运行，组织应建立并保持程序文件，对运行的准则、要求作出具体的规定，以指导环境管理体系运行，亦作为体系评价的依据。

⑤组织所使用外购外协的货物或服务经识别有重要环境因素，亦应建立相关运行控制程序，将程序和控制要求通告供应商和承包方并对其施加影响，使其能实施有效控制。

8.1.2 运行控制程序的内容

组织环境管理体系运行控制程序的内容视组织的活动、产品和服务中所涉及的重要环境因素而定，其中组织的环境管理体系运行控制的共性内容主要有：

①产品设计和开发过程关于节约资源和减少环境污染的控制；

②废气污染预防和控制；

③废水污染预防和控制；

④危险化学品污染预防和控制；

⑤固体废物污染预防和控制；

⑥危险废物污染预防和控制；

⑦噪声污染预防和控制；

⑧节能降耗。

环境管理体系运行控制程序内容见表 8-1。

表 8-1 运行控制程序主要内容表

程序名称	控制要点	相关记录
废气管理	废气类型（如工艺废气、锅炉烟气、汽车尾气）、各种大气污染的治理措施及设施的运转和保养状况、应急处理	废气治理设施运转记录、保养记录、废气排放结果记录等
废水管理	废水类型（如生产废水、生活废水、试验废水）、废水指标、废水处理设施及其运转和保养状况、应急处理	废水处理设施运转和保养记录、应急处理记录、废水排放结果记录等
危险化学品管理	范围（按 GB 12268《危险货物品各表》）、采购、运输、仓储、使用、废弃、应急处理	生产/经营、运输许可证、MSDS、进出库记录、废物一览表、危险废物联单、应急处理记录等
噪声管理	固定声源类型（如空压机、冲床）、噪声治理措施及设备运转和保养状况、应急处理	隔音、消音设施维护记录、应急处理记录等
废物管理	废物分类（如一般生活垃圾、餐厨垃圾、一般工业垃圾、危险废物）、废物贮存、危险废物标识、运输、处置、应急处理	生产/经营、运输许可证、进出库记录、废物一览表、危险废物转移联单、应急处理记录等
节能管理	控制范围（如水、气、电、燃油）、主要耗能设备及负载率、节能措施、节能效果检查	耗能设备台账、节能控制记录及检查记录、纠正和预防措施等
对供方环境影响管理	控制范围（原辅料供方、危险化学品供方和贮存、安装、服务供方）、控制方法（包括在采购合同中规定环境管理体系要求、向供方进入组织现场的工作人员进行意识培训，如放映环境意识教育录像片和发放宣传材料等）、检查供方运输情况和工作现场、不符合及纠正措施	内容有环境管理要求的采购合同、供方环境绩效影响表、培训记录、供方环境绩效检查记录等
设备维修	设备类型（如生产设备、环保设备）、维修类型、维修策划、维修相关的环境因素管理	设备台账、维修计划、维修废物清单、废弃物处置记录、危险废物转移联单等
设计开发	• 开发长寿命、高效率和多功能的产品 • 提倡开发设计小型化、轻量化并符合环保要求的新产品 • 在产品设计中使用无毒、无害的材料 • 提倡开发设计在运行中低能耗、低污染的产品 • 考虑产品废弃后零部件再资源化	开发计划、设计开发输入文件目录、设计开发输出文件、必要的评审、验证和确认记录、设计开发更改及更改控制记录、产品设计开发过程各类试验对环境影响测试记录等
新建、改建、扩建项目的环境管理	项目类型（如新建、改建、扩建、能源利用等）、申报、项目环境影响评价、项目监测、项目“三同时”验收、申请许可证（适用时）	项目方案、申请材料、环境影响评价报告（环境影响评价表/环境影响登记表）、项目监测报告（适用时）、“三同时”验收报告（适用时）、许可证（适用时）等
原材料管理	控制范围（如原料 1、原料 2 等）、领用、使用、余料回收、巡检	领用表、消耗表、余料回收利用表、巡检表、纠正和预防措施表等
实验室管理	废水管理、废气管理、试剂管理、实验设备管理	实验监测结果记录、试剂使用和废弃台账、实验设备校准计划、记录等

程序名称	控制要点	相关记录
空压机操作	操作步骤、异常处理、维修保养、空气储罐、安全阀及压力表检测、维修产生废物处置、润滑油泄漏、空气储罐破裂、安全阀失灵	空压机使用、维修记录、空气储罐、安全阀及压力表检测证书、维修产生的废物处理台帐、润滑油泄漏和空气储罐及安全阀失灵事故和事件分析记录等
污水站管理	污水处理制度、污水监测、污水池漫溢、危险化学品添加、应急处理、记录填写	废水监测记录、危险化学品添加记录、污水池漫溢和危险化学品应急处理分析记录等
危险品库管理	进出规定、标识、危险品储存要求、消防报警要求、巡检记录	进出记录、巡检记录、标识牌、危险品库位卡、消防器材检查记录、报警设施检定记录、危险品库年度评价报告等
锅炉房管理	操作步骤、异常处理、维修、锅炉及其附件检定、水质检验、排放废气规定、锅炉和炉管破裂、安全阀失灵	锅炉运行、维修记录、锅炉及其附件检定证书、水质检验报告、锅炉和炉管破裂以及安全阀失灵分析记录、锅炉烟气排放监测记录等
食堂管理（组织设置食堂时）	用水规定、用气规定、油烟过滤装置维护、废水管理、隔油池维护、餐厨垃圾处理规定	食堂用水、用气记录和检查表、油烟过滤装置维修计划和记录、餐厨垃圾清运记录、油水分离隔油池维修和清理计划和记录、废水及油烟监测记录等
车辆管理	使用规定、燃料规定、清洗规定、维修、尾气检定	车辆使用记录、燃料消耗记录、清洗供方许可证（如适用）、维修产生的废弃物处理记录、蓄电池使用及处理记录、尾气检定报告等
技术服务	服务种类、服务过程、服务中环境因素控制	技术服务报告、服务过程对环境因素控制状况的记录等

8.2 重要环境因素控制程序的实例

示例 8-1 烟道废气排放环境因素控制程序

烟道废气排放环境因素控制程序

编号/修订状态：EMS2—2004-06/00

1 目的和范围

为了确保本公司的废气排放达到排放标准要求，且减少 CO_2 排放量，制定了烟道废气排放控制程序。该程序适用于本公司与产品生产有关的锅炉系统。

2 烟道废气处理工艺流程图（略）

3 职责和权限

3.1 生产部负责司炉人员能力的控制和锅炉年检，锅炉操作规程的制定、除尘设备的维修。

3.2 安环部负责与废气处理有关岗位人员能力的控制、作业指导书的制定、处理过程的管理。

3.3 水、气处理厂负责废气处理过程的实施。

3.4 质检科负责各监测点的监测、煤质量的检验。

3.5 供销部负责供方煤质量的控制。

4 控制程序

4.1 锅炉岗位的司炉工必须获得市级以上锅炉检测机构的培训合格证才能上岗，生产部负责司炉工资格的再确认工作。

4.2 生产部制定《锅炉操作规程》，规程中应明确必要的控制参数，《锅炉操作规程》应放大且用镜框挂在墙上，应便于操作人员方便、清晰地看到。

4.3 司炉工应按操作规程进行操作，对重要参数应严格控制并记录，记录中应表明用煤的批号或产地，当发现煤质量有问题时，应及时通知供销部。

4.4 供销部至少选择两家购煤的合格供方，应在合格供方采购煤。平时适当关注合格供方煤炭来源。当发现煤质量不符合本公司要求时，应及时与供方联系，由供方给出合理的答复。如果下次仍在该供方购煤，在购煤前，应由供方提供 1kg 煤样本到本公司检验，检验合格才能批量购入。不合格，应换其他合格供方，购煤前，也应做煤的样本检验。

4.5 安环部应制定《废气处理作业指导录像》和《各监测点参数控制表》。《废气处理作业指导录像》作为培训资料，《各监测点参数控制表》应挂在操作人员易看到的墙上。安环部应对废气处理人员进行能力培训和考核，考核合格者上岗工作 10 天，检查其实际工作能力，未达到要求者实施再培训。

4.6 废气处理人员应严格按《废气处理作业指导书》操作，并记录过程控制参数。交接班时，值班人员应向接班人员说明过程控制情况，当有异常情况发生时，一定要在《废物处理过程记录表》中注明，并向接班人员交代清楚。废物处理厂负责人每班至少检查一次作业指导书的执行情况和相关参数的记录情况。

4.7 安环部应制定《气体检验规程》和《回用水质检测规程》，发放给相关检验人员，每人 1 份。应负责对检验人员进行两规程培训，经理论和实际操作考核，合格者才能上岗。

4.8 质检科在每班次上班后 0.5 h，从各监测点取样检验 1 次，间隔 4 h 再对排向环境的气体取样检验 1 次，检验结果记录“气体监测记录表”和“水质监测记录表”中。监测结果若不符合《气体检验规程》或《回用水质检测规程》要求，应立即通知废物处理厂负责人采取措施。若废物处理厂负责人解决不了的问题，应与安环部联系，安环部应立即派相关技术人员到现场调查原因，制定措施，直至问题解决。正常运行时，质检科应对原不符合的监测点再进行 1 次取样检验，并记录。

4.9 废气处理过程中若设备出现故障，应立即通知生产部，生产部应派设备维修人员到现场维修。

4.10 质检科在监测气体中 SO_2 浓度超过规定值 10%以上时，应通知当班的司炉工采取一定的措施，还应通知供销部对供方实施控制。

5 相关引用文件

《锅炉操作规程》 EMS3—2004-01/00

《废气处理作业指导录像》 EMS3—2004-02/00

《各监测点参数控制表》 EMS3—2004-03/00

《气体检验规程》 EMS3—2004-04/00

《回用水质检测规程》 EMS3—2004-05/00

6 相关记录表

废物处理过程记录表 EMS4—2004-07

气体监测记录表 EMS4—2004-08

水质监测记录表 EMS4—2004-09

示例 8-2 废水排放环境因素控制程序

废水管理程序

编号/修订状态：EMS2 — 2007-06/00

1 目的

为了使本公司生产、生活的废水得到更有效的控制，防止和减少废水对水体和环境的污染，特制定本程序。

2 适用范围

本程序适用于本公司在活动、产品和服务过程中产生的废水的管理。

3 职责

3.1 综合办公室负责委托环保部门对本公司的废水污染物排放进行测量。

3.2 各部门负责本部门产生的废水的管理。

4 程序

4.1 总体要求

4.1.1 公司内废水污染物排放应符合国家和地方污水污染物排放标准。

4.1.2 在达标的基础上，尽可能减少污水的排放量和排放的浓度。

4.1.3 对本公司不能处理的废水、废液必须送到有处理资质的公司处理。

4.2 污水控制

4.2.1 生产废水控制

生产废水包括锅炉及喷胶排放的废水，要加强采用循环水的利用，以减少废水排放量。

4.2.2 其他废水控制

（1）不得在生活水龙头处清洗油桶，清理出来的设备泄漏的机油，不得倒入水沟里。

（2）厕所要由专门的清洁工人进行处理，保持厕所的清洁，减少对环境的污染，并由专门人员每半年对化粪池进行清理，确保化粪池、下水道畅通，无阻塞、满溢现象。

（3）洗澡间要由专门的环卫工人进行处理，保持洗澡间的清洁，减少对环境的污染。

（4）食堂里的淘米水和残菜饭汤要倒入指定的泔水桶里，供给饲养牲畜户再利用。

4.3 监测与监控

4.3.1 综合办公室应定期与县环保局联系，对本厂废水污染物排放指标进行监测，详见《监测与测量程序》。监测过程中发现有不符合按《不符合、纠正与预防程序》处理并记录。

4.3.2 各部门应对本部门的废水排放进行控制，发现不符合应及时纠正并做好记录。

4.4 记录

各部门应对各项定期清理和检查的活动及出现不符合整改的情况进行记录。

5 相关文件
5.1 《信息交流程序》
5.2 《环境监测与测量控制程序》
5.3 《不符合纠正和预防措施程序》

示例 8-3　噪声排放环境因素控制程序

噪声管理程序

编号/修订状态：EMS2—2007-07/00

1 目的

加强对噪声源的管理，以便控制和预防噪声产生的污染。

2 适用范围

适用于本公司在活动、产品和服务过程中噪声的控制。

3 职责

3.1 各部门负责对本部门噪声源进行控制。

3.2 综合办公室负责联系当地环保部门定期进行厂界噪声监测。

3.3 技术质量科负责噪声污染防治的管理和日常监督。

4 程序

4.1 噪声：凡是干扰人们正常休息、学习和工作的声音称为噪声。

4.2 控制要求与原则

（1）保证厂界噪声达标；

（2）对噪声超标的严加控制并及时治理；

（3）对噪声未超标的，当相关方有合理的抱怨时也要尽力控制。

4.3 设备的安装与降噪

4.3.1 安装与调试

维修工在安装、调试设备时，力求从以下方面控制机械噪声：

（1）设备基础一定要稳固、可靠，以防因振动引起机械噪声，必要时对一些转动惯性大、转速高的设备要增加隔离沟槽。

（2）设备安装时，一定要按图纸要求进行校正。

（3）严格验收制度，对噪声超标的新设备，在未采取降噪措施前不得投入运行。

4.3.2 改、扩建项目，其环境影响报告书要评价噪声源的影响，并采取防治措施，项目投产前，噪声防治措施需经当地环保部门验收通过。

4.4 运行中的控制

4.4.1 依据噪声源发声机理，本公司的噪声源可分为以下几类：

（1）空气动力性噪声：如空压机、运输车辆等。

（2）机械噪声：如扎线机等。

4.4.2 对本公司各种噪声源的控制，应考虑以下方面：

（1）开机时要严格按设备的操作规程进行操作，防止操作不当引起的噪声。

（2）严格按设备管理制度，进行使用、维修和保养，做到油、水、气畅通，油标醒目、油量充足，使设备在完好状态下运转，发现问题及时排除，从而降低噪声。

（3）车间在生产时尽可能保持门窗关闭。

（4）运输车辆在进入厂区，禁止驾驶员鸣笛。

4.5 噪声监测与监督管理

4.5.1 综合办公室负责每年年底对厂界噪声进行监测，如超标应对相关部门提出改进措施，具体见《环境监测测量控制程序》。若出现不符合，执行《纠正与预防控制程序》。

4.5.2 技术质量科对噪声污染防治情况进行日常的监督检查，发现问题尽快解决。

5 相关文件

5.1 《新项目环境影响管理程序》

5.2 《环境监测与测量控制程序》

5.3 《不符合纠正和预防措施程序》

示例 8-4 固体废物排放环境因素控制程序

固体废物管理程序

编号/修订状态：EMS2—2007-08/00

1 目的

对各类固体废弃物进行管理，明确各种废弃物的收集，处理方法，在符合国家法律、法规条件下，以实现各类固体废弃物的资源化、无害化、减量化处理，从而达到节约资源和控制环境污染的目的。

2 适用范围

本程序适用于本公司产生的各类固体废物的收集和处置。

3 职责

3.1 各部门对产生的固体废弃物按其性质分类、收集、堆放到指定的场所。

3.2 综合办公室负责对全公司分类的废弃物进行收集、清理，对无回收价值的固废的处置。

3.3 技术质量科负责对全公司可回收的固废的处置。

4 程序

4.1 公司内固体废物分类：公司内的固体废物分为危险废物和一般废物（可回收、不可回收）。分类情况如下：

4.1.1 一般废弃物的分类：

塑料类、金属类、棉线类、纸箱类、生活类、筒管类、其他类。

4.1.2 有危险性废弃物的分类：

液体类、固体类、容器类、其他类。

4.2 综合办公室应在办公楼、每个车间各放置适量的固体废物收集桶，各固废收集桶应按危险废物（红色标识）、可回收废物（绿色标识）和一般废物做好标识。固体状的危险废物可用原料桶或其他容器收集（化学染料包装物集中堆放并有标识），液体及挥发性危险废物应用原包装桶收集，并紧闭桶盖。固废收集桶的放置要求如下：

（1）垂直放置，禁止倒卧；

（2）有防雨水措施，远离下水道入口；

（3）盖好容器盖；

（4）禁止露天放置。

4.3 各部门对产生的固废应按《固体废物分类表》分类收集，并存放在相应的固废收集桶内。

4.4 综合办公室派人每天对固废收集桶的固废收集情况进行检查，以确保及时将桶内的固废转移到厂部内的固废堆放场。

4.5 可回收固废由设备部负责处置，可回收废物由相应的废品回收部门回收处理；不可回收废物由综合办公室联系环卫部门统一填埋处理。其中危险废物处置应委托有资质的单位进行处理，并应确保对方不将回收的危险废物再转移。除不可回收的一般废物外，其余固废的处置均应做好记录。

4.6 综合办公室每季对固体废物的处置情况进行监督检查，执行《环境监测与测量控制程序》，出现不符合按《纠正和预防措施控制程序》执行。

4.7 处置废弃物过程中，遇油类或其他粉状、液体类危险固废泄漏地面时，应立即用抹布等擦拭或吸干净，抹布作为危险废弃物处理。

5 相关文件

《不符合纠正和预防措施程序》

《环境监测与测量控制程序》

《食堂废物管理规程》

6 记录

《固体废物处置登记表》

《固体废物分类表》（EP10—EP02）

8.3 重要环境因素控制方法和措施

8.3.1 废气污染的预防和控制

（1）空气污染源主要是工业废气排放（如燃料燃烧过程中产生的废气和产品生产过程中释放的废气）、交通废气（如机动车、船、航空器的尾气）、逸散尘埃（扬尘）及潜在污染源（如城市垃圾和农业废弃物的焚烧产生废气）等。废气中所包含的污染物种类繁多，尤其是工业废气污染源，由于工业系统各个行业性质、产品类型、所用的原料、生产工艺过程各不相同，所排放的废气中的污染物的特征（如物理、化学及生物特征）也各异。因而，组织必须采用适宜的控制措施，确保所排放废气符合《中华人民共和国大气污染防治法》、GB 16297—1996《大气污染物综合排放标准》等适用法律法规及其他相关的要求。

（2）组织的废气排放污染应从末端排放口控制转为全过程控制，通过技术改造、更新设备，改革生产工艺，以减少污染大气的废气产生量和排放量。

8.3.2 废水污染的预防和控制

（1）组织应遵循《中华人民共和国水污染防治法实施细则》、GB 8978—1996《污水综合排放标准》以及其他相关的要求。工业企业生产过程中产生的废水，其污染环境的指标通常有：化学需氧量、石油类、氰化物、砷、汞、铅、镉、六价铬等。不同的行业如化工、石油、制药、机械、钢铁、有色金属冶炼等，它们所产生的废水污染物有所差别。因而，在污水综合排放标准中，针对不同行业类别，对其排放的污染物及最高允许排放浓度作了具体的规定。组织应根据本行业和本组织的具体情况，采取适用的处理技术，确保处理后的废水能达到污水排放标准规定的要求。

（2）组织的生产废水、生活废水与雨水应采取分流排水系统。

（3）定期监测排放的废水符合适用的法律法规及其他要求的程度，一旦发现问题，及时纠正，并分析原因，采取相应的纠正措施。如废水排放系统发生故障，造成重大环境影响，应立即启动应急预案。

（4）定期维护保养废水处理的设施，确保其有效运行。

8.3.3 危险化学品污染的预防和控制

（1）法律法规及其他要求

组织应遵循《危险化学品安全管理条例》、GB 12268《危险货物品名表》、GB 6944《危险货物分类和品名编号》、GB 13690《常用危险化学品的分类及标志》、GB 15258《化学品安全标签编写规定》、GB 15603《常用化学危险品贮存通则》，以及其他相关的环境要求，结合本组织所有的活动、产品和服务的类型和特征，具体规定和实施预防和控制危险化学品污染环境的措施。

（2）危险化学品的识别

根据 GB 6944 和 GB 12268 的规定，危险货物按其危险特性可分为以下 9 类：爆炸品，压缩气体和液化气体，易燃液体，易燃固体、自燃物品、遇湿易燃物品，氧化性物质和有机过氧化物，毒害品和感染性物品，放射性物品，腐蚀品，杂项危险物质和物品。组织可根据危险化学品的类别及特征说明，对照 GB 12268 列出的品名表，通过环境因素评审，具体识别和确定本组织所有的活动、产品和服务过程中涉及并应控制的危险化学品。

如果组织使用的危险化学品未在危险化学品品名表范围之内，则可参照与已列出的物品中化学性质相似及危险性相似的物品，予以识别。

（3）明确危害特性，落实控制职能

危险化学品生产企业应随产品同附“化学品安全技术说明书”，使用危险化学品的组织根据“安全技术说明书”中明确的危害特性，规定管理的方法，包括确定标识、贮存、搬运、使用和处置等各个过程的控制方法，落实安全使用和管理的职能。

（4）标识控制

①组织应始终保持完整的危险化学品包装上粘贴或挂栓，或喷涂的标识。如果需要改换包装，应重新完整标识。

②盛装危险化学品的容器或包装，在经过处理，确认其危险性完全消除之后方可撕下或用其他方法去除标识。

（5）搬运、贮存和使用控制

①从事危险化学品搬运、贮存、使用和处置废弃危险化学品的人员，必须接受有关法律法规和安全知识等方面的培训，经考核合格，方可上岗作业。

②搬运危险化学品必须采取防泄漏等相应的安全措施。

③贮存和使用危险化学品，应根据其种类和危险特性，在车间、库房等作业场所采取相应的安全措施。如监测、通风、防晒、防火、灭火、防爆、防潮、防渗漏等措施，确保符合安全运行要求。

（6）危险化学品的废弃

废弃的危险化学品应按《中华人民共和国固体废物污染环境防治法》中有关危险废物污染环境防治的特别规定和国家有关规定的要求处置。

8.3.4 固体废物污染的预防和控制

①固体废物有不同的分类方法，按特性分类，分为有机物（如食品类、纸类、塑料类、织物类及木竹类）和无机物（如金属、玻璃、灰土、砖瓦）。按处理方法分为可回收和不可回收。按危险性分类，分为一般固体废物和危险固体废物。一般固体废物是指未被列入《国家危险废物名录》，或者根据 GB 5085《危险废物鉴别标准》、GB 5086《固体废物浸出毒性浸出方法》及 GB/T 15555《有关固体废物的鉴别方法标准》判定不具有危险特性的固体废弃物。危险固体废物污染的预防和控制，可参见 8.3.5 节。在此只阐述一般固体废物（含一般工业固体废物和生活垃圾）的环境污染的预防和控制。

组织应根据《中华人民共和国固体废物污染环境防治法》和有关法律法规及其他环境要求，有效地控制固体废物污染环境。

由于组织的类型及行业特点不同，在产品生产和提供服务的过程中产生的固体废物种类和品名，也会有一定程度的差异，因此，组织首先应完整地识别产生固体废物的种类和名称，产生量及流向，并确定控制的方法，具体规定和实施预防与控制固体废物污染环境的措施。

②组织应合理选择和利用原材料、能源和其他资源，以减少产品实现和服务提供过程中产生工业固体废物的数量，减少对环境的负面影响。

③产生固体废物的组织应落实防治固体废物污染环境的职能，规定管理的职责和权限。

④通过环境因素评审，识别组织所有的固体废物种类和物品名称，分类存放并明显标识。

⑤在收集、贮存、运输、利用和处置固体废物时必须做到：

a．防扬散，防渗漏，防流失等。

b．不随意倾倒、堆放、丢弃或抛撒固体废物。

8.3.5 危险废物污染的预防和控制

①组织应按《中华人民共和国固体废物污染环境防治法》中第四章危险废物污染环境防治的特别规定、GB 18597《危险废物贮存污染控制标准》、《危险废物经营许可证管理办法》，以及其他相关法律法规及其他环境要求，结合本组织环境管理体系覆盖的所有

活动、产品和服务产生的危险废物种类和名称，具体规定和实施预防和控制其污染环境的措施。

②凡是列入《国家危险废物名录》，或者根据 GB 5085 和 GB 5086 及 GB/T 15555 认定的具有危险特性的废物，都属于危险废物。组织应通过环境因素评审，对照《国家危险废物名录》所列 HW01～HW47 共 47 类危险废物，识别组织环境管理体系覆盖的范围内有哪些危险废物应实施控制。

③明确、分配和落实危险废物污染环境预防和控制的职能，规定相关部门和人员的职责和权限，落实危险废物的产生、收集、标识、分类存放和处置各环节相关人员的责任。

④产生危险废物的组织应按国家有关规定，制订危险废物管理计划（包括减少危险废物产生量和危害性的措施，以及危险废物贮存、利用和处置的措施），并向所在地县级以上地方人民政府环境保护行政主管部门申报危险废物的种类、产生量、流向、贮存和处置等有关资料。

⑤危险废物应分类存放在预定的贮存场所，并按 GB 18597 的规定作出警示标识（如爆炸性、有毒有害、易燃、助燃、腐蚀性、刺激性、石棉等）。

⑥搬运和分类贮存控制。

a．收集、搬运危险废物过程中应采取防止散落、滴漏的措施。

b．按危险废物的危险特性分类存放，防止将危险废物混入非危险废物贮存。

c．使用符合规定要求的容器盛装危险废物。如容器的材质和强度、容器完好无损、容器的材质和衬里应与盛装的危险废物相容，即不能引起相互作用。

d．每种危险废物都应设置专门的存放容器，并作出相应的标志。防止将不相容的危险废物混装在同一容器内。

e．存放危险废物的容器及场所应有防泄漏、防雨淋的措施，防止因容器渗漏造成对环境有害的影响。

f．定期检查盛装危险废物的容器及贮存设施，发现损坏应及时清理、更换，并采取纠正措施。

g．危险废物贮存设施清理出来的泄漏物亦应按危险废物处理。

⑦处置。

a．负责处置危险废物的职能部门应将危险废物交具有经营危险废物许可证、并经本组织认可的合格供方（承包方）处置。

b．处置危险废物应按《危险废物转移联单管理办法》的规定执行。

8.3.6 噪声污染的预防和控制

①噪声是指凡不需要的、使人厌烦的，对人类生活和生产有妨碍的声音，它是由物体（固体、液体和气体）的振动而产生的。噪声一般可分为机械噪声、气体动力噪声和电磁噪声。组织应识别在产品实现和服务提供过程中主要的噪声源，采取相应的控制措施，确保组织排放的噪声符合 GB 12348—2008《工业企业厂界环境噪声排放标准》等相关标准的要求。

②突出以预防为主，在选购或更新设备时将低噪声作为要求的特性之一。

③分散布置的产生高噪声的设备（如冲剪、冷作、锻造设备，空气压缩机，大型泵站等）宜采用隔声罩或其他隔音措施。

④集中布置的产生高噪声的设备，在房屋布局或结构上采取措施，如采用隔声间。

⑤产生高频声噪声的露天设备可设置隔声屏障。

⑥对空气动力性的噪声和通风噪声，可采用适宜的消声装置。

8.4 其他活动的控制方法和措施

8.4.1 产品设计和开发过程实现环境要求的控制

①设计和开发是将需求转化产品和服务的重要过程，这些需求（包括环境的要求）来自顾客和其他相关方。因而，在产品和过程的设计和开发过程中必须采取措施，以预防、减少产品和服务对环境产生有害的影响。

②努力设计和开发有利于环境保护的产品和服务，如无氟冰柜、低氧化氮排放的热水器、绿色材料、节能产品、可降解塑料包装制品、无汞干电池、低辐射彩色电视机等。

③在产品和过程设计和开发的各个阶段中，采取的相应控制措施简述如下：

a．分析设计和开发的产品和服务及其组成部分对环境的潜在影响，将减少或避免对环境产生有害的影响作为产品设计要求的组成部分，通过对产品要求的评审及其引发的措施，确保组织有能力设计和开发出满足环境保护要求的产品和服务。

b．将经过评审的环境保护的产品设计要求作为产品设计和开发的输入之一。

c．杜绝选用有毒有害的原辅材料。

d．杜绝选用对环境产生有害影响的工艺。

e．不得使用国家规定限制的落后工艺。

f．结合设计和开发的评审，确保预定环境保护方面的产品设计要求及其措施得到落实。

g．通过设计和开发验证、确认，确保设计和开发输出满足顾客和其他相关方有关质量和环境保护的要求。

④产品包装设计和开发满足环境要求的控制措施简述如下：

a．产品包装设计和开发应确保在搬运、贮存和流通过程中有效保护产品的前提下，防止使用有毒有害的包装材料。

b．贯彻“3R 原则”（减量化、再使用、再循环）。力求减少包装废弃物的数量（如防止过度包装），应选择可多次重复使用，以及可循环再利用的包装材料。

c．控制使用对环境产生污染的包装原材料和辅料，如限制使用含有卤族元素和其他有害物质成分的包装材料，以及含有氯氟烃的泡沫塑料包装材料。产品包装用辅料（如涂料、粘合剂、油墨上光剂等）应优先选用水基类和有机溶解性材料。

d．通过对产品包装设计和开发的评审、验证和确认及其后的措施，确保所设计和开发的产品包装能避免或减少对环境产生有害的影响。

8.4.2 节能降耗管理

①节约能源和降低各种资源的消耗是组织重要的环境绩效指标之一。能源是自然资源在一定条件下转换为电能、热能、机械能、光能和声能等。能源按加工程度分为原生（一级）能源和加工（二级）能源。原生能源是直接从自然界取得的能源，如煤、石油；加工能源是原生能源经加工转换成另一种形态的能源，如电力、蒸汽，以及汽油、柴油等石油制品。在组织环境管理体系运行中，应合理使用能源，降低各种资源消耗，提升环境管理绩效。

②对为组织工作和代表组织工作的所有人员加强节能降耗的意识教育，营造节能降耗、人人有责的氛围。

③系统地建立能源管理过程，制定相应的程序，明确管理职能，将节能降耗落实在所有的活动、产品和服务的各个过程中。

④建立组织的能源计量网络，实现分职能和层次的能源计量，做到全面计量能耗，统计分析，定额考核。

⑤对供能设施的动力线路（如电力、蒸汽、燃气、供水等线路），做到经常性维护保养，定期维修，确保线路完好。并加强巡回检查，杜绝“跑、冒、滴、漏”现象。

8.4.3 生产原材料的控制

在原、辅材料和包装材料的采购方面应制定严格的管理制度和流程环节监控体系，原材料根据不同的类别种类，每批次的采购都要有详细的采购报告及跟踪检验数据记录。

①材料采购部门应负责组织对供应商的评价、选择和控制管理，应编写《原材料月度采购计划》和制定《订货通知单》或《购货合同》，负责原、辅材料的质量监控。

②质检部门应负责对原、辅材料的质量进行检测，发现异常应及时通知采购部门，并与供方联系。

③应加强对供应商的管理，可采取对供应商的合同履行情况及服务进行季度评比，如果供方不能提供合格的原、辅材料及优质服务，则应换其他合格供方。

8.4.4 设备运行控制

（1）组织应建立并实施《设备运行控制程序》

程序中应规定对生产设备控制和维护保养过程的管理，确保生产设备正常运行，保持设备的生产运行过程能力。

（2）明确组织各职能部门的职责与权限

组织应建立《设备管理制度》，按制度的要求将《设备安装试车记录》、《设备安装验收确认报告》、《设备台账》等相关文件妥善管理。

生产设备部负责设备等基础设施及其相关设施的归口管理工作。

各生产车间负责设备的使用和维护。

设计开发部负责技改项目中成套设备选型、竣工验收和将竣工后的设备移交生产设备部。

采购供应部负责设备和备件的采购。

各车间维护和检修所需的设备零配件，应向生产设备部提出申请，填写《月份设备备件申购计划》。

（3）安装调试要求

设备安装前应做外观检查，确认无外观缺陷后方可安装。安装和调试按有关技术标准、范围进行。由生产设备部负责试车，试车验收合格后，应填写《设备安装验收确认报告》，并移交车间。

（4）设备检修

组织相关部门应制定《设备检修计划》，根据设备运行现状，确定设备检修与否和检修内容。生产设备部负责审核车间上报的检修计划并进行汇总，编制《年度检修计划汇总表》。

（5）设备的日常使用和维护要求

组织应建立"设备实行谁使用、谁负责日常维护保养的定人、定机"管理制度，按《设备管理制度》执行。

（6）设备事故和故障管理要求

发生故障后，填写《设备故障报告单》，按《设备管理制度》、《安全生产管理制度》等规定的程序处理。由车间组织修理，若车间无法修理，向生产设备部提出委外修理。

8.4.5 对相关方环境影响控制

为了对相关方施加影响，促使其改善环境行为，强化环境保护工作，组织应制订相关方环境影响管理程序。

相关方可以是供应商、服务承包商和客户。

（1）确定职责和权限

应明确组织各部门的职责与权限，如可以规定采购部门负责对供应商的管理；各职能部门负责对服务承包商的管理。

（2）对相关方的一般管理

组织各职能部门在业务活动中积极与相关方进行环境信息交流，对相关方提出有关环保方面的要求或对其活动施加影响；

各职能部门积极向相关方宣传组织的环境方针，有针对性地及时地通报组织的环境管理有关程序、要求等；

确定重要相关方：各职能部门根据本部门识别出的环境因素，结合具体情况确定出本职能部门需施加影响的重要相关方，填写《重要相关方一览表》并保存。

（3）对重要供应商的管理

组织的采购部门应要求重要供应商严格遵守国家有关环境的法律法规，并要求其对组织有关环境保护的承诺。

组织的采购部门应负责了解供方的基本情况，搜集其有关资料，建立并保存《供方基本资料明细表》、《合格供方名录》。

组织的采购部门应建立并实施《采购作业控制程序》。

要求重要供应商对供应的产品中的重大环境因素加以识别和控制，并要求其积极向组织反馈环境信息。

（4）对重要服务承包商的管理

组织可以对重要服务承包商进行环保方面的培训和教育。

组织相关职能部门要向服务承包商提供组织的环境保护信息与要求，如《承包商环境保护指南》。

对从事运输、仓储业务、废弃物处理公司、汽车维修厂、设备维修服务等重要服务承包商提出环境保护要求，如在服务过程中要重视环境保护、注意防火、防泄漏和防污染；产生的固体废弃物要进行合理、正确的处置；要求汽车排放的尾气符合规定的标准等。

对从事废弃物处理的服务承包商，要求必须具有相关的废弃物处理资质，并按《固体废物收集、利用、处置管理规定》进行操作。

（5）对客户的管理

组织的销售和售后维修部门应负责接受与转达相关客户对环保的要求，并向重要客户宣传组织的环境方针，树立组织重视环保工作的良好社会形象。

9 环境污染事故（事件）与应急管理

9.1 环境污染事故（事件）概述

9.1.1 环境污染事故的概念及分类

环境事故是指由于违反环境保护法律法规的经济、社会活动与行为，以及意外因素的影响或不可抗拒的自然灾害等原因致环境受到污染，生态受到破坏，人体健康受到危害，社会经济与人民财产受到损失，造成不良社会影响的污染事件。

一般来说，中小企业常见的环境事故主要有：有毒有害物质的泄漏、火灾、爆炸、水土流失、崩塌、辐射以及其他环境污染事故和环境影响。

（1）根据事故对象分类

环境污染事故可分为水污染事故、大气污染事故、噪声与振动危害事故、固体废弃物污染事故、有毒化学物品污染事故和放射性污染事故等。

（2）根据事故程度分类

根据 2006 年《国家突发环境事件应急预案》的规定，按照突发环境污染事件严重性和紧急程度，将环境事故分为特别重大（Ⅰ级）、重大（Ⅱ级）、较大（Ⅲ级）和一般（Ⅳ级）四级。

① 特别重大环境事件（Ⅰ级）。凡符合下列情形之一的，为特别重大环境事件：

a．发生 30 人以上死亡，或中毒（重伤）100 人以上；

b．因环境事件需疏散、转移群众 5 万人以上，或直接经济损失 1 000 万元以上；

c．区域生态功能严重丧失或濒危物种生存环境遭到严重污染；

d．因环境污染使当地正常的经济、社会活动受到严重影响；

e．利用放射性物质进行人为破坏事件，或 1 类、2 类放射源失控造成大范围严重辐射污染后果；

f．因环境污染造成重要城市主要水源地取水中断的污染事故；

g．因危险化学品（含剧毒品）生产和贮运中发生泄漏，严重影响人民群众生产、生活的污染事故。

② 重大环境事件（Ⅱ级）。凡符合下列情形之一的，为重大环境事件：

a．发生 10 人以上、30 人以下死亡，或中毒（重伤）50 人以上、100 人以下；

b．区域生态功能部分丧失或濒危物种生存环境受到污染；

c．因环境污染使当地经济、社会活动受到较大影响，疏散转移群众 1 万人以上、5 万人以下的；

d．1 类、2 类放射源丢失、被盗或失控；

e．因环境污染造成重要河流、湖泊、水库及沿海水域大面积污染，或县级以上城镇水源地取水中断的污染事件。

③ 较大环境事件（Ⅲ级）。凡符合下列情形之一的，为较大环境事件：

a．发生 3 人以上 10 人以下死亡，或中毒（重伤）50 人以下；

b．因环境污染造成跨地级行政区域纠纷，使当地经济、社会活动受到影响；

c．3 类放射源丢失、被盗或失控。

④ 一般环境事件（Ⅳ级）。凡符合下列情形之一的，为一般环境事件：

a．发生 3 人以下死亡；

b．因环境污染造成跨县级行政区域纠纷，引起一般群体性影响的；

c．4 类、5 类放射源丢失、被盗或失控。

以上分级标准有关数量的表述中，“以上”含本数，“以下”不含本数。

9.1.2 环境污染事故报告

《中华人民共和国环境保护法》第三十一条规定：“因发生事故或其他突然性事件，造成或者可能造成污染事故的单位，必须立即采取措施处理，及时通报可能受到污染危害的单位和居民，并向当地环境保护行政主管部门和有关部门报告，接受调查处理”。

可能发生重大污染事故的企业事业单位，应当采取措施，加强防范。环境保护法明确规定了事故发生后应马上采取措施并及时报告。

依据 2006 年原环境保护总局颁布的《环境保护行政主管部门突发环境事件信息报告办法（试行）》的规定，因发生事故或者其他突发性事件，以及在环境受到或可能受到严重污染，威胁居民生命财产安全的紧急情况时，要依照规定进行通报和报告有关情况并及时采取应急措施。其中环境紧急情况是指出现不利于环境中的污染物扩散、稀释、降解、净化的气象、水文或其他自然现象，使排入和积累于环境中的污染物大量聚集，达到严重危害人体健康，对居民的生命财产安全形成威胁时的情况，这时极易发生大的污染和公害事件。

（1）环境污染事故报告的基本规定

突发环境事故的报告分为初报、续报和处理结果报告 3 类。

初报从发现事故后起 1 h 内上报；

续报在查清有关基本情况后随时上报；

处理结果报告在事故处理完毕后立即上报。报告应采用适当方式，避免在当地群众中造成不利影响。

初报可用电话或直接报告，主要内容包括：环境事故的类型、发生时间、地点、污染源、主要污染物质、人员受害情况、捕杀与砍伐国家重点保护的野生动植物的名称和数量、自然保护区受害面积及程度、事故潜在的危害程度、转化方式趋向等初步情况。

续报可通过网络或书面报告，在初报的基础上报告有关确切数据，事故发生的原因、过程、进展情况及采取的应急措施等基本情况。

处理结果报告采用书面报告，处理结果报告在初报和续报的基础上，报告处理事故的措施、过程和结果，事故潜在或间接的危害、社会影响、处理后的遗留问题，参加处理工作的有关部门和工作内容，出具有关危害与损失的证明文件等详细情况。

其中，核与辐射事故的报告按照核安全法规报告制度实施细则的规定执行；各部门之间的信息交换按照相关规定程序执行。

（2）中小企业环境污染事故报告的内容

根据有关法律法规的规定，造成污染事故的单位，必须在事故发生后的 1 h 内向当地环境保护部门作出事故发生的时间、地点、类型和排放污染物的数量、经济损失和人员受害等情况的初步报告。事故查清后应当作出事故发生的原因、过程、危害、采取的措施、处理以及遗留问题和防范措施情况的详细书面报告，并附有关的证明文件。在发生事故时，还应立即采取措施处理，并及时通报可能受到污染的单位和居民。

9.1.3 环境污染事故的调查处理

9.1.3.1 环境污染事故的调查处理流程和要求

中小企业应建立健全事故调查处理机构并明确相关职责和权限，以确保事故的调查处理高效、迅速，防范环境风险的扩大。

①企业环保主管部门在接到报告或现场检查中发现有环境污染与破坏事故发生，应进行登记，经初步审查，对已经发生或有可能发生危害后果的，应立即组成事故调查组及时赶赴现场。

②调查组进入事故现场后，应当立即责成并协助事故发生部门采取应急措施，减轻或消除污染危害。必要时，可要求环境监测机构对有关污染物进行跟踪监测。

③调查组必须全面、客观、公正地进行调查，收集有关证据。证据应包括：书证、物证、视听材料、证人证言、当事人陈述、鉴定结论、勘验笔录等。

④调查组在初步查清污染事故发生的时间、地点、污染源及主要污染物、经济损失数额、人员损害情况后，对事故的类型和等级按有关规定作出认定。

⑤调查组在查清事故发生的原因、过程、危害及采取的措施和有关方面责任的基础上，向企业主管部门提交调查报告，并提出处理意见。

⑥企业环保主管部门根据污染事故性质依法进行处理。

⑦发生突发环境事件，应立即（1 h 内）报告上级主管单位或部门，并报告当地环保部门和人民政府，由当地环保部门按照相关规定逐级上报。

⑧环境污染事故的报告分初报、续报和处理结果报告。

⑨企业对环境污染事故应当建档，并纳入环境统计渠道。

9.1.3.2 环境事故的管理要求

企业各部门相关负责人应定期或不定期组织检查、审核和监测，对发现的各种潜在的污染事故发生源，要求具有潜在环境事故的单位制定防范措施。防范措施主要包括：

①企业各部门负责人发现环境污染事故的报告后，应将污染事故的严重程度报告企业领导和相关部门，尽快赶赴现场调查，要求相关人员采取必要的措施。企业环境主管部门应协调企业相关部门和人员，必要时会同当地环保机构等有关单位一起负责事故的调查和处理。

处理中应注意：

a．首先确定污染事故源和影响范围，立即通知可能受影响的单位或居民，采取必要的保护和（或）疏散措施，尽一切可能防止和减轻对人民生命财产的损害。

b．设法立即停止事故源的污染物排放，控制和减少污染范围。

c．对于事故的发生情况作细致的调查，记录与其有关的状况，并进行针对性的监测，要求有关责任人员对于调查记录和采样记录签字确认，以便于事后的处理。

②企业环境主管部门会同有关部门讨论、研究、决定环境污染事故的情况、危害和处理意见。

③企业应对发生环境污染事故未及时报告或报告情况不真实，或者经整顿仍存在较大潜在事故隐患的单位，进行调查和处理。必要时，依照有关规定报当地环保机构处理。

④因环境污染事故而发生的赔偿纠纷，由企业相关领导人组织职能部门共同协调处理，协调不成，可告之双方当事人通过法律途径解决。行政诉讼案件按照法律程序处理。

⑤落实国家和地方相关环境法律法规，并在企业内部制定和实施环境事故处罚制度，根据污染事故的严重程度，对相应的责任人、单位进行处分、处罚。

⑥环境污染事故处理完毕，企业应将处理情况上报上级单位，必要时报送当地环保机构，并按一案一卷的标准对事故材料进行归档。环境污染事故处理完毕，企业应将污染事故处理的结果向社会公告。

⑦可争取上级机构、主管部门以及当地公安、安全生产监督管理机构在事故处理过程中，按各自职能协助事故的调查、处理。

9.1.3.3 环境事故的调查及原因分析

在企业管理中，应建立程序并规定如何进行事故调查，程序应包括：

（1）事故经过描述

由当事人或相关现场人员对事故过程进行描述，记录环境事故的主要经过。

（2）事故调查

①被调查事件的类型；

②调查的目的；

③事故主要致因的确定；

④对目击者采访的安排。

（3）事故的原因分析

①直接原因分析。根据现场的事故调查结果，对每一个细节进行认真地分析，包括邀请专业人员参加，寻求事故真正的原因并有的放矢地作出准确的分析结果。

②间接原因分析。要重视日常一点一滴的收集信息，日常经常被忽略的方面有：可能会出现异常情况的区域活动情况、人员情况、环境条件等现象。

③研究工作性质及活动特点。研究工作性质是指一步步地观察并记录完成某项工作所做的操作，必要时，应对每个环节分析并研究，从对活动和管理细节的研究上来获取信息。

④研究过去的事故。分析和研究事故必须回答 5 个问题：什么人、什么事、什么时间、什么地点以及什么原因造成事故的发生。

⑤ 确定最佳方案。在事故发生后，分析事故的发生原因和研究企业各种活动的特点，主要目的是制定最佳的纠正措施方案以避免此类问题再发生。

9.1.3.4 环境事故与纠正预防措施

通常出现环境事件、事故和不符合后，都应进行是否需要采取纠正措施与预防措施的评审，而且只有通过评审后，才能决定是否应该采取或应采取什么样的措施，以消除已发生事故的原因或潜在的原因。纠正和预防措施的实施过程是一个持续改进的过程，是企业处置以及后续事故处理等一系列活动的一个重要的环节。企业应该在事故、事件发生后，分析具体原因，制定和实施有效的纠正和预防措施，从而体现企业持续改进环境管理体系的管理思想，提高企业的环境管理绩效。

企业首先要明确自己的活动、产品和服务中可能发生的事故和事故隐患，了解事故发生时的环境因素和环境影响，了解自己避免或减少环境事故和事故隐患的能力，了解其产生的后果和企业的承担能力，明确自己的处理能力和必要的补偿能力，才能根据各种实际的情况和相关的经验教训，确定正确的处置方案和措施。同时，实施过程要充分考虑人员能力、培训需求以及资源配置，并通过不断地实践和内部信息交流活动完善事故处理与分析方法，不断采取避免或减少事故隐患的新工艺、新技术和对员工素质与技能的培训，减少企业的环境风险或使风险得到有效的控制。

企业还应同时建立科学合理的监督检查系统，需要将有关内容通过各种方式（宣传和培训教育等）使相关的员工得到充分的了解并贯彻落实。对于环境事故以及后续措施的适宜性和有效性的验证，还需要建立科学合理的监督检查系统，检查事故处理后续措施的落实情况，检查污染预防，尤其是“预防为主，防治结合”原则在各项措施中的体现，检查相关培训和宣传内容的落实，检查各项措施中的科学性、适宜性、实用性和有效性，确保事故处理以及所采取的后续各项措施真正起到了污染预防的作用和目的。

9.2 环境应急管理

相对中小企业而言，从业人员能力素质较低，环境保护意识差，生产投入不足，技术管理落后，在生产、服务及运输过程中存在着对环境产生影响的潜在事故或紧急情况。一旦事故发生，控制不及时，会对周边环境和附近居民安全健康产生很大影响。因此，中小企业应重视和加强环境应急管理，制定应急响应程序或应急预案并定期培训和演练。

9.2.1 环境应急管理概念及法律依据

（1）环境应急管理概念

环境应急管理是指针对环境突发事件的应急管理，对企业生产经营以及产品服务中的各种环境因素可能产生的人员伤亡、财产损失、环境污染等各类突发事件的预防、处置和恢复重建等工作，是企业管理的重要组成部分。

（2）环境应急管理法律依据

企业事故应急能力关系到企业生产、员工安全、环境影响、社会对本单位的态度和企业的可持续发展。《中华人民共和国安全生产法》第 17 条、第 33 条、第 69 条，《危险化学品安全管理条例》第 50 条、第 51 条，《消防法》第 16 条等规定，组织制定并实施本单位的生产事故应急救援预案，是生产经营单位主要负责人对单位安全工作负有的职责之一，并规定由此而造成的严重后果要追究刑事责任。

9.2.2 环境应急预案

9.2.2.1 环境应急预案的作用及特点

（1）应急预案的功能

应急预案是对突发事件如自然灾害、重特大事故、环境公害及人为破坏的应急管理、指挥、救援计划等。其包括 5 个重要子系统：完善的应急组织管理指挥系统；强有力的应急工程救援保障体系；综合协调、应对自如的相互支持系统；充分备灾的保障供应体系；体现综合救援的应急队伍等。在制定预案时应解决：

①用于应急能力培训；

②用于应急演练；

③用于应急设施、设备、器材作定期检查、保养、维修、更新；

④用于对应急物资作定期检查、补充、更新。

随着企业生产经营任务的变化、人员的变动、设备的更新、管理的调整，应及时修订应急预案；通过应急预案的应用普及应急文化，在意识、知识、能力、物资准备等方面增强组织应对突发情况的能力；利用对应急预案的评审，对预案不断进行修订，使之不断完善、不断发展。

（2）应急预案作用

制定应急预案不仅是为了满足某些法律法规要求，如《危险化学品安全管理条例》要求危险化学品的生产、经营、储存、运输、使用的单位应建立事故应急预案等，更重要的是应急预案具有以下重要作用。

①可支持应急准备和响应程序。ISO 14001：2004 要求组织建立应急准备和响应程序，对一些使用量大、环境影响大的危险化学品事先建立预案，当潜在的紧急情况和事故一旦发生，便可立即响应，起到预防或减少可能伴随的环境影响的重要作用。

②可加强组织内部应急管理。紧急情况和事故的发生有其不确定性，如液化气罐的泄漏，可能局部滴漏，也可能大面积泄漏。由于紧急情况和事故发生的不确定性，其环境影响也具有不确定性，所以通过建立和实施应急预案，模拟各种紧急情况和事故进行演练，当紧急情况和事故发生时，可以降低环境影响。通过应急演练可以培养一支管理危险化学品的骨干队伍，提高组织应急反应的能力。

（3）应急预案特点

①突出技术措施在应急准备和响应中的作用，即有意识地把技术方案融入应急管理及其应急预案中，使应急管理因为具有一定的技术支撑而实现降低环境风险的目标。

②突出防范二次污染的宗旨，根据确定的应急风险范围和风险程度，制定符合污染预防的应急准则，如应急设施设计、工具配套等，有效安排应急救援，最大限度地降低环境二次污染的风险。

③突出企业和相关方在应急管理中的沟通和协商机制，如强化相关方环境因素识别和管理策划，加强企业内部各单位之间的沟通与协调、加强与外援机构之间的沟通与协调等。

9.2.2.2 环境应急预案与环境管理体系其他因素的关系

（1）应急预案与重大环境因素的关系

组织的应急预案必须与重大环境因素相结合。通常组织都会评价出重大环境因素，而应急预案的制定必须与这些环境因素一旦控制失效所导致的后果相适应，还要考虑在实施应急救援过程中可能产生新的污染。同时还要考虑目标和指标的要求，以及技术上、经济上的可行性。

（2）应急预案与目标、指标的关系

应急预案与目标、指标关系密切，必须在目标的范围内制定，通过应急预案的实施，控制重大环境因素，减少潜在事故的发生，并最终达到环境目标的实现。同时，应急预案的实施效果又对目标的修订产生直接影响。

（3）应急预案与应急程序的关系

应急预案是对特定紧急情况发生时所采取测试的概括性描述。应急程序与预案都是指实施应急措施和行动的途径，如应急疏散、应急措施程序、与外部应急机构的联系程序、至关重要的记录和设备的保护程序等。在实践中，应急程序和应急预案应进行有效协调。

9.2.2.3 环境应急预案要求

（1）识别应急准备与响应需求

中小企业在建立应急准备与响应程序或应急预案时，首先应识别应急准备与响应需求（包括应急设备需求）。可以考虑以下几方面：

①环境因素识别、评价和污染控制的结果；

②环境法规和其他要求；

③以往事故、事件和紧急情况的经验；

④来自类似企业以往事故、事件和紧急情况的经验。

为满足以上需求，中小企业应：

①建立应急响应领导小组，确定负责人；

②制定环境应急预案；

③为实现环境应急预案而建立有关的配套程序；

④提供充分数量的应急设备和设施；

⑤评审应急预案和程序；

⑥尽可能定期测试应急程序和预案。

（2）应急预案信息收集

①重要环境因素清单。重要环境因素清单中有各危险品的紧急情况及控制措施。参照该清单，逐一建立应急预案，以防止遗漏。

②化学品安全技术说明书（MSDS）。MSDS 中有危险化学品的各种紧急情况，及建议采取的措施，应作为编制预案的依据。

③应急措施状况。组织目前应急的措施现状，如灭火器分布及使用情况，防火栓的分布及使用情况，灭火用黄沙的准备等。

④各可能发生紧急情况场所状况。危险化学品的仓储、运输、使用等各场所由于其所处位置及周围环境的不同，发生紧急情况的概率可能不同，编制应急预案时都应考虑到这些场所的状况。

（3）应急预案编制要求

①责任落实到位。一旦紧急情况和事故发生，可能在短时间内造成破坏性的影响，如液化气爆炸燃烧的速度是常规燃烧速度的 1 000 倍。因此应急人员责任要落实到位，如指挥小组的责任和谁负责准备应急措施，谁负责联系救生单位，谁负责联系消防单位等。

②明确汇报机制。指挥小组成员的通讯方式要随时保持可用，一般保留至少两种联系方式，汇报内容要简练，如火灾发生时，汇报火灾性质、现状、发生场所和位置，对

外联系除汇报上述情况外，还应安排人在何处迎接救援机构。

③杜绝造成二次环境影响的措施。编制应急预案时注意，规定的应急措施不能造成二次污染。如柴油泄漏，用水冲洗，含油的污水进入雨水管网而造成二次污染。

④组织可针对某单个的危险化学品编制应急预案，也可对危险特性类似的多个危险化学品编制一份应急预案；应急预案可以单独形成文件，也可合并到程序文件或作业指导书中，见示例 9-2 和示例 9-3。

9.2.2.4 环境应急预案内容

根据《建设项目环境风险评价技术导则》（HJ/T 169—2004），污染事故应急预案的基本内容见表 9-1。

表 9-1 应急预案基本内容

序号	项目	内容及要求
1	应急计划区	危险目标：装置区、储罐区、环境保护目标
2	应急组织结构、人员	工厂、地区应急组织机构、人员
3	预案分级响应条件	规定预案的级别及分级响应程序
4	应急救援保障	应急设施、设备与器材等
5	报警、通信联络方式	规定应急状态下的报警通信方式、通知方式和交通保障、管制
6	应急环境监测、抢险、救援及控制措施	由专业队伍负责对事故现场进行侦察监测，对事故性质、参数与后果进行快速评估，为指挥部门提供决策依据
7	应急检测、防护措施、清除泄漏措施和器材	事故现场、邻近区域、控制防火区域、控制和清除污染措施及相应设备
8	人员紧急撤离、疏散、应急剂量控制、撤离组织计划	事故现场、工厂邻近区域、受事故影响的区域人员及公众对毒物应急剂量规定，撤离组织计划及救护，医疗救护与公众健康
9	事故应急救援关闭程序与恢复措施	规定应急状态中止程序；事故现场善后处理，恢复措施；邻近区域解除事故警戒及善后恢复措施
10	应急培训计划	应急计划制订后，平时安排人员培训与演练
11	公众教育和信息	对工厂邻近区域开展公众教育、培训和发布有关信息

9.2.2.5 环境应急预案管理

（1）应急预案审批

环境应急预案初稿编制完成后，应经过生产、技术、质量、安全、物资、财务等部门综合评审，对方案中涉及的技术措施、设备设施及资金需求进行评审，提出可行性分析意见，保证应急预案的可行性，并由上级单位审批。必要时，应通过环保人士或专家的论证确认，保证应急预案实施的安全性。

应急预案审批完成后，应报送各相关部门负责人签字确认后实施。

（2）应急预案交底

应急预案审批后，各相关部门应在每项作业活动操作前，组织相关作业人员，针对作业活动中所涉及的重要环境因素的应急控制措施、操作基本要求，以及可能产生的火灾、爆炸、化学品泄漏、设备试车等突发环境问题的注意事项，必要的应急救援技能，应急设施设备的布置和使用方法等进行交底，避免作业人员没有掌握环境基本应急要求，而造成紧急情况下响应措施不当，造成环境事故的扩大。

应急预案的交底必须由双方签字确认，各部门的管理人员监督实施。

（3）应急预案培训

环境应急培训范围应包括企业各相关部门的所有相关人员，既包括各类应急响应小组的人员，也包括在潜在的紧急情况发生地点作业的人员。对应急响应小组人员的培训，重点是不同紧急情况下的响应措施和流程，以及各自分工的工作内容。培训内容可主要是针对不同紧急情况的应急预案的内容，使相关人员掌握应急响应的职责分工、应急救援流程、应急响应物资的存放地点和取得方式、人员疏散的路线和要求等，确保应急响应过程协调有序，有效防范环境事故的扩大。

应急培训的方式多种多样，可以集中培训，也可以分专业、分工种单独培训，还可以通过宣传栏、板报等广泛宣传教育，各部门可以根据自身的实际情况灵活采用。应急培训可以单独进行，也可以结合入场教育、班前活动、安全交底和培训等一起进行。在选择培训方式时，要充分考虑接受培训人员的文化程度和工作特点，分层次进行。培训结束后，应通过一定的方式对培训效果进行评价，根据评价的结果决定是否需要采取进一步的措施，确保培训达到预期的效果。

（4）应急预案演练

企业应根据预案的策划要求，定期组织演练，对应急预案进行评估或按照既定的应急预案进行现场实际测试后，根据评估结果和实际响应效果对应急准备的充分性和应急响应的及时性、准确性和有效性进行评审，找出应急准备和响应过程中存在的不足和问题，采取修订完善、加强教育培训等措施，改进应急准备和响应过程。必要时如在重要环境敏感区、重大污染源众多时等，应增加评估或测试的频次，提高评估或测试的效果，以便更好地发挥防止和减少环境突发和紧急情况造成的污染。

9.2.3 环境应急响应

应急响应是在环境突发事故发生时，企业及相关负责人按事先编制和演练的应急预案，组织对污染事故及时进行抢险，以快速、有效的响应措施，最大限度地减轻污染。

9.2.3.1 应急响应的启动

应急准备充分时，所有环境突发紧急情况都应作出响应，但响应方式应参考以下情况：

（1）在污染事故初级阶段，应采取措施消灭隐患，控制污染扩散。

（2）在污染事故中级阶段，应在组织抢险的同时寻求社会或社区支援，防止事态发展；大范围有毒气体泄漏或大面积水域等情况发生时，应及时报告当地环保部门，并服从其抢险安排。

（3）在污染事故后期，自身无法进行控制，则要采取一切有效手段确保环境不受污染，人员不受伤害。如已发生人员窒息、中毒或伤亡，则在确保救援人员安全的前提下，展开人员抢救。

9.2.3.2 应急响应的程序

应急响应是在紧急情况发生时进行的应急救援过程，目的是最大限度地防止或减少紧急情况导致的污染和影响。应急响应的速度、流程和救援方法的适宜性、有效性决定应急响应的结果，如某房建项目由于火灾报警不及时、救援措施不当等，使本不该发生的事故酿成惨剧；在某路基工程管线意外爆裂事故救援中，由于救援措施不当出现了护坡坍塌、河堤损毁，造成更大损失和二次污染。正确做出应急响应的前提，是根据当时的实际情况迅速做出判断和决策，按照应急响应程序或应急预案的规定和要求，协调有序地采取响应措施。因此，中小企业应针对不同环境潜在事故和紧急情况，制定有针对性的应急响应程序或应急预案，在应急响应程序或应急预案中应包括各种具体的抢救措施，确保在环境污染突发情况发生时，能按照所制定的措施展开救援行动。应急响应程序的制定见示例 9-1。

发生重大安全生产事故时，单位主要负责人应当立即组织抢救：

（1）根据应急响应程序或应急预案和污染事故的具体情况迅速采取有效措施，组织抢救；

（2）采取有效措施防止污染扩大，减少环境影响；

（3）严格执行有关救护规程和规定，严禁救护过程中的违章指挥和冒险作业，避免救护中的伤亡、损失和再污染。

示例 9-1 液氯泄漏应急响应程序

液氯泄漏应急响应程序

编号/修订状态：EMS2—2004-07/00

1 目的和范围

建立本程序的目的是当储存和输送液氯设备出现故障向外泄漏时，以减少其泄漏量和控制泄漏的液氯对环境的影响。本程序仅适用于三车间液氯使用工段的应急准备和响应。

2 职责和权限

2.1 安全环保部负责液氯储罐和管道的定期检验和维修，负责配备（或更换）抢险设施和安全防护装备，负责与外部联络救援，负责组织抢险，负责组织本公司员工和周围居民疏散，负责对应急预案的试验和评审。

2.2 三车间现场当班员工应进行内部联络，负责现场的抢险工作。

2.3 生产部负责液氯输送设备的日常检修，抢险设备的定期检修工作，事故发生后的现场清理和恢复生产工作。

3 预防要求

3.1 安环部应按相关要求定期与技术监督机构联系，对液氯装置进行检测，以确保液氯装置的完好状态。

3.2 每天上午 9：00 和下午 7：00 左右，生产部设备科应派一名维修人员现场检查液氯装置的完好情况，做好“设备检查情况记录”。

3.3 现场生产人员若发现液氯设备有异常情况，应及时通知设备科值班人员。

3.4 值班人员接到通知后应立即到现场检修，若现场问题严重，检修困难，应及时与生产部负责人和安全环保部负责人联系，同时还要采取一定的维护措施，防止液氯泄漏。生产部和安环部负责人接到信息后应立即去现场调查，共同商讨措施。

4 应急预案

4.1 安环部应在液氯车间配备防毒面具和防护服 8 套，堵漏黄油 5 kg 和固定带 200 m，每年对其检查 1 次，必要时进行更换；附近应安装消防水龙头 2 个，地下排水沟应通往废水处理的集水池。

4.2 生产部设备科每年对消防水龙头、集水池进行一次以上的检修和维护，以保证事故发生时设施的完好性。
4.3 当发生液氯泄漏时，当班的班长负责指挥抢险，应安排部分人员维护正常生产运行，组织人员实施抢险，安排1名人员通知安环部和生产部负责人。
4.4 现场人员应做好以下工作。
4.4.1 生产线上人员应戴好防毒面具，维护生产的同时应密切关注危险情况的进展。
4.4.2 抢险人员首先应穿戴好自身防护用具，对液氯泄漏口实施堵漏，同时还应用大量水冲泄漏出的液氯和氯气。
4.4.3 联络人员应以最快速度将消息传达出去，描述现场危险情况应准确、简练。
4.5 安全环保部人员接到信息后应立即到事故现场，视其事态发展情况确定是否组织员工和周围居民疏散、是否需要外援、是否需要采取其他措施。
4.6 生产部负责人接到电话后立即赶到事故现场，确定是否需要立即停产；事故现场控制后，安排设备科进行维修。
4.7 当遇不可抗拒的外界因素导致液氯储罐爆裂且泄漏量大时，现场工作人员应做好以下工作。
4.7.1 首先做好自身的防护，按规定停车步骤停止生产。
4.7.2 储罐中剩余的液氯应尽快转移到液氯的槽车中，远离事故发生现场。
4.7.3 用沙袋类的大型物件堵泄漏口。
4.7.4 派部分人员一方面联络安环部和生产部负责人，另一方面通知公司员工疏散，并告知其疏散方向和简易自身防护措施（如用湿毛巾捂住口和鼻）。
4.7.5 现场抢险人员用大量水冲洗外漏的氯气和液氯，以减少氯气向外围扩散。
4.7.6 安环部接到消息，应立即安排人员疏散周围居民，特别注意疏散下风区居民，同时告知用湿毛巾捂住口鼻可暂时预防氯气的吸入。安排专人与市环保局、消防大队联系求援。安环部技术负责人做好自身防护，到现场根据实际情况，指挥抢险。
4.8 水处理车间应派人对集水池中的酸性废水进行中和处理，pH为6~9才能排放。若冲水量大，应进行多次中和排放。
4.9 事故调查结束，生产部尽快安排恢复生产。
5 内、外部联络方式
5.1 安全环保部电话××；部长手机××；生产部电话××；部长手机××。
5.2 环保局电话××；消防队电话××；附近××厂环保科电话××。
6 应急预案的试验和评审要求
6.1 应急预案建立后，可用小氯气钢瓶装少量的液氯，在远离厂区和居民区的野外进行试验和演练，安环部和三车间全体人员均应参加实际演练操作。
6.2 事故发生后，安环部和生产部应对事故发生原因和应急措施的有效性进行评审，评审结果应用“环境因素记录表”进行记录。
6.3 试验演练和评审后，需要修改文件的，应立即由安环部按《文件管理程序》修改文件。
7 人员培训
7.1 办公室应按《员工培训程序》安排对生产部管理人员、安环部和三车间所有上岗人员进行本程序的培训，要求每人必须熟记本程序中的工作程序、要求、联系电话。对安环部、三车间全体人员进行防护知识培训和实际演练操作培训。

<table><tr><td>7.2 办公室每年对相关人员组织一次本程序和防护知识的笔试，80 分以上才合格。安环部对本部门和三车间全体人员每两年组织一次演练考核。不合格者自学或培训，一定要达到合格。
8 相关文件引用
《文件管理程序》 QEMS2—2004-01/00
《员工培训程序》 EMS2—2004-05/00
9 相关记录表
设备检查情况记录 EMS4—2004-09
环境因素调查表 EMS4—2004-01
文件更改申请单 QEMS4—2004-03</td></tr></table>

9.2.3.3 应急处置的实施

企业应在环境事故发生后启动应急预案，立即采取措施用于消除或减少现在和潜在的环境影响，并通知有关的相关方。

应急处置的实施应考虑：

①与应急预案相协调；

②确定潜在或实际存在的环境影响的范围；

③采取立即措施减少或消除环境影响。

应急响应过程应注意：

①实施预案而不唯预案，因为应急预案是根据识别的潜在的事件或紧急情况制定的，不可能与现场实际发生的紧急情况完全一样，即使应急测试得再熟练，实际响应过程中也难免有不足。因此，在应急响应时，应根据实际情况加以判断，根据变化的情况及时做出调整。但这种调整不是随意的，也不是应急响应人员自行其是，而是经授权人员统一做出的响应部署。

②坚持分工协作和相互配合，应急预案明确了各响应人员的职责，目的是防止在应急响应过程中发生混乱。在紧急情况发生时，各相关应急响应人员应按照预案的安排，分别做好各自的工作。同时，还要发扬团结协作的精神，在做好自身工作的前提下，协助进行重大响应活动。现场应急指挥人员应随时掌握各项活动的进展情况，及时根据情况的变化做出调整。

③先救人后救物，先安全后环境。人的生命是最宝贵的，当环境紧急情况危及人员生命时，应首先抢救人的生命，尽最大能力避免或减少人员伤亡。在保证人员安全的情况下，尽力减少财产损失。

9.2.3.4 应急管理评审和污染预防

应急响应和救援活动结束后，应对应急预案和应急响应过程的适宜性、有效性和充分性进行评审，识别应急预案和管理体系中存在的不足，并对应急预案、应急准备以及响应措施等进行必要的修订完善，达到持续改进的目的。这种改进，不能仅限于发生事件和紧急情况的现场，企业应在其他类似现场中加以推广，扩大改进措施的覆盖面，使其发挥更大作用，取得更好效果。

企业应运用环境管理体系 PDCA 循环过程方法，始终贯彻污染预防原则，在应急准备和响应中始终运用 PDCA 的管理思想，实现生产、服务和全过程控制管理中对紧急情况处置的充分考虑；分析和总结以往的经验教训、分析与企业的紧急情况和事故相关的法律法规和其他要求的内容，分析企业可能遭受的最大风险、事故结果、综合能力和抗风险的能力，据此制定科学有效的纠正和预防措施，通过不断实践，使企业的应急能力和对于事故的处置能力得到提高。在应急准备和响应实践中，要始终运用污染预防的思想和方法，尽可能首先采取避免紧急情况和事故隐患的方法、采取将事故隐患扼杀在摇篮之中的方法，避免或减少紧急情况和事故带来的负面环境影响。要采取能够在紧急情况和事故发生后的第一时间作出适当反应，并能够尽快减少环境影响的措施，将对于环境的负面的影响降到最低。运用 GB/T 14001—2004《环境管理体系　要求及使用指南》中系统管理及污染预防的思想，企业应建立全面系统的应急准备和响应体系，将企业管理环境因素的负面影响降到最低。

9.3 应急预案案例

中小型企业在编制应急预案时应当注重预案的简洁性和实用性，要立足于本企业的风险隐患特点，在辨识和评估潜在重大危险、事故类型、事故发生的可能性、事故后果以及影响严重程度的基础上进行，应强化现场应急处置方案的编制工作，重视关键环节、重点岗位、重要目标应急预案的制定，加强应急预案培训和演练，提高企业管理及从业人员的环保意识、现场处置和防灾避险、自救互救的能力。

以下收录了部分中小企业应急预案范本，以供参考，各中小企业可结合自身的实际情况进行编写。

示例 9-2

××××公司的油漆应急预案

1 进入眼睛的情况

1.1 马上用清洁的流水冲洗 15 min 以上，眼皮里面要完全冲洗干净。

1.2 尽快去医院检查并接受必要的治疗。

2 碰到皮肤的情况

2.1 尽快用棉织品（如衣服）擦掉。

2.2 用肥皂或皮肤洗涤剂洗后用流水冲洗干净，请不要用溶剂或稀释剂洗。

2.3 观察到皮肤有变化或感到疼痛应立即去医院诊治。

3 误吸之后

3.1 如大量吸入油漆中挥发气体，马上转移到空气新鲜的地方休息，再接受医生的诊治。

3.2 如发生呼吸不规则或停止呼吸时，应进行人工呼吸，不要让呕吐物咽下去，并马上去医院诊治。

4 误食之后

4.1 误食后，请马上去医院接受治疗。

4.2 注意不要让呕吐物咽下去。

5 火灾时的措施

火灾发生时，当班人员迅速排除周围的可燃物，采用二氧化碳灭火器灭火，并向部门主管报告，如火灾迅速发展，甚至发生爆炸，当班人员应通知部门主管，部门主管组织有关人员迅速撤离到安全地带，并拨119报警。报告火灾性质、状况、发生位置，并派人接警。

6 泄漏时的措施

6.1 迅速排除周围的火源，如高温物体和可燃物；

6.2 除污时穿戴好防护用具（手套、保护口罩、保护服、护目镜等）；

6.3 少量泄漏时，用干黄沙、土及其他不燃物来吸收，然后再回收；

6.4 大量泄漏时，用土堆高围起来防止流出，泄漏物用容器回收并密封，放到安全的场所；

6.5 使用防撞击产生火花及防静电的工具回收泄漏物；

6.6 不要把泄漏物排入雨水或污水网，以防止对环境造成二次污染；

6.7 沾有泄漏物的回收物及废弃物，按危险废物处置。

7 应急小组组成及联系方式

组长：×××，联系电话：××× 副组长：×××，联系电话：×××

组员：×××，联系电话：×××

8 救援指定医院

×××医院，联系电话：×××

编制：××× 审核：××× 批准：××× 实施日期：××××年××月××日

示例 9-3

××××公司废水处理作业指导书

1 日常管理

1.1 配制好处理废水所用药剂及水质监测所用的药剂、标准液等。

1.2 按废水量情况及时开启废水处理设施。

1.3 经常察看生产和生活废水排放口水质情况，如颜色、气味等。

1.4 将 COD 和 pH 测量结果、废水排放量以及药剂消耗量（如工业硫酸）等项目记录在《废水处理和检测表》。

……

2 污水池漫溢预案

2.1 通知涂装操作工立即关闭污水输送泵。

2.2 立即汇报生技部主管。

2.3 废水站管理人员请维护人员协助用临时泵把漫溢池内污水打入备用池。

2.4 必要时，通知环境监察部门。

3 生产及生活废水处理设施失灵预案

3.1 关闭失灵设备。

3.2 立即汇报生技部主管。

3.3 维修人员协助废水操作员把废水打入备用池。

3.4 维修人员调换或修理失灵设备。

3.5 必要时，通知环境监察部门。

4 工业硫酸泄漏预案

4.1 把剩余硫酸倒入备用桶内。

4.2 用液态碱中和地面上硫酸，然后用水冲洗地面。

4.3 处理时，必须戴好防腐蚀用具，防止酸碱伤人。

编制：××× 审核：××× 批准：××× 实施日期：××××年××月××日

示例 9-4

石灰矿生产安全事故应急预案

1 编制目的

为防止重大生产安全及环境事故发生，完善应急管理机制，迅速有效地控制和处置可能发生的事故，保护员工人身和公司财产安全，保护企业周围生态环境及居民生命财产安全，本着“预防与应急并重”的原则，制定本预案。

2 危险性分析

2.1 企业概况

某水泥有限公司矿山部现有员工 43 人，有一座品质优良的大型低碱石灰石矿矿山，可开采储量达到 1 亿吨。应急设备有电铲 3 台、180 推土机 2 台、钻机 3 台、7655 风钻 2 台、面包车 1 台、运矿车 9 台、水车 1 台、铁锹、镐各 5 把。公司建有义务消防队和医务室。同其他有关设备和工具生产企业建立了工作关系，需要设备可以随时联系。

2.2 危险性分析

矿山生产过程存在火灾、爆炸、自然灾害、设备伤害、人员中毒、窒息等严重事故的潜在危险。

事故重点部位有：KQ-200A 钻机 3 台、WD-400 电铲 3 台、7655 风动凿岩机 3 台、KQD-80 钻机 1 台、3364 和 3364Q 运矿车 9 台、洒水车 1 台、值班车 1 台、液压旋回破碎机 1 台、圆锥破碎机 2 台和破碎附属设备、爆破现场。

地质灾害地段有：（1）所有的运矿公路，约 3.5 km；（2）采场：开采范围 0.76 km^2，开采海拔高度高于周围地形 20～50 m；（3）边坡：一采区 190～140 m，边坡高度 50 m，二采区 200～180 m，边坡高度 50 m；（4）排土场：面积 3 000 m^2。

主要危险品有：爆破材料、汽油、柴油等危险品。

3 组织机构与职责

3.1 应急工作领导小组

组长：工厂厂长

副组长：副厂长

组员：（略）

公司成立事故预防委员会，由厂长、安全经理及各部门经理组成，日常工作由安全办兼管。发生重大事故时，以公司事故预防委员会为基础，即厂长任总指挥，安全经理为副总指挥，负责公司应急救援工作的组织和指挥，指挥部设在总控制室。

3.2 事故现场应急领导小组

现场指挥：矿山部经理

现场副指挥：矿山部副经理

安全员：（略）

技术指导：部门经理

职责：发生事故时负责现场应急、抢险、抢修的工作。

成员：各部门经理

施工组：利用各种机械负责现场的施工。

组长：部门经理

组员：10人

抢救组：对人员进行抢救，对设备进行抢救、维修。

组长：部门经理

组员：6人

后勤保障组：及时提供所需的救灾物资，及时传递各种信息。

组长：部门经理

组员：3人

预备组：负责抢险时的机动支援

组长：部门经理

组员：破碎车间10人

4 应急响应

4.1 事故的分级

I级：矿山部不能处理的事故，如大的火灾、水灾、地质灾害、大的伤亡事故。

II级：矿山部自己能处理的事故，如一般性火灾、较小的塌方等地质灾害，受伤事故。

III级：采矿班组能自行处理的事故，不需启动预案。

4.2 报警程序

执行SP—09应急准备与响应控制程序

发现→逐级上报→指挥（或指挥机构）→启动预案

（1）报警

发生事故后现场人员立即上报，根据事故情况、严重程度采取响应的措施和预案。注意：事故无论大小都得逐级上报。

矿山部、安全环保办有权决定是否请求公司有关部门、消防、医疗机构支援。

安全环保办负责向区有关职能部门汇报。

（2）指挥与控制

可能发生的火灾事故、爆炸事故、地质灾害、水灾、设备事故及其他重大伤亡事故。

最早发现者：应很熟悉部门或岗位上的情况。如果认为事故可以控制，并能保证人身安全，可在自愿的基础上进行工作，并严格按照作业指导书进行工作。如果认为不可能控制，可立即撤离现场并向班长、值班主任报告，不要采取不必要的冒险措施。

值班主任或矿山部经理接到报警后，应迅速下达按应急救援预案处置的指令，通知指挥部成员及预案有关人员迅速赶往事故现场。

（3）到达事故现场后，首先查明现场有无伤害人员，以最快速度将伤者脱离现场，严重者尽快送医院抢救。

（4）指挥部成员到达事故现场后，根据事故状态及危害程度作出相应的应急决定，并命令各应急救援队立即开展救援。如事故扩大时，安全办迅速向公安机关（消防支队、治安支队、防火安全委员会）、安监局、卫生疾病防控中心报告事故情况并请求支援。

（5）事故扩散危及厂内外人员安全时，应迅速组织有关人员协助友邻单位、厂区外过往行人向安全地带疏散。

（6）医疗人员到达现场，应立即救护伤员或中毒人员，对中毒人员应根据中毒症状及时采取相应的急救措施，对伤员进行清洗包扎或输氧急救，重伤员及时送往医院抢救。

（7）抢险抢修队到达现场后，根据指挥部下达的抢修指令，迅速进行抢修设备，控制事故以防事故扩大。

（8）当事故得到控制，立即成立两个专门工作小组：

组成由安全、保卫、生产、工会、环保、机电和发生事故单位参加的事故调查小组，调查事故发生原因和研究制定防范措施。

成立生产恢复小组，负责在短时间内恢复生产，并落实防范措施。

5 现场恢复与事故调查

5.1 环境保护

固体废弃物的处置执行 SP—27 固体废弃物排放程序。

液体废弃物的处置执行 SP—34 油品遗洒及废油排放程序。

5.2 设备和生产恢复

矿山部和公司机电、维修等有关部门对损坏设备紧急抢修，使其在最短时间恢复正常。

运矿公路、采场有破坏的及时修复；边坡有滑坡地段，要及时清理石料，对边坡加固，消除危险。

生产条件具备的情况下，由公司安全环保办公室组织有关部门进行安全验收，宣布应急取消，恢复生产。

6 应急准备

响应 SP—09 应急准备与响应控制程序：

应急人员的培训：参加公司组织的应急培训和安全教育；矿山部应急培训教育。

预案演习：参加公司组织的预案演习，矿山部每年 8 月份组织一次预案演习。

公众教育：职工教育，每周一次安全例会。对全厂职工进行矿山安全知识教育。

对周围村民进行宣传，不要进入矿区。警卫人员在矿区值班，发现进入采区人员进行教育。当发生事故时矿山部全体人员团结合作，正确处理事故。矿山部不能很好处理时向公司提出帮助。必要时向公司签订的救援组织进行通报，寻求立即帮助。

7 预案培训和演习

应急管理人员定期参加公司安全环保办公室组织的紧急事故处理的现场培训。参加医务室组织的救援培训，人员懂得心、肺复苏和外伤急救知识。组织观看公司放映的救援知识录像。每年 8 月矿山部组织一次有关紧急救援内容的演习，内容包括：火灾、地质灾害、现场伤员急救、触电急救等。

组织矿山部人员熟悉事故应急救援预案。

8 预案维护和改进

事故应急救援预案由矿山部制定，每年的 1～2 月份矿山部组织人员对事故应急预案进行修改，报安全环保办批准备案。批准后下发到各车间组织学习。同时注意经常检查以下内容，如有变更及时修改事故应急救援预案：

A：应急人员的身份和电话；

B：应急物资的变化；

C：车间、矿区地图的变化；

D：运输线路的变化；

E：应急组织的变化。

9 经费保障

矿山事故应急救援预案所需经费向安全环保办提出申请，安全环保办应根据实际情况满足需求；灾害发生过程中所需经费由事故应急救援领导小组解决。

10 预案支持附件

SP—1：文件资料管理程序

SP—09：应急准备与响应控制程序

SP—22：危险源识别与评价控制程序

SP—32：电器设备安全管理程序

SP—33：个人防护用品控制程序

SP—35：特种设备控制程序

SP—36：危险作业许可控制程序

SP—38：消防安全管理程序

SP—27：固体废弃物排放程序

SP—34：油品遗洒及废油排放程序

SM/EHS—011：事故调查与报告程序进行处理

各工种作业指导书：

矿山部地质灾害和防汛预案

爆破施工过程中的事故处理

矿山部灭火行动方案

其他附件

11 有关规定和要求

为能在事故发生后，迅速准确、有条不紊地处理事故，尽可能减小事故造成的损失，平时必须做好应急救援的准备工作，落实安全生产责任制和相关程序。具体措施有：

（1）落实应急救援组织，救援指挥部成员和救援人员应按照专业分工，本着专业对口、便于领导、便于集结和开展救援的原则，建立组织，落实人员，每年初要根据人员变化进行组织调整，确保救援组织的落实。

（2）按照任务分工做好物资器材准备，如必要的指挥通讯、报警、消防、抢修等器材及交通工具。上述各种器材应指定专人保管，并定期检查保养，使其处于良好状态以备急用。

（3）建立完善各项制度：检查制度，每月结合安全生产工作检查，定期检查应急救援工作落实情况及器具保管情况。例会制度，每季度第一个月的第一周召开领导小组成员和救援队负责人会议，研究应急救援工作。总结评比工作，与安全生产工作同检查、同讲评、同表彰奖励。

12 附件（略）

10 环境的持续改进

ISO 14001环境管理体系标准的核心思想——污染预防和持续改进，组织应在生产、产品和服务过程中，努力寻求改进机会，不断发现和解决问题，通过实施针对性纠正措施和预防措施，进行环境管理体系改进，不断提高组织的环境绩效。

10.1 持续改进概述

10.1.1 持续改进定义

在GB/T 24001—2004《环境管理体系要求及使用指南》中，“持续改进”定义为“不断对环境管理体系进行强化的过程，目的是根据组织的环境方针，实现对整体环境绩效的改进”。

持续改进能提高组织整体的环境绩效，这种改进是多方面的，可以分为：

①环境管理体系方面的改进，如强化环境管理体系某一要素的过程控制，增加内部审核频次和深度等，对重大环境因素控制参数增加测量和调试的频次，重大环境因素岗位人员轮流送出去学习等；

②原材料和能源方面的改进，如氟利昂制冷剂的替代，开发水电替代火力发电；

③工艺过程方面的改进，如为节约能源，工艺改进为减少通电加热时间，增加保温时间；为节约用水，工艺上采用逆流洗涤方式；建筑行业在施工过程采用降噪、节能技术或工艺等；

④管理方面的改进，如提高环境管理目标、培养环境管理人才和优化环境管理制度等。

10.1.2 持续改进方法

组织的持续改进应根据环境方针、目标和指标，对环境绩效进行持续的评价，确定改进的机遇，从而实现持续改进。持续改进的过程包括：

①确定改进机遇，引导企业改进环境绩效；

②找出造成违反环境法规或存在环境管理漏洞的根源；

③针对上述根源，制订并实施有关纠正和预防措施的计划；

④验正纠正和预防措施的有效性；

⑤评审管理制度和管理体系文件是否具有支持性，如过程改进引起程序或管理制度变更，应形成文件；

⑥提供改进所需的资源，并随时对资源配置效率进行评审；

⑦对照目标和指标进行比较。

在上述持续改进过程中，组织应重点考虑并解决以下一些问题：

①环境方针、目标指标和管理方案是否达到策划的结果；

②如何根据内、外部审核的结果，外部环境监测结果和管理评审寻求改进机会；

③如何根据数据分析结果、纠正和预防措施的评审，策划下一步改进活动；

④依据什么过程来确定纠正和预防措施及改进活动；

⑤怎样验证纠正和预防措施及改进活动是有效的、及时的；

⑥如何根据现有的资源、信息、可选技术方案、财务、运行和经营要求，以及相关方观点，选择和实施日常渐进改进和重大改进。

10.1.3 持续改进效果

组织环境管理的持续改进，应该产生以下效果：

①提高组织工作场所的环境质量，降低环境污染和环境风险；

②节约资源和能源，降低成本；

③改进与顾客、供方、员工等相关方的关系，促进相互沟通与和谐；

④提高组织的市场竞争力和社会声誉；

⑤为社会和员工作贡献、求进步、争先进创造机遇；

⑥形成新的企业文化，推进企业和员工履行环境保护的社会责任。

10.2 纠正措施与预防措施

10.2.1 纠正措施与预防措施定义

纠正是指为消除已发现的不符合所采取的措施，一般情况下，纠正可连同纠正措施一起实施。纠正措施是为了消除确认的不符合和事故的根源，以防止其情况再发生而采取的行动，是为了防止不符合和事故的再发生。

预防措施是为了消除潜在不符或其他潜在不期望情况的原因所采取的措施，采取预防措施是为了防止不符合和事故的发生。

纠正措施和预防措施在实施时一般要求：

①对环境因素及相关环境影响的评价；

②对所要采取的纠正和预防措施的评审和确认；

③实施所确认的措施；

④评价所采取措施的有效性；

⑤对现有控制措施的修改，确保纠正措施的有效性。

10.2.2 纠正措施与预防措施的制定

在 GB/T 14001—2004《环境管理体系　要求及使用指南》中，污染预防的定义是“为降低有害的环境影响而采用过程、惯例、技术、材料、产品、服务或能源以避免、减少或控制任何类型的污染或废物的产生、排放或废弃”。可以认为，污染预防是提高环境绩效、实现持续改进的重要途径，是环境管理体系处理和解决环境问题的基本原则，是环境管理的重要指导思想。在制定相应的环境治理措施时运用“污染预防”的基本原则有助于避免或减少有害的环境影响。

（1）纠正措施

纠正措施是为消除已发现的不符合或其他不期望情况的原因所采取的措施，一般地，不符合或事故的原因可能是：

①用于产品加工、储存或搬运购进材料、工具、设备或设施存在故障、误操作或操作不当；

②程序和文件不当或缺少；

③不符合程序要求；

④过程控制失当；

⑤计划安排不当；

⑥缺乏培训；

⑦工作环境不适当；

⑧资源不足（人员和物资）；

⑨过程固有的异常；

⑩其他问题等。

通过分析不符合或事故原因（可以使用因果图、关联图等管理工具），找准原因后予以消除就是纠正措施。一般来说，环境问题的原因可能不止一个，因此纠正措施也可能是多项。措施要具体，要可行，要有操作性，更要落实到责任人，规定完成时间，并对其效果进行验证或评审。否则，纠正措施就可能是虚假的，不能尽到作用的，同样的环境问题还可能反复出现。

（2）预防措施

与纠正措施不同的是，预防措施是指为了消除潜在不符合或其他潜在不期望情况的原因所采取的措施。出现环境管理问题应该采取纠正措施；没有出现问题时或问题是潜在的，随时可能会出现的，则需要采取预防措施。因此，预防措施更具有先进性、主动性，更需要组织自觉去识别潜在的环境问题，采取主动的行动去预防污染。

环境管理体系一个重要原则是预防为主，预防措施体现了这一原则。在实践中，管理人员因循守旧，思想僵化，总认为自己各方面都不错，看不到潜在的不符合或需要改进的地方，是预防措施和环境管理改进的最大障碍。要实施这一原则，首先是要找到潜在的不符合或需要改进的地方，这就需要：

①组织的全体员工，包括最高管理者有一种永不满足、不断进取的心态；

②营造一个鼓励对环境管理进行改革、创新、改造、预防的内部氛围；

③管理者采取各种措施支持员工的改进和预防行动；

④管理者带头改进自己工作。

预防措施与纠正措施一样，同样需要针对不符合的潜在原因来制定，而且要具体，要可行，要可操作性，要落实到责任人，规定完成时间，并对其效果进行验证或评审。

（3）纠正措施和预防措施的制定

制定纠正措施和预防措施，应有利于尽量地减少或消除对环境的影响，包括考虑其对于环境潜在的有害影响。其制定措施时应考虑的优先顺序排列为：

①资源削减或消除（包括环境上合理的设计和开发，材料替代，过程、产品或技术的变更和有效的使用，以及能源和材料的节约）；

②内部再利用或再循环；

③外部的再利用或再循环；

④回收和处理；

⑤利用控制机制（程序、方法、准则等）。

组织在环境事故出现后，纠正措施和预防措施的制定要结合已出现的不符合和潜在的因素、结合生产过程特点、产品特点、服务特点等有的放矢地利用“污染预防”的原则，制定出有效并操作性强的纠正、预防措施。

10.3 环境管理体系改进

10.3.1 环境管理体系持续改进的方法概述

环境管理体系持续改进的方法包括过程评价、内部审核、管理评审和自我评定等形式。

（1）环境管理体系过程评价

评价环境管理体系过程时，应对每一个被评价的过程围绕以下 4 个基本问题进行：

①过程是否已被识别并适当规定；

②职责是否已被分配；

③程序是否得到实施和保持；

④在实现所要求的环境结果方面，过程是否有效。

（2）内部审核

内部审核是组织的自我审核，也称第一方审核。依据是 GB/T 14001—2004 标准、组织制定的环境管理手册和程序文件，采用现场审核的方法，审核结果导致环境管理体系要素的改进。

当组织已经建立了环境管理体系，并按规范进行运行，则必须同时建立定期内部审核制度，以确定体系是否符合计划安排，体系运行是否有效以及获得持续改进机会。组织只有完成了内部审核之后才可以进行管理评审，直至申请外部审核。

（3）管理评审

最高管理者按规定的时间间隔系统地评价环境管理体系的充分性、适宜性和有效性。评价包括考虑修改环境方针的需求、以适应相关方的需求和期望的变化。管理评审还包括识别、确定采取措施的需求，以持续改进环境管理体系。

（4）自我评定

组织的自我评定是一种参照环境管理体系标准或优秀管理模式，对组织的环境绩效所进行的全面和系统的评价。自我评定可提供一种对组织环境绩效和环境管理体系成熟程度的总的看法，它有助于识别改进的领域并确定优先开展的事项。

10.3.2 环境管理体系有效性的表征

环境管理体系有效性是指组织通过策划、建立并运行的环境管理体系能达到策划结果的要求。实现组织的环境方针和目标、指标。

持续改进环境管理体系的有效性是一个组织永恒的目标。通过持续改进，达到改善环境绩效、增强相关方满意的目的，增大组织的市场机会。

一般来说，环境管理体系的有效性主要表征在以下方面：

①环境方针和目标、指标得以实现；

②全体员工环境意识提高；

③建立了持续改进的机制（环境特性的例行监测和测量、内部审核和管理评审三级监控机制完善）；

④环境绩效符合法律法规和其他要求；

⑤环境管理体系文件适宜且能有效实施；

⑥环境绩效具有可证实性；

⑦相关方满意。

表 10-1 列出了表征及证实环境管理体系有效性的事项，供组织在保持和持续改进环境管理体系有效性方面作参照。

表 10-1　环境管理体系有效性的表征及其证实的事项

序号	有效性的表征	证实的事项
1	环境方针和目标、指标得以实现	a）实现环境方针承诺 b）环境方案按规定实施 c）环境目标、指标实现
2	全体员工环境意识提高	a）使员工了解环境方针采取的措施是有效的 b）使全体员工了解符合程序和环境体系标准要求的重要性 c）使全体员工了解其工作中的重要环境因素及潜在的重大环境影响，以及改进工作所带来的环境效益
3	建立持续改进的三级监控机制并运转正常	a）监测和测量及合规性评价按程序实施，对已发现或潜在的不符合，采取纠正或预防措施 b）内部审核按策划的审核方案实施，审核员具有专业领域知识和审核能力，对已发现或潜在的不符合，采取纠正或预防措施 c）管理评审能确保体系充分性、适宜性和有效性，对已发现或潜在的任何不符合，组织持续改进活动 d）纠正或预防措施能有效地防止现有问题再发生或潜在问题的发生
4	环境绩效符合规定的要求	a）废水、废气、噪声监测和排放满足适用的法律法规和其他要求 b）未受到环境执法的罚款 c）环境方针的对外公开承诺能实现
5	环境管理体系文件规定事宜	a）体系文件结合组织的环境影响现状，并满足 ISO 14001：2004 的要求 b）重要环境因素、环境方针、环境目标、指标和方案、运行控制和应急准备及响应、监测和测量等构成的环境管理体系的主要文件能指导体系有效运行 c）缺乏文件规定，有可能偏离方针、目标和指标的过程均有效地建立和实施了文件化程序

序号	有效性的表征	证实的事项
6	环境绩效具有可证实性	a）有证据表明，新建、改建和扩建项目执行环境影响评价制度和“三同时”制度，如具备环境影响评价报告书/表、“三同时”验收报告等 b）具有环境污染的达标的证据，如废水、废气和噪声的监测报告，危险废物的转移联单等
7	相关方满意程度增强	a）顾客的环境要求得到识别和确定 b）规定了获取顾客环境满意的信息的途径 c）对供方的环境行为已施加影响，具有其环境绩效提高的证据（如污染物达标、实施环境管理体系等） d）受政府及上级组织表扬

10.3.3 内部审核

10.3.3.1 内部审核定义及要求

内部审核是指组织内部为客观地获得审核证据，并对其进行客观评价，以判定组织对其设定的环境管理体系审核准则满足程度进行系统的、独立的并形成文件的过程。

组织为判定所建立的环境管理体系是否符合 ISO 14001：2004 的要求，以及体系是否正确地实施和保持，以确保体系的持续有效性，应建立和保持内部审核程序，定期对环境管理体系进行内部审核。内部审核程序的建立见示例 10-1。

组织应针对特定的时间段和预期的目的，策划和制订一个或多个审核方案，规定审核依据的准则、次数、间隔时间、审核人员、审核的范围（受审部门、场所）及审核方法。策划并制订审核方案时，应充分考虑受审核方环境管理状况以及以往审核的结果，对环境造成重大影响的环境因素，尤应作为审核的重点。

组织应保存所有的内部审核记录，并实施有效的控制，内部审核结果还应作为管理评审的输入。

示例 10-1

内部审核控制程序

编号/修订状态：EMS2—2004-12/00

1 目的和范围

为了建立健全本公司的自我完善机制，让最高管理者全面了解一定时期内环境管理体系的运行情况和组织的环境绩效，制定了内部审核程序。该程序适用于本公司环境管理体系范围内的内部审核。

2 职责和权限

2.1 环境管理者代表负责内部审核总体安排。

2.2 办公室负责内部审核的组织和信息的传递工作。

3 内部审核程序

3.1 本公司每年至少进行 1 次全部门、全要素的审核，通常在 12 月中旬前完成，审核时间不少于 2 天。一车间、二车间、废物处理厂、质检科、安环部每年增加 1 次审核，通常在 7 月底以前完成，审核时间不少于 1 天。如果发生了重要环境因素失控，且不能立即找出失控的原因实施纠正时，应对有关的部门和重点岗位增加 1 次审核。如有特殊情况未能如期审核，应在进行内部审核前，书面向最高管理者说明推迟审核的理由并对本次审核的时间作出安排，并须经最高管理者批准。

3.2 内部审核的目的是确定本公司的环境管理是否覆盖了本公司产品实现过程中全部能控制的或对其能施加影响的重要环境因素，是否符合本标准的要求且符合组织的实际情况；是否得到了恰当的实施和保持；寻找改进的契机。

3.3 内部审核的准则是ISO 14001：2004标准、本公司的环境管理体系文件、相关的记录和报告、适宜于本公司的法律法规和其他相关要求。

3.4 每年1次的全面内部审核和重点部门增加的审核中采用抽样方法进行审核，抽取的样本量不小于3份，样本量小于3的全面检查，抽取样本应具有代表性；重要环境因素失控时增加审核，所有的样本均应检查。

3.5 每年度的1月31日前，管理者代表应制定本年度的内部审核方案，填写“年度内部审核方案表”，经最高管理者审批后交综合办公室组织实施。

3.6 综合办公室按照内部审核方案，在计划内审时间的前2周对内审作出具体安排，将有关内审事项通知内审组长。

3.7 内审组长在内审前1周制定出本次审核的“内审计划”，经管理者代表审批后交综合办公室。综合办公室将内审计划复印后分发给相关部门和本次审核的内审员。

3.8 内审员按计划安排编写本人审核内容的检查表，参加审核次数少的内审员应将检查表交内审组长审阅。

3.9 按计划安排实施审核。若审核过程中遇有特殊情况，应向内审组长报告，组长负责协调和安排，若组长不能解决的问题，应向管理者代表汇报，由管理者代表协调解决。

3.10 内审员应在“现场审核记录表”中记录审核过程中收集的客观证据和相应的评价结果，以“符合”、“不符合”、“有偏离”描述评价结果。

3.11 现场审核取证工作完成后，内审组长应召开内审组成员会议，交流各自的内审情况；讨论本次内审对环境管理体系综合性评价的结论和改进的建议，并在“会议记录表”中记录交流的内容。

3.12 各内审员对发现的不符合项，开出“不符合报告”，“不符合报告”应经内审组长审核，管理者代表批准后，由组长将其交给相应部门。

3.13 相关部门在接到“不符合报告”后，部门负责人应进行调查和分析，找出产生不合格的原因，针对原因制定措施。如果在调查过程中遇有技术上的问题，应召集技术部、生产部和安全环保部一起进行调查分析，制定措施。普通的改进措施，应立即实施。若措施中涉及重大改进，需要报最高管理者审批后实施。若措施中需要修改文件的，应按《文件管理程序》中相关条款修改文件。

3.14 内审组长在审核完成30天内验证纠正措施的有效性。验证后在“不符合报告”中签署结论。若验证结论是纠正措施未达到关闭不符合效果，该部门负责人应执行3.13条款，直至不符合项完全关闭。

3.15 审核结束20天内，内审组长应编制“内部审核报告”，应包括本次审核过程的综述、审核的结论、提出改进的建议等，交管理者代表审批后，组长将其连同其他审核记录一起交综合办公室保管。

3.16 综合办公室将“内部审核报告”复印后发放给最高管理者、管理者代表、各部门负责人，并在公司宣传栏内公布内审结果。

4 相关引用文件

《内、外部文件管理程序》 QEMS2—2004-01/00

5 相关记录表

年度内部审核方案 EMS—2004-20

内审计划 EMS4—2004-21
现场审核记录 EM—2004-22
会议记录 EMS4—2004-23
不符合报告 EMS4—2004-24
内部审核报告 EMS4—2004-25

10.3.3.2 内部审核过程

①策划审核方案，并形成文件。审核方案是指针对特定时间段所策划的具有特定目的的一次或多次审核。该方案可以是年度的，也可以是半年度、季度的。在方案中应充分考虑以往审核的结果和重要环境因素，并规定审核准则、范围、频次、人员和方法。环境审核方案应依据环境内部审核程序的要求制定。

内部审核可由组织内部人员或组织聘请的外部人员实施。无论哪种情况，从事审核的人员都应具备胜任审核的能力。在选择审核员从事指定的审核活动时，应注意审核员处于独立的地位，以确保其能够公正、客观地实施审核。对于小型组织，只要审核员与所审核的活动无责任关系（即审核员不审核自己的工作），就可以认为审核员是独立进行审核的。

②制订审核计划。每次审核前审核小组应制订审核计划，对审核日程、审核时间、审核员分工、受审核部门和地点等方面作出安排。

③实施审核活动。包括审核的启动、准备和现场审核 3 个阶段。通过现场审核，审核员从受审方处获取信息，经验证后形成审核证据，将审核证据与审核准则对照，评价后形成审核发现，并判定是否满足审核准则，针对不满足的事项提出不符合报告。

④审核组综合汇总审核发现，形成审核结论，向管理者提出审核报告。审核发现是指将收集到的审核证据对照审核准则进行评价的结果。它用于评定环境管理体系的有效性和识别改进机会。审核结论是指审核组考虑了审核目的和所有的审核发现后，得出的对环境管理体系符合性、有效性的最终评价结果。

⑤受审方管理者针对不符合事项应及时予以纠正，以消除不符合，同时还应分析不符合的原因，采取必要的纠正措施，以防止类似问题重复再发生。

⑥审核组对受审核方实施的纠正和纠正措施进行跟踪验证，并提出后续报告。

10.3.3.3 内部审核活动的策划和实施

某次审核活动是审核方案实施的一个组成部分。图 10-1 是 ISO 19011：2002 描述的典型的审核活动程序。环境管理体系的内部审核程序同 ISO 19011。

（1）审核的启动

①指定审核组长。负责管理审核方案的人员指定本次审核的审核组长。

审核组长在审核中将起到关键作用。审核组长的职责有：对本次审核活动进行策划，编制本次审核计划；指导审核组成员实施审核；归纳审核组意见，得出审核结论；编制和完成审核报告。此外还要负责与审核组内外各方沟通，预防和解决审核组（员）与受审方的冲突。

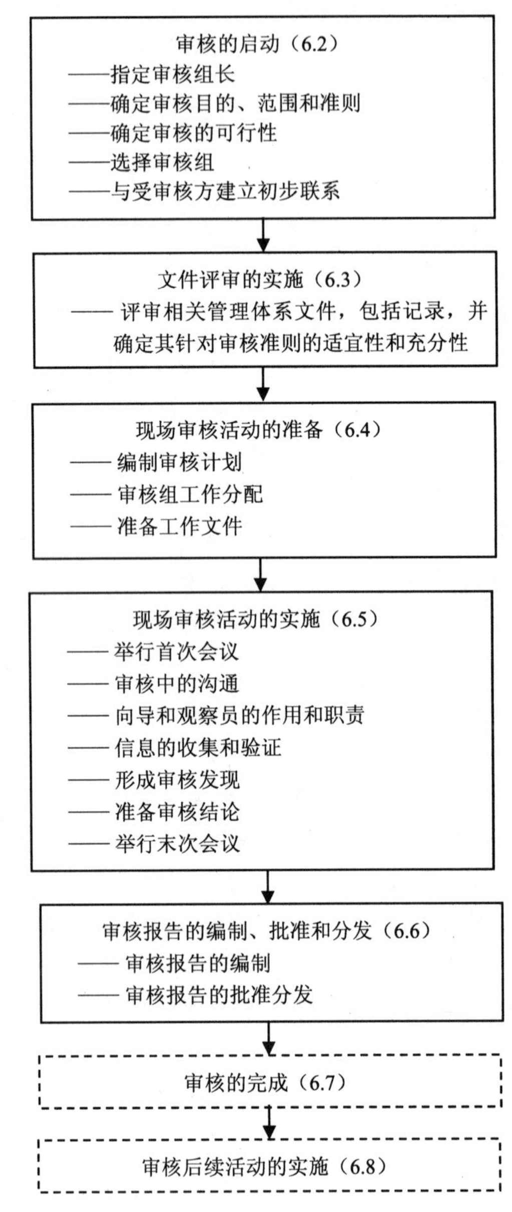

图 10-1 ISO 19011：2002 中典型审核活动的程序示意图

注：图中括号内数字系 ISO 19011：2002 的章节条款号码。虚线表示审核后续活动，通常不视为审核的一部分。

选择审核组长时，除了具备一般审核员应有的素质外，还应注意其是否具备较好的组织、协调、判断、交流和沟通方面的能力。如果是结合审核（或称一体化审核），审核组长还应具备两种或两种以上管理体系审核与评价的能力。

②确定审核目的、范围和准则。审核组长根据审核方案的目的和内容，在本次审核计划中确定本次审核的目的、范围和内容。

③确定审核的可行性，组成审核组。确定审核可行性应考虑两个方面：

a．管理体系的运行是否处于正常的运行状态。如果体系刚开始实施，或是体系正进行重大变更，各方面还处于调整状态。这将使审核不能获得充分的信息客观评价管理体系。

b．审核组与受审核的部门是否有充足的时间实施和接受审核。

就内部管理体系的审核而言，审核方案的管理人员和审核组的组长与本次审核的受审核部门联系，共同磋商或确认：

a．审核日程安排；

b．实施审核的人员及接待审核的人员；

c．审核涉及的场所或活动。

（2）文件评审的实施

在实施现场审核前，由审核组长实施文件审核，但这不排除在现场审核中对管理体系文件的审核。

①文件评审的目的。文件评审的目的表现在两个方面：一是评价环境管理体系文件是否符合 ISO 14001：2004，是否满足环境方针、法律法规和其他要求或合同的要求，环境管理职责是否明确以及不同层次文件的衔接、各个活动之间的接口是否协调等。二是了解受审核部门的业务、活动以及如何管理等情况，以便策划、组织现场审核，制定审核计划。

②文件评审的范围。文件评审的范围可包括：

a．环境管理体系相关的文件，如环境手册、方针、目标、指标和管理方案、程序文件、作业指导文件等；

b．环境管理体系相关的重要记录，如环境影响评价报告、“三同时”验收报告等；

c．以往的审核报告，包括内部和外部审核的报告。

在进行文件评审时，可要求受审方提供进一步的文件和记录。

③文件评审的提纲。文件评审前可拟定评审的提纲。

④文件评审意见和结论。经评审，如果发现环境管理体系文件不适宜或不充分，文件规定与组织的实际情况不一致等情况，审核组长应及时报告文件评审中的问题，根据问题的程度决定审核继续进行还是待文件的问题解决后再进行审核。

文件评审的结论通常有以下情况：

a．管理体系文件符合审核准则要求；

b．基本符合，还应对部分文件内容进行修改，并在现场审核时对修改后的内容进行验证；

c．需对文件进行较大的修改，经验证符合审核准则后，才能进行现场审核。

（3）现场审核活动的准备

① 编制审核计划；

② 审核组工作分配；

③ 准备工作文件。

工作文件类型有：实施审核前，审核员需要准备的工作文件可包括检查表、相关的审核用记录表格、首次末次会议签到与记录表格、与审核准则相关的文件，如 ISO 14001 体系文件等。

（4）现场审核活动的实施

①举行首次会议。在正式实施现场审核前召开首次会议，审核组全体成员和受审核

方主管参加首次会议。

首次会议的内容可包括：确认审核目的、范围、准则和计划安排；简要介绍审核如何实施；受审核部门如何配合审核及询问有关审核的事项；介绍实施审核所采用的方法和程序；说明审核的基本方法是抽样；同时应告知受审核方审核证据只是基于可获得的信息样本，因此，在审核中存在不确定因素；介绍在审核中获得审核证据、判断不符合项和形成审核报告的方法，包括不符合项的分级、审核结论的种类。

②审核中的沟通包括以下方面：

a．审核组内部的沟通。现场审核过程中，审核组内部应以会议或其他方式进行沟通。

b．与受审核部门沟通。审核过程中，审核员或审核组长应及时向受审核部门负责人或其指定的联络人沟通。

c．与管理者代表或最高管理者沟通。

③信息的收集和验证。实施审核中最关键的活动就是收集与审核准则有关的信息，并对这些信息加以验证以作为审核证据。信息的收集和验证过程是“通过适当抽样收集和验证”、“对照审核准则进行评价”、“评审”3 个子过程把来自信息源的输入转化为审核结论的过程。

④形成审核发现。审核发现是将审核证据与审核准则对照评价的结果。审核发现可以表明符合或不符合审核准则，因此只有审核准则是审核发现判断符合与否的依据。

a．评审审核发现。审核组在审核的适当时候评审审核员提出的审核发现，评审可以在审核过程中，也可以在现场审核即将结束时进行。

b．记录审核发现。审核组应当汇总符合审核准则的情况，指明所审核的场所、职能和过程。特别是能证实受审方环境管理体系有效运行的信息，为审核结论提供依据。还应当记录不符合审核准则的情况和支持的证据，以“不符合报告”的形式记录。

判定不符合。任何不符合审核准则要求的事项均可确定为不符合。例如环境管理体系文件不符合环境管理体系标准要求、环境管理体系的实施现状不符合环境管理体系标准或环境管理体系文件或适用的法律法规的要求。内审时可以对不符合的严重程度进行分级，不符合的分级没有统一规定，由各组织事先作出具体规定。例如可分为“严重不符合”和“一般不符合”。

严重不符合，通常把体系运行出现系统性不符合确定为“严重不符合”。例如某一体系要素的活动或关键子活动重复在不同部门、场所出现的不合格，又如某一运行程序未能有效实施，再如组织中的某一部门、场所所规定的环境管理活动几乎都未实施等。

一般不符合，在环境管理体系建立、实施、保持中发现的某些个别存在的、偶然的、影响较小的不符合，可判定为一般不符合。

观察项，审核员在审核过程中可能会发现一些证据不够充分或暂且还不能构成不符合，但有发展成不符合趋势的问题，一般称这些问题为“观察项”。

各组织可结合其内部审核程序设计符合自己工作习惯的不符合报告格式。不符合报告格式见示例 10-2。

示例 10-2 ××××公司××××年环境管理体系审核不符合报告

编号：

<table>
<tr><td>审核部门或区域</td><td>污水处理站</td><td>日期：××××年××月××日</td></tr>
<tr><td colspan="3">不符合事实描述：雨水总排口排出的水与工艺废水颜色相近，呈黄色，并发出臭气。</td></tr>
<tr><td colspan="3">不符合 环境手册/程序文件：环境手册中 4.4.6 标准条款：ISO 14001：2004 中 4.4.6</td></tr>
<tr><td colspan="3">不符合性质：□严重不符合 □一般不符合</td></tr>
<tr><td colspan="3">审核员/日期：×××/××××年××月××日
审核组长/日期：×××/××××年××月××日
受审核方代表/日期：×××/××××年××月××日</td></tr>
</table>

⑤ 准备审核结论包括以下方面：

a．评价审核发现。在末次会议前，审核组应评价审核发现和其他适当的信息，符合审核准则的，作为肯定受审核方环境管理体系符合要求和有效运行的依据；不符合审核准则的确定为不符合项，作为受审核方环境管理体系的薄弱环节，促其改进。

b．审核结论达成一致。由于抽样审核，审核结论会有局限性。审核组应在报告审核结论前，充分地讨论、修改和补充，达成一致，若不能达成一致由审核组长裁定。

c．审核结论通常可以包括以下内容：

环境管理体系与审核准则的符合程度；

环境管理体系的有效实施、保持的评价和改进建议；

管理评审过程在确保环境管理体系的适宜性、充分性和有效性方面的作用或能力。

⑥ 举行末次会议。按审核计划的安排，审核组长应主持审核的末次会议，参加的人员包括审核组全体人员、受审方的主管及其认为适合的人员。

（5）编制、批准和分发审核报告

审核报告由审核组长负责编制，并对其内容负责。审核报告通常包括以下内容：

①审核目的；

②审核范围；

③审核成员及其分工；

④现场审核活动实施的日期、时间和地点；

⑤审核准则，包括文件名称及版本状态；

⑥审核发现，对审核准则的符合性评价，以及本次审核开具的不符合报告，还应包括或引用现场审核前提交的体系文件评审报告；

⑦审核结论及改进建议；

⑧适当时，审核报告还可以包括或引用以下内容：

a．审核计划；

b．审核过程必要的说明，如因某些区域停止运行、关键人员不在场以及其他未能深入地获取全面信息原因等情况；

c．审核组和受审核方之间没有解决的分歧意见，包括对审核发现、审核结论的分歧；

d．商定的纠正或预防措施计划。

内部审核报告由审核方案管理者评审。这是对内部审核方案进行监视的重要手段，评审本次审核活动是否遵循审核方案规定的审核目的、准则、范围、频次的安排。内部审核报告经评审后，按程序文件规定分发给受审核部门和最高管理者。

（6）审核的完成

审核报告经过评审并分发后，本次审核即告完成。

与本次审核相关的文件和记录，如审核计划、检查表与审核记录、不符合报告、会议记录、审核报告等应按内部审核程序的要求予以保存。

（7）审核后续活动的实施

审核的后续活动主要指对审核中发现问题所采取的纠正或纠正措施及对其验证活动。

审核后续活动的主要目的是促使对审核中发现的不符合认真分析产生的原因，并采取适当的措施防止其再次发生。由于审核采用抽样方法，带有一定的不确定性，因此审核的后续活动不能仅限于针对不符合现象的纠正，而应特别强调举一反三，找出产生不符合的原因，并针对原因采取纠正措施。

10.3.4 管理评审

10.3.4.1 管理评审含义

最高管理者应按计划的时间间隔，对组织的环境管理体系进行评审，以确保持续适宜性、充分性和有效性。评审应包括评价改进的机会和对环境管理体系进行修改的需求，包括环境方针、环境目标和指标的修改需求。应保存管理评审的记录。

管理评审的输入应包括：

①内部审核和合规性评价的结果；

②来自外部相关方的交流信息，包括抱怨；

③组织的环境绩效；

④目标和指标的实现程度；

⑤纠正和预防措施的状况；

⑥以前管理评审的后续措施；

⑦客观环境的变化，包括与组织环境因素有关的法律法规和其他要求的发展变化；

⑧改进建议。

10.3.4.2 管理评审实施建议

①组织应建立管理评审的过程和方法，制定相应管理评审程序，明确规定评审的输入、评审过程的控制、评审输出，以及后续改进活动等方法和要求。管理评审程序见示例 10-3。

②为了能充分发挥管理评审的作用，组织应规定评审的周期，以便组织能及时地发现问题，识别改进的机会，改进环境管理体系。管理评审的周期应根据组织环境管理体系的成熟程度、环境绩效、组织的活动、产品和服务对环境产生影响的风险大小，以及遵守适用的环境法律法规和其他要求等因素综合后予以确定。通常在 6～12 个月，最长不应超过 12 个月。

③组织应明确管理评审输入信息的要求。

④管理评审可采取会议评审作出决定，或评审文件作出批示的形式，选择何种形式由组织自行确定。管理评审的意见和所作的规定，应予以记录。管理评审记录包括：评审的日程、观察结果、建议事项和评价结论，以及决定实施的措施、责任部门和完成期

限。记录可以是工作记事本、会议纪要或评审专题报告，其承载媒体可以是纸质文件或电子媒体。管理评审的结果应以适当的方式在组织内部传达，以便落实相应的措施。

⑤管理评审应当涵盖整个环境管理体系范围，但不一定每次评审都涉及体系的全部要素，必要时可进行专题性的评审。

⑥管理评审除了按规定的时间间隔定期进行外，最高管理者可根据下述情况决定适时进行评审。

a．组织内部条件变更，如提供产品和服务的类别变化；

b．发生重大环境事故；

c．组织外部环境变更，如适用的环境法律法规和其他要求发展和变化而影响组织环境行为的合规性。

⑦管理评审决定的事项应按 PDCA 方法采取措施，一般可按纠正和预防措施程序进行或另行建立所需的过程，但都应对措施的实施情况进行跟踪。跟踪结果可作为下次评审的输入。

⑧管理评审与 ISO 14001：2004 中 4.5.5 要求的内部审核是既有区别，又存在着密切联系的两项活动。其关系见表 10-2，组织应协调这两项活动。

表 10-2　管理评审与内部审核的关系

比较项目	管理评审	内部审核
目的	评价环境管理体系的适宜性、充分性和有效性，包括评价环境方针、环境目标和指标、体系改进机会和变量需要	评价环境管理体系的符合性和有效性
依据	审核结果、环境绩效、纠正和预防措施状况、以往管理评审所作决定的跟踪措施、改进建议	ISO 14001：2004、环境管理体系文件、适用的环境法律法规和其他要求
类型	内部（第一方）	内部（第一方）
实施	组织的最高管理者	内审员或外聘审核员以组织名义进行
结果	采取相应措施，持续保持和改进体系的适宜性、充分性和有效性	采取纠正措施，保持和改进体系的符合性和有效性
接口	内部审核的输出是管理评审的输入之一	

示例 10-3

环境管理体系管理评审程序文件

编号/修订状态：EMS2—2004-13/00

1 目的和范围

制定本程序是为了保证环境管理体系的管理评审能持续有效地开展，确保评审中改进的决策能顺利地实施。该程序适用于环境管理体系的管理评审。

2 职责和权限

2.1 最高管理者负责按一定的时间间隔主持管理评审。

2.2 综合办公室负责管理评审的信息交流，负责评审过程的记录和相关文件的编写。

2.3 各部门负责本部门职能范围内的管理评审输入信息的准备。

3 管理评审程序

3.1 环境管理评审每年进行 1 次，当遇到重大改进的需求、重大环境影响或发生事故时增加 1～2 次管理评审。

3.2 通常在本年度的 12 月底或次年的 1 月初召开管理评审会议。参加人员有最高管理者、管理者代表、各部门的负责人或代表、参加本年度内审的内审员，必要时，可请本公司员工中的技术骨干和外聘专家参加。

3.3 管理评审前 10 天，综合办公室应下发通知书给参加本次评审的部门和人员，告知评审会议的时间、地点和其他相关事宜。

3.4 各部门和人员接到通知后，应准备以下方面的相关信息，以供管理评审。

3.4.1 管理者代表应准备环境管理体系 1 年来的运行情况、内部审核、上次管理评审的改进措施实施情况等信息，环境管理体系方面需要改进的建议和措施。

3.4.2 安全环保部准备本年度适用法律法规和其他要求遵守情况、紧急情况或事故发生和处理、环境目标和指标的实现程度、“三废”治理中纠正和预防措施的状况、目前国内外环境治理的新技术、适用法律法规的变化情况的信息，重要环境因素控制的改进建议。

3.4.3 技术部准备拟开发产品的环境因素评价结果、目前国内外原材料替代和新生产技术等方面信息，技术改造以实现清洁生产的建议。

3.4.4 生产部准备原材料和（或）工艺过程变化引起的环境因素的变化情况、生产运行中重要环境因素的控制情况，重要环境因素控制改进的建议。

3.4.5 供销部准备供方的环境绩效和客户要求变化的信息，对此提出改进的建议。

3.4.6 其他部门和人员对环境管理体系提供合理化的建议。

3.5 将准备的信息和建议形成报告，其内容应简练，可以包括对本部门环境管理的职能情况进行概述，报告格式可以条理化。

3.6 综合办公室应做好管理评审会议的组织、准备和记录工作。

3.7 最高管理者主持管理评审会议，各有关部门代表应在评审会上阐明报告的内容，重点阐述改进的建议。

3.8 管理评审会上，重点评审需要改进的方面和改进措施，分析改进的可行性、改进后的绩效，如何改进等。

3.9 最后，由最高管理者决定应进行哪些方面的改进，明确改进的措施及实施改进的人员、资金、时间等安排。

3.10 综合办公室在会后一周内整理出“管理评审报告”，经最高管理者审批后发放给各部门、管理者代表和最高管理者。

3.11 管理评审的结果由综合办公室在公司宣传栏上公布，让全体员工了解评审的内容。

3.12 综合办公室应保存管理评审“会议记录”、各部门提交的报告、“管理评审报告”记录。

3.13 安全环保部依据管理评审报告的安排，验证改进措施的实施情况，若没有按管理评审报告安排实施改进，应调查原因，将情况书面报告管理者代表。

4 相关引用文件

无。

5 相关记录表

会议记录 EMS4—2004-23

管理评审报告 EMS4—2004-26

11 环境管理运行证据和记录

11.1 环境管理运行证据和记录及管理要求

11.1.1 环境管理运行证据和记录

“记录”的定义：

“阐明所取得的结果或提供所完成活动的证据的文件。

注 1：记录可用于文件的可追溯性活动，并为验证、预防措施和纠正措施提供证据。

注 2：通常记录不需要控制版本。”

根据上述的定义，可理解为：

①记录是阐明所取得的结果或提供所从事活动的证据文件。表格不是记录，当表格填写了内容后，变为证据性文件，即成为记录；

②记录可以为环境管理体系有效进行提供客观证据、追溯性证据，为采取纠正措施和预防措施提供客观证据，环境记录管理包括记录的标识、保存、处置等。

③记录通常采用书面形式，也可以包括磁盘、光盘、电子媒介、照片等。通常经审批后的记录表可用很长时间，一般不编写版本号。

一般地，企业环境管理过程、环境管理体系的运行记录主要包括：

a．适用环境法律、法规及其他要求清单；

b．重要的环境因素和有关的环境影响；

c．环境培训记录；

d．检查、校准和维护记录；

e．环境监测记录；

f．环境投诉和处置措施；

g．违章情况、环境事故报告；

h．与相关方环境信息交流记录；

i．有关的供方与承包方环境控制记录；

j．过程信息；

k．产品信息记录；

l．环境法规遵守评价结果；

m．内外部环境审核、检查或考核结果；

n．环境评审结果；

o．环境会议记录；

p．环境绩效记录；

q. 对法律法规符合性记录；

r. 其他与环境运行有关的记录。

11.1.2 环境管理运行证据和记录的管理

①制定并实施环境记录的控制程序和管理制度，明确管理职责、流程和控制措施；

②建立环境记录清单；

③明确环境记录的控制职责，配备必要的资源；

④加强对供方环境控制、相关方信息交流记录管理；

⑤明确环境记录管理要求，规定记录内容、保管、识别、检索和处置标准；

⑥确保重要环境记录的真实性，对有关人员填写的真实性、及时性进行检查；

⑦定期检查和评审相应的环境管理活动与记录等是否协调一致。

11.2 环境管理运行证据和记录的表格样式

本章介绍的有关运行证据、记录的表格样式，可供中小企业规范环境管理运行证据、记录格式和内容参考使用（见表 11-1 至表 11-30）。

表 11-1 环境因素调查/登记表（样表）

部门 ____________

序号						
活动/产品/服务						
环境因素						
时态	过去					
	现在					
	将来					
状态	正常					
	异常					
	紧急					
环境影响	大气					
	水体					
	噪声					
	土壤					
	资源					
	能源					
	其他					
备注						

编制： 日期： 审核： 日期： 批准： 日期：

表 11-2 环境因素评价表（样表）

部门 ________

序号							
活动/产品/服务							
环境因素							
时态							
状态							
环境因素评价	打分法分值						
	是非判断法						
是否重大环境因素							
备注							

编制： 日期： 审核： 日期： 批准： 日期：

表 11-3 重要环境因素清单（样表）

序号	涉及部分 活动/产品/服务	重要环境因素	时态	状态	环境影响	污染源或部门	控制方式

编制： 日期： 审核： 日期： 批准： 日期：

表 11-4 环境管理体系文件及法律法规一览表（样表） 共 页第 页

序号	名称	发布时间	文号	发布单位	设施日期	备注

制表人： 部门负责人： 制表日期： 年 月 日

表 11-5 法律法规和其他要求清单及合规性评价记录表（样表） 共 页第 页

序号	环境因素	法律法规和其他要求名称	实施日期	适用条款	如何应用于本组织 4.3.2	符合性评价 4.5.2	符合性证据	评价人	评价时间	整改措施 4.5.3	备注

表 11-6 岗位人员能力评价记录表（样表）

部门 ____________

序号	姓名	职务	教育	培训	经历	任职能力	评价结论

评价单位负责人： 日期： 评价人： 日期：

表 11-7 环境教育培训记录表（样表）

培训内容					
培训教师			培训学时		
培训时间	20 年 月 日至20 年 月 日		培训地点		
序号	学员姓名	工作部门	出勤学时	考核成绩	证书编码

填表人/日期 ____________

表 11-8　信息联络单（样表）

编号＿＿＿＿＿＿

<table>
<tr><td>环境因素</td><td colspan="3"></td></tr>
<tr><td>发生地点</td><td></td><td>发生日期</td><td></td></tr>
<tr><td>影响程度</td><td></td><td>责任单位</td><td></td></tr>
<tr><td>外部联络单位</td><td colspan="3"></td></tr>
<tr><td colspan="4">环境因素产生的原因描述：
签名：
年　　月　　日</td></tr>
<tr><td colspan="4">处理方案：
签名：
年　　月　　日</td></tr>
<tr><td colspan="4">管理者代表审核：
签名：
年　　月　　日</td></tr>
</table>

表 11-9　相关方建议/抱怨对策报告（样表）

<table>
<tr><td colspan="2">○外部</td><td>○内部</td></tr>
<tr><td>发生时间：　年　月　日</td><td>责任部门：</td><td>提案部门：</td></tr>
<tr><td colspan="3">建议/抱怨内容：
提案人：</td></tr>
<tr><td colspan="3">提案部门经理批示：
部门经理签名：</td></tr>
<tr><td colspan="3">质量部意见：
管理代表签名：</td></tr>
<tr><td colspan="3">责任单位填写</td></tr>
<tr><td colspan="3">发生原因：
矫正对策：
预防对策：
责任部门经理：</td></tr>
<tr><td colspan="3">对策结果确认：
责任部门确认：
质量部确认：</td></tr>
<tr><td colspan="3">相关文件修订确认：</td></tr>
<tr><td colspan="3">反馈确认：
提案人：
提案部门经理：</td></tr>
<tr><td colspan="3">备注：如有现场照片等证据请一并附上</td></tr>
</table>

表 11-10 受控文件清单（样表）

序号	文件编号	文件名称	备注

表 11-11 文件收发、回收记录（样表）

<table>
<tr><th rowspan="2">序号</th><th>文件编号</th><th rowspan="2">文件名称</th><th rowspan="2">发放
单位</th><th rowspan="2">领用人
签名</th><th rowspan="2">领用
日期</th><th rowspan="2">回收人</th><th rowspan="2">收回
日期</th><th rowspan="2">销毁
日期</th></tr>
<tr><th>发放编号</th></tr>
<tr><td rowspan="2"></td><td></td><td rowspan="2"></td><td rowspan="2"></td><td rowspan="2"></td><td rowspan="2"></td><td rowspan="2"></td><td rowspan="2"></td><td rowspan="2"></td></tr>
<tr><td></td></tr>
<tr><td rowspan="2"></td><td></td><td rowspan="2"></td><td rowspan="2"></td><td rowspan="2"></td><td rowspan="2"></td><td rowspan="2"></td><td rowspan="2"></td><td rowspan="2"></td></tr>
<tr><td></td></tr>
<tr><td rowspan="2"></td><td></td><td rowspan="2"></td><td rowspan="2"></td><td rowspan="2"></td><td rowspan="2"></td><td rowspan="2"></td><td rowspan="2"></td><td rowspan="2"></td></tr>
<tr><td></td></tr>
<tr><td rowspan="2"></td><td></td><td rowspan="2"></td><td rowspan="2"></td><td rowspan="2"></td><td rowspan="2"></td><td rowspan="2"></td><td rowspan="2"></td><td rowspan="2"></td></tr>
<tr><td></td></tr>
<tr><td rowspan="2"></td><td></td><td rowspan="2"></td><td rowspan="2"></td><td rowspan="2"></td><td rowspan="2"></td><td rowspan="2"></td><td rowspan="2"></td><td rowspan="2"></td></tr>
<tr><td></td></tr>
<tr><td rowspan="2"></td><td></td><td rowspan="2"></td><td rowspan="2"></td><td rowspan="2"></td><td rowspan="2"></td><td rowspan="2"></td><td rowspan="2"></td><td rowspan="2"></td></tr>
<tr><td></td></tr>
</table>

表 11-12　文件更改通知单（样表）

编号 ____________

<table>
<tr><td>文件编号</td><td></td><td>文件名称</td><td></td></tr>
<tr><td>版次</td><td></td><td>更改状态</td><td></td></tr>
<tr><td colspan="2">更改前：</td><td colspan="2">更改后：</td></tr>
<tr><td rowspan="4">更改情况</td><td rowspan="2">更改单位</td><td rowspan="2">更改份数</td><td>受更改部门签名</td></tr>
<tr><td>更改日期</td></tr>
<tr><td rowspan="2"></td><td rowspan="2"></td><td></td></tr>
<tr><td></td></tr>
<tr><td rowspan="12">更改情况</td><td rowspan="2"></td><td rowspan="2"></td><td></td></tr>
<tr><td></td></tr>
<tr><td rowspan="2"></td><td rowspan="2"></td><td></td></tr>
<tr><td></td></tr>
<tr><td rowspan="2"></td><td rowspan="2"></td><td></td></tr>
<tr><td></td></tr>
<tr><td rowspan="2"></td><td rowspan="2"></td><td></td></tr>
<tr><td></td></tr>
<tr><td rowspan="2"></td><td rowspan="2"></td><td></td></tr>
<tr><td></td></tr>
<tr><td rowspan="2"></td><td rowspan="2"></td><td></td></tr>
<tr><td></td></tr>
</table>

更改：　　　　　日期：　　　　　审核：　　　　　日期：　　　　　批准：　　　　　日期：

表 11-13　文件更改记录表（样表）

序号	更改文件通知单号	更改文件章节号	更改页次	更改状态标识	更改人及时间

表 11-14 污染物/废弃物排放处理记录（样表）

序号	污染物/废弃物	排放单位	排放量/排放浓度	排放去向	排放日期	填表人

表 11-15 事故调查报告表（样表）

编号 ________________

<table>
<tr><td>事故发生部门</td><td colspan="3"></td></tr>
<tr><td>发生地点</td><td></td><td>发生日期</td><td></td></tr>
<tr><td colspan="4">环境污染、人员伤亡和财产损失情况：</td></tr>
<tr><td colspan="4">事故发生经过：</td></tr>
<tr><td colspan="4">事故原因及性质：</td></tr>
<tr><td colspan="4">事故处理意见及建议：</td></tr>
<tr><td colspan="4">纠正措施建议：</td></tr>
<tr><td colspan="4">调查组成员签名：

日期：</td></tr>
</table>

填表人：　　　　　日期：

表 11-16 重大事故及紧急情况处理记录（样表）

编号 ______________

重大事故及紧急情况类别	□ 火灾	□ 爆炸	□ 泄漏	□ 其他
发生地点及部门				
发生日期及时间				
重大事故及紧急情况概述				
应急相应处理过程				
备注：				

表 11-17 环境监测记录表（样表）

环境因素	监测地点	监测人/日期	监测数据	排放标准/结果分析	问题处理

表 11-18 合规性评价记录（样表）

序号	环境因素	适用法律法规和其他要求名称	适用条款号（指标）	合规性证据	评价结论	评价人 日期

表 11-19 纠正（预防）措施记录表（样表）

编号 ________________

责任部门	
不符合（潜在不符合）事实描述： 主管部门负责人：　　日期：	
原因分析： 责任部门负责人：　　日期：	
纠正（预防）措施建议： 管理者代表：　　日期：	
纠正（预防）措施实施情况： 责任部门人：　　日期：	
纠正（预防）措施验证： 验证人：　　日期：	

表 11-20　内部审核计划（样表）

编号 ________________

<table>
<tr><td>审核目的</td><td colspan="4"></td></tr>
<tr><td>审核范围</td><td colspan="4"></td></tr>
<tr><td>审核准则</td><td colspan="4"></td></tr>
<tr><td rowspan="6">审核员成员</td><td>姓名</td><td>审核职务</td><td>资格</td><td>人员编号</td></tr>
<tr><td></td><td></td><td></td><td>A</td></tr>
<tr><td></td><td></td><td></td><td>B</td></tr>
<tr><td></td><td></td><td></td><td>C</td></tr>
<tr><td></td><td></td><td></td><td>D</td></tr>
<tr><td></td><td></td><td></td><td>E</td></tr>
<tr><td>审核日期</td><td colspan="4">20　年　月　日　至　20　年　月　日</td></tr>
<tr><td colspan="5">审核日程活动安排</td></tr>
<tr><td>审核日期时间</td><td colspan="2">受审核部门</td><td>审核条款（要素）</td><td>人员编号</td></tr>
<tr><td></td><td colspan="2"></td><td></td><td></td></tr>
</table>

编制：　　　　日期：　　　　批准：　　　　日期：

表 11-21　审核检查表和记录（样表）

受审核部门：　　　　主管领导：　　　　陪同人员：　　　　审核员：

条款项	审核方式 检查内容	审核记录	不符合项

说明：不符合项标注 N。　　　　第　页共　页

表 11-22 不符合报告（样表）

编号 ____________

<table>
<tr><td>受审核单位</td><td colspan="3"></td></tr>
<tr><td>审核员</td><td></td><td>审核日期</td><td>年 月 日</td></tr>
<tr><td colspan="4">不符合项事实描述：

审核员： 日期： 受审核部门负责人： 日期：</td></tr>
<tr><td colspan="4">不符合项标准条款：GB/T 24001—2004

不符合项性质： □一般 □严重</td></tr>
<tr><td colspan="4">不符合原因分析：

责任部门负责人： 日期：</td></tr>
<tr><td colspan="4">纠正措施实施：

责任部门负责人： 日期： 管理者代表： 日期：</td></tr>
<tr><td colspan="4">纠正措施验证：

验证人： 日期：</td></tr>
</table>

表 11-23 内部审核报告（样表）

编号：____________

<table>
<tr><td>审核目的</td><td></td><td>审核范围</td><td></td></tr>
<tr><td>审核准则</td><td></td><td>受审核部门</td><td></td></tr>
<tr><td>审核组成员</td><td colspan="3">第一组：
第二组：</td></tr>
<tr><td>审核日期</td><td colspan="3"></td></tr>
<tr><td colspan="4">审核情况综述：</td></tr>
<tr><td colspan="4">审核结论：</td></tr>
<tr><td colspan="4">纠正措施要求：</td></tr>
<tr><td colspan="4">审核组长（编制）： 年 月 日 管理者代表（批准）： 年 月 日</td></tr>
</table>

表 12-24 不符合项分布表（样表）

条款（要素）＼部门							合计	
							一般	严重
4.2								
4.3.1								
4.3.2								
4.3.3								
4.4.1								
4.4.2								
4.4.3								
4.4.4								
4.4.5								
4.4.6								
4.4.7								
4.5.1								
4.5.2								
4.5.3								
4.5.4								
4.5.5								
4.6								
合计 一般不符合								
合计 严重不符合								

注：◇—— 一般不符合项；×—— 严重不符合项。

表 11-25 环境评审计划（样表）

评审时间		地点		编号	
评审人员					
评审目的					
评审范围					
准备工作要求					
序号	部门				备注
分发					
会签					
编制	年 月 日	审批		年 月 日	

表 11-26 管理评审记录

<table>
<tr><td>评审时间</td><td></td><td>评审地点</td><td></td></tr>
<tr><td>会议主持人</td><td colspan="3"></td></tr>
<tr><td colspan="4">评审目的：</td></tr>
<tr><td colspan="4">参加评审人员（部门）：</td></tr>
<tr><td colspan="4">评审内容摘要：
1. 体系文件的适用性；
2. 法律法规遵守情况；
3. 环境方针的适用性；
4. 环境目标、指标及环境管理方案的完成情况；
5. 环境管理体系的有效性和充分性；
6. 环境内部审核的有效性；
7. 不符合、纠正和预防控制系统及其有效性。</td></tr>
<tr><td colspan="4">评审结论：</td></tr>
<tr><td colspan="4">改进、纠正和预防摘要及责任部门：</td></tr>
</table>

编制：　　审核：　　批准：　　日期：

表 11-27 目标、指标与环境管理方案一览表（样表） 　共 页 第 页

环境目标	环境指标	环境管理方案	费用/元	负责部门

编写：　　批准人：　　年 月 日

表 11-28　企业环境目标（样表）

（________年度）

环境管理目标		
重要环境因素	目标分解	责任部门

编写：　　　　　　　批准人：　　　　　年　　月　　日

表 11-29　企业环境目标管理方案（样表）

企业名称		审批人员			
编制部门		编制人员		编制日期	
方案内容：					

编写：　　　　　　　批准人：　　　　　年　　月　　日

表 11-30 环境管理制度一览表（样表）

序号	制度名称	生效日期	备注
1	环境生产责任制度		
2	环境生产责任考核制度		
3	目标考核制度		
4	环境检查制度		
5	环境教育培训制度		
6	班前环境活动制度		
7	消防责任制度		
8	治安保卫制度		
9	环境事故报告处理制度		
10	环境资源设施管理制度		
11	应急救援预案制度		
12	环境保护资金保障制度		
13			
14			
15			

编制：　　年　月　日 审核：　　年　月　日 批准：　　年　月　日

附　录

附录一

中华人民共和国国家标准

污水综合排放标准

Integrated wastewater discharge standard

GB 8978—1996　代替 GB 8979—88

国家环境保护局 1996-10-04 批准　1998-01-01 实施

前　言

本标准是对 GB 8978—88《污水综合排放标准》的修订。

修订的主要内容是：提出年限制标准，用年限制代替原标准以现有企业和新扩改企业分类。以本标准实施之日为界限划分为两个时间段。1997 年 12 月 31 日前建设的单位，执行第一时间段规定的标准值；1998 年 1 月 1 日起建设的单位，执行第二时间段规定的标准值。

在标准适用范围上明确综合排放标准与行业排放标准不交叉执行的原则，造纸工业、船舶、船舶工业、海洋石油开发工业、纺织染整工业、肉类加工工业、合成氨工业、钢铁工业、航天推进剂使用、兵器工业、磷肥工业、烧碱、聚氯乙烯工业所排放的污水执行相应的国家行业标准，其他一切排放污水的单位一律执行本标准。除上述 12 个行业外，已颁布的下列 17 个行业水污染物排放标准均纳入本次修订内容。

本标准与原标准相比，第一时间段的标准值基本维持原标准的新扩改水平，为控制纳入本次修订的 17 个行业水污染物排放标准中的特征污染物及其他有毒有害污染物，增加控制项目 10 项；第二时间段，比原标准增加控制项目 40 项，COD、BOD_5 等项目的最高允许排放浓度适当从严。

本标准从生效之日，代替 GB 8978—88，同时代替以下标准：

GBJ 48—83　医院污水排放标准（试行）

GB 3545—83　甜菜制糖工业水污染物排放标准

GB 3546—83　甘蔗制糖工业水污染物排放标准

GB 3547—83　合成脂肪酸工业污染物排放标准

GB 3548—83　合成洗涤剂工业污染物排放标准

GB 3549—83　制革工业水污染物排放标准
GB 3550—83　石油开发工业水污染物排放标准
GB 3551—83　石油炼制工业污染物排放标准
GB 3553—83　电影洗片水污染物排放标准
GB 4280—84　铬盐工业污染物排放标准
GB 4281—84　石油化工水污染物排放标准
GB 4282—84　硫酸工业污染物排放标准
GB 4283—84　黄磷工业污染物排放标准
GB 4912—85　轻金属工业污染物排放标准
GB 4913—85　重有色金属工业污染物排放标准
GB 4916—85　沥青工业污染物排放标准
GB 5469—85　铁路货车洗刷废水排放标准

本标准附录 A、附录 B、附录 C、附录 D 都是标准的附录。

本标准首次发布 1973 年，1988 年第一次修订。

本标准由国家环境保护局科技标准司提出。

本标准由国家环境保护局负责解释。

为贯彻《中华人民共和国环境保护法》、《中华人民共和国水污染防治法》和《中华人民共和国海洋环境保护法》，控制水污染，保护江河、湖泊、运河、渠道、水库和海洋等地面水以及地下水水质的良好状态，保障人体健康，维护生态平衡，促进国民经济和城乡建设的发展，特制定本标准。

1　主题内容与适用范围

1.1　主题内容

本标准按照污水排放去向，分年限规定了 69 种水污染物最高允许排放浓度及部分行业最高允许排水量。

1.2　适用范围

本标准适用于现有单位水污染物的排放管理，以及建设项目的环境影响评价、建设项目环境保护设施设计、竣工验收及其投产后的排放管理。

按照国家综合排放标准与国家行业排放标准不交叉执行的原则，造纸工业执行 GB 3544—92《造纸工业水污染物排放标准》，船舶执行 GB 3552—83《船舶污染物排放标准》，船舶工业执行 GB 4286—84《船舶工业污染物排放标准》，海洋石油开发工业执行 GB 4914—85《海洋石油开发工业含油污水排放标准》，纺织染整工业执行 GB 4287—92《纺织染整工业水污染物排放标准》，肉类加工工业执行 GB 13457—92《肉类加工工业水污染物排放标准》，合成氨工业执行 GB 13458—92《合成氨工业水污染物排放标准》，钢铁工业执行 GB 13456—92《钢铁工业水污染物排放标准》，航天推进剂使用执行 GB 14374—93《航天推进剂水污染物排放标准》，兵器工业执行 GB 14470.1～14470.3—93 和 GB 4274～4279—84《兵器工业水污染物排放标准》，磷肥工业执行 GB 15580—95《磷肥工业水污染物排放标准》，烧碱、聚氯乙烯工业执行 GB 15581—95《烧碱、聚氯乙烯工业水污染物排放标准》，其他水污染物排放均执行本标准。

1.3 本标准颁布后，新增加国家行业水污染物排放标准的行业，按其适用范围执行相应的国家水污染物行业标准，不再执行本标准。

2 引用标准

下列标准所包含的条文，通过在本标准中引用而构成为本标准的条文。本标准出版时，所示版本均为有效。所有标准都会被修订，使用本标准的各方应探讨使用下列标准最新版本的可能性。

GB 3097—82 海水水质标准

GB 3838—88 地面水环境质量标准

GB 8703—88 辐射防护规定

3 定义

3.1 污水

指在生产与生活活动中排放的水的总称。

3.2 排水量

指在生产过程中直接用于工艺生产的水的排放量。不包括间接冷却水、厂区锅炉、电站排水。

3.3 一切排污单位

指本标准适用范围所包括的一切排污单位。

3.4 其他排污单位

指在某一控制项目中，除所列行业外的一切排污单位。

4 技术内容

4.1 标准分级

4.1.1 排入 GB 3838Ⅲ类水域（划定的保护区和游泳区除外）和排入 GB 3097 中二类海域的污水，执行一级标准。

4.1.2 排入 GB 3838 中Ⅳ、Ⅴ类水域和排入 GB 3097 中三类海域的污水，执行二级标准。

4.1.3 排入设置二级污水处理厂的城镇排水系统的污水，执行三级标准。

4.1.4 排入未设置二级污水处理厂的城镇排水系统的污水，必须根据排水系统出水受纳水域的功能要求，分别执行 4.1.1 和 4.1.2 的规定。

4.1.5 GB 3838 中Ⅰ、Ⅱ类水域和Ⅲ类水域中划定的保护区，GB 3097 中一类海域，禁止新建排污口，现有排污口应按水体功能要求，实行污染物总量控制，以保证受纳水体水质符合规定用途的水质标准。

4.2 标准值

4.2.1 本标准将排放的污染物按其性质及控制方式分为两类。

4.2.1.1 第一类污染物：不分行业和污水排放方式，也不分受纳水体的功能类别，一律在车间或车间处理设施排放口采样，其最高允许排放浓度必须达到本标准要求（采矿行业的尾矿坝出水口不得视为车间排放口）。

4.2.1.2 第二类污染物：在排污单位排放口采样，其最高允许排放浓度必须达到本标准要求。

4.2.2 本标准按年限规定了第一类污染物和第二类污染物最高允许排放浓度及部分行业最高允许排水量，分别为：

4.2.2.1 1997 年 12 月 31 日之前建设（包括改、扩建）的单位，水污染物的排放必须同时执行表 1、表 2、表 3 的规定。

4.2.2.2 1998 年 1 月 1 日起建设（包括改、扩建）的单位，水污染物的排放必须同时执行表 1、表 4、表 5 的规定。

4.2.2.3 建设（包括改、扩建）单位的建设时间，以环境影响评价报告书（表）批准日期为准划分。

表 1 第一类污染物最高允许排放浓度 单位：mg/L

序号	污染物	最高允许排放浓度
1	总汞	0.05
2	烷基汞	不得检出
3	总镉	0.1
4	总铬	1.5
5	六价铬	0.5
6	总砷	0.5
7	总铅	1.0
8	总镍	1.0
9	苯并[a]芘	0.000 03
10	总铍	0.005
11	总银	0.5
12	总α放射性	1 Bq/L
13	总β放射性	10 Bq/L

表 2 第二类污染物最高允许排放浓度

（1997 年 12 月 31 日之前建设的单位） 单位：mg/L

序号	污染物	适用范围	一级标准	二级标准	三级标准
1	pH	一切排污单位	6～9	6～9	6～9
2	色度（稀释倍数）	染料工业	50	180	—
		其他排污单位	50	80	—
3	悬浮物（SS）	采矿、选矿、选煤工业	100	300	—
		脉金选矿	100	500	—
		边远地区砂金选矿	100	800	—
		城镇二级污水处理厂	20	30	—
		其他排污单位	70	200	400
4	五日生化需氧量（BOD_5）	甘蔗制糖、苎麻脱胶、湿法纤维板工业	30	100	600
		甜菜制糖、酒精、味精、皮革、化纤浆粕工业	30	150	600
		城镇二级污水处理厂	20	30	—
		其他排污单位	30	60	300

序号	污染物	适用范围	一级标准	二级标准	三级标准
5	化学需氧量（COD）	甜菜制糖、焦化、合成脂肪酸、湿法纤维板、染料、洗毛、有机磷农药工业	100	200	1 000
		味精、酒精、医药原料药、生物制药、苎麻脱胶、皮革、化纤浆粕工业	100	300	1 000
		石油化工工业（包括石油炼制）	100	150	500
		城镇二级污水处理厂	60	120	—
		其他排污单位	100	150	500
6	石油类	一切排污单位	10	10	30
7	动植物油	一切排污单位	20	20	100
8	挥发酚	一切排污单位	0.5	0.5	2.0
9	总氰化合物	电影洗片（铁氰化合物）	0.5	5.0	5.0
		其他排污单位	0.5	0.5	1.0
10	硫化物	一切排污单位	1.0	1.0	2.0
11	氨氮	医药原料药、染料、石油化工工业	15	50	—
		其他排污单位	15	25	—
12	氟化物	黄磷工业	10	20	20
		低氟地区（水体含氟量＜0.5 mg/L）	10	20	30
		其他排污单位	10	10	20
13	磷酸盐（以 P 计）	一切排污单位	0.5	1.0	—
14	甲醛	一切排污单位	1.0	2.0	5.0
15	苯胺类	一切排污单位	1.0	2.0	5.0
16	硝基苯类	一切排污单位	2.0	3.0	5.0
17	阴离子表面活性剂（LAS）	合成洗涤剂工业	5.0	15	20
		其他排污单位	5.0	10	20
18	总铜	一切排污单位	0.5	1.0	2.0
19	总锌	一切排污单位	2.0	5.0	5.0
20	总锰	合成脂肪酸工业	2.0	5.0	5.0
		其他排污单位	2.0	2.0	5.0
21	彩色显影剂	电影洗片	2.0	3.0	5.0
22	显影剂及氧化物总量	电影洗片	3.0	6.0	6.0
23	元素磷	一切排污单位	0.1	0.3	0.3
24	有机磷农药（以 P 计）	一切排污单位	不得检出	0.5	0.5
25	粪大肠菌群数	医院*、兽医院及医疗机构含病原体污水	500 个/L	1 000 个/L	5 000 个/L
		传染病、结核病医院污水	100 个/L	500 个/L	1 000 个/L
26	总余氯（采用氯化消毒的医院污水）	医院*、兽医院及医疗机构含病原体污水	＜0.5**	＞3（接触时间≥1 h）	＞2（接触时间≥1 h）
		传染病、结核病医院污水	＜0.5**	＞6.5（接触时间≥1.5 h）	＞5（接触时间≥1.5 h）

注：*指 50 个床位以上的医院。

**加氯消毒后须进行脱氯处理，达到本标准。

4.3 其他规定

4.3.1 同一排放口排放两种或两种以上不同类别的污水，且每种污水的排放标准又不同时，其混合污水的排放标准按附录A计算。

4.3.2 工业污水污染物的最高允许排放负荷量按附录B计算。

4.3.3 污染物最高允许年排放总量按附录C计算。

4.3.4 对于排放含有放射性物质的污水，除执行本标准外，还须符合 GB 8703—88《辐射防护规定》。

表3 部分行业最高允许排水量

（1997年12月31日之前建设的单位）

<table>
<tr><th>序号</th><th colspan="3">行业类别</th><th colspan="2">最高允许排水量或最低允许水重复利用率</th></tr>
<tr><td rowspan="6">1</td><td rowspan="6">矿山工业</td><td colspan="2">有色金属系统选矿</td><td colspan="2">水重复利用率75%</td></tr>
<tr><td colspan="2">其他矿山工业采矿、选矿、选煤等</td><td colspan="2">水重复利用率90%（选煤）</td></tr>
<tr><td rowspan="4">脉金选矿</td><td>重选</td><td colspan="2">16.0 m^3/t（矿石）</td></tr>
<tr><td>浮选</td><td colspan="2">9.0 m^3/t（矿石）</td></tr>
<tr><td>氰化</td><td colspan="2">8.0 m^3/t（矿石）</td></tr>
<tr><td>碳浆</td><td colspan="2">8.0 m^3/t（矿石）</td></tr>
<tr><td>2</td><td colspan="3">焦化企业（煤气厂）</td><td colspan="2">1.2 m^3/t（焦炭）</td></tr>
<tr><td>3</td><td colspan="3">有色金属冶炼及金属加工</td><td colspan="2">水重复利用率80%</td></tr>
<tr><td rowspan="3">4</td><td colspan="3" rowspan="3">石油炼制工业（不包括直排水炼油厂）
加工深度分类：
A．燃料型炼油厂
B．燃料＋润滑油型炼油厂
C．燃料＋润滑油型＋炼油化工型炼油厂
（包括加工高含硫原油页岩油和石油添加剂生产基地的炼油厂）</td><td>A</td><td>＞500万t，1.0 m^3/t（原油）
250万～500万t，1.2 m^3/t（原油）
＜250万t，1.5 m^3/t（原油）</td></tr>
<tr><td>B</td><td>＞500万t，1.5 m^3/t（原油）
250万～500万t，2.0 m^3/t（原油）
＜250万t，2.0 m^3/t（原油）</td></tr>
<tr><td>C</td><td>＞250万t，2.0 m^3/t（原油）
250万～500万t，2.5 m^3/t（原油）
＜250万t，2.5 m^3/t（原油）</td></tr>
<tr><td rowspan="3">5</td><td rowspan="3">合成洗涤剂工业</td><td colspan="2">氯化法生产烷基苯</td><td colspan="2">200.0 m^3/t（烷基苯）</td></tr>
<tr><td colspan="2">裂解法生产烷基苯</td><td colspan="2">70.0 m^3/t（烷基苯）</td></tr>
<tr><td colspan="2">烷基苯生产合成洗涤剂</td><td colspan="2">10.0 m^3/t（产品）</td></tr>
<tr><td>6</td><td colspan="3">合成脂肪酸工业</td><td colspan="2">200.0 m^3/t（产品）</td></tr>
<tr><td>7</td><td colspan="3">湿法生产纤维板工业</td><td colspan="2">30.0 m^3/t（板）</td></tr>
<tr><td rowspan="2">8</td><td rowspan="2">制糖工业</td><td colspan="2">甘蔗制糖</td><td colspan="2">10.0 m^3/t（甘蔗）</td></tr>
<tr><td colspan="2">甜菜制糖</td><td colspan="2">4.0 m^3/t（甜菜）</td></tr>
<tr><td rowspan="3">9</td><td rowspan="3">皮革工业</td><td colspan="2">猪盐湿皮</td><td colspan="2">60.0 m^3/t（原皮）</td></tr>
<tr><td colspan="2">牛干皮</td><td colspan="2">100.0 m^3/t（原皮）</td></tr>
<tr><td colspan="2">羊干皮</td><td colspan="2">150.0 m^3/t（原皮）</td></tr>
<tr><td rowspan="5">10</td><td rowspan="5">发酵、酿造工业</td><td rowspan="3">酒精工业</td><td>以玉米为原料</td><td colspan="2">100.0 m^3/t（酒精）</td></tr>
<tr><td>以薯类为原料</td><td colspan="2">80.0 m^3/t（酒精）</td></tr>
<tr><td>以糖蜜为原料</td><td colspan="2">70.0 m^3/t（酒精）</td></tr>
<tr><td colspan="2">味精工业</td><td colspan="2">600.0 m^3/t（味精）</td></tr>
<tr><td colspan="2">啤酒工业（排水量不包括麦芽水部分）</td><td colspan="2">16.0 m^3/t（啤酒）</td></tr>
<tr><td>11</td><td colspan="3">铬盐工业</td><td colspan="2">5.0 m^3/t（产品）</td></tr>
<tr><td>12</td><td colspan="3">硫酸工业（水洗法）</td><td colspan="2">15.0 m^3/t（硫酸）</td></tr>
</table>

序号	行业类别		最高允许排水量或最低允许水重复利用率
13	苎麻脱胶工业		500 m^3/t（原麻）或 750 m^3/t（精干麻）
14	化纤浆粕		本色：150 m^3/t（浆） 漂白：240 m^3/t（浆）
15	粘胶纤维工业（单纯纤维）	短纤维（棉型中长纤维、毛型中长纤维）	300 m^3/t（纤维）
		长纤维	800 m^3/t（纤维）
16	铁路货车洗刷		5.0 m^3/辆
17	电影洗片		5 m^3/1 000 m（35 mm 的胶片）
18	石油沥青工业		冷却池的水循环利用率 95%

表 4 第二类污染物最高允许排放浓度

（1998 年 1 月 1 日后建设的单位）

单位：mg/L

序号	污染物	适用范围	一级标准	二级标准	三级标准
1	pH	一切排污单位	6～9	6～9	6～9
2	色度（稀释倍数）	一切排污单位	50	80	—
3	悬浮物（SS）	采矿、选矿、选煤工业	70	300	—
		脉金选矿	70	400	—
		边远地区砂金选矿	70	800	—
		城镇二级污水处理厂	20	30	—
		其他排污单位	70	150	400
4	五日生化需氧量（BOD_5）	甘蔗制糖、苎麻脱胶、湿法纤维板、染料、洗毛工业	20	60	600
		甜菜制糖、酒精、味精、皮革、化纤浆粕工业	20	100	600
		城镇二级污水处理厂	20	30	—
		其他排污单位	20	30	300
5	化学需氧量（COD）	甜菜制糖、合成脂肪酸、湿法纤维板、染料、洗毛、有机磷农药工业	100	200	1 000
		味精、酒精、医药原料药、生物制药、苎麻脱胶、皮革、化纤浆粕工业	100	300	1 000
		石油化工工业（包括石油炼制）	60	120	500
		城镇二级污水处理厂	60	120	—
		其他排污单位	100	150	500
6	石油类	一切排污单位	5	10	20
7	动植物油	一切排污单位	10	15	100
8	挥发酚	一切排污单位	0.5	0.5	2.0
9	总氰化合物	一切排污单位	0.5	0.5	1.0
10	硫化物	一切排污单位	1.0	1.0	1.0
11	氨氮	医药原料药、染料、石油化工工业	15	50	—
		其他排污单位	15	25	—
12	氟化物	黄磷工业	10	15	20
		低氟地区（水体含氟量<0.5 mg/L）	10	20	30
		其他排污单位	10	10	20
13	磷酸盐（以 P 计）	一切排污单位	0.5	1.0	—
14	甲醛	一切排污单位	1.0	2.0	5.0

序号	污染物	适用范围	一级标准	二级标准	三级标准
15	苯胺类	一切排污单位	1.0	2.0	5.0
16	硝基苯类	一切排污单位	2.0	3.0	5.0
17	阴离子表面活性剂（LAS）	一切排污单位	5.0	10	20
18	总铜	一切排污单位	0.5	1.0	2.0
19	总锌	一切排污单位	2.0	5.0	5.0
20	总锰	合成脂肪酸工业	2.0	5.0	5.0
		其他排污单位	2.0	2.0	5.0
21	彩色显影剂	电影洗片	1.0	2.0	3.0
22	显影剂及氧化物总量	电影洗片	3.0	3.0	6.0
23	元素磷	一切排污单位	0.1	0.1	0.3
24	有机磷农药（以P计）	一切排污单位	不得检出	0.5	0.5
25	乐果	一切排污单位	不得检出	1.0	2.0
26	对硫磷	一切排污单位	不得检出	1.0	2.0
27	甲基对硫磷	一切排污单位	不得检出	1.0	2.0
28	马拉硫磷	一切排污单位	不得检出	5.0	10
29	五氯酚及五氯酚钠（以五氯酚计）	一切排污单位	5.0	8.0	10
30	可吸附有机卤化物（AOX）（以Cl计）	一切排污单位	1.0	5.0	8.0
31	三氯甲烷	一切排污单位	0.3	0.6	1.0
32	四氯化碳	一切排污单位	0.03	0.06	0.5
33	三氯乙烯	一切排污单位	0.3	0.6	1.0
34	四氯乙烯	一切排污单位	0.1	0.2	0.5
35	苯	一切排污单位	0.1	0.2	0.5
36	甲苯	一切排污单位	0.1	0.2	0.5
37	乙苯	一切排污单位	0.4	0.6	1.0
38	邻-二甲苯	一切排污单位	0.4	0.6	1.0
39	对-二甲苯	一切排污单位	0.4	0.6	1.0
40	间-二甲苯	一切排污单位	0.4	0.6	1.0
41	氯苯	一切排污单位	0.2	0.4	1.0
42	邻-二氯苯	一切排污单位	0.4	0.6	1.0
43	对-二氯苯	一切排污单位	0.4	0.6	1.0
44	对-硝基氯苯	一切排污单位	0.5	1.0	5.0
45	2,4-二硝基氯苯	一切排污单位	0.5	1.0	5.0
46	苯酚	一切排污单位	0.3	0.4	1.0
47	间-甲酚	一切排污单位	0.1	0.2	0.5
48	2,4-二氯酚	一切排污单位	0.6	0.8	1.0
49	2,4,6-三氯酚	一切排污单位	0.6	0.8	1.0
50	邻苯二甲酸二丁酯	一切排污单位	0.2	0.4	2.0
51	邻苯二甲酸二辛酯	一切排污单位	0.3	0.6	2.0
52	丙烯腈	一切排污单位	2.0	5.0	5.0
53	总硒	一切排污单位	0.1	0.2	0.5

序号	污染物	适用范围	一级标准	二级标准	三级标准
54	粪大肠菌群数	医院*、兽医院及医疗机构含病原体污水	500 个/L	1 000 个/L	5 000 个/L
		传染病、结核病医院污水	100 个/L	500 个/L	1 000 个/L
55	总余氯（采用氯化消毒的医院污水）	医院*、兽医院及医疗机构含病原体污水	＜0.5**	＞3（接触时间≥1 h）	＞2（接触时间≥1 h）
		传染病、结核病医院污水	＜0.5**	＞6.5（接触时间≥1.5 h）	＞5（接触时间≥1.5 h）
56	总有机碳（TOC）	合成脂肪酸工业	20	40	—
		苎麻脱胶工业	20	60	—
		其他排污单位	20	30	—

注：其他排污单位：指除在该控制项目中所列行业以外的一切排污单位。

*指 50 个床位以上的医院。

**加氯消毒后须进行脱氯处理，达到本标准。

表 5 部分行业最高允许排水量

（1998 年 1 月 1 日后建设的单位）

序号	行业类别			最高允许排水量或最低允许水重复利用率
1	矿山工业	有色金属系统选矿		水重复利用率 75%
		其他矿山工业采矿、选矿、选煤等		水重复利用率 90%（选煤）
		脉金选矿	重选	16.0 m^3/t（矿石）
			浮选	9.0 m^3/t（矿石）
			氰化	8.0 m^3/t（矿石）
			碳浆	8.0 m^3/t（矿石）
2	焦化企业（煤气厂）			1.2 m^3/t（焦炭）
3	有色金属冶炼及金属加工			水重复利用率 80%
4	石油炼制工业（不包括直排水炼油厂）加工深度分类： A．燃料型炼油厂 B．燃料+润滑油型炼油厂 C．燃料+润滑油型+炼油化工型炼油厂（包括加工高含硫原油页岩油和石油添加剂生产基地的炼油厂）		A	＞500 万 t，1.0 m^3/t（原油） 250 万～500 万 t，1.2 m^3/t（原油） ＜250 万 t，1.5 m^3/t（原油）
			B	＞500 万 t，1.5 m^3/t（原油） 250 万～500 万 t，2.0 m^3/t（原油） ＜250 万 t，2.0 m^3/t（原油）
			C	＞250 万 t，2.0 m^3/t（原油） 250 万～500 万 t，2.5 m^3/t（原油） ＜250 万 t，2.5 m^3/t（原油）
5	合成洗涤剂工业	氯化法生产烷基苯		200.0 m^3/t（烷基苯）
		裂解法生产烷基苯		70.0 m^3/t（烷基苯）
		烷基苯生产合成洗涤剂		10.0 m^3/t（产品）
6	合成脂肪酸工业			200.0 m^3/t（产品）
7	湿法生产纤维板工业			30.0 m^3/t（板）
8	制糖工业	甘蔗制糖		10.0 m^3/t（甘蔗）
		甜菜制糖		4.0 m^3/t（甜菜）
9	皮革工业	猪盐湿皮		60.0 m^3/t（原皮）
		牛干皮		100.0 m^3/t（原皮）
		羊干皮		150.0 m^3/t（原皮）

序号	行业类别			最高允许排水量或最低允许水重复利用率
10	发酵、酿造工业	酒精工业	以玉米为原料	100.0 m^3/t（酒精）
			以薯类为原料	80.0 m^3/t（酒精）
			以糖蜜为原料	70.0 m^3/t（酒精）
		味精工业		600.0 m^3/t（味精）
		啤酒行业（排水量不包括麦芽水部分）		16.0 m^3/t（啤酒）
11	铬盐工业			5.0 m^3/t（产品）
12	硫酸工业（水洗法）			15.0 m^3/t（硫酸）
13	苎麻脱胶工业			500 m^3/t（原麻）
				750 m^3/t（精干麻）
14	粘胶纤维工业单纯纤维	短纤维（棉型中长纤维、毛型中长纤维）		300.0 m^3/t（纤维）
		长纤维		800.0 m^3/t（纤维）
15	化纤浆粕			本色：150 m^3/t（浆）；漂白：240 m^3/t（浆）
16	制药工业医药原料药	青霉素		4 700 m^3/t（青霉素）
		链霉素		1 450 m^3/t（链霉素）
		土霉素		1 300 m^3/t（土霉素）
		四环素		1 900 m^3/t（四环素）
		洁霉素		9 200 m^3/t（洁霉素）
		金霉素		3 000 m^3/t（金霉素）
		庆大霉素		20 400 m^3/t（庆大霉素）
		维生素 C		1 200 m^3/t（维生素 C）
		氯霉素		2 700 m^3/t（氯霉素）
		新诺明		2 000 m^3/t（新诺明）
		维生素 B_1		3 400 m^3/t（维生素 B_1）
		安乃近		180 m^3/t（安乃近）
		非那西汀		750 m^3/t（非那西汀）
		呋喃唑酮		2 400 m^3/t（呋喃唑酮）
		咖啡因		1 200 m^3/t（咖啡因）
17	有机磷农药工业*	乐果**		700 m^3/t（产品）
		甲基对硫磷（水相法）**		300 m^3/t（产品）
		对硫磷（P_2S_5 法）**		500 m^3/t（产品）
		对硫磷（$PSCl_3$ 法）**		550 m^3/t（产品）
		敌敌畏（敌百虫碱解法）		200 m^3/t（产品）
		敌百虫		40 m^3/t（产品）（不包括三氯乙醛生产废水）
		马拉硫磷		700 m^3/t（产品）
18	除草剂工业	除草醚		5 m^3/t（产品）
		五氯酚钠		2 m^3/t（产品）
		五氯酚		4 m^3/t（产品）
		二甲四氯		14 m^3/t（产品）
		2,4-D		4 m^3/t（产品）
		丁草胺		4.5 m^3/t（产品）
		绿麦隆（以 Fe 粉还原）		2 m^3/t（产品）
		绿麦隆（以 Na_2S 还原）		3 m^3/t（产品）
19	火力发电工业			3.5 m^3/（MW·h）
20	铁路货车洗刷			5.0 m^3/辆
21	电影洗片			5 m^3/1 000 m（35 mm 胶片）
22	石油沥青工业			冷却池的水循环利用率 95%

注：*产品按 100%浓度计。

**不包括 P_2S_5、$PSCl_3$、PCl_3 原料生产废水。

5 监测

5.1 采样点

采样点应按 4.2.1.1 及 4.2.1.2 第一、二类污染物排放口的规定设置，在排放口必须设置排放口标志、污水水量计量装置和污水比例采样装置。

5.2 采样频率

工业污水按生产周期确定监测频率。生产周期在 8 h 以内的，每 2 h 采样一次；生产周期大于 8 h 的，每 4 h 采样一次。其他污水采样，24 h 不少于 2 次。最高允许排放浓度按日均值计算。

5.3 排水量

以最高允许排水量或最低允许水重复利用率来控制，均以月均值计。

5.4 统计

企业的原材料使用量、产品产量等，以法定月报表或年报表为准。

5.5 测定方法

本标准采用的测定方法见表 6。

表 6 测定方法

序号	项目	测定方法	方法来源
1	总汞	冷原子吸收光度法	GB 7468—87
2	烷基汞	气相色谱法	GB/T 14204—93
3	总镉	原子吸收分光光度法	GB 7475—87
4	总铬	高锰酸钾氧化-二苯碳酰二肼分光光度法	GB 7466—87
5	六价铬	二苯碳酰二肼分光光度法	GB 7467—87
6	总砷	二乙基二硫代氨基甲酸银分光光度法	GB 7485—87
7	总铅	原子吸收分光光度法	GB 7475—87
8	总镍	火焰原子吸收分光光度法	GB 11912—89
		丁二酮肟分光光度法	GB 19910—89
9	苯并[a]芘	乙酰化滤纸层析荧光分光光度法	GB 11895—89
10	总铍	活性炭吸附-铬天菁 S 光度法	1）
11	总银	火焰原子吸收分光光度法	GB 11907—89
12	总 α	物理法	2）
13	总 β	物理法	2）
14	pH 值	玻璃电极法	GB 6920—86
15	色度	稀释倍数法	GB 11903—89
16	悬浮物	重量法	GB 11901—89
17	生化需氧量（BOD_5）	稀释与接种法	GB 7488—87
		重铬酸钾紫外光度法	待颁布
18	化学需氧量（COD）	重铬酸钾法	GB 11914—89
19	石油类	红外光度法	GB/T 16488—1996
20	动植物油	红外光度法	GB/T 16488—1996
21	挥发酚	蒸馏后用 4-氨基安替比林分光光度法	GB 7490—87
22	总氰化物	硝酸银滴定法	GB 7486—87
23	硫化物	亚甲基蓝分光光度法	GB/T 16489—1996

序号	项目	测定方法	方法来源
24	氨氮	纳氏试剂比色法	GB 7478—87
		蒸馏和滴定法	GB 7479—87
25	氟化物	离子选择电极法	GB 7484—87
26	磷酸盐	钼蓝比色法	1）
27	甲醛	乙酰丙酮分光光度法	GB 13197—91
28	苯胺类	N-（1-萘基）乙二胺偶氮分光光度法	GB 11889—89
29	硝基苯类	还原-偶氮比色法或分光光度法	1）
30	阴离子表面活性剂	亚甲蓝分光光度法	GB 7494—87
31	总铜	原子吸收分光光度法	GB 7475—87
		二乙基二硫化氨基甲酸钠分光光度法	GB 7474—87
32	总锌	原子吸收分光光度法	GB 7475—87
		双硫腙分光光度法	GB 7472—87
33	总锰	火焰原子吸收分光光度法	GB 11911—89
		高碘酸钾分光光度法	GB 11906—89
34	彩色显影剂	169 成色剂法	3）
35	显影剂及氧化物总量	碘-淀粉比色法	3）
36	元素磷	磷钼蓝比色法	3）
37	有机磷农药（以 P 计）	有机磷农药的测定	GB 13192—91
38	乐果	气相色谱法	GB 13192—91
39	对硫磷	气相色谱法	GB 13192—91
40	甲基对硫磷	气相色谱法	GB 13192—91
41	马拉硫磷	气相色谱法	GB 13192—91
42	五氯酚及五氯酚钠（以五氯酚计）	气相色谱法	GB 8972—88
		藏红 T 分光光度法	GB 9803—88
43	可吸附有机卤化物（AOX）（以 Cl 计）	微库仑法	GB/T 15959—95
44	三氯甲烷	气相色谱法	待颁布
45	四氯化碳	气相色谱法	待颁布
46	三氯乙烯	气相色谱法	待颁布
47	四氯乙烯	气相色谱法	待颁布
48	苯	气相色谱法	GB 11890—89
49	甲苯	气相色谱法	GB 11890—89
50	乙苯	气相色谱法	GB 11890—89
51	邻-二甲苯	气相色谱法	GB 11890—89
52	对-二甲苯	气相色谱法	GB 11890—89
53	间-二甲苯	气相色谱法	GB 11890—89
54	氯苯	气相色谱法	待颁布
55	邻-二氯苯	气相色谱法	待颁布
56	对-二氯苯	气相色谱法	待颁布
57	对-硝基氯苯	气相色谱法	GB 13194—91
58	2,4-二硝基氯苯	气相色谱法	GB 13194—91
59	苯酚	气相色谱法	待颁布
60	间-甲酚	气相色谱法	待颁布
61	2,4-二氯酚	气相色谱法	待颁布
62	2,4,6-三氯酚	气相色谱法	待颁布
63	邻苯二甲酸二丁酯	气相、液相色谱法	待制定
64	邻苯二甲酸二辛酯	气相、液相色谱法	待制定

序号	项目	测定方法	方法来源
65	丙烯腈	气相色谱法	待制定
66	总硒	2,3-二氨基萘荧光法	GB 11902—89
67	粪大肠菌群数	多管发酵法	1）
68	余氯量	N,N-二乙基-1,4-苯二胺分光光度法	GB 11898—89
		N,N-二乙基-1,4-苯二胺滴定法	GB 11897—89
69	总有机碳（TOC）	非色散红外吸收法	待制定
		直接紫外荧光法	待制定

注：暂采用下列方法，待国家方法标准发布后，执行国家标准。

1）《水和废水监测分析方法（第三版）》，中国环境科学出版社，1989。

2）《环境监测技术规范（放射性部分）》，国家环境保护局。

3）详见附录 D。

6 标准实施监督

6.1 本标准由县级以上人民政府环境保护行政主管部门负责监督实施。

6.2 省、自治区、直辖市人民政府对执行国家水污染物排放标准不能保证达到水环境功能要求时，可以制定严于国家水污染物排放标准的地方水污染物排放标准，并报国家环境保护行政主管部门备案。

附录 A（标准的附录）

关于排放单位在同一个排污口排放两种或两种以上工业污水，且每种工业污水中同一污染物的排放标准又不同时，可采用如下方法计算混合排放时该污染物的最高允许排放浓度（$C_{混合}$）。

$$C_{混合}=\frac{\sum_{i=1}^{n}C_iQ_iY_i}{\sum_{i=1}^{n}Q_iY_i} \tag{A1}$$

式中：$C_{混合}$ ——混合污水某污染物最高允许排放浓度，mg/L；

C_i —— 不同工业污水某污染物最高允许排放浓度，mg/L；

Q_i —— 不同工业的最高允许排水量，m^3/t（产品）（本标准未作规定的行业，其最高允许排水量由地方环保部门与有关部门协商确定）；

Y_i —— 某种工业产品产量，t/d（以月平均计）。

附录 B（标准的附录）

工业污水污染物最高允许排放负荷计算：

$$L_{负}=C\times Q\times 10^{-3} \quad \text{（B1）}$$

式中：$L_{负}$ ——工业污水污染物最高允许排放负荷，kg/t（产品）；

C —— 某污染物最高允许排放浓度，mg/L；

Q —— 某工业的最高允许排水量，m^3/t（产品）。

附录 C（标准的附录）

某污染物最高允许年排放总量的计算：

$$L_{总}=L_{负}\times Y\times 10^{-3} \quad (C1)$$

式中：$L_{总}$ —— 某污染物最高允许年排放量，t/a；

$L_{负}$ —— 某污染物最高允许排放负荷，kg/t（产品）；

Y —— 核定的产品年产量，t（产品）/a。

附录 D（标准的附录）

D1 彩色显影剂总量的测定——169 成色剂法

洗片的综合废水中存在的彩色显影剂很难检测出来，国内外介绍的方法一般都仅适用于显影水洗水中的显影剂检测。本方法可以快速地测出综合废水中的彩色显影剂。当废水中同时存在多种彩色显影剂时，用此法测出的量是多种彩色显影剂的总量。

D1.1 原理

电影洗片废水中的彩色显影剂可被氧化剂氧化，其氧化物在碱性溶液中遇到水溶性成色剂时，立即耦合形成染料。不同结构的显影剂（TSS，CD-2，CD-3）与 169 成色剂耦合成染料时，其最大吸收的光谱波长均在 550 nm 处，并在 0～10 mg/L 范围内符合比耳定律。

以 TSS 为例，反应如下：

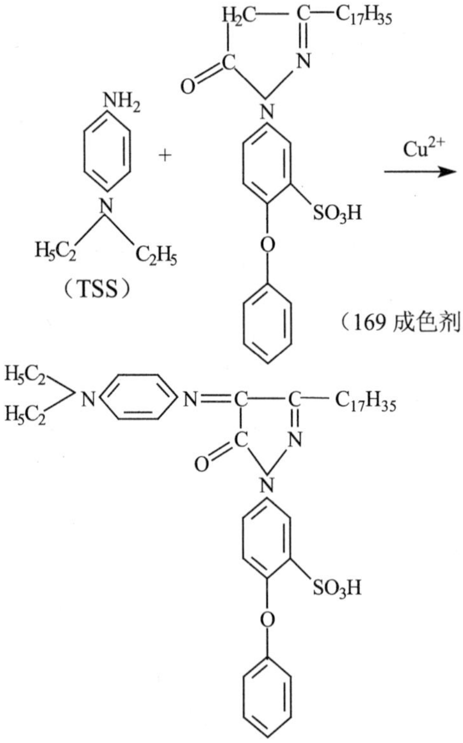

（TSS） + （169 成色剂） $\xrightarrow{Cu^{2+}}$

（品红染料）

D1.2 仪器及设备

721 型或类似型号分光光度计及 1 cm 比色槽。

50 ml、100 ml 及 1 000 ml 的容量瓶。

D1.3 试剂

D1.3.1 0.5%成色剂：称取 0.5 g 169 成色剂置于有 100 ml 蒸馏水的烧杯中。在搅拌下，加入 1～2 粒氢氧化钠，使其完全溶解。

D1.3.2 混合氧化剂溶液：将 $CuSO_4 \cdot 5H_2O$ 0.5 g，Na_2CO_3 5.0 g，$NaNO_2$ 5.0 g 以及 NH_4Cl 5.0 g 依次溶解于 100 ml 蒸馏水中。

D1.3.3 标准溶液：精确称取照相级的彩色显影剂（生产中使用最多的一种）100 mg，溶解于少量蒸馏水中。其已溶入 100 mg Na_2SO_3 作保护剂，移入 1 L 容量瓶中，并加蒸馏水至刻度。此标准溶液相当 0.1 mg/ml，必须在使用前配制。

D1.4 步骤

D1.4.1 标准曲线的制作。

在 6 个 50 ml 容量瓶中，分别加入以下不同量的显影剂标准液。

编号	加入标准液的毫升数	相当显影剂含量/（mg/L）
0	0	0
1	1	2
2	2	4
3	3	6
4	4	8
5	5	10

以上 6 个容量瓶中皆加入 1 ml 成色剂溶液，并用蒸馏水加至刻度。分别加入 1 ml 混合氧化剂溶液，摇匀。在 5 min 内在分光光度计 550 nm 处测定其不同试样生成染料的光密度（以编号 0 为零），绘制不同显影剂含量的相应光密度曲线。横坐标为 2 mg/L、4 mg/L、6 mg/L、8 mg/L、10 mg/L。

D1.4.2 水样的测定。

取 2 份水样（一般为 20 ml）分别置于两个 50 ml 的容量瓶中。一个为测定水样，另一个为空白试验。在前者测定水样中加 1 ml 成色剂溶液。然后分别在两个瓶中加蒸馏水至刻度，其他步骤同标准曲线的制作。以空白液为零，测出水样的光密度，在标准曲线中查出相应的浓度。

D1.5 计算

$$\text{从标准曲线中查出的浓度}\times\frac{50}{a}=\text{废水中彩色显影剂的总量（mg/L）} \qquad \text{(D1)}$$

式中：a ——废水取样的毫升数。

D1.6 注意事项

D1.6.1 生成的品红染料在 8 min 之内光密度是稳定的，故宜在染料生成后 5 min 之内测定。

D1.6.2 本方法不包括黑白显影剂。

D2 显影剂及其氧化物总量的测定方法

电影洗印废水中存在不同量的赤血盐漂白液，将排放的显影剂部分或全部氧化，因此，废水中一种情况是存在显影剂及其氧化物，另一种情况是只存在大量的氧化物而无显影剂。本方法测出的结果在第一种情况下是废水中显影剂及氧化物的总量，在第二种情况下是废水中原有显影剂氧化物的含量。

D2.1 原理

通常使用的显影剂，大都具有对苯二酚、对氨基酚、对苯二胺类的结构。经氧化水解后都能得到对苯二醌。利用溴或氯溴将显影剂氧化成显影剂氧化物，再用碘量法进行碘-淀粉比色法测定。

以米吐尔为例：

$$\text{HO-}C_6H_4\text{-NHCH}_3 + H_2O + Br_2 \rightleftharpoons O{=}C_6H_4{=}O + CH_3NH_2 + 2H^+ + 2Br^-$$

醌是较强的氧化剂。在酸性溶液中，碘离子定量还原对苯二醌为对苯二酚。所释出的当量碘，可用淀粉发生蓝色进行比色测定。

$$O{=}C_6H_4{=}O + 2H^+ + 2I^- \rightleftharpoons I_2 + \text{HO-}C_6H_4\text{-OH}$$

D2.2　仪器和设备

721 型或类似型号分光光度计及 2 cm 比色槽，恒温水浴锅，50 ml 容量瓶，2 ml、5 ml 及 10 ml 刻度吸管。

D2.3　试剂

D2.3.1　0.1 N 溴酸钾-溴化钾溶液：称取 2.8 g 溴酸钾和 4.0 g 溴化钾，用蒸馏水稀释至 1 L。

D2.3.2　1∶1 磷酸：磷酸加一倍蒸馏水。

D2.3.3　饱和氯化钠溶液：称取 40 g 氯化钠，溶于 100 ml 蒸馏水中。

D2.3.4　20%溴化钾溶液：称取 20 g 溴化钾，溶于 100 ml 蒸馏水中。

D2.3.5　5%苯酚溶液：取苯酚 5 ml，溶于 100 ml 蒸馏水中。

D2.3.6　5%碘化钾溶液：称取 5 g 碘化钾，溶于 100 ml 蒸馏水中。（用时配制，放暗处）

D2.3.7　0.2%淀粉溶液：称 1 g 可溶性淀粉，加少量水搅匀，注入沸腾的 500 ml 水中，继续煮沸 5 min。夏季可加水杨酸 0.2 g。

D2.3.8　配制标准液：准确称取对苯二酚（分子量为 110.11 g）0.276 g，如果是照相级米吐尔（分子量为 344.40 g）可称取 0.861 g，照相级 TSS（分子量为 262.33 g）可称取 0.656 g，（或根据所使用药品的分子量及纯度另行计算），溶于 25 ml 的 6 NHCl 中，移入 250 ml 容量瓶中，用蒸馏水加至刻度。此溶液浓度为 0.010 0 M。

D2.4　步骤

D2.4.1　标准曲线的制作

D2.4.1.1　取标准液 25 ml，加蒸馏水稀释至 1 000 ml，此液浓度为 0.000 25 M，即每毫升含对苯二酚 0.25 μmol（甲液）。

D2.4.1.2　取甲液 25 ml 用蒸馏水稀释至 250 ml，此溶液浓度为 0.000 025 M，即每毫升含对苯二酚 0.025 μmol（乙液）。

D2.4.1.3 取 6 个 50 ml 容量瓶，分别加入标准稀释液（乙液）0，0.1 μmol，0.2 μmol，0.3 μmol，0.4 μmol，0.5 μmol 对苯二酚（即 4.0 ml，8.0 ml，12.0 ml，16.0 ml，20.0 ml 乙液），加入适量蒸馏水，使各容量瓶中大约为 20 ml 溶液。

D2.4.1.4 用刻度吸管加入 1∶1 磷酸 2 ml。

D2.4.1.5 用吸管取饱和氯化钠溶液 5 ml。

D2.4.1.6 用吸管取 0.1 N 溴酸钾-溴化钾溶液 2 ml，尽可能不要沾在瓶壁上。用极少量的水冲洗瓶壁并摇匀。溶液应是氯溴的浅黄色。放入 35℃恒温水浴锅内，放置 15 min。

D2.4.1.7 吸取 20%溴化钾溶液 2 ml，沿瓶壁周围加入容量瓶中。摇匀后放在 35℃水溶液中 5～10 min。

D2.4.1.8 用滴管快速加入 5%苯酚溶液 1 ml，立即摇匀，使溴的颜色褪去（如慢慢加入则易生成白色沉淀，无法比色）。

D2.4.1.9 降温；放自来水中降温 3 min。

D2.4.1.10 用吸管加入新配制的 5%碘化钾溶液 2 ml，冲洗瓶壁；放入暗柜 5 min。

D2.4.1.11 吸取 0.2%淀粉指示剂 10 ml，加入容量瓶中，用蒸馏水加至刻度，加盖摇匀后，放暗柜中 20 min。

D2.4.1.12 将发色试液分别放入 2 cm 比色槽中，在分光光度计 570 nm 处，以试剂空白为零，分别测出 5 个溶液的光密度，并绘制出标准曲线。横坐标为 0.1 μmol，0.2 μmol，0.3 μmol，0.4 μmol，0.5 μmol/50 ml。

D2.4.2 水样的测定

取水样适量（1～10 ml）放入 50 ml 容量瓶中，并加蒸馏水至 20 ml 左右，于另一个 50 ml 容量瓶中加 20 ml 蒸馏水作试剂空白。以下按步骤 D2.4.1.4～D2.4.1.12 进行，测出水样的光密度，在曲线上查出 50 ml 中所含微克分子数。

D2.4.3 需排除干扰的水样测定

当水样中含有六价铬离子而影响测定时，可用 $NaNO_2$ 将 Cr^{+6} 还原成 Cr^{+3}，用过量的尿素去除多余的 $NaNO_2$ 对本实验的干扰，即可达到消除铬干扰的目的。

准确取适量的水样（1～10 ml），放入 50 ml 容量瓶中，加入蒸馏水至 20 ml 左右，加入 1∶1 磷酸 2 ml，再加入 3 滴 10% $NaNO_2$，充分振荡，放入 35℃恒温水溶液中 15 min。再加入 20%尿素 2 ml，充分振荡，放入 35℃水溶液中 10 min。以下操作按步骤 D2.4.1.5～D2.4.1.12 进行，测出光密度，在曲线上查出 50 ml 中所含微克分子数。

D2.5 计算

水样中显影剂及氧化物总量 *C*（以对苯二酚计）按式（D2）计算：

$$C(\text{mg/L}) = \frac{\text{50 ml中微摩尔数} \times 110}{\text{取样体积(ml)}} \times 1\,000 \qquad \text{(D2)}$$

D2.6 注意事项

D2.6.1 本试验步骤多，时间长，因此要求操作仔细认真。

D2.6.2 所用玻璃器皿必须用清洁液洗净。

D2.6.3 水浴温度要准确在 35℃±1℃，每个步骤反应时间要准确控制。

D2.6.4 加入溴酸钾-溴化钾后，必须用蒸馏水冲洗容量瓶壁，否则残留溴酸钾与碘化钾作用生成碘，使光密度增加。

D2.6.5 在无铬离子的废水中，水样可不必处理，直接进行测定。

D2.6.6 水样如太浓，则预先稀释再进行测定。

D3 元素磷的测定——磷钼蓝比色法

D3.1 原理

元素磷经苯萃取后氧化形成的钼磷酸为氯化亚锡还原成蓝色铬合物。灵敏度比钒钼磷酸比色法高，并且易于富集，富集后能提高元素磷含量小于 0.1 mg/L 时检测的可靠性，并减少干扰。

水样中含砷化物、硅化物和硫化物的量分别为元素磷含量的 100 倍、200 倍和 300 倍时，对本方法无明显干扰。

D3.2 仪器和试剂：

D3.2.1 仪器：分光光度计：3 cm 比色皿

D3.2.2 比色管：50 ml

D3.2.3 分液漏斗：60 ml，125 ml，250 ml

D3.2.4 磨口锥形瓶：250 ml

D3.2.5 试剂：以下试剂均为分析纯：苯、高氯酸、溴酸钾、溴化钾、甘油、氯化亚锡、钼酸铵、磷酸二氢钾、乙酸丁酯、硫酸、硝酸、无水乙醇、酚酞指示剂。

D3.3 溶液的配制

D3.3.1 磷酸二氢钾标准溶液：准确称取 0.439 4 g 干燥过的磷酸二氢钾，溶于少量水中，移入 1 000 ml 容量瓶中，定容。此溶液 PO_4^{-3}-P 含量为 0.1 mg/ ml。取 10 ml 上述溶液于 1 000 ml 容量瓶中，定容，得到 PO_4^{-3}-P 含量为 1 μg/ ml 的磷酸二氢钾标准溶液。

D3.3.2 溴酸钾-溴化钾溶液：溶解 10 g 溴酸钾和 8 g 溴化钾于 400 ml 水中。

D3.3.3 2.5%钼酸铵溶液：称取 2.5 g 钼酸铵，加 1∶1 硫酸溶液 70 ml，待钼酸铵溶解后再加入 30 ml 水。

D3.3.4 2.5%氯化亚锡甘油溶液：溶解 2.5 g 氯化亚锡于 100 ml 甘油中（可在水浴中加热，促进溶解）。

D3.3.5 5%钼酸铵溶液：溶解 12.5 g 钼酸铵于 150 ml 水中，溶解后将此液缓慢地倒入 100 ml 1∶5 的硝酸溶液中。

D3.3.6 l%氯化亚锡溶液：溶解 1 g 氯化亚锡于 15 ml 盐酸中，加入 85 ml 水及 1.5 g 抗坏血酸（可保存 4～5 天）。

D3.3.7 1∶1 硫酸溶液、1∶5 硝酸溶液、20%氢氧化钠溶液。

D3.4 测定步骤

D3.4.1 废水中元素磷含量大于 0.05 mg/L 时，采取水相直接比色，按下列规定操作。

D3.4.1.1 水样预处理

（a）萃取：移取 10～100 ml 水样于盛有 25 ml 苯的 125 ml 或 250 ml 的分液漏斗中，振荡 5 min 后静置分层。将水相移入另一盛有 15 ml 苯的分液漏斗中，振荡 2 min 后静置，弃去水相，将苯相并入第一支分液漏斗中。加入 15 ml 水，振荡 1 min 后静置，弃去水相，苯相重复操作水洗 6 次。

（b）氧化：在苯相中加入 10～15 ml 溴酸钾-溴化钾溶液，2 ml 1∶1 硫酸溶液振荡 5 min，静置 2 min 后加入 2 ml 高氯酸，再振荡 5 min，移入 250 ml 锥形瓶内，在电热板上缓缓加热以驱赶过量高氯酸和除溴（勿使样品溅出或蒸干），至白烟减少时，取下冷却。加入少量水及 1 滴酚酞指示剂，用 20%氢氧化钠溶液中和至呈粉红色，加 1 滴 1∶1 硫酸溶液至粉红色消失，移入容量瓶中，用蒸馏水稀释至刻度（据元素磷的含量确定稀释体积）。

D3.4.1.2 比色

移取适量上述的稀释液于 50 ml 比色管中，加 2 ml 2.5%钼酸铵溶液及 6 滴 2. 5%氯化亚锡甘油溶液，加水稀释至刻度，混匀，于 20～30℃放置 20～30 min，倾入 3 cm 比色皿中，在分光光度计 690 nm 波长处，以试剂空白为零，测光密度。

D3.4.1.3 直接比色工作曲线的绘制

（a）移取适量的磷酸二氢钾标准溶液，使 PO_4^{-3}-P 的含量分别为 0，1 μg，3 μg，5 μg，7 μg，…，17 μg 于 50 ml 比色管中，测光密度。

（b）以 PO_4^{-3}-P 含量为横坐标，光密度为纵坐标，绘制直接比色工作曲线。

D3.4.2 废水中元素磷含量小于 0.05 mg/L 时，采用有机相萃取比色。按下列规定操作：

D3.4.2.1 水样预处理

萃取比色：移取适量的氧化稀释液于 60 ml 分液漏斗已含有 3 ml 的 1∶5 硝酸溶液中，加入 7 ml 15%钼酸铵溶液和 10 ml 醋酸丁酯，振荡 1 min，弃去水相，向有机相加 2 ml 1%氯化亚锡溶液，摇匀，再加入 1 ml 无水乙醇，轻轻转动分液漏斗，使水珠下降，放尽水相，将有机相倾入 3 cm 比色皿中，在分光光度计 630 或 720 nm 波长处，以试剂空白为零测光密度。

D3.4.2.2 有机相萃取比色工作曲线的绘制

（a）移取适量的磷酸二氢钾标准溶液，使 PO_4^{-3}-P 含量分别为 1 μg，2 μg，3 μg，4 μg，5 μg 于 60 ml 分液漏斗中，加入少量的水，以下按上节萃取比色步骤进行。

（b）以 PO_4^{-3}-P 含量为横坐标，光密度为纵坐标，绘制有机相萃取比色工作曲线。

D3.5 计算：

用式（D3）计算直接比色和有机相萃取比色测得 1 L。废水中元素磷的毫克数。

$$P = \frac{G}{\frac{V_1}{V_2} \times V_3} \qquad \text{(D3)}$$

式中：G ——从工作曲线查得元素磷量，μg；

V_1 ——取废水水样体积，ml；

V_2 ——废水水样氧化后稀释体积，ml；

V_3 ——比色时取稀释液的体积，ml。

D3.6 精确度

平行测定两个结果的差数，不应超过较小结果的 10%。

取平行测定两个结果的算术平均值作为样品中元素磷的含量，测定结果取两位有效数字。

D3.7 样品保存

采样后调节水样 pH 值为 6～7，可于塑料瓶或玻璃瓶贮存 48 h。

附录二

中华人民共和国国家标准

大气污染物综合排放标准

Integrated emission standard of air pollutants

GB 16297—1996 代替 GB 3548—83、
GB 4276—84、GB 4277—84、GB 4282—84、
GB 4286—84、GB 4911—85、GB 4912—85、
GB 4913—85、GB 4916—85、GB 4917—85、
GBJ 4—73 各标准中的废气部分
国家环保局 1996-04-12 批准
1997-01-01 实施

前 言

根据《中华人民共和国大气污染防治法》第七条的规定，制定本标准。

本标准在 GBJ 4—73《工业“三废”排放试行标准》废气部分和有关其他行业性国家大气污染物排放标准的基础上制定。本标准在技术内容上与原有各标准有一定的继承关系，亦有相当大的修改和变化。

本标准规定了 33 种大气污染物的排放限值，其指标体系为最高允许排放浓度、最高允许排放速率和无组织排放监控浓度限值。

国家在控制大气污染物排放方面，除本标准为综合性排放标准外，还有若干行业性排放标准共同存在，即除若干行业执行各自的行业性国家大气污染物排放标准外，其余均执行本标准。

本标准从 1997 年 1 月 1 日起实施。

下列各标准的废气部分由本标准取代，自本标准实施之日起，下列各标准的废气部分即行废除：

GBJ 4—73　工业“三废”排放试行标准

GB 3548—83　合成洗涤剂工业污染物排放标准

GB 4276—84　火炸药工业硫酸浓缩污染物排放标准

GB 4277—84　雷汞工业污染物排放标准

GB 4282—84　硫酸工业污染物排放标准

GB 4286—84　船舶工业污染物排放标准

GB 4911—85　钢铁工业污染物排放标准

GB 4912—85　轻金属工业污染物排放标准

GB 4913—85　重有色金属工业污染物排放标准

GB 4916—85　沥青工业污染物排放标准

GB 4917—85　普钙工业污染物排放标准

本标准的附录 A、附录 B、附录 C 都是标准的附录。

本标准由国家环境保护局科技标准司提出。

本标准由国家环境保护局负责解释。

1　主题内容与适用范围

1.1　主题内容

本标准规定了 33 种大气污染物的排放限值，同时规定了标准执行中的各种要求。

1.2　适用范围

1.2.1　在我国现有的国家大气污染物排放标准体系中，按照综合性排放标准与行业性排放标准不交叉执行的原则，锅炉执行 GB 13271—91《锅炉大气污染物排放标准》、工业炉窑执行 GB 9078—1996《工业炉窑大气污染物排放标准》、火电厂执行 GB 13223—1996《火电厂大气污染物排放标准》、炼焦炉执行 GB 16171—1996《炼焦炉大气污染物排放标准》、水泥厂执行 GB 4915—1996《水泥厂大气污染物排放标准》、恶臭物质排放执行 GB 14554—93《恶臭污染物排放标准》、汽车排放执行 GB 14761.1～14761.7—93《汽车大气污染物排放标准》、摩托车排气执行 GB 14621—93《摩托车排气污染物排放标准》，其他大气污染物排放均执行本标准。

1.2.2　本标准实施后再行发布的行业性国家大气污染物排放标准，按其适用范围规定的污染源不再执行本标准。

1.2.3　本标准适用于现有污染源大气污染物排放管理，以及建设项目的环境影响评价、设计、环境保护设施竣工验收及其投产后的大气污染物排放管理。

2　引用标准

下列标准所包含的条文，通过在本标准中引用而构成为本标准的条文。

GB 3095—1996　环境空气质量标准

GB/T 1657—1996　固定污染源排气中颗粒物测定与气态污染物采样方法

3　定义

本标准采用下列定义：

3.1　标准状态

指温度为 273 K，压力为 101 325 Pa 时的状态。本标准规定的各项标准值，均以标准状态下的干空气为基准。

3.2　最高允许排放浓度

指处理设施后排气筒中污染物任何 1 h 浓度平均值不得超过的限值；或指无处理设施排气筒中污染物任何 1 h 浓度平均值不得超过的限值。

3.3　最高允许排放速率（Maximum allowable emhssion rate）

指一定高度的排气筒任何 1 h 排放污染物的质量不得超过的限值。

3.4 无组织排放

指大气污染物不经过排气筒的无规则排放。低矮排气筒的排放属有组织排放，但在一定条件下也可造成与无组织排放相同的后果。因此，在执行“无组织排放监控浓度限值”指标时，由低矮排气筒造成的监控点污染物浓度增加不予扣除。

3.5 无组织排放监控点

依照本标准附录C的规定，为判别无组织排放是否超过标准而设立的监测点。

3.6 无组织排放监控浓度限值

指监控点的污染物浓度在任何1 h的平均值不得超过的限值。

3.7 污染源

指排放大气污染物的设施或指排放大气污染物的建筑构造（如车间等）。

3.8 单位周界

指单位与外界环境接界的边界。通常应依据法定手续确定边界；若无法定手续，则按目前的实际边界确定。

3.9 无组织排放源

指设置于露天环境中具有无组织排放的设施，或指具有无组织排放的建筑构造（如车间、工棚等）。

3.10 排气筒高度

指自排气筒（或其主体建筑构造）所在的地平面至排气筒出口计的高度。

4 指标体系

本标准设置下列三项指标：

4.1 通过排气筒排放的污染物最高允许排放浓度。

4.2 通过排气筒排放的污染物，按排气筒高度规定的最高允许排放速率。

任何一个排气筒必须同时遵守上述两项指标，超过其中任何一项均为超标排放。

4.3 以无组织方式排放的污染物，规定无组织排放的监控点及相应的监控浓度限值。该指标按照本标准第9.2条的规定执行。

5 排放速率标准分级

本标准规定的最高允许排放速率，现有污染源分为一、二、三级，新污染源分为二、三级。按污染源所在的环境空气质量功能区类别，执行相应级别的排放速率标准，即：

位于一类区的污染源执行一级标准（一类区禁止新、扩建污染源，一类区现有污染源改建时执行现有污染源的一级标准）；

位于二类区的污染源执行二级标准；

位于三类区的污染源执行三级标准。

6 标准值

6.1 1997年1月1日前设立的污染源（以下简称现有污染源）执行表1所列标准值。

6.2 1997年1月1日起设立（包括新建、扩建、改建）的污染源（以下简称新污染源）执行表2所列标准值。

6.3 按下列规定判断污染源的设立日期：

6.3.1 一般情况下应以建设项目环境影响报告书（表）批准日期作为其设立日期。

6.3.2 未经环境保护行政主管部门审批设立的污染源，应按补做的环境影响报告书（表）批准日期作为其设立日期。

7 其他规定

7.1 排气筒高度除须遵守表列排放速率标准值外，还应高出周围 200 m 半径范围的建筑 5 m 以上，不能达到该要求的排气筒，应按其高度对应的表列排放速率标准值严格 50%执行。

7.2 两个排放相同污染物（不论其是否由同一生产工艺过程产生）的排气筒，若其距离小于其几何高度之和，应合并视为一根等效排气筒。若有三根以上的近距排气筒，且排放同一种污染物时，应以前两根的等效排气筒，依次与第三、四根排气筒取等效值。等效排气筒的有关参数计算方法见附录 A。

7.3 若某排气筒的高度处于本标准列出的两个值之间，其执行的最高允许排放速率以内插法计算，内插法的计算式见本标准附录 B；当某排气筒的高度大于或小于本标准列出的最大或最小值时，以外推法计算其最高允许排放速率，外推法计算式见本标准附录 B。

7.4 新污染源的排气筒一般不应低于 15 m。若某新污染源的排气筒必须低于 15 m 时，其排放速率标准值按 7.3 的外推计算结果再严格 50%执行。

7.5 新污染源的无组织排放应从严控制，一般情况下不应有无组织排放存在，无法避免的无组织排放应达到表 2 规定的标准值。

7.6 工业生产尾气确需燃烧排放的，其烟气黑度不得超过林格曼 1 级。

8 监测

8.1 布点

8.1.1 排气筒中颗粒物或气态污染物监测的采样点数目及采样点位置的设置，按 GB/T 16157—1996 执行。

8.1.2 无组织排放监测的采样点（即监控点）数目和采样点位置的设置方法，详见本标准附录 C。

8.2 采样时间和频次

本标准规定的三项指标，均指任何 1 h 平均值不得超过的限值，故在采样时应做到：

8.2.1 排气筒中废气的采样

以连续 1 h 的采样获取平均值；

或在 1 h 内，以等时间间隔采集 4 个样品，并计平均值。

8.2.2 无组织排放监控点的采样

无组织排放监控点和参照点监测的采样，一般采用连续 1 h 采样计平均值；

若浓度偏低，需要时可适当延长采样时间；

若分析方法灵敏度高，仅需用短时间采集样品时，应实行等时间间隔采样，采集 4 个样品计平均值。

表 1　现有污染源大气污染物排放限值

序号	污染物	最高允许排放浓度/（mg/m^3）	最高允许排放速率/（kg/h）				无组织排放监控浓度限值	
			排气筒高度/m	一级	二级	三级	监控点	浓度/（mg/m^3）
1	二氧化硫	1 200（硫、二氧化硫、硫酸和其他含硫化合物生产）	15	1.6	3.0	4.1	无组织排放源上风向设参照点，下风向设监控点[1]	0.50（监控点与参照点浓度差值）
			20	2.6	5.1	7.7		
			30	8.8	17	26		
			40	15	30	45		
		700（硫、二氧化硫、硫酸和其他含硫化合物使用）	50	23	45	69		
			60	33	64	98		
			70	47	91	140		
			80	63	120	190		
			90	82	160	240		
			100	100	200	310		
2	氮氧化物	1 700（硝酸、氮肥和火炸药生产）	15	0.47	0.91	1.4	无组织排放源上风向设参照点，下风向设监控点	0.15（监控点与参照点浓度差值）
			20	0.77	1.5	2.3		
			30	2.6	5.1	7.7		
		420（硝酸使用和其他）	40	4.6	8.9	14		
			50	7.0	14	21		
			60	9.9	19	29		
			70	14	27	41		
			80	19	37	56		
			90	24	47	72		
			100	31	61	92		
3	颗粒物	22（炭黑尘、染料尘）	15	禁排	0.60	0.87	周界外浓度最高点[2]	肉眼不可见
			20		1.0	1.5		
			30		4.0	5.9		
			40		6.8	10		
		80[3]（玻璃棉尘、石英粉尘、矿渣棉尘）	15	禁排	2.2	3.1	无组织排放源上风向设参照点，下风向设监控点	2.0（监控点与参照点浓度差值）
			20		3.7	5.3		
			30		14	21		
			40		25	37		
		150（其他）	15	2.1	4.1	5.9	无组织排放源上风向设参照点，下风向设监控点	5.0（监控点与参照点浓度差值）
			20	3.5	6.9	10		
			30	14	27	40		
			40	24	46	69		
			50	36	70	110		
			60	51	100	150		
4	氯化氢	150	15	禁排	0.30	0.46	周界外浓度最高点	0.25
			20		0.51	0.77		
			30		1.7	2.6		
			40		3.0	4.5		
			50		4.5	6.9		
			60		6.4	9.8		
			70		9.1	14		
			80		12	19		
5	铬酸雾	0.080	15	禁排	0.009	0.014	周界外浓度最高点	0.007 5
			20		0.015	0.023		
			30		0.051	0.078		
			40		0.089	0.13		
			50		0.14	0.21		
			60		0.19	0.29		

序号	污染物	最高允许排放浓度/（mg/m³）	最高允许排放速率/（kg/h）				无组织排放监控浓度限值	
			排气筒高度/m	一级	二级	三级	监控点	浓度/（mg/m³）
6	硫酸雾	1 000（火炸药厂）	15	禁排	1.8	2.8	周界外浓度最高点	1.5
			20		3.1	4.6		
			30		10	16		
			40		18	27		
		70（其他）	50		27	41		
			60		39	59		
			70		55	83		
			80		74	110		
7	氟化物	100（普钙工业）	15	禁排	0.12	0.18	无组织排放源上风向设参照点，下风向设监控点	20 μg/m³（监控点与参照点浓度差值）
			20		0.20	0.31		
			30		0.69	1.0		
			40		1.2	1.8		
		11（其他）	50		1.8	2.7		
			60		2.6	3.9		
			70		3.6	5.5		
			80		4.9	7.5		
8	氯气[4)]	85	25	禁排	0.60	0.90	周界外浓度最高点	0.50
			30		1.0	1.5		
			40		3.4	5.2		
			50		5.9	9.0		
			60		9.1	14		
			70		13	20		
			80		18	28		
9	铅及其化合物	0.90	15	禁排	0.005	0.007	周界外浓度最高点	0.007 5
			20		0.007	0.011		
			30		0.031	0.048		
			40		0.055	0.083		
			50		0.085	0.13		
			60		0.12	0.18		
			70		0.17	0.26		
			80		0.23	0.35		
			90		0.31	0.47		
			100		0.39	0.60		
10	汞及其化合物	0.015	15	禁排	1.8×10^{-3}	2.8×10^{-3}	周界外浓度最高点	0.001 5
			20		3.1×10^{-3}	4.6×10^{-3}		
			30		10×10^{-3}	16×10^{-3}		
			40		18×10^{-3}	27×10^{-3}		
			50		28×10^{-3}	41×10^{-3}		
			60		39×10^{-3}	59×10^{-3}		
11	镉及其化合物	1.0	15	禁排	0.060	0.090	周界外浓度最高点	0.050
			20		0.10	0.15		
			30		0.34	0.52		
			40		0.59	0.90		
			50		0.91	1.4		
			60		1.3	2.0		
			70		1.8	2.8		
			80		2.5	3.7		

序号	污染物	最高允许排放浓度/（mg/m³）	最高允许排放速率/（kg/h）				无组织排放监控浓度限值	
			排气筒高度/m	一级	二级	三级	监控点	浓度/（mg/m³）
12	铍及其化合物	0.015	15	禁排	1.3×10^{-3}	2.0×10^{-3}	周界外浓度最高点	0.001 0
			20		2.2×10^{-3}	3.3×10^{-3}		
			30		7.3×10^{-3}	11×10^{-3}		
			40		13×10^{-3}	19×10^{-3}		
			50		19×10^{-3}	29×10^{-3}		
			60		27×10^{-3}	41×10^{-3}		
			70		39×10^{-3}	58×10^{-3}		
			80		52×10^{-3}	79×10^{-3}		
13	镍及其化合物	5.0	15	禁排	0.18	0.28	周界外浓度最高点	0.050
			20		0.31	0.46		
			30		1.0	1.6		
			40		1.8	2.7		
			50		2.7	4.1		
			60		3.9	5.9		
			70		5.5	8.2		
			80		7.4	11		
14	锡及其化合物	10	15	禁排	0.36	0.55	周界外浓度最高点	0.30
			20		0.61	0.93		
			30		2.1	3.1		
			40		3.5	5.4		
			50		5.4	8.2		
			60		7.7	12		
			70		11	17		
			80		15	22		
15	苯	17	15	禁排	0.60	0.90	周界外浓度最高点	0.50
			20		1.0	1.5		
			30		3.3	5.2		
			40		6.0	9.0		
16	甲苯	60	15	禁排	3.6	5.5	周界外浓度最高点	0.30
			20		6.1	9.3		
			30		21	31		
			40		36	54		
17	二甲苯	90	15	禁排	1.2	1.8	周界外浓度最高点	1.5
			20		2.0	3.1		
			30		6.9	10		
			40		12	18		
18	酚类	115	15	禁排	0.12	0.18	周界外浓度最高点	0.10
			20		0.20	0.31		
			30		0.68	1.0		
			40		1.2	1.8		
			50		1.8	2.7		
			60		2.6	3.9		
19	甲醛	30	15	禁排	0.30	0.46	周界外浓度最高点	0.25
			20		0.51	0.77		
			30		1.7	2.6		
			40		3.0	4.5		
			50		4.5	6.9		
			60		6.4	9.8		

序号	污染物	最高允许排放浓度/（mg/m³）	最高允许排放速率/（kg/h）				无组织排放监控浓度限值	
			排气筒高度/m	一级	二级	三级	监控点	浓度/（mg/m³）
20	乙醛	150	15	禁排	0.060	0.090	周界外浓度最高点	0.050
			20		0.10	0.15		
			30		0.34	0.52		
			40		0.59	0.90		
			50		0.91	1.4		
			60		1.3	2.0		
21	丙烯腈	26	15	禁排	0.91	1.4	周界外浓度最高点	0.75
			20		1.5	2.3		
			30		5.1	7.8		
			40		8.9	13		
			50		14	21		
			60		19	29		
22	丙烯醛	20	15	禁排	0.61	0.92	周界外浓度最高点	0.50
			20		1.0	1.5		
			30		3.4	5.2		
			40		5.9	9.0		
			50		9.1	14		
			60		13	20		
23	氰化氢[5)]	2.3	25	禁排	0.18	0.28	周界外浓度最高点	0.030
			30		0.31	0.46		
			40		1.0	1.6		
			50		1.8	2.7		
			60		2.7	4.1		
			70		3.9	5.9		
			80		5.5	8.3		
24	甲醇	220	15	禁排	6.1	9.2	周界外浓度最高点	15
			20		10	15		
			30		34	52		
			40		59	90		
			50		91	140		
			60		130	200		
25	苯胺类	25	15	禁排	0.61	0.92	周界外浓度最高点	0.50
			20		1.0	1.5		
			30		3.4	5.2		
			40		5.9	9.0		
			50		9.1	14		
			60		13	20		
26	氯苯类	85	15	禁排	0.67	0.92	周界外浓度最高点	0.50
			20		1.0	1.5		
			30		2.9	4.4		
			40		5.0	7.6		
			50		7.7	12		
			60		11	17		
			70		15	23		
			80		21	32		
			90		27	41		
			100		34	52		

序号	污染物	最高允许排放浓度/（mg/m^3）	最高允许排放速率/（kg/h）				无组织排放监控浓度限值	
			排气筒高度/m	一级	二级	三级	监控点	浓度/（mg/m^3）
27	硝基苯类	20	15	禁排	0.060	0.090	周界外浓度最高点	0.050
			20		0.10	0.15		
			30		0.34	0.52		
			40		0.59	0.90		
			50		0.91	1.4		
			60		1.3	2.0		
28	氯乙烯	65	15	禁排	0.91	1.4	周界外浓度最高点	0.75
			20		1.5	2.3		
			30		5.0	7.8		
			40		8.9	13		
			50		14	21		
			60		19	29		
29	苯并[a]芘	0.50×10^{-3}（沥青、碳素制品生产和加工）	15	禁排	0.06×10^{-3}	0.09×10^{-3}	周界外浓度最高点	0.01 $\mu g/m^3$
			20		0.10×10^{-3}	0.15×10^{-3}		
			30		0.34×10^{-3}	0.51×10^{-3}		
			40		0.59×10^{-3}	0.89×10^{-3}		
			50		0.90×10^{-3}	1.4×10^{-3}		
			60		1.3×10^{-3}	2.0×10^{-3}		
30	光气 6)	5.0	25	禁排	0.12	0.18	周界外浓度最高点	0.10
			30		0.20	0.31		
			40		0.69	1.0		
			50		1.2	1.8		
31	沥青烟	280（吹制沥青）	15	0.11	0.22	0.34	生产设备不得有明显的无组织排放存在	
			20	0.19	0.36	0.55		
		80（熔炼、浸涂）	30	0.82	1.6	2.4		
			40	1.4	2.8	4.2		
		150（建筑搅拌）	50	2.2	4.3	6.6		
			60	3.0	5.9	9.0		
			70	4.5	8.7	13		
			80	6.2	12	18		
32	石棉尘	2 根（纤维）/cm^3 或 20 mg/m^3	15	禁排	0.65	0.98		
			20		1.1	1.7		
			30		4.2	6.4		
			40		7.2	11		
			50		11	17		
33	非甲烷总烃	150（使用溶剂汽油或其他混合烃类物质）	15	6.3	12	18	周界外浓度最高点	5.0
			20	10	20	30		
			30	35	63	100		
			40	61	120	170		

注：1）一般应于无组织排放源上风向 2～50 m 范围内设参考点，排放源下风向 2～50 m 范围内设监控点，详见本标准附录 C。

2）周界外浓度最高点一般应设于排放源下风向的单位周界外 10 m 范围内。如预计无组织排放的最大落地浓度点越出 10 m 范围，可将监控点移至该预计浓度最高点，详见附录 C。

3）均指含游离二氧化硅 10%以上的各种尘。

4）排放氯气的排气筒不得低于 25 m。

5）排放氰化氢的排气筒不得低于 25 m。

6）排放光气的排气筒不得低于 25 m。

表 2 新污染源大气污染物排放限值

序号	污染物	最高允许排放浓度/（mg/m^3）	最高允许排放速率/（kg/h）			无组织排放监控浓度限值	
			排气筒高度/m	二级	三级	监控点	浓度/（mg/m^3）
1	二氧化硫	960（硫、二氧化硫、硫酸和其他含硫化合物生产）	15	2.6	3.5	周界外浓度最高点[1)]	0.40
			20	4.3	6.6		
			30	15	22		
			40	25	38		
			50	39	58		
		550（硫、二氧化硫、硫酸和其他含硫化合物使用）	60	55	83		
			70	77	120		
			80	110	160		
			90	130	200		
			100	170	270		
2	氮氧化物	1 400（硝酸、氮肥和火炸药生产）	15	0.77	1.2	周界外浓度最高点	0.12
			20	1.3	2.0		
			30	4.4	6.6		
			40	7.5	11		
			50	12	18		
		240（硝酸使用和其他）	60	16	25		
			70	23	35		
			80	31	47		
			90	40	61		
			100	52	78		
3	颗粒物	18（炭黑尘、染料尘）	15	0.51	0.74	周界外浓度最高点	肉眼不可见
			20	0.85	1.3		
			30	3.4	5.0		
			40	5.8	8.5		
		60[2)]（玻璃棉尘、石英粉尘、矿渣棉尘）	15	1.9	2.6	周界外浓度最高点	1.0
			20	3.1	4.5		
			30	12	18		
			40	21	31		
		120（其他）	15	3.5	5.0	周界外浓度最高点	1.0
			20	5.9	8.5		
			30	23	34		
			40	39	59		
			50	60	94		
			60	85	130		
4	氯化氢	100	15	0.26	0.39	周界外浓度最高点	0.20
			20	0.43	0.65		
			30	1.4	2.2		
			40	2.6	3.8		
			50	3.8	5.9		
			60	5.4	8.3		
			70	7.7	12		
			80	10	16		

序号	污染物	最高允许排放浓度/（mg/m^3）	最高允许排放速率/（kg/h）			无组织排放监控浓度限值	
			排气筒高度/m	二级	三级	监控点	浓度/（mg/m^3）
5	铬酸雾	0.070	15	0.008	0.012	周界外浓度最高点	0.006 0
			20	0.013	0.020		
			30	0.043	0.066		
			40	0.076	0.12		
			50	0.12	0.18		
			60	0.16	0.25		
6	硫酸雾	430（火炸药厂）	15	1.5	2.4	周界外浓度最高点	1.2
			20	2.6	3.9		
			30	8.8	13		
			40	15	23		
		45（其他）	50	23	35		
			60	33	50		
			70	46	70		
			80	63	95		
7	氟化物	90（普钙工业）	15	0.10	0.15	周界外浓度最高点	20 μg/m^3
			20	0.17	0.26		
			30	0.59	0.88		
			40	1.0	1.5		
		9.0（其他）	50	1.5	2.3		
			60	2.2	3.3		
			70	3.1	4.7		
			80	4.2	6.3		
8	氯气[3)]	65	25	0.52	0.78	周界外浓度最高点	0.40
			30	0.87	1.3		
			40	2.9	4.4		
			50	5.0	7.6		
			60	7.7	12		
			70	11	17		
			80	15	23		
9	铅及其化合物	0.70	15	0.004	0.006	周界外浓度最高点	0.006 0
			20	0.006	0.009		
			30	0.027	0.041		
			40	0.047	0.071		
			50	0.072	0.11		
			60	0.10	0.15		
			70	0.15	0.22		
			80	0.20	0.30		
			90	0.26	0.40		
			100	0.33	0.51		
10	汞及其化合物	0.012	15	1.5×10^{-3}	2.4×10^{-3}	周界外浓度最高点	0.001 2
			20	2.6×10^{-3}	3.9×10^{-3}		
			30	7.8×10^{-3}	13×10^{-3}		
			40	15×10^{-3}	23×10^{-3}		
			50	23×10^{-3}	35×10^{-3}		
			60	33×10^{-3}	50×10^{-3}		

序号	污染物	最高允许排放浓度/（mg/m^3）	最高允许排放速率/（kg/h）			无组织排放监控浓度限值	
			排气筒高度/m	二级	三级	监控点	浓度/（mg/m^3）
11	镉及其化合物	0.85	15	0.050	0.080	周界外浓度最高点	0.040
			20	0.090	0.13		
			30	0.29	0.44		
			40	0.50	0.77		
			50	0.77	1.2		
			60	1.1	1.7		
			70	1.5	2.3		
			80	2.1	3.2		
12	铍及其化合物	0.012	15	1.1×10^{-3}	1.7×10^{-3}	周界外浓度最高点	0.000 8
			20	1.8×10^{-3}	2.8×10^{-3}		
			30	6.2×10^{-3}	9.4×10^{-3}		
			40	11×10^{-3}	16×10^{-3}		
			50	16×10^{-3}	25×10^{-3}		
			60	23×10^{-3}	35×10^{-3}		
			70	33×10^{-3}	50×10^{-3}		
			80	44×10^{-3}	67×10^{-3}		
13	镍及其化合物	4.3	15	0.15	0.24	周界外浓度最高点	0.040
			20	0.26	0.34		
			30	0.88	1.3		
			40	1.5	2.3		
			50	2.3	3.5		
			60	3.3	5.0		
			70	4.6	7.0		
			80	6.3	10		
14	锡及其化合物	8.5	15	0.31	0.47	周界外浓度最高点	0.24
			20	0.52	0.79		
			30	1.8	2.7		
			40	3.0	4.6		
			50	4.6	7.0		
			60	6.6	10		
			70	9.3	14		
			80	13	19		
15	苯	12	15	0.50	0.80	周界外浓度最高点	0.40
			20	0.90	1.3		
			30	2.9	4.4		
			40	5.6	7.6		
16	甲苯	40	15	3.1	4.7	周界外浓度最高点	2.4
			20	5.2	7.9		
			30	18	27		
			40	30	46		
17	二甲苯	70	15	1.0	1.5	周界外浓度最高点	1.2
			20	1.7	2.6		
			30	5.9	8.8		
			40	10	15		

序号	污染物	最高允许排放浓度/（mg/m^3）	最高允许排放速率/（kg/h）			无组织排放监控浓度限值	
			排气筒高度/m	二级	三级	监控点	浓度/（mg/m^3）
18	酚类	100	15	0.10	0.15	周界外浓度最高点	0.080
			20	0.17	0.26		
			30	0.58	0.88		
			40	1.0	1.5		
			50	1.5	2.3		
			60	2.2	3.3		
19	甲醛	25	15	0.26	0.39	周界外浓度最高点	0.20
			20	0.43	0.65		
			30	1.4	2.2		
			40	2.6	3.8		
			50	3.8	5.9		
			60	5.4	8.3		
20	乙醛	125	15	0.050	0.080	周界外浓度最高点	0.040
			20	0.090	0.13		
			30	0.29	0.44		
			40	0.50	0.77		
			50	0.77	1.2		
			60	1.1	1.6		
21	丙烯腈	22	15	0.77	1.2	周界外浓度最高点	0.60
			20	1.3	2.0		
			30	4.4	6.6		
			40	7.5	11		
			50	12	18		
			60	16	25		
22	丙烯醛	16	15	0.52	0.78	周界外浓度最高点	0.40
			20	0.87	1.3		
			30	2.9	4.4		
			40	5.0	7.6		
			50	7.7	12		
			60	11	17		
23	氰化氢 4)	1.9	25	0.15	0.24	周界外浓度最高点	0.024
			30	0.26	0.39		
			40	0.88	1.3		
			50	1.5	2.3		
			60	2.3	3.5		
			70	3.3	5.0		
			80	4.6	7.0		
24	甲醇	190	15	5.1	7.8	周界外浓度最高点	12
			20	8.6	13		
			30	29	44		
			40	50	70		
			50	77	120		
			60	100	170		

序号	污染物	最高允许排放浓度/（mg/m³）	最高允许排放速率/（kg/h）			无组织排放监控浓度限值	
			排气筒高度/m	二级	三级	监控点	浓度/（mg/m³）
25	苯胺类	20	15	0.52	0.78	周界外浓度最高点	0.40
			20	0.87	1.3		
			30	2.9	4.4		
			40	5.0	7.6		
			50	7.7	12		
			60	11	17		
26	氯苯类	60	15	0.52	0.78	周界外浓度最高点	0.40
			20	0.87	1.3		
			30	2.5	3.8		
			40	4.3	6.5		
			50	6.6	9.9		
			60	9.3	14		
			70	13	20		
			80	18	27		
			90	23	35		
			100	29	44		
27	硝基苯类	16	15	0.050	0.080	周界外浓度最高点	0.040
			20	0.090	0.13		
			30	0.29	0.44		
			40	0.50	0.77		
			50	0.77	1.2		
			60	1.1	1.7		
28	氯乙烯	36	15	0.77	1.2	周界外浓度最高点	0.60
			20	1.3	2.0		
			30	4.4	6.6		
			40	7.5	11		
			50	12	18		
			60	16	25		
29	苯并[a]芘	0.30×10^{-3}（沥青及炭素制品生产和加工）	15	0.050×10^{-3}	0.080×10^{-3}	周界外浓度最高点	0.008 μg/m³
			20	0.085×10^{-3}	0.13×10^{-3}		
			30	0.29×10^{-3}	0.43×10^{-3}		
			40	0.50×10^{-3}	0.76×10^{-3}		
			50	0.77×10^{-3}	1.2×10^{-3}		
			60	1.1×10^{-3}	1.7×10^{-3}		
30	光气[5)]	3.0	25	0.10	0.15	周界外浓度最高点	0.080
			30	0.17	0.26		
			40	0.59	0.88		
			50	1.0	1.5		
31	沥青烟	140（吹制沥青）	15	0.18	0.27	生产设备不得有明显的无组织排放存在	
			20	0.30	0.45		
		40（熔炼、浸涂）	30	1.3	2.0		
			40	2.3	3.5		
		75（建筑搅拌）	50	3.6	5.4		
			60	5.6	7.5		
			70	7.4	11		
			80	10	15		

序号	污染物	最高允许排放浓度/（mg/m³）	最高允许排放速率/（kg/h）			无组织排放监控浓度限值	
			排气筒高度/m	二级	三级	监控点	浓度/（mg/m³）
32	石棉尘	1 根（纤维）/cm³ 或 10 mg/m³	15 20 30 40 50	0.55 0.93 3.6 6.2 9.4	0.83 1.4 5.4 9.3 14	生产设备不得有明显的无组织排放存在	
33	非甲烷总烃	120 （使用溶剂汽油或其他混合烃类物质）	15 20 30 40	10 17 53 100	16 27 83 150	周界外浓度最高点	4.0

注：1）周界外浓度最高点一般应设置于无组织排放源下风向的单位周界外 10 m 范围内，若预计无组织排放的最大落地浓度点越出 10 m 范围，可将监控点移至该预计浓度最高点，详见附录 C。下同。

2）均指含游离二氧化硅超过 10%以上的各种尘。

3）排放氯气的排气筒不得低于 25 m。

4）排放氰化氢的排气筒不得低于 25 m。

5）排放光气的排气筒不得低于 25 m。

8.2.3 特殊情况下的采样时间和频次

若某排气筒的排放为间断性排放，排放时间小于 1 h，应在排放时段内实行连续采样，或在排放时段内以等时间间隔采集 2～4 个样品，并计平均值；

若某排气筒的排放为间断性排放，排放时间大于 1 h，则应在排放时段内按 8.2.1 的要求采样；

当进行污染事故排放监测时，按需要设置的采样时间和采样频次，不受上述要求的限制；

建设项目环境保护设施竣工验收监测的采样时间和频次，按国家环境保护局制定的建设项目环境保护设施竣工验收监测办法执行。

8.3 监测工况要求

8.3.1 在对污染源的日常监督性监测中，采样期间的工况应与当时的运行工况相同，排污单位的人员和实施监测的人员都不应任意改变当时的运行工况。

8.3.2 建设项目环境保护设施竣工验收监测的工况要求按国家环境保护局制定的建设项目环境保护设施竣工验收监测办法执行。

8.4 采样方法和分析方法

8.4.1 污染物的分析方法按国家环境保护局规定执行。

8.4.2 污染物的采样方法按 GB/T 16157—1996 和国家环境保护局规定的分析方法有关部分执行。

8.5 排气量的测定

排气量的测定应与排放浓度的采样监测同步进行，排气量的测定方法按 GB/T 16157—1996 执行。

9 标准实施

9.1 位于国务院批准划定的酸雨控制区和二氧化硫污染控制区的污染源，其二氧化硫排放除执行本标准外，还应执行总量控制标准。

9.2 本标准中无组织排放监控浓度限值，由省、自治区、直辖市人民政府环境保护行政主管部门决定是否在本地区实施，并报国务院环境保护行政主管部门备案。

9.3 本标准由县级以上人民政府环境保护行政主管部门负责监督实施。

附录 A（标准的附录）

等效排气筒有关参数计算

A1　当排气筒 1 和排气筒 2 排放同一种污染物，其距离小于该两个排气筒的高度之和时，应以一个等效排气筒代表该两个排气筒。

A2　等效排气筒的有关参数计算方法如下。

A2.1　等效排气筒污染物排放速率，按式（A1）计算：

$$Q=Q_1+Q_2 \tag{A1}$$

式中：Q——等效排气筒某污染物排放速率；

Q_1、Q_2——排气筒 1 和排气筒 2 的某污染物排放速率。

A2.2　等效排气筒高度按式（A2）计算：

$$h=\sqrt{\frac{1}{2}\left(h_1^2+h_2^2\right)} \tag{A2}$$

式中：h——等效排气筒高度；

h_1、h_2——排气筒 1 和排气筒 2 的高度。

A2.3　等效排气筒的位置：

等效排气筒的位置，应于排气筒 1 和排气筒 2 的连线上，若以排气筒 1 为原点，则等效排气筒距原点的距离按式（A3）计算：

$$x=a(Q-Q_1)/Q=aQ_2/Q \tag{A3}$$

式中：x——等效排气筒距排气筒 1 的距离；

a——排气筒 1 至排气筒 2 的距离；

Q_1、Q_2、Q——同 A2.1。

附录 B（标准的附录）

确定某排气筒最高允许排放速率的内插法和外推法

B1 某排气筒高度处于表列两高度之间，用内插法计算其最高允许排放速率，按式（B1）计算：

$$Q=Q_a+(Q_{a+1}-Q_a)(h-h_a)/(h_{a+1}-h_a) \tag{B1}$$

式中：Q——某排气筒最高允许排放速率；

Q_a——比某排气筒低的表列限值中的最大值；

Q_{a+1}——比某排气筒高的表列限值中的最小值；

h——某排气筒的几何高度；

h_a——比某排气筒低的表列高度中的最大值；

h_{a+1}——比某排气筒高的表列高度中的最小值。

B2 某排气筒高度高于本标准表列排气筒高度的最高值，用外推法计算其最高允许排放速率，按式（B2）计算：

$$Q=Q_b(h/h_b)^2 \tag{B2}$$

式中：Q——某排气筒的最高允许排放速率；

Q_b——表列排气筒最高高度对应的最高允许排放速率；

h——某排气筒的高度；

h_b——表列排气筒的最高高度。

B3 某排气筒高度低于本标准表列排气筒高度的最低值，用外推法计算其最高允许排放速率，按式（B3）计算：

$$Q=Q_c(h/h_c)^2 \tag{B3}$$

式中：Q——某排气筒的最高允许排放速率；

Q_c——表列排气筒最低高度对应的最高允许排放速率；

h——某排气筒的高度；

h_c——表列排气筒的最低高度。

附录 C（标准的附录）

无组织排放监控点设置方法

C1　由于无组织排放的实际情况是多种多样的，故本附录仅对无组织排放监控点的设置进行原则性指导，实际监测时应根据情况因地制宜设置监控点。

C2　单位周界监控点的设置方法。

当本标准规定监控点设于单位周界时，监控点按下述原则和方法设置。

C2.1　下列各点为必须遵循的原则。

C2.1.1　监控点一般应设于周界外 10 m 范围内，但若现场条件不允许（例如周界沿河岸分布），可将监控点移至周界内侧。

C2.1.2　监控点应设于周界浓度最高点。

C2.1.3　若经估算预测，无组织排放的最大落地浓度区域超出 10 m 范围之外，将监控点设置在该区域之内。

C2.1.4　为了确定浓度的最高点，实际监控点最多可设置 4 个。

C2.1.5　设点高度范围为 1.5 m 至 15 m。

C2.2　下述设点方案仅为示意，供实际监测时参考。

C2.2.1　当具有明显风向和风速时，可参考图 C1 设点。

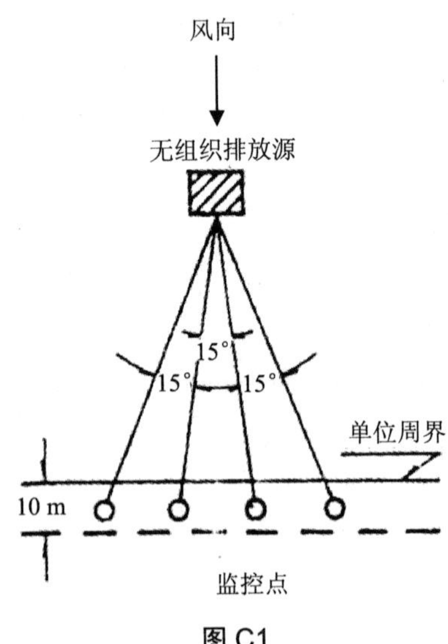

图 C1

C2.2.2　当无明显风向和风速时，可根据情况于可能的浓度最高处设置 4 个点。

C2.3　由 4 个监控点分别测得的结果，以其中的浓度最高点计值。

C3　在排放源上、下风向分别设置参照点和监控点的方法。

C3.1　下列各点为必须遵循的原则：

C3.1.1 于无组织排放源的上风向设参照点，下风向设监控点。

C3.1.2 监控点应设于排放源下风向的浓度最高点，不受单位周界的限制。

C3.1.3 为了确定浓度最高点，监控点最多可设 4 个。

C3.1.4 参照点应以不受被测无组织排放源影响，可以代表监控点的背景浓度为原则。参照点只设 1 个。

C3.1.5 监控点和参照点距无组织排放源最近不应小于 2 m。

C3.2 下述设点方案仅为示意，供实际监测时参考。

当具有明显风向和风速时，可参考图 C2 设点。

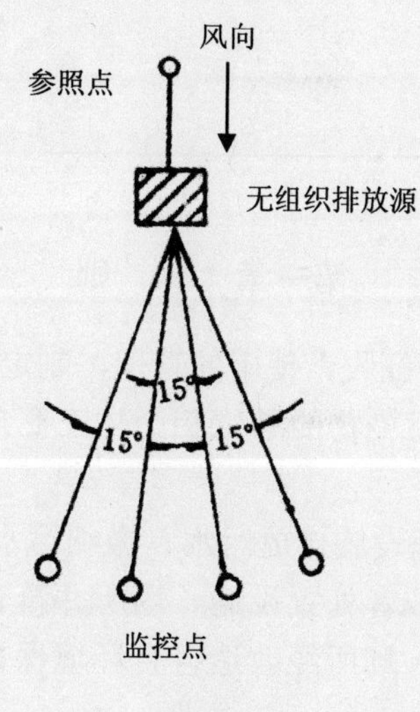

图 C2

C3.3 按上述参考方案的监测结果，以 4 个监控点中的浓度最高点测值与参照点浓度之差计值。

附录三

排污费征收使用管理条例

中华人民共和国国务院令

第369号

《排污费征收使用管理条例》已经2002年1月30日国务院第54次常务会议通过，现予公布，自2003年7月1日起施行。

总理 朱镕基

二〇〇三年一月二日

第一章 总 则

第一条 为了加强对排污费征收、使用的管理，制定本条例。

第二条 直接向环境排放污染物的单位和个体工商户（以下简称排污者），应当依照本条例的规定缴纳排污费。

排污者向城市污水集中处理设施排放污水、缴纳污水处理费用的，不再缴纳排污费。排污者建成工业固体废物贮存或者处置设施、场所并符合环境保护标准，或者其原有工业固体废物贮存或者处置设施、场所经改造符合环境保护标准的，自建成或者改造完成之日起，不再缴纳排污费。

国家积极推进城市污水和垃圾处理产业化。城市污水和垃圾集中处理的收费办法另行制定。

第三条 县级以上人民政府环境保护行政主管部门、财政部门、价格主管部门应当按照各自的职责，加强对排污费征收、使用工作的指导、管理和监督。

第四条 排污费的征收、使用必须严格实行“收支两条线”，征收的排污费一律上缴财政，环境保护执法所需经费列入本部门预算，由本级财政予以保障。

第五条 排污费应当全部专项用于环境污染防治，任何单位和个人不得截留、挤占或者挪作他用。

任何单位和个人对截留、挤占或者挪用排污费的行为，都有权检举、控告和投诉。

第二章 污染物排放种类、数量的核定

第六条 排污者应当按照国务院环境保护行政主管部门的规定，向县级以上地方人民政府环境保护行政主管部门申报排放污染物的种类、数量，并提供有关资料。

第七条 县级以上地方人民政府环境保护行政主管部门，应当按照国务院环境保护行政主管部门规定的核定权限对排污者排放污染物的种类、数量进行核定。

装机容量30万千瓦以上的电力企业排放二氧化硫的数量，由省、自治区、直辖市人民政府环境保护行政主管部门核定。

污染物排放种类、数量经核定后，由负责污染物排放核定工作的环境保护行政主管部门书面通知排污者。

第八条 排污者对核定的污染物排放种类、数量有异议的，自接到通知之日起 7 日内，可以向发出通知的环境保护行政主管部门申请复核；环境保护行政主管部门应当自接到复核申请之日起 10 日内，作出复核决定。

第九条 负责污染物排放核定工作的环境保护行政主管部门在核定污染物排放种类、数量时，具备监测条件的，按照国务院环境保护行政主管部门规定的监测方法进行核定；不具备监测条件的，按照国务院环境保护行政主管部门规定的物料衡算方法进行核定。

第十条 排污者使用国家规定强制检定的污染物排放自动监控仪器对污染物排放进行监测的，其监测数据作为核定污染物排放种类、数量的依据。

排污者安装的污染物排放自动监控仪器，应当依法定期进行校验。

第三章 排污费的征收

第十一条 国务院价格主管部门、财政部门、环境保护行政主管部门和经济贸易主管部门，根据污染治理产业化发展的需要、污染防治的要求和经济、技术条件以及排污者的承受能力，制定国家排污费征收标准。

国家排污费征收标准中未作规定的，省、自治区、直辖市人民政府可以制定地方排污费征收标准，并报国务院价格主管部门、财政部门、环境保护行政主管部门和经济贸易主管部门备案。

排污费征收标准的修订，实行预告制。

第十二条 排污者应当按照下列规定缴纳排污费：

（一）依照大气污染防治法、海洋环境保护法的规定，向大气、海洋排放污染物的，按照排放污染物的种类、数量缴纳排污费。

（二）依照水污染防治法的规定，向水体排放污染物的，按照排放污染物的种类、数量缴纳排污费；向水体排放污染物超过国家或者地方规定的排放标准的，按照排放污染物的种类、数量加倍缴纳排污费。

（三）依照固体废物污染环境防治法的规定，没有建设工业固体废物贮存或者处置的设施、场所，或者工业固体废物贮存或者处置的设施、场所不符合环境保护标准的，按照排放污染物的种类、数量缴纳排污费；以填埋方式处置危险废物不符合国家有关规定的，按照排放污染物的种类、数量缴纳危险废物排污费。

（四）依照环境噪声污染防治法的规定，产生环境噪声污染超过国家环境噪声标准的，按照排放噪声的超标声级缴纳排污费。

排污者缴纳排污费，不免除其防治污染、赔偿污染损害的责任和法律、行政法规规定的其他责任。

第十三条 负责污染物排放核定工作的环境保护行政主管部门，应当根据排污费征收标准和排污者排放的污染物种类、数量，确定排污者应当缴纳的排污费数额，并予以公告。

第十四条 排污费数额确定后，由负责污染物排放核定工作的环境保护行政主管部门向排污者送达排污费缴纳通知单。

排污者应当自接到排污费缴纳通知单之日起 7 日内，到指定的商业银行缴纳排污费。商业银行应当按照规定的比例将收到的排污费分别解缴中央国库和地方国库。具体办法由国务院财政部门会同国务院环境保护行政主管部门制定。

第十五条 排污者因不可抗力遭受重大经济损失的，可以申请减半缴纳排污费或者免缴排污费。

排污者因未及时采取有效措施，造成环境污染的，不得申请减半缴纳排污费或者免缴排污费。

排污费减缴、免缴的具体办法由国务院财政部门、国务院价格主管部门会同国务院环境保护行政主管部门制定。

第十六条 排污者因有特殊困难不能按期缴纳排污费的，自接到排污费缴纳通知单之日起 7 日内，可以向发出缴费通知单的环境保护行政主管部门申请缓缴排污费；环境保护行政主管部门应当自接到申请之日起 7 日内，作出书面决定；期满未作出决定的，视为同意。

排污费的缓缴期限最长不超过 3 个月。

第十七条 批准减缴、免缴、缓缴排污费的排污者名单由受理申请的环境保护行政主管部门会同同级财政部门、价格主管部门予以公告，公告应当注明批准减缴、免缴、缓缴排污费的主要理由。

第四章 排污费的使用

第十八条 排污费必须纳入财政预算，列入环境保护专项资金进行管理，主要用于下列项目的拨款补助或者贷款贴息：

（一）重点污染源防治；

（二）区域性污染防治；

（三）污染防治新技术、新工艺的开发、示范和应用；

（四）国务院规定的其他污染防治项目。

具体使用办法由国务院财政部门会同国务院环境保护行政主管部门征求其他有关部门意见后制定。

第十九条 县级以上人民政府财政部门、环境保护行政主管部门应当加强对环境保护专项资金使用的管理和监督。

按照本条例第十八条的规定使用环境保护专项资金的单位和个人，必须按照批准的用途使用。

县级以上地方人民政府财政部门和环境保护行政主管部门每季度向本级人民政府、上级财政部门和环境保护行政主管部门报告本行政区域内环境保护专项资金的使用和管理情况。

第二十条 审计机关应当加强对环境保护专项资金使用和管理的审计监督。

第五章 罚 则

第二十一条 排污者未按照规定缴纳排污费的，由县级以上地方人民政府环境保护行政主管部门依据职权责令限期缴纳；逾期拒不缴纳的，处应缴纳排污费数额 1 倍以上 3

倍以下的罚款，并报经有批准权的人民政府批准，责令停产停业整顿。

第二十二条 排污者以欺骗手段骗取批准减缴、免缴或者缓缴排污费的，由县级以上地方人民政府环境保护行政主管部门依据职权责令限期补缴应当缴纳的排污费，并处所骗取批准减缴、免缴或者缓缴排污费数额 1 倍以上 3 倍以下的罚款。

第二十三条 环境保护专项资金使用者不按照批准的用途使用环境保护专项资金的，由县级以上人民政府环境保护行政主管部门或者财政部门依据职权责令限期改正；逾期不改正的，10 年内不得申请使用环境保护专项资金，并处挪用资金数额 1 倍以上 3 倍以下的罚款。

第二十四条 县级以上地方人民政府环境保护行政主管部门应当征收而未征收或者少征收排污费的，上级环境保护行政主管部门有权责令其限期改正，或者直接责令排污者补缴排污费。

第二十五条 县级以上人民政府环境保护行政主管部门、财政部门、价格主管部门的工作人员有下列行为之一的，依照刑法关于滥用职权罪、玩忽职守罪或者挪用公款罪的规定，依法追究刑事责任；尚不够刑事处罚的，依法给予行政处分：

（一）违反本条例规定批准减缴、免缴、缓缴排污费的；

（二）截留、挤占环境保护专项资金或者将环境保护专项资金挪作他用的；

（三）不按照本条例的规定履行监督管理职责，对违法行为不予查处，造成严重后果的。

第六章 附 则

第二十六条 本条例自 2003 年 7 月 1 日起施行。1982 年 2 月 5 日国务院发布的《征收排污费暂行办法》和 1988 年 7 月 28 日国务院发布的《污染源治理专项基金有偿使用暂行办法》同时废止。

附录四

排污费征收标准管理办法

中华人民共和国国家发展计划委员会
中华人民共和国财政部
中华人民共和国国家环境保护总局
中华人民共和国国家经济贸易委员会
令

第31号

根据国务院《排污费征收使用管理条例》（国务院令字第369号），特制定《排污费征收标准管理办法》。现予发布，自2003年7月1日起施行。

2003年2月28日

第一条 为规范排污费征收标准的管理，根据国务院《排污费征收使用管理条例》（国务院令第369号，以下简称《条例》）等有关规定，制定本办法。

第二条 直接向环境排放污染物的单位和个体工商户（以下简称“排污者”），必须按照本办法规定，缴纳排污费。

第三条 县级以上地方人民政府环境保护行政主管部门应按下列排污收费项目向排污者征收排污费：

（一）污水排污费。对向水体排放污染物的，按照排放污染物的种类、数量计征污水排污费；超过国家或者地方规定的水污染物排放标准的，按照排放污染物的种类、数量和本办法规定的收费标准计征的收费额加一倍征收超标准排污费。

对向城市污水集中处理设施排放污水、按规定缴纳污水处理费的，不再征收污水排污费。

对城市污水集中处理设施接纳符合国家规定标准的污水，其处理后排放污水的有机污染物（化学需氧量、生化需氧量、总有机碳）、悬浮物和大肠菌群超过国家或地方排放标准的，按上述污染物的种类、数量和本办法规定的收费标准计征的收费额加一倍向城市污水集中处理设施运营单位征收污水排污费，对氨氮、总磷暂不收费。对城市污水集中处理设施达到国家或地方排放标准排放的水，不征收污水排污费。

（二）废气排污费。对向大气排放污染物的，按照排放污染物的种类、数量计征废气排污费。对机动车、飞机、船舶等流动污染源暂不征收废气排污费。

（三）固体废物及危险废物排污费。对没有建成工业固体废物贮存、处置设施或场所，或者工业固体废物贮存、处置设施或场所不符合环境保护标准的，按照排放污染物的种类、数量计征固体废物排污费。对以填埋方式处置危险废物不符合国务院环境保护行政主管部门规定的，按照危险废物的种类、数量计征危险废物排污费。

（四）噪声超标排污费。对环境噪声污染超过国家环境噪声排放标准，且干扰他人正常生活、工作和学习的，按照噪声的超标分贝数计征噪声超标排污费。对机动车、飞机、船舶等流动污染源暂不征收噪声超标排污费。

排污费征收标准及计算办法见附件。

第四条 除《条例》规定的污染物排放种类、数量核定方法外，市（地）级以上环境保护行政主管部门可结合当地实际情况，对餐饮、娱乐等服务行业的小型排污者，采用抽样测算的办法核算排污量，核算办法应当向社会公开，并按本办法规定征收排污费。

第五条 县级以上地方人民政府环境保护行政主管部门应到指定的价格主管部门申领、变更《收费许可证》，使用省、自治区、直辖市财政部门统一印制的行政事业性收费票据。

第六条 县级以上地方人民政府环境保护行政主管部门要严格执行本办法的规定。各级价格主管部门、财政部门要加强对排污费征收行为的监督检查，对违反规定乱收费的，应按照有关法律法规规定进行查处。

第七条 本办法由国家计委会同财政部、国家环保总局、国家经贸委负责解释。

第八条 本办法自 2003 年 7 月 1 日起施行。原国家物价局、财政部《关于发布环保系统行政事业性收费项目及标准的通知》（[1992]价费字 178 号）中有关排污收费的规定；国家计委、财政部《关于征收污水排污费的通知》（计物价[1993]1366 号）；国家计委、财政部《关于实施按排放水污染物总量征收排污费试点工作的批复》（计价格[1995]2090 号）；国家环境保护总局、国家计委、财政部、国家经贸委《关于在酸雨控制区和二氧化硫污染控制区开展征收二氧化硫排污费扩大试点的通知》（环发[1998]6 号）；国家环境保护总局、国家计委、财政部《关于在杭州等三城市实行总量排污收费试点的通知》（环发[1998]73 号）等，以及地方政府制定的排污收费标准的规定同时废止。

附件：

排污费征收标准及计算方法

一、污水排污费征收标准及计算方法

（一）污水排污费按排污者排放污染物的种类、数量以污染当量计征，每一污染当量征收标准为 0.7 元。

（二）对每一排放口征收污水排污费的污染物种类数，以污染当量数从多到少的顺序，最多不超过 3 项。其中，超过国家或地方规定的污染物排放标准的，按照排放污染物的种类、数量和本办法规定的收费标准计征污水排污费的收费额加一倍征收超标准排污费。

对于冷却水、矿井水等排放污染物的污染当量数计算，应扣除进水的本底值。

（三）水污染物污染当量数计算

1．一般污染物的污染当量数计算

$$\text{某污染物的污染当量数}=\frac{\text{该污染物的排放量(kg)}}{\text{该污染物的污染当量值(kg)}}$$

一般污染物的污染当量值见表 1 和表 2。

2．pH 值、大肠菌群数、余氯量的污染当量数计算

$$某污染物的污染当量数=\frac{污水排放量(t)}{该污染物的污染当量值(t)}$$

3．色度的污染当量数计算

$$色度的污染当量数=\frac{污水排放量(t)\times 色度超标倍数}{色度的污染当量值(t\cdot 倍)}$$

pH 值、色度、大肠菌群数、余氯量的污染当量值见表 3。

pH 值、色度、大肠菌群数、余氯量不加倍收费。

4．禽畜养殖业、小型企业和第三产业的污染当量数计算

$$污染当量数=\frac{污染排放特征值}{污染当量值}$$

禽畜养殖业、小型企业和第三产业的污染当量值见表 4。

（四）排污费计算

1．污水排污费收费额=0.7 元×前 3 项污染物的污染当量数之和。

2．对超过国家或者地方规定排放标准的污染物，应在该种污染物排污费收费额基础上加 1 倍征收超标准排污费。

表 1　第一类水污染物污染当量值

污染物	污染当量值/kg
1．总汞	0.000 5
2．总镉	0.005
3．总铬	0.04
4．六价铬	0.02
5．总砷	0.02
6．总铅	0.025
7．总镍	0.025
8．苯并[a]芘	0.000 000 3
9．总铍	0.01
10．总银	0.02

表 2　第二类水污染物污染当量值

污染物	污染当量值/kg
11．悬浮物（SS）	4
12．生化需氧量（BOD_5）	0.5
13．化学需氧量（COD）	1
14．总有机碳（TOC）	0.49
15．石油类	0.1
16．动植物油	0.16
17．挥发酚	0.08
18．总氰化物	0.05
19．硫化物	0.125
20．氨氮	0.8

污染物	污染当量值/kg
21. 氟化物	0.5
22. 甲醛	0.125
23. 苯胺类	0.2
24. 硝基苯类	0.2
25. 阴离子表面活性剂（LAS）	0.2
26. 总铜	0.1
27. 总锌	0.2
28. 总锰	0.2
29. 彩色显影剂（CD-2）	0.2
30. 总磷	0.25
31. 元素磷（以P计）	0.05
32. 有机磷农药（以P计）	0.05
33. 乐果	0.05
34. 甲基对硫磷	0.05
35. 马拉硫磷	0.05
36. 对硫磷	0.05
37. 五氯酚及五氯酚钠（以五氯酚计）	0.25
38. 三氯甲烷	0.04
39. 可吸附有机卤化物（AOX）（以Cl计）	0.25
40. 四氯化碳	0.04
41. 三氯乙烯	0.04
42. 四氯乙烯	0.04
43. 苯	0.02
44. 甲苯	0.02
45. 乙苯	0.02
46. 邻-二甲苯	0.02
47. 对-二甲苯	0.02
48. 间-二甲苯	0.02
49. 氯苯	0.02
50. 邻二氯苯	0.02
51. 对二氯苯	0.02
52. 对硝基氯苯	0.02
53. 2,4-二硝基氯苯	0.02
54. 苯酚	0.02
55. 间-甲酚	0.02
56. 2,4-二氯酚	0.02
57. 2,4,6-三氯酚	0.02
58. 邻苯二甲酸二丁酯	0.02
59. 邻苯二甲酸二辛酯	0.02
60. 丙烯腈	0.125
61. 总硒	0.02

说明：1. 第一、二类污染物的分类依据为《污水综合排放标准》（GB 8978—1996）。

2. 同一排放口中的化学需氧量（COD）、生化需氧量（BOD_5）和总有机碳（TOC），只征收一项。

表 3 pH 值、色度、大肠菌群数、余氯量污染当量值

<table>
<tr><th colspan="2">污染物</th><th>污染当量值</th></tr>
<tr><td rowspan="6">1. pH 值</td><td>1.0～1，13～14</td><td>0.06 t 污水</td></tr>
<tr><td>2.1～2，12～13</td><td>0.125 t 污水</td></tr>
<tr><td>3.2～3，11～12</td><td>0.25 t 污水</td></tr>
<tr><td>4.3～4，10～11</td><td>0.5 t 污水</td></tr>
<tr><td>5.4～5，9～10</td><td>1 t 污水</td></tr>
<tr><td>6.5～6</td><td>5 t 污水</td></tr>
<tr><td colspan="2">2. 色度</td><td>5 t 水·倍</td></tr>
<tr><td colspan="2">3. 大肠菌群数（超标）</td><td>3.3 t 污水</td></tr>
<tr><td colspan="2">4. 余氯量（用氯消毒的医院废水）</td><td>3.3 t 污水</td></tr>
</table>

说明：1. 大肠菌群数和总余氯只征收一项。

2. pH 5～6 指大于等于 5，小于 6；pH 9～10 指大于 9，小于等于 10，其余类推。

表 4 禽畜养殖业、小型企业和第三产业污染当量值

<table>
<tr><th colspan="2">类型</th><th>污染当量值</th></tr>
<tr><td rowspan="3">禽畜养殖场</td><td>1. 牛</td><td>0.1 头</td></tr>
<tr><td>2. 猪</td><td>1 头</td></tr>
<tr><td>3. 鸡、鸭等家禽</td><td>30 羽</td></tr>
<tr><td colspan="2">4. 小型企业</td><td>1.8 t 污水</td></tr>
<tr><td colspan="2">5. 饮食娱乐服务业</td><td>0.5 t 污水</td></tr>
<tr><td rowspan="4">6. 医院</td><td rowspan="2">消毒</td><td>0.14 床</td></tr>
<tr><td>2.8 t 污水</td></tr>
<tr><td rowspan="2">不消毒</td><td>0.07 床</td></tr>
<tr><td>1.4 t 污水</td></tr>
</table>

说明：1. 本表仅适用于计算无法进行实际监测或物料衡算的禽畜养殖业、小型企业和第三产业等小型排污者的污染当量数。

2. 仅对存栏规模大于 50 头牛、500 头猪、5 000 羽鸡、鸭等的畜禽养殖场收费。

3. 医院病床数大于 20 张的按本表计算污染当量。

二、废气排污费征收标准及计算方法

（一）废气排污费按排污者排放污染物的种类、数量以污染当量计算征收，每一污染当量征收标准为 0.6 元。

其中，二氧化硫排污费，第一年每一污染当量征收标准为 0.2 元，第二年（2004 年 7 月 1 日起）每一污染当量征收标准为 0.4 元，第三年（2005 年 7 月 1 日起）达到与其他大气污染物相同的征收标准，即每一污染当量征收标准为 0.6 元。氮氧化物在 2004 年 7 月 1 日前不收费，2004 年 7 月 1 日起按每一污染当量 0.6 元收费。

（二）北京市二氧化硫排污费仍按经国务院同意，1999 年国家计委批准的收费标准执行，即高硫煤每公斤二氧化硫排污费 1.20 元，低硫煤每公斤二氧化硫排污费 0.50 元。2005 年 7 月 1 日起，低硫煤二氧化硫排污费标准为每一污染当量 0.6 元。

本办法实施前两年，杭州、郑州和吉林三个城市的二氧化硫排污费标准，按当地人民政府批准的总量排污收费标准执行，即杭州、吉林两个城市的二氧化硫排污费标准为每一污染当量 0.6 元，郑州市二氧化硫排污费标准为每一污染当量 0.5 元。2005 年 7 月 1

日起，三个城市的二氧化硫排污费标准均按本办法规定执行。

（三）对每一排放口征收废气排污费的污染物种类数，以污染当量数从多到少的顺序，最多不超过 3 项。

（四）大气污染物污染当量数计算

$$某污染物的污染当量数=\frac{该污染物的排放量(kg)}{该污染物的污染当量值(kg)}$$

大气污染物污染当量值见表 5。

表 5　大气污染物污染当量值

污染物	污染当量值/kg
1. 二氧化硫	0.95
2. 氮氧化物	0.95
3. 一氧化碳	16.7
4. 氯气	0.34
5. 氯化氢	10.75
6. 氟化物	0.87
7. 氰化氢	0.005
8. 硫酸雾	0.6
9. 铬酸雾	0.000 7
10. 汞及其化合物	0.000 1
11. 一般性粉尘	4
12. 石棉尘	0.53
13. 玻璃棉尘	2.13
14. 碳黑尘	0.59
15. 铅及其化合物	0.02
16. 镉及其化合物	0.03
17. 铍及其化合物	0.000 4
18. 镍及其化合物	0.13
19. 锡及其化合物	0.27
20. 烟尘	2.18
21. 苯	0.05
22. 甲苯	0.18
23. 二甲苯	0.27
24. 苯并[a]芘	0.000 002
25. 甲醛	0.09
26. 乙醛	0.45
27. 丙烯醛	0.06
28. 甲醇	0.67
29. 酚类	0.35
30. 沥青烟	0.19
31. 苯胺类	0.21
32. 氯苯类	0.72
33. 硝基苯	0.17
34. 丙烯腈	0.22
35. 氯乙烯	0.55
36. 光气	0.04

污染物	污染当量值/kg
37. 硫化氢	0.29
38. 氨	9.09
39. 三甲胺	0.32
40. 甲硫醇	0.04
41. 甲硫醚	0.28
42. 二甲二硫	0.28
43. 苯乙烯	25
44. 二硫化碳	20

（五）排污费计算

废气排污费征收额=0.6 元×前 3 项污染物的污染当量数之和

（六）对难以监测的烟尘，可按林格曼黑度征收排污费。每吨燃料的征收标准为：1 级 1 元、2 级 3 元、3 级 5 元、4 级 10 元、5 级 20 元。

三、固体废物及危险废物排污费征收标准

（一）对无专用贮存或处置设施和专用贮存或处置设施达不到环境保护标准（即无防渗漏、防扬散、防流失设施）排放的工业固体废物，一次性征收固体废物排污费。每吨固体废物的征收标准为：冶炼渣 25 元、粉煤灰 30 元、炉渣 25 元、煤矸石 5 元、尾矿 15 元、其他渣（含半固态、液态废物）25 元。

（二）对以填埋方式处置危险废物不符合国家有关规定的，危险废物排污费征收标准为每次每吨 1 000 元。

危险废物是指列入国家危险废物目录或者根据国家规定的危险废物鉴别标准和鉴别方法认定的具有危险特征的废物。

四、噪声超标排污费征收标准

对排污者产生环境噪声，超过国家规定的环境噪声排放标准，且干扰他人正常生活、工作和学习的，按照超标的分贝数征收噪声超标排污费，征收标准见表 6。

表 6　噪声超标排污费征收标准

超标分贝数/dB	1	2	3	4	5	6	7	8
收费标准（元/月）	350	440	550	700	880	1 100	1 400	1760
超标分贝数/dB	9	10	11	12	13	14	15	16 及 16 以上
收费标准（元/月）	2 200	2 800	3 520	4 400	5 600	7 040	8 800	11 200

说明：1. 一个单位边界上有多处噪声超标，征收额应根据最高一处超标声级计算，当沿边界长度超过 100 m 有两处及两处以上噪声超标，则加 1 倍征收。

2. 一个单位若有不同地点的作业场所，收费应分别计算、合并征收。

3. 昼、夜均超标的环境噪声，征收金额按本标准昼、夜分别计算，累计征收。

4. 声源一个月内超标不足 15 天的，噪声超标排污费减半征收。

5. 夜间频繁突发和夜间偶然突发厂界超标噪声排污费，按等效声级和峰值噪声两种指标中超标分贝值（dB）高的一项计算排污费。

6. 一个工地同一施工单位多个建筑施工阶段同时进行时，按噪声限值最高的施工阶段计收超标噪声排污费。

7. 本标准以每分贝为计征单位，不足 1 dB 的按四舍五入原则计算。

8. 对农民自建住宅不得征收噪声超标排污费。

附录五

中华人民共和国国家标准

环境管理体系　要求及使用指南

Environmental management systems—
Requirements with guidance for use

（ISO 14001：2004，IDT）
GB/T 24001—2004/ISO 14001：2004
代替 GB/T 24001—1996
2005-05-10 发布，2005-05-15 实施

前　言

本标准是 GB/T 24000 系列中的一项标准。

本标准等同采用 ISO 14001：2004《环境管理体系　要求及使用指南》。

本标准代替 GB/T 24001—1996。

本标准与 GB/T 24001—1996 的主要差异为：

——名称中的“环境管理体系　规范及使用指南”改为“环境管理体系　要求及使用指南”。

——对术语作了下列修改：

•增加了对审核员、纠正措施、文件、不符合、预防措施、程序、记录等 7 个术语的定义。

•术语“环境表现（行为）”改为“环境绩效”。

•对持续改进、环境影响、环境管理体系、环境目标、环境绩效、环境方针、环境指标、内部审核、组织、污染预防等 10 个术语的定义作了编辑性修改。

——对要素作了下列修改：

•“目标和指标”和“环境管理方案”合并为“目标、指标和方案”；

•“组织结构和职责”改为“资源、作用、职责和权限”；

•“培训、意识和能力”改为“能力、培训和意识”；

•“环境管理体系文件”改为“文件”；

•“检查和纠正措施”改为“检查”；

•“监测和测量”分解为“监测和测量”和“合规性评价”；

•“不符合，纠正和预防措施”改为“不符合、纠正措施和预防措施”；

•“记录”改为“记录控制”；

•“环境管理体系审核”改为“内部审核”。

本标准的附录 A 和附录 B 是资料性附录。

本标准由全国环境管理标准化技术委员会提出并归口。

本标准由中国标准化研究院负责起草。

本标准参加起草单位：中国标准化研究院、中国合格评定国家认可中心、华夏认证中心、中国质量认证中心、方圆标志认证中心、清华大学环境科学与工程系、宝山钢铁股份有限公司、海尔集团、广州本田汽车有限公司。

本标准主要起草人：范与华、李燕、王顺祺、刘克、陈全、张天柱、黄进、糜建青、史春洁、陈建伟。

本标准 1996 年首次发布，2005 年第一次修订。

引　言

现在，各种类型的组织都越来越重视通过依照环境方针和目标来控制其活动、产品和服务对环境的影响，以实现并证实良好的环境绩效。这是由于有关的立法更趋严格，促进环境保护的经济政策和其他措施都在相继制定，相关方对环境问题和可持续发展的关注也在普遍增长。

许多组织已经推行了环境“评审”或“审核”，以评价自身的环境绩效。但仅靠这种“评审”和“审核”本身，可能还不足以为一个组织提供保证，使之确信自己的环境绩效不仅现在满足，并将持续满足法律和方针要求。要使评审或审核行之有效，须在一个纳入组织整体的结构化的管理体系内予以实施。

环境管理标准旨在为组织规定有效的环境管理体系要素，这些要素可与其他管理要求相结合，帮助组织实现其环境目标与经济目标。如同其他标准一样，这些标准不是用来制造非关税贸易壁垒，也不增加或改变组织的法律责任。

本标准规定了对环境管理体系的要求，使组织能根据法律法规要求和重要环境因素信息来制定和实施方针与目标。本标准拟适用于任何类型与规模的组织，并适用于各种地理、文化和社会条件。其运行模式如图 1 所示。体系的成功实施有赖于组织中各个层次与职能的承诺，特别是最高管理者的承诺。这样一个体系可供组织制定其环境方针，建立实现所承诺的方针的目标和过程，采取必要的措施来改进环境绩效，并证实体系符合本标准的要求。本标准的总体目的是支持环境保护和污染预防，协调它们与社会和经济需求的关系。应当指出的是，其中许多要求是可以同时或重复涉及的。

本标准第二版的修订重点是更加明确地表述第一版的内容；同时对 GB/T 19001 的内容予以必要的考虑，以加强两标准的兼容性，从而满足广大用户的需求。

为便于使用，本标准附录 A 和正文第 4 章的相关条目采用了对应的序号。如 A.3.3 对应 4.3.3，其内容都是关于目标、指标和方案的论述，A.5.5 和 4.5.5 的内容都是关于内部审核等。另外，还在附录 B 中给出了 GB/T 24001—2004 与 GB/T 19001—2000 之间相近技术内容的对应关系。

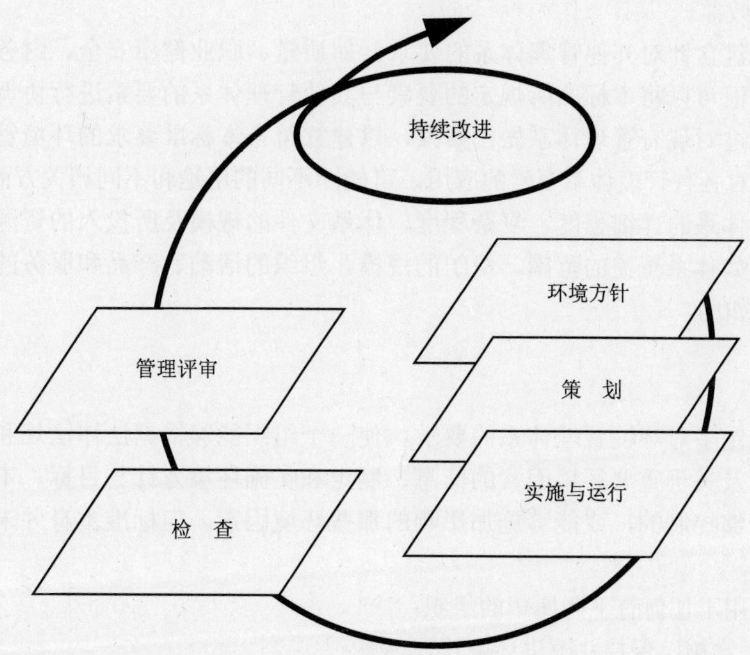

注：本标准基于策划—实施—检查—改进（PDCA）的运行模式。关于 PDCA 的含义简要说明如下：

—— 策划：建立所需的目标和过程，以实现组织的环境方针所期望的结果；

—— 实施：对过程予以实施；

—— 检查：根据环境方针、目标、指标以及法律法规和其他要求，对过程进行监测和测量，并报告其结果；

—— 改进：采取措施，以持续改进环境管理体系的绩效。

许多组织通过由过程组成的体系以及过程之间的相互作用对运行进行管理，这种方式称为"过程方法"。GB/T 19001—2000 提倡使用过程方法。由于 PDCA 可以应用于所有的过程，因此这两种方式可以看作是兼容的。

图 1　本标准的环境管理体系（EMS）模式

本标准规定了对组织的环境管理体系的要求，能够用于对组织的环境管理体系进行认证（或注册）和（或）自我声明。本标准和用来为组织建立、实施或改进环境管理体系提供一般性帮助的非认证性指南有重要区别。环境管理涉及多方面内容，其中有些还具有战略与竞争意义。一个组织可以通过对本标准的成功实施，使相关方确信组织已建立了适当的环境管理体系。

其他一些标准，特别是 ISO/TC 207 制定的关于环境管理的各种技术文件，提供了环境管理支持技术的指南。对其他标准的参阅仅用于获取信息。

本标准仅包含那些可以进行客观审核的要求。需要得到对环境管理体系中诸多问题更加全面指导的组织，可参阅 GB/T 24004—2004。

本标准除了要求在方针中承诺遵守适用的法律法规要求和其他应遵守的要求，以及进行污染预防和持续改进外，未提出对环境绩效的绝对要求，因而两个从事类似活动但具有不同环境绩效的组织，可能都是符合本标准要求的。

系统地采用和实施一系列环境管理技术，有助于为所有相关方带来更好的结果。然而，采用本标准本身，并不能保证取得这样的结果。环境管理体系能够促使组织为实现环境目标，在适宜和经济条件许可时，考虑采用最佳可行技术，同时充分考虑到采用这些技术的成本效益。

本标准不包含针对其他管理体系的要求，如质量、职业健康安全、财务或风险等管理体系要求。但可以将本标准所规定的要素与其他管理体系的要素进行协调，或加以整合。组织可通过对现有管理体系做出修改，以建立符合本标准要求的环境管理体系。这里还要指出，对各种管理体系要素的应用，可能因不同的用途和不同相关方而异。

环境管理体系的详细程度、复杂程度、体系文件的规模及所投入的资源等，取决于多方面因素，如体系覆盖的范围、组织的规模，组织的活动、产品和服务的性质等。中小型企业尤其如此。

1 范围

本标准规定了对环境管理体系的要求，使一个组织能够根据法律法规和它应遵守的其他要求，以及关于重要环境因素的信息，制定和实施环境方针与目标。本标准适用于组织确定其能够控制的，或能够施加影响的那些环境因素。但标准本身并未提出具体的环境绩效准则。

本标准适用于任何有下列愿望的组织：

a）建立、实施、保持并改进环境管理体系；

b）使自己确信能符合所声明的环境方针；

c）通过下列方式证实对本标准的符合：

1）进行自我评价和自我声明；

2）寻求组织的相关方（如顾客）对其符合性的确认；

3）寻求外部对其自我声明的确认；

4）寻求外部组织对其环境管理体系进行认证（或注册）。

本标准旨在使其所有要求都能纳入任何一个环境管理体系。其应用程度取决于诸如组织的环境方针，活动、产品和服务的性质，运行场所和条件等因素。本标准还在附录A中对如何使用本标准提供了资料性的指南。

2 规范性引用文件

无规范性引用文件。保留本章是为使本版中的章条号和前一版（GB/T 24001—1996）保持一致。

3 术语和定义

下列术语和定义适用于本标准。

3.1 审核员 auditor

有能力实施审核的人员。

[GB/T 19000—2000，3.9.9]

3.2 持续改进 continual improvement

不断对环境管理体系（3.8）进行强化的过程，目的是根据组织（3.16）的环境方针（3.11），实现对整体环境绩效（3.10）的改进。

注：该过程不必同时发生于活动的所有方面。

3.3 纠正措施 corrective action

为消除已发现的不符合（3.15）的原因所采取的措施。

3.4 文件 document

信息及其承载媒介。

注 1：媒介可以是纸张，计算机磁盘、光盘或其他电子媒体，照片或标准样品，或它们的组合。

注 2：摘编自 GB/T 19000—2000 的 3.7.2。

3.5 环境 environment

组织（3.16）运行活动的外部存在，包括空气、水、土地、自然资源、植物、动物、人，以及它们之间的相互关系。

注：从这一意义上，外部存在从组织（3.16）内延伸到全球系统。

3.6 环境因素 environmental aspect

一个组织（3.16）的活动、产品和服务中能与环境（3.5）发生相互作用的要素。

注：重要环境因素是指具有或能够产生重大环境影响（3.7）的环境因素。

3.7 环境影响 environmental impact

全部或部分地由组织（3.16）的环境因素（3.6）给环境（3.5）造成的任何有害或有益的变化。

3.8 环境管理体系 environmental management system（EMS）

组织（3.16）管理体系的一部分，用来制定和实施其环境方针（3.11），并管理其环境因素（3.6）。

注 1：管理体系是用来建立方针和目标，并进而实现这些目标的一系列相互关联的要素的集合。

注 2：管理体系包括组织结构、策划活动、职责、惯例、程序（3.19）、过程和资源。

3.9 环境目标 environmental objective

组织（3.16）依据其环境方针（3.11）规定的自己所要实现的总体环境目的。

3.10 环境绩效 environmental performance

组织（3.16）对其环境因素（3.6）进行管理所取得的可测量结果。

注：在环境管理体系（3.8）条件下，可对照组织（3.16）的环境方针（3.11）、环境目标（3.9）、环境指标（3.12）及其他环境绩效要求对结果进行测量。

3.11 环境方针 environmental policy

由最高管理者就组织（3.16）的环境绩效（3.10）正式表述的总体意图和方向。

注：环境方针为采取措施，以及建立环境目标（3.9）和环境指标（3.12）提供了一个框架。

3.12 环境指标 environmental target

由环境目标（3.9）产生，为实现环境目标所须规定并满足的具体的绩效要求，它们可适用于整个组织（3.16）或其局部。

3.13 相关方 interested party

关注组织（3.16）的环境绩效（3.10）或受其环境绩效影响的个人或团体。

3.14 内部审核 internal audit

客观地获取审核证据并予以评价，以判定组织（3.16）对其设定的环境管理体系审核准则满足程度的系统的、独立的、形成文件的过程。

注：在许多情况下，尤其是对于小型组织，独立性可通过与所审核活动无责任关系来体现。

3.15 不符合 nonconformity

未满足要求。

[GB/T 19000—2000，3.6.2]

注：此术语在 GB/T 19000—2000 中为“不合格（不符合）”。

3.16 组织 organization

具有自身职能和行政管理的公司、集团公司、商行、企事业单位、政府机构、社团或其结合体，或上述单位中具有自身职能和行政管理的一部分，无论其是否具有法人资格、公营或私营。

注：对于拥有一个以上运行单位的组织，可以把一个运行单位视为一个组织。

3.17 预防措施 preventive action

为消除潜在不符合（3.15）原因所采取的措施。

3.18 污染预防 prevention of pollution

为了降低有害的环境影响（3.7）而采用（或综合采用）过程、惯例、技术、材料、产品、服务或能源以避免、减少或控制任何类型的污染物或废物的产生、排放或废弃。

注：污染预防可包括源的削减或消除，过程、产品或服务的更改，资源的有效利用，材料或能源替代，再利用、回收、再循环、再生和处理。

3.19 程序 procedure

为进行某项活动或过程所规定的途径。

注 1：程序可以形成文件，也可以不形成文件。

注 2：摘编自 GB/T 19000—2000 的 3.4.5。

3.20 记录 record

阐明所取得的结果或提供所从事活动的证据的文件（3.4）。

注：摘编自 GB/T 19000—2000 的 3.7.6。

4 环境管理体系要求

4.1 总要求

组织应根据本标准的要求建立、实施、保持和持续改进环境管理体系，确定如何实现这些要求，并形成文件。

组织应界定环境管理体系的范围，并形成文件。

4.2 环境方针

最高管理者应确定本组织的环境方针，并在界定的环境管理体系范围内，确保其：

a）适合于组织活动、产品和服务的性质、规模和环境影响；

b）包括对持续改进和污染预防的承诺；

c）包括对遵守与其环境因素有关的适用法律法规和其他要求的承诺；

d）提供建立和评审环境目标和指标的框架；

e）形成文件，付诸实施，并予以保持；

f）传达到所有为组织或代表组织工作的人员；

g）可为公众所获取。

4.3 策划

4.3.1　环境因素

组织应建立、实施并保持一个或多个程序，用来：

a）识别其环境管理体系覆盖范围内的活动、产品和服务中能够控制，或能够施加影响的环境因素，此时应考虑到已纳入计划的或新的开发、新的或修改的活动、产品和服务等因素；

b）确定对环境具有，或可能具有重大影响的因素（即重要环境因素）。

组织应将这些信息形成文件并及时更新。

组织应确保在建立、实施和保持环境管理体系时，对重要环境因素加以考虑。

4.3.2　法律法规和其他要求

组织应建立、实施并保持一个或多个程序，用来：

a）识别适用于其活动、产品和服务中环境因素的法律法规和其他应遵守的要求，并建立获取这些要求的渠道；

b）确定这些要求如何应用于组织的环境因素。

组织应确保在建立、实施和保持环境管理体系时，对这些适用的法律法规和其他要求加以考虑。

4.3.3　目标、指标和方案

组织应针对其内部有关职能和层次，建立、实施并保持形成文件的环境目标和指标。

如可行，目标和指标应可测量。目标和指标应符合环境方针，包括对污染预防、持续改进和遵守适用的法律法规和其他要求的承诺。

组织在建立和评审目标和指标时，应考虑法律法规和其他要求，以及自身的重要环境因素。此外，还应考虑可选的技术方案，财务、运行和经营要求，以及相关方的观点。

组织应制定、实施并保持一个或多个用于实现环境目标和指标的方案，其中应包括：

a）规定组织内各有关职能和层次实现目标和指标的职责；

b）实现目标和指标的方法和时间表。

4.4　实施与运行

4.4.1　资源、作用、职责和权限

管理者应确保为环境管理体系的建立、实施、保持和改进提供必要的资源。资源包括人力资源和专项技能、组织的基础设施，以及技术和财力资源。

为便于环境管理工作的有效开展，应对作用、职责和权限做出明确规定，形成文件，并予以传达。

组织的最高管理者应任命专门的管理者代表，无论他（们）是否还负有其他方面的责任，应明确规定其作用、职责和权限，以便：

a）确保按照本标准的要求建立、实施和保持环境管理体系；

b）向最高管理者报告环境管理体系的运行情况以供评审，并提出改进建议。

4.4.2　能力、培训和意识

组织应确保所有为它或代表它从事被确定为可能具有重大环境影响的工作的人员，都具备相应的能力。该能力基于必要的教育、培训或经历。组织应保存相关的记录。

组织应确定与其环境因素和环境管理体系有关的培训需求并提供培训，或采取其他措施来满足这些需求。应保存相关的记录。

组织应建立、实施并保持一个或多个程序，使为它或代表它工作的人员都意识到：

a）符合环境方针与程序和符合环境管理体系要求的重要性；

b）他们工作中的重要环境因素和实际或潜在环境影响，以及个人工作的改进所能带来的环境效益；

c）他们在实现与环境管理体系要求符合性方面的作用与职责；

d）偏离规定的运行程序的潜在后果。

4.4.3 信息交流

组织应建立、实施并保持一个或多个程序，用于有关其环境因素和环境管理体系的：

a）组织内部各层次和职能间的信息交流；

b）与外部相关方联络的接收、形成文件和回应。

组织应决定是否就其重要环境因素与外界进行信息交流，并将决定形成文件。如决定进行外部交流，则应规定交流的方式并予以实施。

4.4.4 文件

环境管理体系文件应包括：

a）环境方针、目标和指标；

b）对环境管理体系覆盖范围的描述；

c）对环境管理体系主要要素及其相互作用的描述，以及相关文件的查询途径；

d）本标准要求的文件，包括记录；

e）组织为确保对涉及重要环境因素的过程进行有效策划、运行和控制所需的文件和记录。

4.4.5 文件控制

应对本标准和环境管理体系所要求的文件进行控制。记录是一种特殊类型的文件，应依据 4.5.4 的要求进行控制。

组织应建立、实施并保持一个或多个程序，以规定：

a）在文件发布前进行审批，确保其充分性和适宜性；

b）必要时对文件进行评审和更新，并重新审批；

c）确保对文件的更改和现行修订状态做出标识；

d）确保在使用处能得到适用文件的有关版本；

e）确保文件字迹清楚，易于识别；

f）确保对策划和运行环境管理体系所需的外来文件做出标识，并对其发放予以控制；

g）防止对过期文件的非预期使用。如须将其保留，要做出适当的标识。

4.4.6 运行控制

组织应根据其方针、目标和指标，识别和策划与所确定的重要环境因素相关的运行，以确保其通过下列方式在规定的条件下进行：

a）建立、实施并保持一个或多个形成文件的程序，以控制因缺乏程序文件而导致偏离环境方针、目标和指标的情况；

b）在程序中规定运行准则；

c）对于组织使用的产品和服务中所确定的重要环境因素，应建立、实施并保持程序，并将适用的程序和要求通报供方及合同方。

4.4.7 应急准备和响应

组织应建立、实施并保持一个或多个程序，用于识别可能对环境造成影响的潜在的紧急情况和事故，并规定响应措施。

组织应对实际发生的紧急情况和事故做出响应，并预防或减少随之产生的有害环境影响。

组织应定期评审其应急准备和响应程序，必要时对其进行修订，特别是当事故或紧急情况发生后。

可行时，组织还应定期试验上述程序。

4.5 检查

4.5.1 监测和测量

组织应建立、实施并保持一个或多个程序，对可能具有重大环境影响的运行的关键特性进行例行监测和测量。程序中应规定将监测环境绩效、适用的运行控制、目标和指标符合情况的信息形成文件。

组织应确保所使用的监测和测量设备经过校准或验证，并予以妥善维护，且应保存相关的记录。

4.5.2 合规性评价

4.5.2.1 为了履行遵守法律法规要求的承诺，组织应建立、实施并保持一个或多个程序，以定期评价对适用法律法规的遵守情况。

组织应保存对上述定期评价结果的记录。

4.5.2.2 组织应评价对其他要求的遵守情况。这可以和 4.5.2.1 中所要求的评价一起进行，也可以另外制定程序，分别进行评价。

组织应保存对上述定期评价结果的记录。

4.5.3 不符合，纠正措施和预防措施

组织应建立、实施并保持一个或多个程序，用来处理实际或潜在的不符合，采取纠正措施和预防措施。程序中应规定以下方面的要求：

a）识别和纠正不符合，并采取措施减少所造成的环境影响；

b）对不符合进行调查，确定其产生原因，并采取措施以避免再度发生；

c）评价采取预防措施的需求，实施所制定的适当措施，以避免不符合的发生；

d）记录采取纠正措施和预防措施的结果；

e）评审所采取的纠正措施和预防措施的有效性。

所采取的措施应与问题和环境影响的严重程度相符。

组织应确保对环境管理体系文件进行必要的更改。

4.5.4 记录控制

组织应根据需要，建立并保持必要的记录，用来证实对环境管理体系及本标准要求的符合，以及所实现的结果。

组织应建立、实施并保持一个或多个程序，用于记录的标识、存放、保护、检索、留存和处置。

环境记录应字迹清楚，标识明确，并具有可追溯性。

4.5.5 内部审核

组织应确保按照计划的时间间隔对环境管理体系进行内部审核。目的是：

a）判定环境管理体系：

1）是否符合组织对环境管理工作的预定安排和本标准的要求；

2）是否得到了恰当的实施和保持。

b）向管理者报告审核结果。

组织应策划、制定、实施和保持一个或多个审核方案，此时，应考虑到相关运行的环境重要性和以往的审核结果。

应建立、实施和保持一个或多个审核程序，用来规定：

——策划和实施审核及报告审核结果、保存相关记录的职责和要求；

——审核准则、范围、频次和方法。

审核员的选择和审核的实施均应确保审核过程的客观性和公正性。

4.6 管理评审

最高管理者应按计划的时间间隔，对组织的环境管理体系进行评审，以确保其持续适宜性、充分性和有效性。评审应包括评价改进的机会和对环境管理体系进行修改的需求，包括环境方针、环境目标和指标的修改需求。应保存管理评审记录。

管理评审的输入应包括：

a）内部审核和合规性评价的结果；

b）来自外部相关方的交流信息，包括抱怨；

c）组织的环境绩效；

d）目标和指标的实现程度；

e）纠正和预防措施的状况；

f）以前管理评审的后续措施；

g）客观环境的变化，包括与组织环境因素有关的法律法规和其他要求的发展变化；

h）改进建议。

管理评审的输出应包括为实现持续改进的承诺而做出的，与环境方针、目标、指标以及其他环境管理体系要素的修改有关的决策和行动。

附录 A（资料性附录）

A1 总要求

本附录增补的内容完全是资料性的，目的是防止对本标准第 4 章要求的错误解释。这些信息阐述第 4 章的要求，并和这些要求相一致，而无意增加、减少或修改这些要求。

实施本标准所规定的环境管理体系是为了改进环境绩效。所以，本标准基于这样一个前提，即组织将定期评审和评价其环境管理体系，以确定改进的机会并付诸实施。这一持续改进过程的范围、程度和时间表，组织依据其经济状况和其他客观条件来确定。对环境管理体系的改进，是为了实现环境绩效的进一步改进。

本标准要求组织：

a）制定适宜的环境方针；

b）识别其过去、当前或计划中的活动、产品和服务中的环境因素，以确定其中的重大环境影响；

c）识别适用的法律法规和组织应遵守的其他要求；

d）确定优先事项并建立适宜的环境目标和指标；

e）建立组织机构，制定方案，以实施环境方针，实现目标和指标；

f）开展策划、控制、监测、纠正措施和预防措施、审核和评审活动，以确保对环境方针的遵守和环境管理体系的适宜性；

g）有根据客观环境的变化做出调整的能力。

一个尚未建立环境管理体系的组织，首先应当通过评审的方式来确定自己当前的环境状况，以便对其所有的环境因素予以考虑，作为建立环境管理体系的基础。

评审应当包括以下四方面关键内容：

——识别环境因素。包括在正常运行条件下、异常条件下（如启动和关闭）、发生紧急情况或事故时的环境因素；

——确定适用的法律法规和组织应遵守的其他环境要求；

——评审所有现行环境管理惯例和程序（包括与采购和合同活动有关的管理惯例和程序）；

——评价此前发生的紧急情况和事故。

评审时，可根据活动的性质，采用调查表、面谈、直接检查和测量，以及参考过去的审核或其他评审结果等方式。

组织有权自行灵活决定本标准的实施边界，即是在整个组织，还是仅在特定的运行单位实施本标准，由组织自行决定。组织应当规定其环境管理体系的范围并形成文件，以明确界定实施环境管理体系的组织边界。当组织是一个更大组织在给定场所的一部分，对范围的确定尤为必要。边界一经确定，组织在此范围内的所有活动、产品和服务，均须包括在环境管理体系内。在确定环境管理体系的范围时，应当注意其可信度取决于边界的选取。若组织的某一部分被排除在环境管理体系之外，组织应当能对此做出解释。如本标准仅在特定的运行单位实施，可以采纳组织内其他部门业已建立的方针和程序，用来满足本标准的要求，只要其适用于这些行将采用本标准的部门。

A2 环境方针

环境方针确定了实施与改进组织环境管理体系的方向，具有保持和改进环境绩效的作用。因此，环境方针应当反映最高管理者对遵守适用的环境法律法规和其他环境要求、进行污染预防和持续改进的承诺。环境方针是组织建立目标和指标的基础。环境方针的内容应当清晰明确，使内、外相关方能够理解。应当对方针进行定期评审与修订，以反映不断变化的条件和信息。方针的应用范围应当是可以明确界定的，并反映环境管理体系覆盖范围内活动、产品和服务的特有性质、规模和环境影响。

应当就环境方针和所有为组织或代表组织工作的人员进行沟通，包括与为其工作的合同方进行沟通。对合同方，不必拘泥于传达方针条文，而可采取其他形式，如规则、指令、程序等，或仅传达方针中与之相关的部分。如果该组织是一个更大组织的一部分，组织的最高管理者应当在后者环境方针的框架内规定自己的环境方针，将其形成文件，并得到上级组织的认可。

注：最高管理者可以是个人，也可以是一个集体，他（们）从最高层次上对组织进行领导和控制。

A3 策划

A3.1 环境因素

提供了一个过程，供组织对环境因素进行识别，并从中确定环境管理体系应当优先考虑的那些重要环境因素。

组织应通过考虑和当前及过去的有关活动、产品和服务、纳入计划的或新开发的项目、新的或修改的活动以及产品和服务所伴随的投入和产出（无论是期望还是非期望的），识别其环境管理体系范围内的环境因素。这一过程中应考虑到正常和异常（如关闭与启动）的运行条件，以及可合理预见的紧急情况。

组织不必对每一种具体产品、部件和输入的原材料分别进行分析，而可以按活动、产品和服务的类别识别环境因素。

尽管对环境因素的识别不存在唯一的方式，但通常要考虑下列情况：

a）向大气的排放；

b）向水体的排放；

c）向土地的排放；

d）原材料和自然资源的使用；

e）能源使用；

f）能量释放（如热、辐射、振动等）；

g）废物和副产品；

h）物理属性，如大小、形状、颜色、外观等。

除了能够直接控制的环境因素外，组织还应当对可能施加影响的环境因素加以考虑。例如其使用的产品和服务中的环境因素，及其所提供的产品和服务中的环境因素。以下提供了一些对这种控制和影响进行评价的指导。不过，在任何情况下，对环境因素控制和施加影响的程度都取决于组织自身。

应当考虑的与组织的活动、产品和服务有关的因素，如：

——设计和开发；

——制造过程；

——包装和运输；

——合同方和供方的环境绩效和操作方式；

——废物管理；

——原材料和自然资源的获取和分配；

——产品的分销、使用和报废；

——野生动植物和生物多样性。

对组织所使用产品的环境因素的控制和影响，因不同的供方和市场情况而有很大差异。例如，一个自行负责产品设计的组织，可以通过改变某种输入原料有效地对环境因素施加影响；而一个根据外部产品规范提供产品的组织在这方面的作用就很有限。

一般说来，组织对其提供的产品的使用和处置（例如用户如何使用和处置这些产品）控制作用有限。可行时，可以考虑通过让用户了解正确的使用方法和处置机制来施加影响。

完全地或部分地由环境因素引起的对环境的改变，无论其有益还是有害，都称之为环境影响。环境因素和环境影响之间是因果关系。

在某些地方，文化遗产可能成为组织运行环境中的一个重要因素，因而在理解环境影响时应当加以考虑。

由于一个组织可能有很多环境因素及相关的环境影响，应当规定确定重要环境因素的准则和方法。虽然不存在一种确定重要环境因素的唯一方式，但无论采用何种方式，都应当能提供一致的结果，并规定评价准则和评价方法。评价准则可包括环境事务、法律法规、内外部相关方的关注等方面的问题。

对于重要环境因素的信息，组织除在设计和实施环境管理体系时应考虑如何使用外，还应当考虑将其作为历史数据予以留存的必要。

在识别和评价环境因素的过程中，还应当考虑到从事活动的地点、进行这些分析所需的时间和成本，以及可靠数据的获取。对环境因素的识别不要求作详细的生命周期评价。另外，还可以利用出自于规章或其他要求的信息。

对环境因素进行识别和评价的要求，不改变或增加组织的法律责任。

A3.2　法律法规和其他要求

组织需要识别适用于其环境因素的法律法规要求，这些要求可包括：

a）国家或国际法律法规要求；

b）省部级的法律法规要求；

c）地方性法律法规要求。

组织应遵守的其他要求，例如：

——与政府机构的协议；

——与顾客的协议；

——非法规性指南；

——自愿性原则或业务规范；

——自愿性环境标志或产品照管承诺；

——行业协会的要求；

——与社区团体或非政府组织的协议；

——组织或其上级组织对公众的承诺；

——本组织的要求。

在识别法律法规和其他要求的过程中，往往已确定了这些要求是如何应用于组织的环境因素的。因此，不一定要求专门为此制定程序。

A3.3 目标、指标和方案

目标和指标应当具体，可行时应当是可测量的。此外，目标和指标还应当兼顾短期和长期的需要。

对技术的选择，应当根据自身的经济条件，考虑选用适宜的、成本效益高的最佳可行技术。

对组织财务要求的考虑，不意味着组织必须运用环境成本核算方法。

制定并实施一个或多个方案，对于环境管理体系的成功实施非常重要。方案中应当说明如何实现组织的环境目标和指标，包括时间进度、所需的资源和负责实施方案的人员。方案可予以细化，具体到组织运行的基本单元。

在适当和可行时，方案中应当全面考虑计划、设计、生产、营销和处置等各个阶段。无论是当前的还是新增的活动、产品或服务，都可以在这些方面进行考虑。对于产品，可从设计、材料、生产过程、使用和最终处置等方面进行考虑。对于安装或过程的重大修改，可从计划、设计、施工、试运行、运行，以及根据组织决定的适当时间退出使用等方面考虑。

A4 实施与运行

A4.1 资源、作用、职责和权限

环境管理体系的成功实施需要为组织或代表组织工作的所有人员的承诺。因此，不能认为只有环境管理部门才承担环境方面的作用和职责，事实上，组织内的其他部门，如运行管理部门、人事部门等，也不能例外。

这一承诺应当始于最高管理者，他（们）应当建立组织的环境方针，并确保环境管理体系得到实施。作为上述承诺的一部分，最高管理者指定专门的管理者代表，规定他（们）对实施环境管理体系的职责和权限。对于大型或复杂的组织，可以有若干名管理者代表。对于中、小型企业，可由一个人承担这些职责。最高管理者还应当确保提供建立、实施和保持环境管理体系所需的适当资源，包括组织的基础设施，例如建筑物、通信网络、地下贮罐、下水管道等。

另一重要事项是妥善规定环境管理体系中的关键作用和职责，并传达到为组织或代表组织工作的所有人员。

A4.2 能力、培训和意识

组织应当确定所有负有职责和权限代表其执行任务的人员所须具备的意识、知识、理解和技能。

本标准要求：

a）其工作可能产生重大环境影响的人员，能够胜任所承担的工作；

b）确定培训需求，并采取相应措施加以落实；

c）所有人员了解组织的环境方针和环境管理体系，以及与他们工作有关的组织活动、产品和服务中的环境因素。

可通过培训、教育或工作经历，获得或提高所需的意识、知识、理解和技能。

组织应当要求代表其工作的合同方能够证实他们的员工具有必要的能力和（或）接受了适当的培训。

为了确保人员（特别是行使环境管理职能的人员）的能力，管理者应当确定其所需的经验、技能和培训水平。

A4.3 信息交流

内部交流对于确保环境管理体系的有效实施至关重要。内部交流可通过例行的工作组会议、通讯简报、公告板、内联网等手段或方法进行。

组织应当按照程序，对来自相关方的交流信息进行接收、形成文件并作出响应。程序可包含与相关方交流的内容，以及对他们所关注问题的考虑。在某些情况下，对相关方关注的响应，可包含组织运行中的环境因素及其环境影响方面的内容。这些程序中，还应当包含就应急计划和其他问题与有关公共机构的联络事宜。

组织在对信息交流进行策划时，一般还要考虑进行交流的对象、交流的主题和内容、可采用的交流方式等方面问题。

在考虑就环境因素进行外部信息交流时，组织应当考虑所有相关方的观点和信息需求。如果决定就环境因素进行外部信息交流，组织可以制定一个相关的程序。程序可因所交流的信息类型、交流的对象及组织的个体条件等具体情况的不同而有所差别。进行外部交流的手段可包括年度报告、通讯简报、网站和社区会议等。

A4.4 文件

文件的详尽程度，应当足以描述环境管理体系及其各部分协同运作的情况，并指示获取环境管理体系某一部分运行得更详细信息的途径。可将环境文件纳入组织所实施的其他管理体系的文件，而不强求采取手册的形式。

对于不同的组织，环境管理体系文件的规模可能由于以下方面的差别而各不相同：

a）组织及其活动、产品或服务的规模和类型；

b）过程及其相互作用的复杂程度；

c）人员的能力。

这些文件可包括：

——环境方针、目标和指标；

——重要环境因素信息；

——程序；

——过程信息；

——组织机构图；

——内、外部标准；

——现场应急计划；

——记录。

对于程序是否形成文件，应当从下列方面考虑：

——不形成文件可能产生的后果，包括环境方面的后果。

——用来证实遵守法律法规和其他要求的需要。

——保证活动一致性的需要。

——形成文件的益处，例如，易于交流和培训，从而加以实施；易于维护和修订，避免含混和偏离；提供证实功能；有直观性等。

——出于本标准的要求。

不是为环境管理体系所制定的文件，也可用于本体系。此时应当指明其出处。

A4.5　文件控制

旨在确保组织对文件的建立和保持能够充分适应实施环境管理体系的需要。但组织应当把主要注意力放在对环境管理体系的有效实施及其环境绩效上，而不是放在建立一个繁琐的文件控制系统上。

A4.6　运行控制

组织应当评价与所确定的重要环境因素有关的运行，并确保在运行中能够控制或减少有害的环境影响，以满足环境方针的要求，实现环境目标和指标。所有的运行，包括维护活动，都应当做到这一点。

在环境管理体系中，本部分是关于在日常运行中贯彻体系要求的规定。其中 4.4.6 a）还规定对缺乏成文程序可能导致偏离环境方针、目标和指标的情况，要用成文程序加以控制。

A4.7　应急准备和响应

每个组织都有责任制定适合其自身情况的一个或多个应急准备和响应程序。组织在制定这类程序时应当考虑：

a）现场危险品的类型，如存在易燃液体，贮罐、压缩气体等，以及发生溅洒或意外泄漏时的应对措施；

b）对紧急情况或事故类型和规模的预测；

c）处理紧急情况或事故的最适当方法；

d）内、外部联络计划；

e）把环境损害降到最低的措施；

f）针对不同类型的紧急情况或事故的补救和响应措施；

g）事故后考虑制定和实施纠正和预防措施的需要；

h）定期试验应急响应程序；

i）应急响应程序实施人员的培训；

j）关键人员和救援机构（如消防、泄漏清理等部门）名单，包括详细联络信息；

k）疏散路线和集合地点；

l）周边设施（如工厂、道路、铁路等）可能发生的紧急情况和事故；

m）邻近单位相互支援的可能性。

A5 检查

A5.1　监测和测量

一个组织的运行可能包括多种特性。例如，与废水排放监测和测量相关的特性可包括生化需氧量、化学需氧量、温度和 pH 值。

对监测和测量取得的数据进行分析，能够识别类型并获取信息。这些信息可用于实施纠正和预防措施。

关键特性是指组织在决定如何管理重要环境因素、实现环境目标和指标、改进环境绩效时须要考虑的那些特性。

为保证测量结果的有效性，应当按规定的时间间隔，或在使用前，根据测量标准对测量仪器进行校准或验证。测量标准要以国家标准或国际测量标准为依据。如果无上述标准，应当保存对校准依据的记录。

A5.2 合规性评价

组织应当能证实其已对遵守法律法规要求（包括有关许可和执照的要求）的情况进行了评价。

组织应当能证实其已对遵守其他要求的情况进行了评价。

A5.3 不符合、纠正措施和预防措施

组织在制定程序以执行本节的要求时，根据不符合的性质，有时可能只须制定少量的正式计划，即能达到目的，有时则有赖于更复杂、更长期的活动。文件的制定应当和这些措施的规模相适应。

A5.4 记录控制

环境记录可包括：

a）抱怨记录；

b）培训记录；

c）过程监测记录；

d）检查、维护和校准记录；

e）有关供方与合同方的记录；

f）偶发事件报告；

g）应急准备试验记录；

h）审核结果；

i）管理评审结果；

j）和外部进行信息交流的决定；

k）适用环境法律法规要求的记录；

l）重要环境因素记录；

m）环境会议记录；

n）环境绩效信息；

o）对法律法规的合规性记录；

p）和相关方的交流。

应当对机密信息加以适当考虑。

注：记录不是证实符合本标准的唯一证据来源。

A5.5 内部审核

对环境管理体系的内部审核，可由组织内部人员或组织聘请的外部人员承担，无论哪种情况，从事审核的人员都应当具备必要的能力，并处在独立的地位，从而能够公正、客观地实施审核。对于小型组织，只要审核员与所审核的活动无责任关系，就可以认为审核员是独立的。

注 1：如果组织希望把环境管理体系和环境守法性审核结合在一起，就应当明确划分两者的目的和范围。本标准不涉及环境守法性审核的内容。

注 2：关于环境管理体系审核的指南见 GB/T 19011。

A6 管理评审

管理评审应当覆盖整个环境管理体系，但不必在一次评审中对环境管理体系的所有要素都进行评审，同时评审过程可以延续一段时期。

附录 B（资料性附录）

GB/T 24001 与 GB/T 19001 之间的联系

表 B.1 和表 B.2 中给出了 GB/T 24001—2004 与 GB/T 19001—2000 之间，以及 GB/T 19001—2000 和 GB/T 24001—2004 之间相近技术内容的对应关系。

对两个体系进行对照的目的，是向已经采用了其中一个标准，并希望采用另一标准的组织表明两个体系是可以一起使用的。

这里只列出了两个标准中在要求上大体相应的章条间的直接联系。而对许多具体论述中的交叉联系无法一一列出。

表 B.1　GB/T 24001—2004 与 GB/T 19001—2000 的对应情况

GB/T 24001—2004		GB/T 19001—2000	
环境管理体系要求（仅限于标题）	4	4	质量管理体系（仅限于标题）
总要求	4.1	4.1	总要求
环境方针	4.2	5.1	管理承诺
		5.3	质量方针
		8.5.1	持续改进
策划（仅限于标题）	4.3	5.4	策划（仅限于标题）
环境因素	4.3.1	5.2	以顾客为关注焦点
		7.2.1	与产品有关的要求的确定
		7.2.2	与产品有关的要求的评审
法律法规和其他要求	4.3.2	5.2	以顾客为关注焦点
		7.2.1	与产品有关的要求的确定
目标、指标和方案	4.3.3	5.4.1	质量目标
		5.4.2	质量管理体系策划
		8.5.1	持续改进
实施与运行（仅限于标题）	4.4	7	产品实现（仅限于标题）
资源、作用、职责和权限	4.4.1	5.1	管理承诺
		5.5.1	职责和权限
		5.5.2	管理者代表
		6.1	资源提供
		6.3	基础设施
能力、培训和意识	4.4.2	6.2.1	总则
		6.2.2	能力、意识和培训
信息交流	4.4.3	5.5.3	内部沟通
		7.2.3	顾客沟通
文件	4.4.4	4.2.1	（文件要求）总则
文件控制	4.4.5	4.2.3	文件控制

GB/T 24001—2004		GB/T 19001—2000	
运行控制	4.4.6	7.1	产品实现的策划
		7.2.1	与产品有关的要求的确定
		7.2.2	与产品有关的要求的评审
		7.3.1	设计和开发策划
		7.3.2	设计和开发输入
		7.3.3	设计和开发输出
		7.3.4	设计和开发评审
		7.3.5	设计和开发验证
		7.3.6	设计和开发确认
		7.3.7	设计和开发更改的控制
		7.4.1	采购过程
		7.4.2	采购信息
		7.4.3	采购产品的验证
		7.5.1	生产和服务提供的控制
		7.5.2	生产和服务提供过程的确认
		7.5.5	产品防护
应急准备和响应	4.4.7	8.3	不合格品控制
检查（仅限于标题）	4.5	8	测量、分析和改进（仅限于标题）
监测和测量	4.5.1	7.6	监测和测量装置的控制
		8.1	总则
		8.2.3	过程的监测和测量
		8.2.4	产品的监测和测量
		8.4	数据分析
合规性评价	4.5.2	8.2.3	过程的监测和测量
		8.2.4	产品的监测和测量
不符合，纠正措施和预防措施	4.5.3	8.3	不合格品控制
		8.4	数据分析
		8.5.2	纠正措施
		8.5.3	预防措施
记录控制	4.5.4	4.2.4	记录控制
内部审核	4.5.5	8.2.2	内部审核
管理评审	4.6	5.1	管理承诺
		5.6	管理评审（仅限于标题）
		5.6.1	总则
		5.6.2	评审输入
		5.6.3	评审输出
		8.5.1	持续改进

表 B.2 GB/T 19001—2000 与 GB/T 24001—2004 的对应情况

GB/T 19001—2000		GB/T 24001—2004	
质量管理体系（仅限于标题）	4	4	环境管理体系要求
总要求	4.1	4.1	总要求
文件要求（仅限于标题）	4.2		
总则	4.2.1	4.4.4	文件
质量手册	4.2.2		
文件控制	4.2.3	4.4.5	文件控制
记录控制	4.2.4	4.5.4	记录控制
管理职责（仅限于标题）	5		
管理承诺	5.1	4.2 4.4.1	环境方针 资源、作用、职责和权限
以顾客为关注焦点	5.2	4.3.1 4.3.2 4.6	环境因素 法律法规和其他要求 管理评审
质量方针	5.3	4.2	环境方针
策划（仅限于标题）	5.4	4.3	策划（仅限于标题）
质量目标	5.4.1	4.3.3	目标、指标和方案
质量管理体系策划	5.4.2	4.3.3	目标、指标和方案
职责、权限与沟通（仅限于标题）	5.5		
职责和权限	5.5.1	4.4.1	资源、作用、职责和权限
管理者代表	5.5.2	4.4.1	资源、作用、职责和权限
内部沟通	5.5.3	4.4.3	信息交流
管理评审（仅限于标题）	5.6		
总则	5.6.1	4.6	管理评审
评审输入	5.6.2	4.6	管理评审
评审输出	5.6.3	4.6	管理评审
资源管理（仅限于标题）	6		
资源提供	6.1	4.4.1	资源、作用、职责和权限
人力资源（仅限于标题）	6.2		
总则	6.2.1	4.4.2	能力、培训和意识
能力、意识和培训	6.2.2	4.4.2	能力、培训和意识
基础设施	6.3	4.4.1	资源、作用、职责和权限
工作环境	6.4		
产品实现（仅限于标题）	7	4.4	实施与运行（仅限于标题）
产品实现的策划	7.1	4.4.6	运行控制
与顾客有关的过程（仅限于标题）	7.2		
与产品有关的要求的确定	7.2.1	4.3.1 4.3.2 4.4.6	环境因素 法律法规和其他要求 运行控制
与产品有关的要求的评审	7.2.2	4.3.1 4.4.6	环境因素 运行控制
顾客沟通	7.2.3	4.4.3	信息交流

GB/T 19001—2000		GB/T 24001—2004	
设计和开发（仅限于标题）	7.3		
设计和开发策划	7.3.1	4.4.6	运行控制
设计和开发输入	7.3.2	4.4.6	运行控制
设计和开发输出	7.3.3	4.4.6	运行控制
设计和开发评审	7.3.4	4.4.6	运行控制
设计和开发验证	7.3.5	4.4.6	运行控制
设计和开发确认	7.3.6	4.4.6	运行控制
设计和开发更改的控制	7.3.7	4.4.6	运行控制
采购（仅限于标题）	7.4		
采购过程	7.4.1	4.4.6	运行控制
采购信息	7.4.2	4.4.6	运行控制
采购产品的验证	7.4.3	4.4.6	运行控制
生产和服务提供（仅限于标题）	7.5		
生产和服务提供的控制	7.5.1	4.4.6	运行控制
生产和服务提供过程的确认	7.5.2	4.4.6	运行控制
标识和可追溯性	7.5.3		
顾客财产	7.5.4		
产品防护	7.5.5	4.4.6	运行控制
监视和测量装置的控制	7.6.	4.5.1	监测和测量
测量、分析和改进（仅限于标题）	8	4.5	检查（仅限于标题）
总则	8.1	4.5.1	监测和测量
监视和测量（仅限于标题）	8.2		
顾客满意	8.2.1		
内部审核	8.2.2	4.5.5	内部审核
过程的监视和测量	8.2.3	4.5.1 4.5.2	监测和测量 合规性评价
产品的监视和测量	8.2.4	4.5.1 4.5.2	监测和测量 合规性评价
不合格品控制	8.3	4.4.7 4.5.3	应急准备和响应 不符合、纠正措施和预防措施
数据分析	8.4	4.5.1	监测和测量
改进（仅限于标题）	8.5		
持续改进	8.5.1	4.2 4.3.3 4.6	环境方针 目标、指标和方案 管理评审
纠正措施	8.5.2	4.5.3	不符合、纠正措施和预防措施
预防措施	8.5.3	4.5.3	不符合、纠正措施和预防措施

参考文献

[1] 叶文虎，张勇. 环境管理学[M]. 北京：高等教育出版社，2006.
[2] 张明顺. 环境管理[M]. 武汉：武汉理工大学出版社，2003.
[3] 刘利，潘伟斌. 环境规划与管理[M]. 北京：化学工业出版社，2006.
[4] 丁忠浩. 环境规划与管理[M]. 北京：机械工业出版社，2007.
[5] 许宁，胡伟光. 环境管理[M]. 北京：化学工业出版社，2007.
[6] 张宝莉，徐玉新. 环境管理与规划[M]. 北京：中国环境科学出版社，2004.
[7] 国家环境保护总局. 环境监察[M]. 北京：中国环境科学出版社，2002.
[8] 郭正，陈喜红. 环境监察[M]. 北京：化学工业出版社，2005.
[9] 国家环境保护总局. 排污申报登记实用手册[M]. 北京：中国环境科学出版社，2004.
[10] 国家环境保护总局. 排污收费制度[M]. 北京：中国环境科学出版社，2003.
[11] 毛应淮. 排污收费概论[M]. 北京：中国环境科学出版社，2004.
[12] 中国质量协会卓越培训中心，上海品保技术咨询有限公司. 环境管理体系教程[M]. 北京：中国标准出版社，2006.
[13] 中国质量协会卓越培训中心，上海品保技术咨询有限公司. 质量和环境管理体系内部审核教程[M]. 北京：中国标准出版社，2005.
[14] 黄进. GB/T 24001—2004、GB/T 24004—2004 标准理解要点[M]. 北京：中国计量出版社，2005.
[15] 刘卓慧，张天柱. ISO 14000 环境管理体系国家注册审核员基础知识通用教程[M]. 北京：中国计量出版社，2000.
[16] 陈全编. 新版环境管理体系标准实施指南[M]. 北京：中国石化出版社，2005.
[17] 郭仁惠，刘宏. ISO 14001：2004 环境管理体系建立与实施[M]. 北京：化学工业出版社，2008.
[18] 刘青山. 清洁生产与 ISO 14000[M]. 北京：中国环境科学出版社，2003.
[19] 文放怀. 新编 ISO 14001 标准理解与应用[M]. 广州：广东经济出版社，2006.
[20] 文放怀. 新编 ISO 14001 环境体系文件大全[M]. 广州：广东经济出版社，2006.
[21] 齐善乐，周菲，张颖. 快速精通 ISO 14001：2004[M]. 北京：中国标准出版社，2007.
[22] 李君. 工程建设企业环境管理手册[M]. 北京：中国标准出版社，2007.
[23] 段一泓. 环境管理体系教程[M]. 北京：中国标准出版社，2006.
[24] 朱庚申. 环境管理[M]. 北京：中国环境科学出版社，2007.
[25] 闫涛. ISO 14000 环境管理体系国家注册审核员培训教程[M]. 北京：中国环境科学出版社，2007.
[26] 中环联合（北京）认证中心有限公司. ISO 14001 环境管理体系国家注册审核员培训教程[M]. 北京：中国环境科学出版社，2008.
[27] 齐文启，等. 环境污染事故应急预案与处理处置案例[M]. 北京：中国环境科学出版社，2007.
[28] 中国 21 世纪议程管理中心，环境无害化技术转移中心. 化学工业区应急响应系统指南[M]. 北京：化学工业出版社，2006.
[29] 孙蕾，万小卓. 环境事故监测与处置应急手册[M]. 北京：中国环境科学出版社，2006.
[30] 赵英明. 中国环境保护标准全书[M]. 北京：中国环境科学出版社，2008.
[31] 王金南，邹首民，洪亚雄. 中国环境政策[M]. 北京：中国环境科学出版社，2008.

[32] 金瑞林，汪劲. 环境与资源保护法学[M]. 北京：高等教育出版社，2006.

[33] 毛应怀，刘定慧. 工业污染源现场检查执法指南[M]. 北京：中国环境科学出版社，2003.

[34] 叶文虎. 环境管理学[M]. 北京：高等教育出版社，2000.

[35] 丁桑岚. 环境评价概论[M]. 北京：化学工业出版社，2001.

[36] 程水源，崔建升，刘建秋，等. 建设项目与区域环境影响评价[M]. 北京：中国环境科学出版社，2003.

[37] 郭显锋，张新力，方平. 清洁生产审核指南[M]. 北京：中国环境科学出版社，2007.

[38] 张天柱，石磊，贾小平. 清洁生产导论[M]. 北京：高等教育出版社，2006.

[39] 雷兆武，申左元. 清洁生产及应用[M]. 北京：化学工业出版社，2007.

[40] 关坪. 环境保护管理与污染治理[M]. 北京：国防工业出版社，1995.

[41] 周国强. 环境影响评价[M]. 武汉：武汉理工大学出版社，2003.

[42] 奚旦立. 环境监测[M]. 北京：高等教育出版社，2004.

[43] 刘德生. 环境监测[M]. 北京 ：化学工业出版社，2001.

[44] 崔树军. 环境监测[M]. 北京：中国环境科学出版社，2008.

[45] 陈玲，赵建夫. 环境监测[M]. 北京：化学工业出版社，2004.

[46] 吴邦灿. 环境监测管理学[M]. 北京：中国环境科学出版社，2004.

[47] GB/T 19000—2008/ISO 9000：2005 质量管理体系 基础和术语.

[48] GB/T 19001—2008/ISO 9001：2008 质量管理体系 要求.

[49] GB/T 19011—2003/ISO 19011：2002 质量和（或）环境管理体系审核指南.

[50] GB/T 24004—2004/ISO 14004：2004 环境管理体系原则、体系和支持技术通用指南.